Joachim Krause
Niederspannungs- und Antriebstechnik

Dr.-Ing. Joachim Krause

Niederspannungs- und Antriebstechnik

Prozessnahe Elektrotechnik für industrielle Automatisierungsanlagen

Vogel Buchverlag

Dr.-Ing. **Joachim Krause**
Jahrgang 1937
absolvierte ein Bergbaustudium an der Bergakademie Freiberg sowie ein Studium der Elektrotechnik an der TH/TU Dresden. Es folgten Tätigkeiten als Leiter von Arbeitsgruppen und Entwicklungsprojekten für Antriebs- und Stromrichtertechnik, analoge und digitale Informationsverarbeitung, mikrorechnerbasierte Prozesssteuerungs-/Automatisierungstechnik, Traktionsantriebe.
Führung von Vertrieb, Projektierung und Standardisierung von Energieverteilungen/Niederspannungs-Schaltanlagen.
Redaktionelle und wirtschaftliche Verantwortung für eine elektrotechnische Monatszeitschrift mit Online-Auftritt.
Von 1973–1976 Lehrbeauftragter der TU Dresden im Fachbereich «Technische Kybernetik».
Ab 1986 nebenamtliche Lehrtätigkeit im Fach «Elektrische Maschinen und Antriebe» an der Ingenieurschule bzw. -hochschule Berlin-Lichtenberg.
Habilitation auf dem Gebiet der Prozesssteuerungstechnik.
Zahlreiche einschlägige Veröffentlichungen (Zeitschriften, Bücher, Vorträge auf nationalen und internationalen Fachtagungen).

Weitere Information unter
www.vogel-buchverlag.de

ISBN 3-8023-1964-8
1. Auflage. 2004

Printed in Germany

Umschlaggrafik: Vogel Services GmbH, Würzburg
Satzherstellung: Fotosatz-Service Köhler GmbH, Würzburg

Vorwort

Niederspannungs- und Antriebstechnik besitzen ein breites Einsatzspektrum von der Industrie über das Gewerbe bis zur Gebäudetechnik. Einschlägige Kenntnisse, die sich vom spezifischen Fachwissen unterscheiden, sind daher für jeden zwingend, um sie mit Erfolg auszuwählen, zu beurteilen und einzukaufen, für Neuinvestitionen und Retrofit-Anlagen einzusetzen und zu betreiben [0.1]. Durch die zu beobachtende Umbruchsituation, in der sich die prozessnahe Elektrotechnik wegen der aktuellen technischen Möglichkeiten und Erfordernisse befindet, wird dieser Drang beflügelt.

Die deutsche Industrie nimmt in diesem Sektor eine führende Position ein. Zusammen mit solcher Feststellung muss leider konstatiert werden, dass zur adäquaten Ausbildung des Nachwuchses, der künftig den Spitzenplatz halten soll, eine große Lücke klafft. In der Sonne des Erfolgs ist scheinbar das Wissen verloren gegangen, dass «Führung für Fortbildung sorgen muss» [0.2].

Dem mit der Applikation dieser Technik befassten Personenkreis die benötigten Informationen zu vermitteln, gehört zur Aufgabe des Buches. Mit technischen Eigenschaften werden immer wirtschaftliche und qualitätssichernde Aspekte sowie Normen und gesetzliche Vorschriften verknüpft. Der Umgang mit den in Rede stehenden modernen, systemtechnischen Lösungen benötigt breit gefächerte Kenntnisse. Dazu vermittelt das Buch alle nachhaltigen Neuerungen. Als strukturierte, zusammenhängende Übersicht mit zahlreichen Literaturhinweisen, die das Vertiefen der dargestellten Sachthemen erlauben, unterstützt sie zielgerichtet die breite, professionelle, ökonomische Anwendung dieser Technik. Zugleich möchte die Gemeinsamkeiten und Zusammenhänge betonende Darstellung zwischen technischen und nicht technischen Gewerken vermitteln und so einen weiteren Beitrag zum Überwinden der «Sprachlosigkeit der Ingenieure» [0.3] leisten. Elektrische Eigenschaften, Einsatzbedingungen, Bau- sowie Schutzanforderungen werden behandelt, Entwicklungstrends angegeben.

Das Buch richtet sich an Anwender, Entscheider/Projektmanager für Neuinvestition und Nach-/Umrüstung (Retrofit), Einsteiger, an Studenten der Elektrotechnik sowie verwandter und nicht elektrotechnischer Fachrichtungen. Aber auch Einkäufern und Betriebswirtschaftlern soll dieses Werk zu tieferen Einsichten für das Beurteilen der prozessnahen Technik und zur Orientierung in diesen komplexen Fachgebieten verhelfen. Der angesprochene Personenkreis gehört dem gesamten Bereich von Industrie und Gebäudetechnik an. Die Schrift will mit dazu beitragen, die Lücke zu schließen, die sich oft unterhalb sehr anspruchsvoller, betrieblicher Weiterbildungsmaßnahmen für den Entwicklungsbereich öffnet. Vorkenntnisse zum Verständnis beschränken sich auf Grundlagen von Elektrotechnik und Maschinenbau.

Berlin

Joachim Krause

Inhaltsverzeichnis

1 Einführung

Mikroelektronische Bauelemente als Träger der Informationstechnologie verändern alle Bereiche von Industrie und Gebäudetechnik und wirken als Wachstumsmotor, und deshalb will sich Deutschland zum Mikroelektronik-Standort mit Zukunft entwickeln.

Bei der Beurteilung des Einflusses dieser Technik wird häufig übersehen, dass aus ihr weder Energie noch Drehmoment und Drehzahl zu gewinnen sind. Zum Umsetzen der Informationen, die die mikroelektronisch geprägte Steuerungs- und Leittechnik errechnete, in leistungsstarke Aktionen werden Niederspannungs- und Antriebstechnik benötigt. Nur damit funktioniert der technologische Prozess, dessen Produkte letztlich das Ziel aller Anstrengungen sind, in der gewünschten Weise.

Elektrische Niederspannungs- und Antriebstechnik sind der Steuerungs- und Leittechnik durchaus ebenbürtig. Als unverzichtbar tragen sie am Fuße der Informationspyramide entscheidend zu Bestand und Fortschritt der Automatisierungstechnik bei. Strom also ist in Industrie und Gebäudetechnik die bestimmende Energieform. Hinzu kommen die enormen Fortschritte in diesem prozessnahen, energieintensiven Bereich. Der Einfluss von verbesserten Wirkprinzipien, gesteigerter Intelligenz infolge der Mikroelektronik sowie von neuen Materialien und Fortschritten bei der sogar identitätsbildenden Leistungselektronik führt zu

- erhöhter Funktionalität,
- vermindertem Volumen,
- dezentralem, z.T. schaltschranklosem Anlagenaufbau,
- reduziertem bzw. effizienterem Energieeinsatz,
- verbesserter Umweltverträglichkeit und Ressourcenschonung,
- sinkenden Zeitaufwänden für Engineering, Installation, Inbetriebsetzung und Wartung.

Durch die dominierende Mikroelektronik wurde die Niederspannungs- und Antriebstechnik quasi zum rechnergestützten Arbeitsmittel, das nicht nur die Automatisierung technischer Abläufe erheblich verbesserte, sondern Entsprechendes gleichermaßen bei den technischen Tätigkeiten erreichte. Beflügelt von ständig steigenden Forderungen an die Produktqualität, an die Effizienz der Fertigungsanlagen sowie hinsichtlich sich wandelnder kommerzieller Bedingungen (Lieferfristen, Kostendruck, Kunden- und Variantenvielfalt u.a.) ist der vorausgesagte Wandel vom «Werkzeug zum Denkzeug» [1.1] ebenso eingetreten wie die Prognose für die Mikroprozessortechnologie [1.2; 1.3]. Ihr exponentielles Wachstumsgesetz von G.E. Moore gilt noch immer. Allerdings verstärken sich die Anstrengungen, um die mittelfristig sichtbar werdenden Grenzen hinauszuschieben [1.5; 1.6].

Vor allem der Umfang elektrischer Antriebe steigt wegen ihrer zunehmenden Leistungsfähigkeit ständig. Der Zentralantrieb für die Königswelle sowie mechanische Lösungen mit Kurvenscheiben, Getrieben, Gestängen, Ketten u. Ä. werden immer mehr von dezentralen Systemen – einer elektrischen Welle – abgelöst. Mechanik inklusive des technologischen Prozesses, Elektromechanik und Elektronik verschmelzen und führen als vernetzte, mechatronische Systeme nicht nur zu den o. a. Vorzügen, sondern zu zusätzlichen synergetischen Effekten.

Diese Tendenz ist der Ausdruck einer besonderen Fähigkeit von Niederspannungs- und Antriebstechnik zur Systemintegration.

Der gut durchdachte Einsatz solch leistungsfähiger Anlagen schlägt sich beim Gesamtprozess in

- ❑ Kosteneinsparungen über den Lebenszyklus (TCO – Total Cost of Ownership),
- ❑ vermindertem Energieverbrauch,
- ❑ der verbesserten Kompatibilität zur Leittechnik,
- ❑ der vollen Ausnutzung der Leistungsfähigkeit,
- ❑ seiner erhöhten Zuverlässigkeit und Verfügbarkeit (Durchsetzung von TQM – Total Quality Management) sowie
- ❑ in Flächen- und Volumenvorteilen

nieder. Neben Produktionsausstoß und Gesamtwirkungsgrad des Herstellungsvorgangs steigen gleichermaßen Qualität und Lebensdauer der Produkte. Für den Erzeugnisnutzer sinken ihre TCO entsprechend. Der Trend, Maschinen bzw. Anlagen aus einem Baukasten zu fügen, wird unterstützt. Gleichzeitig verlagern sich einerseits Wertschöpfungsanteile vom Anlagen- und Schaltschrankbauer auf den Komponentenhersteller. Andererseits greifen Komplettangebote aus einer Hand Raum.

Niederspannungs- und Antriebstechnik tragen nachhaltig mit dazu bei, die Effizienz bei der behutsamen Nutzung unserer natürlichen Ressourcen zu erhöhen, dadurch den Wohlstand unserer Gesellschaft zu erhalten bzw. sogar zu steigern und trotzdem vom Verbrauch der Rohstoffe unabhängiger zu machen [1.4].

1.1 Einordnung in Automatisierungsanlage und Energieversorgung

Niederspannungsanlagen (NSA) bzw. Niederspannungs-Schaltgerätekombinationen (NS-SK) setzen zusammen mit elektrischen Antrieben die in der Leit- und Steuerungstechnik (Prozessleittechnik – PLT) errechneten Signale in leistungsstarke Aktionen (z. B. Stell- und Schaltvorgänge, Bewegungsabläufe) um. Ihre Anordnung erfolgt in unmittelbarer Nähe des technologischen Prozesses. Die demzufolge als prozessnah bezeichneten Einrichtungen sind durchaus als gleichrangig mit der PLT anzusehen. Bild 1.1 zeigt den prinzipiellen Anlagenaufbau mit Einordnung der prozessnahen Technik, wobei die NS-Energieverteilung die Hierarchie zusammenbindet. Diese Struktur

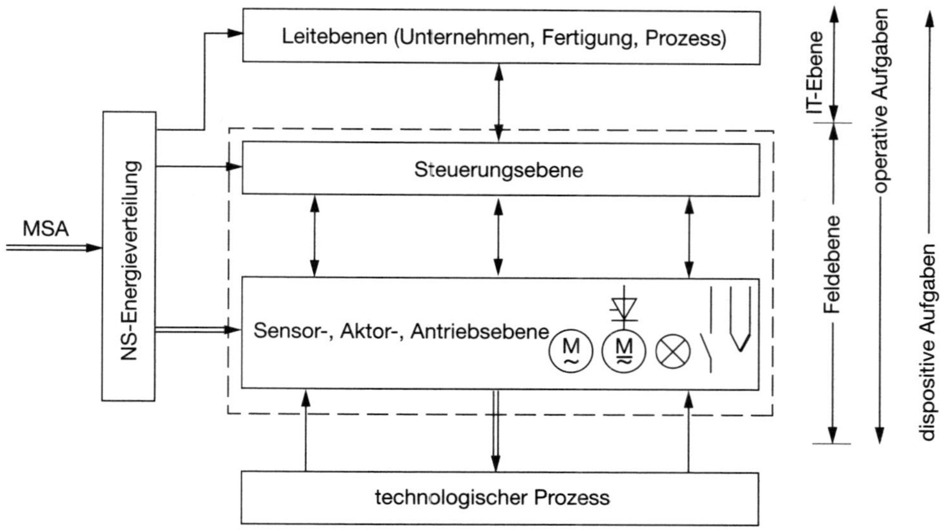

Bild 1.1 Prinzipieller Aufbau einer Automatisierungsanlage

mit den vier Ebenen bleibt aus der funktionellen Perspektive des Anwenders, z. B. nach Meinung von NAMUR, weiterhin aktuell [1.7]. Aus rein technisch praktikablen Gesichtspunkten erweist sich die Zusammenfassung von Prozess-, Fertigungs- und Unternehmensleitebene zur IT-Ebene als zweckmäßig, da künftig lediglich noch eine einzige Schnittstelle – nämlich die zwischen Feld- und IT-Ebene – existieren wird.

Derartige Elektroanlagen finden sich in allen Bereichen von Industrie und Gesellschaft. Speisen sie sensible Industrieanlagen mit hohen Zuverlässigkeitsanforderungen oder übernehmen sie die Versorgung von Gebäuden mit großen Menschenansammlungen, gar von medizinischen Einrichtungen, erhält die integrierte Schutztechnik einen besonders hohen Stellenwert. NSA versorgen in der Hauptsache elektrische Antriebe, aber auch andere Verbraucher. Leistungsfähigkeit und Zuverlässigkeit beeinflussen somit die Eigenschaften der Antriebstechnik. Die NS-Ebene sichert die energetische Grundversorgung der Wirtschaft. In diesem Bereich ist die Mehrzahl der Antriebe angesiedelt. Besonders große Antriebsleistungen werden direkt aus der Mittelspannung versorgt. In beiden Ebenen kann in das Netz Energie eingespeist werden, wenn Antriebe im generatorischen Betrieb arbeiten.

1.2 Wirtschaftliche Bedeutung

Wegen der Stellung im Prozess tragen Niederspannungs- und Antriebstechnik einen erheblichen Anteil beim Erfüllen gesamtwirtschaftlicher Aufgaben wie

- Einsparung von Arbeitskräften,
- wirtschaftlicher und sparsamer Einsatz von Energie und Material,
- Schonung natürlicher Ressourcen,
- verbesserte Auslastung der Produktionseinrichtungen,
- Steigerung der Produktqualität,
- Erhöhung von Zuverlässigkeit und Verfügbarkeit sowie der Sicherheit der Produktionsanlagen,
- Verwirklichung bedienarmer Fertigungssysteme erhöhter Flexibilität,
- Realisierung von Prozessen, die manuell nicht durchführbar wären,
- Ersatz der Mechanik.

Ihr großer funktionaler Umfang verhilft der prozessnahen Technik zu einem beachtlichen wirtschaftlichen Gewicht. Ausgehend davon ergibt sich die globale, gemeinsame Zielstellung für die Anwendung: Niederspannungs- und Antriebstechnik in immer höherer Qualität sowie mit möglichst niedrigem Gesamtaufwand bereitzustellen und einzusetzen. Nicht zu unterschätzen ist das mit der Verbreitung dieser modernen Fertigkeiten verbundene Dienstleistungsaufkommen. Von angebotenem Service und dazugehörigen, flankierenden Tätigkeiten wie Schulung bis zum Contracting [1.51] hängt vielfach die endgültige Kaufentscheidung ab, da sich die Produkteigenschaften zunehmend angleichen. Viele Unternehmen erwirtschaften mit solchen Angeboten bereits einen relevanten Teil ihres Umsatzes – bei steigender Tendenz. So beschleunigen selbst Niederspannungs- und Antriebstechnik den Wandel von der Industrie- zur Dienstleistungsgesellschaft [1.8].

Anstrengungen zum ökonomischen Energieeinsatz zeigen bevorzugt im Bereich von Niederspannungs- und Antriebstechnik Effekte, da ihre Funktionen wichtige Voraussetzungen zum Erfüllen dieser Mission bieten und deshalb ein beträchtliches Potenzial besitzen (vgl. Abschnitt 2.5, Kapitel 10).

Zwar sinkt durch das zielgerichtete Ausbreiten dieser Techniksparte der spezifische Energieverbrauch, gleichzeitig wächst aber der absolute Konsum. In erster Linie zeichnet dafür der zunehmende Wohlstand, der weiterhin steigende Automatisierungsgrad, aber auch die breite, kostengünstige Präsenz moderner Kommunikationsgeräte verantwortlich. Leider übt der wegen der Deregulierung des Strommarktes sinkende Anreiz zum Energiesparen einen nicht zu unterschätzenden negativen Einfluss aus.

Das beiden Techniken gemeinsame, vor allem auch nutzbare Energiesparpotenzial ist aktuell bei der Niederspannungstechnik, ohne deren Einsatz übrigens keine industrielle oder gebäudetechnische Anlage im gewünschten Sinne arbeiten würde, nur qualitativ angebbar. Der Zwang, Energie bzw. ihre Kosten durch Verringern der Ohm'schen Verluste, durch verbesserte Steuerungsfähigkeit beispielsweise für ein effizientes Energiemanagement, über gesteigerte Zuverlässigkeit und Verfügbarkeit, kürzere Stillstandszeiten u.a. zu sparen, eröffnet eine neue Perspektive für diesen wichtigen Zweig der Energieversorgung. Neuartige, unkonventionelle, technische Lösungen bevorzugt auf der Geräteseite (sicherungslose Technik, neue Sensortechnik, kontaktarme bzw. -freie, elektronifizierte, kommunikationsfähige Geräte, ausgefeilter Lichtbogenschutz) ermöglichen eine wesentlich kompaktere, trotzdem sichere Bauweise. Sie eröffnen neue Chancen zur Integration der NSA in die Automatisierungsanlage sowie in den technologischen Prozess.

Bei der Antriebstechnik dagegen liegen bereits seit längerer Zeit Zahlen von den Einsparpotenzialen vor [1.9 –1.11]. Ausgehend von ihrer Beteiligung am industriellen Stromverbrauch im Jahr 1997 mit ≈70% (= 133 Mrd. kWh) errechnet sich dieses Volumen in Deutschland zu ca. 19 TWh (1 TWh = 1 Mill. KWh). Bei 0,077 €/kWh entspricht das einer jährlichen Kosteneinsparung von ca. 1,46 Mrd. €.

Dieses beeindruckende Ergebnis verantwortet in erster Linie der umfassende Einsatz der komfortableren elektronischen Drehzahlregelung sowie die Nutzung von energetisch optimierten Motoren. Auf etwa acht fossile Kraftwerksblöcke könnte dadurch verzichtet werden. Gleichzeitig würde die Umwelt jährlich um ca. 11 Mill. t CO_2 entlastet. Damit zeigt sich für die Technikfolgen in dem Teilbereich Antriebstechnik sogar ein zur allgemeinen Situation gegensätzliches Bild. Komfort wird nämlich trotz bzw. selbst bei sinkendem Energieverbrauch erzielt. Zugleich erbringt die Antriebstechnik einen relevanten Anteil, um das «Kyoto-Protokoll» [2.101] zu erfüllen.

Darüber hinaus wird die volkswirtschaftliche Schlüsselrolle der Niederspannungs- und Antriebstechnik – sie unterstützen nicht unerheblich die Exportorientierung der deutschen Industrie – anhand der Tabelle 1.1 zu entnehmenden Marktvolumina deutlich [1.45; 1.46; 1.50]. Folgt man der Prognose des Wuppertal-Instituts für Klima, Umwelt, Energie, ist eine Ausweitung unausweichlich. Die Einrichtung sagt nämlich für 2010 voraus, dass sich in Deutschland allein der Anteil des Stromverbrauchs der IT-Geräte wie PC, Router, Server am Gesamtkonsum von 1,4% im Jahre 2001 auf 6% erhöht [1.12].

Niederspannungs- und Antriebstechnik bestimmen auf wichtigen Gebieten der Technik das kommerzielle und technische Niveau. Für die vielfältigen Automatisie-

Tabelle 1.1 Marktvolumina p.a. von Niederspannungsanlagen und Antriebstechnik

	NSA	**Antriebstechnik**
Deutschland	ca. 2 Mrd. EUR[1)]	>350 Mio. EUR (≤75 kW) >6 Mrd. EUR (Antriebe insgesamt)
Westeuropa	ca. 4 bis 5 Mrd. EUR	>530 Mio. EUR (≤75 kW)
Osteuropa	>3 Mrd. EUR	
Übrige Welt	>30 Mrd. EUR	

1) davon ca. 1/4 NS-Schaltanlagen ≥ 1600 A.

rungsaufgaben sind sie unverzichtbar. Unter der Voraussetzung, dass dieser Bereich im Rahmen einer modularen, geschlossenen Systemlösung vom Konzept bis zur Wartung angeboten wird, trägt er entscheidend dazu bei, dass die Engineeringkosten für eine Automatisierungsanlage sinken und die Produktivität über ihren Lebenszyklus steigt.

Verminderte Planungskosten sind vor allem darauf zurückzuführen, dass Produkte unterschiedlicher Hersteller wegen ihrer Ausrüstung mit standardisierten Schnittstellen zu einer optimalen Gesamtanlage integriert werden können. Nach Kosten, Funktionalität und äußerer Gestaltung lassen sich sogar bei nachträglichen Erweiterungen die benötigten Komponenten herstellerunabhängig auswählen. In gleicher Richtung wirkt die bevorzugt bei größeren Unternehmen zu beobachtende Tendenz, komplette, «schlüsselfertige» Lösungen – unter Nutzung von ggf. vom Kunden vorgeschriebenen Erzeugnissen des Mitbewerbs – aus einer Hand zu bieten.

Im Einzelnen drückt sich solchermaßen verbesserte «Lebensqualität» der Anlagen aus durch

- geringeren Verschleiß (Motoren laufen mit niedrigerer Drehzahl, optimierte Schaltvorgänge u. Ä.),
- verbesserte Prozessführung (infolge exakterer Regelung der Prozessgrößen, gesteigerter Produktqualität, niedrigeren Ausschusses sowie höherer Produktivität und Produktionsstabilität),
- niedrigere Verluste in der Energieversorgung,
- Schonung von elektrischen oder hydraulischen Netzen,
- Sinken der Energiekosten (Realisierung eines Energiemanagements, höherer Wirkungsgrad),
- Platz- und Materialersparnis infolge eines kompakteren, dezentralen Aufbaus (Unterbringung an bisher unzugänglichen Orten).

Der mit dem zuletzt genannten Merkmal verbundene Schrumpfungsvorgang verleiht dem bevorzugt in der Arbeitswelt negativ belegten Begriff des «Downsizing» erstmalig ein positives Gewicht. Gleichzeitig ist mit ihm eine Verlagerung von Tätigkeiten aus der Werkstatt in das Feld verbunden.

Wegen des wirtschaftlichen Gewichtes, natürlich auch infolge des technisches Einflusses der Niederspannungs- und Antriebstechnik, ist es wohl kein Zufall, dass ein Konzern der Branche Elektronik/Elektrotechnik – nämlich General Electric, USA – 2002 von 1000 Topmanagern zum angesehensten Unternehmen in der Welt gewählt wurde [1.13]. Diese Bedeutung wird von dem Patentaufkommen unterstrichen. Seit Jahren führt die Elektrizität die vergleichende Statistik an [1.54].

1.3 Kosten über den Lebenszyklus der Anlage

Natürlich sind mit solch leistungsfähigen Ausrüstungen Mehrkosten verbunden. Sie amortisieren sich allerdings häufig in wenigen Monaten (≤12), sofern nicht nur die Investitionskosten, sondern die Gesamtkosten über den Lebenszyklus der Anlage (TCO) betrachtet werden. Amortisationszeit bzw. Rückflussdauer (ROI – Return on Investment) der eingesetzten Mittel R errechnen sich aus

$$R = \frac{A}{R_E} \quad \text{(Gl. 1.1)}$$

mit

$$R_E = \frac{(k_a - k_n)P_n n_n}{n_a} \quad \text{(Gl. 1.2)}$$

A Gesamtkosten
R_E Reineinkommenszuwachs
k_a Kostensatz des mit der alten Anlage produzierten Erzeugnisses
k_n Kostensatz des mit der neuen Anlage produzierten Erzeugnisses
P_n neuer Erzeugnispreis
n_n Menge des neuen Erzeugnisses
n_a Lebensdauer/Jahre

Die Gesamtkosten addieren sich aus den Investitionsaufwendungen und den Finanzmitteln für Betrieb und Instandhaltung. Letztere nehmen mit der Betriebsdauer zwar zu, sind aber bei modernen Ausrüstungen deutlich niedriger, so dass im Anschluss an die relativ kurze Amortisationszeit Geld verdient und die Umwelt geschont werden kann. Zusätzlich positiv wirken die meist auch geringeren, gleichfalls einzubeziehenden Entsorgungskosten (Verschrottung), die nach dem Verschleiß der Anlage zu finanzieren sind. Umweltfreundlichkeit äußert sich nämlich auch in Recyclingfähigkeit, wie sich neuerdings die ökologische Bewertung von Produkten und ihren Herstellern überhaupt anhand einer Reihe von Richtlinien und Verordnungen vornehmen lässt [1.53].

1.4 Gemeinsamkeiten

NSA und Antriebssysteme existieren gleichberechtigt nebeneinander. In vielen Fällen werden sie zusammen geplant, vor allem zeitgleich in Betrieb gesetzt und in annähernd übereinstimmenden Zyklen gewartet. Insofern liegt es nahe, beide Bereiche gemeinsam darzustellen. Von den großen Komplettanbietern abgesehen sind die Lieferanten meist unterschiedlich. Kein Antrieb kommt zudem ohne die davor geschaltete NSA aus (Bild 1.1). Große Leistungen zeichnen sich oft durch eine dem Antrieb speziell zugeordnete Verteilung (Schwerpunktlaststation) aus.

Die verbindende Haupteigenschaft zwischen Niederspannungs- und Antriebstechnik ist das Spannungsniveau. Abgesehen von den MS-Antrieben (vgl. Abschnitt 12.8) arbeiten Antriebe grundsätzlich am NS-Netz 230/400/690 V. Betrachtet man die Grundstruktur eines Antriebes (s. Bild 4.1), wird deutlich, dass die Energieversorgung einen nicht zu unterschätzenden Einfluss auf sein Betriebsverhalten und seinen Schutz haben muss. Darüber hinaus können die Rückwirkungen des Antriebs das speisende Netz mit seinen parallel geschalteten Verbrauchern empfindlich stören (Abschnitt 11.5).

Entsprechende Einrichtungen bestehen aus Hardware- und Softwarekomponenten, die sich vor allem bei der Gerätetechnik aus überwiegend typisierten, verschiedentlich sogar standardisierten und demzufolge auswechselbaren Modulen zusammensetzen. Deshalb bildet die Programmtechnik das eigentliche Alleinstellungsmerkmal eines Erzeugnisses. Und so wird wirtschaftlich ein Höchstmaß an Flexibilität zum Anpassen an die Aufgabenstellung des Kunden erreicht. Diese «totale Kundenorientierung» (Total Customer Focus; vgl. Abschnitt 2.6) bedeutet zusätzlich

- uneingeschränktes Erfüllen des Kundenwunsches hinsichtlich Qualität, Termin, Preis,
- kurze Reaktionszeit zwischen Bestellung und Lieferung (Lieferzeit),
- Realisieren eines Mehrwertes für den Kunden sowie
- Sichern bzw. Erreichen der Wettbewerbsfähigkeit von Lieferant und Kunden.

Andere Gemeinsamkeiten zeigen sich

- im vergleichbaren Energieniveau,
- in der Nutzung der gleichen elektrischen Grundgesetze wie Spannungsinduktion, Kraftbildung im magnetischen Feld u.a.,
- in der Ausnutzung des elektromagnetischen Feldes,
- bei den mathematischen Beschreibungsmitteln zum Berechnen des Übertragungsverhaltens,
- in gleichen Hilfseinrichtungen zum Steuern und Überwachen sowie zum Kühlen.

Typisch sind darüber hinaus identische gesetzliche und Normengrundlagen sowie vergleichbare Qualitätsstandards.

Dass Antriebe überwiegend rotieren, NSA dagegen mit den Schaltkontakten nur translatorische Bewegungen ausführen, ist kein Anlass, auf die gemeinsame Behandlung zu verzichten.

1.5 Historische Entwicklung

Die historische Entwicklung von Niederspannungs- und Antriebstechnik kann bis an die Anfänge der Elektrotechnik im 19. Jahrhundert zurückblicken [1.14–1.22]. Vor allem die letzten zwei der drei so genannten technischen Revolutionen hinterließen ihre Spuren. Nach der ersten, der Einführung der Dampfmaschine seit Ende des 18. Jahrhunderts, setzte die zweite industrielle Umwälzung zum Ausgang des 19. Jahrhunderts ein. Ab diesem Zeitpunkt blühte die Elektrotechnik mit Niederspannungs- und Antriebstechnik auf. Nicht zu Unrecht wurden deshalb die letzten 100 Jahre als das «Jahrhundert der Elektrizität» bezeichnet [1.21]. Vorbereitet vom Transistor (William Shockley, 1947), beflügelt vom ersten integrierten Schaltkreis 1958, führte der erste, 1971 vom Intel-Gründer Robert Noyce entwickelte Mikroprozessor zur «dritten industriellen Revolution». Der unaufhaltsame Siegeszug der Mikroelektronik begann. Zusammen mit Fortschritten bei der Leistungselektronik trug sie entscheidend dazu bei, dass sich auf dem Gebiet der prozessnahen Elektrotechnik der heutige hohe Stand einstellte. Nicht zu vergessen sind aber auch die im gleichen Zeitraum erzielten Fortschritte in den klassischen Bereichen der Elektrotechnik. Verbesserte Magnetmaterialien, effizientere Kühlmethoden, leistungsfähigere Stromübertragung mit Bürsten und Transformatoren lieferten einen der Elektronik adäquaten Anteil. Quantitativ verdeutlicht z. B. das Leistungsgewicht von Asynchronmaschinen die Erfolge. Ausgehend von ca. 90 kg/kW sank es innerhalb des letzten Jahrhunderts um mehr als das Zehnfache.

Diesen Entwicklungsschritten passte sich der zulässige Höchstwert der Niederspannung an. Die erreichten Spannungsebenen folgten etwa den drei «industriellen Umbrüchen» (1825: 250 V, 1919: ≤500 V, 1967: ≤690 V), weil die mit diesen Perioden immer verbundene Steigerung des Umsatzes elektrischer Leistung zum Erhöhen der Bemessungsspannung der Leistungsträger zwang. Nur so waren die statische (Nenn-/Bemessungswert) und dynamische (Kurzschlusswert) Stromtragfähigkeit von Kabeln, Leitungen, Schienen u. a. wirtschaftlich auszunutzen und die Übertragungsverluste zu begrenzen.

Besonders anschaulich machen den in den letzten 50 Jahren erreichten Fortschritt verschiedene, der Antriebstechnik und Leistungselektronik gewidmete Zeitschriften [1.23], flankiert von wichtigen thematischen Veröffentlichungen [1.24–1.29].

Vergleicht man Arbeits- und technische Welt der Gegenwart mit dem Ausgang des 19. und der ersten Hälfte des 20. Jahrhunderts, ist wohl technisch, technologisch sowie organisatorisch nichts beim Alten geblieben. Wichtige Meilensteine der vergangenen Entwicklung sind in Tabelle 1.2 zusammengestellt. Von dem rasanten Aufschwung der Informationstechnologie ab ca. 1990 – diese Periode wird auch als sechster Kondratieff-Zyklus bezeichnet [1.47] – wurden Niederspannungs- und Antriebstechnik sehr stark beeinflusst.

1.6 Technische Vorbereitung

Um die Niederspannungsanlage bzw. die an sie angeschlossenen Lasten und die Motoren bzw. Antriebe, die gleichfalls von einer NSA gespeist werden, bedarfsgerecht, sicher und zuverlässig mit Elektroenergie zu versorgen, sollten sämtliche Anforderungen der Verbraucher für Normalbetrieb und Schutz in Verbindung mit den Umgebungsbedingungen am Einsatzort sowie alle Daten des Netzanschlusspunktes bekannt sein. Deshalb muss der künftige Betreiber (Kunde) dem Lieferer bzw. Planer/Projektanten die notwendigen Angaben z.B. in Gestalt einer detaillierten Spezifikation nach Tabelle 1.3 übergeben, damit die technisch optimal angepasste und kostengünstigste Anlage projektiert und gebaut werden kann. Reserven sind nur dann zu verlangen, sofern sie später tatsächlich genutzt werden. Der Entstehungsvorgang (Bild 1.2) ist weitgehend formalisiert. Als Zeitabschnitt von der technischen Vorbereitung bis zur Aufnahme des Normalbetriebes unterscheidet er sich bei

Tabelle 1.2 Für die Entwicklung von Niederspannungs- und Antriebstechnik wichtige historische Meilensteine

Niederspannungs-anlagen	Elektrische Maschinen	Stelltechnik/ Leistungselektronik	Steuerungs-/ Regelungstechnik	Antriebstechnik
1890 Drehstrom-Verteilung mit viertem Leiter (Dolivo-Dobrovolski, M. v.)	**1866** Dynamo-elektrisches Prinzip (Werner v. Siemens)	**1882** Richtwirkung des Lichtbogens (Jamin, J.; Maneuvrier, G., USA)	**>1920** Einführung der Antriebsregelung (Leonhard, A.; Schwerpunkt: Gleichstromantrieb)	**1891** Leonhardschaltung (Leonhard, H.W.) elektrotechnische Ausstellung Frankfurt/M. (komplette Kraftübertragung mit Drehstrom-Asynchronmotoren, elektrisch angetriebene Werkzeugmaschinen, Gleichstrommotoren-Baureihe kleiner Leistung)
1896 Erste Sicherheitsvorschriften für Starkstromanlagen (VDE, EV Berlin)	**1872** Trommelanker (Friedrich v. Hefner-Alteneck)	**1902** Quecksilberdampf-Gleichrichter im Glasgefäß (Hewitt P. C., USA)	**>1938** Dreielektrodenkristall (Pohl/Hirsch, Uni Göttingen)	**1901** Ilgner-Schwungradumformer (C. Ilgner)
1900 Beginn von Typisierung und Normung (Siemens & Halske)	**1885** Drehfeld mit mehrsträngiger Wicklung (Ferraris, Galileo; Tesla, Nicola)	**1908** Quecksilberdampf-Gleichrichter im Eisengefäß (Hewitt P. C., USA)	**1947** Gc-Transistor (Shockley/Bardeen/ Brattain)	**1905** Breiteneinsatz des Zentralantriebs mit «Königswelle» und Transmission
1907 Diazed-Sicherung (Klement/SSW, Perls/AEG)	**1887** Synchronmaschine	**>1910** nichtsteuerbare Kristallhalbleitergleichrichter (Kupferoxidul, Selen)	**1954** Si-Transistor (Texas Instruments)	**>1920** Eigenständigkeit innerhalb der Elektrotechnik
1908/10 Erstes gekapseltes Verteilersystem (AEG)	**1888** Drehfeld (Ferraris)	**1927** Gittersteuerung (seit 1903 durch Thomas, P. H., USA, bekannt)	**1958** Integrierter Schaltkreis (Kilby/Noyce, Texas Instruments/ Fairchild Semiconductors)	**>1940** Geburtsstunde der modernen Antriebstechnik [1.29]
1923 Sicherungsautomat (Stotz, BBC)	**1889** Dreiphasiger Asynchronmotor (Dolivo-Dobrovolski, M. v.)	**>1940** einanodige Gefäße	**>1940** Leistungsverstärkung mit Thyratrons	
	1891 Drehstrom-Kommutatormotor (Görges)	**>1949** Transduktor-/ Magnetverstärkertechnik (stromgesteuert)	**>1970** Einführung der integrierten Operationsverstärkertechnik	
	1901 Ständergespeiste Kommutatormaschine (Heyland, A.H.)	**1951** Vierschicht-Si-Halbleiter (Shockley, W., USA)	**1971** 4-bit-Mikroprozessor (Noyce, Intel)	
	ca. 1902 Transversalflussprinzip (W. M. Modey, Brush Company)			

Tabelle 1.2 *(Fortsetzung)*

Niederspannungs-anlagen	**Elektrische Maschinen**	**Stelltechnik/ Leistungselektronik**	**Steuerungs-/ Regelungstechnik**	**Antriebstechnik**
	1903 Leonard-Satz **1929** Asynchronmotor mit Doppelstabläufer **>1975** Scheibenläufer-motor **1990** Transversalfluss-maschine, geschaltete Reluktanz	**1952** Ge-Leistungsdiode (General Electric; spannungs-gesteuerter Transduktor) **1957/1958** Thyristor (RCA, General Electric, Westing-house-USA; Mitsubishi-Japan) **1960** Gleichstromantriebe mit Thyristoren **>1964** Leistungstransistor **1961** GTO-Thyristor (USA) **1965** Begriff Leistungselekt-ronik (Brown Boveri) **1965** HGÜ (Thyristoren mit sehr hoher Sperrspannung) **>1967** Fertigungsende von Quecksilberdampf-Stromrichtern **>1980** IGBT	**1971** Prinzip der Feld-orientierung für Dreh-strommaschinen (Blaschke, F.) **>1980** Wirtschaftl. Einfüh-rung der digitalen Mikro-prozessortechnik (erster mikroprozessorbasierter Drehstromantrieb auf der INTERKAMA 1980)	**>1930** MW-Antriebe mit Qeucksilber-Dampf-Stromrichtern (Schwerpunkt Walzwerke) **1968** Erste Integration von Motor (Gleichstrom) und Stromrichter **1965–1980** Grund-legende Arbeiten zum Drehstromantrieb (Blaschke, Abraham, Leonhard u.a. – PWM, Feldorientierung usw.) **1979** Exxon-Konzept (Pumpenregelung mit frequenzgesteuertem Asynchronmotor ACS) **>1988** Ablösung der «Königswelle» durch dezentrale Mehr-motorenantriebe

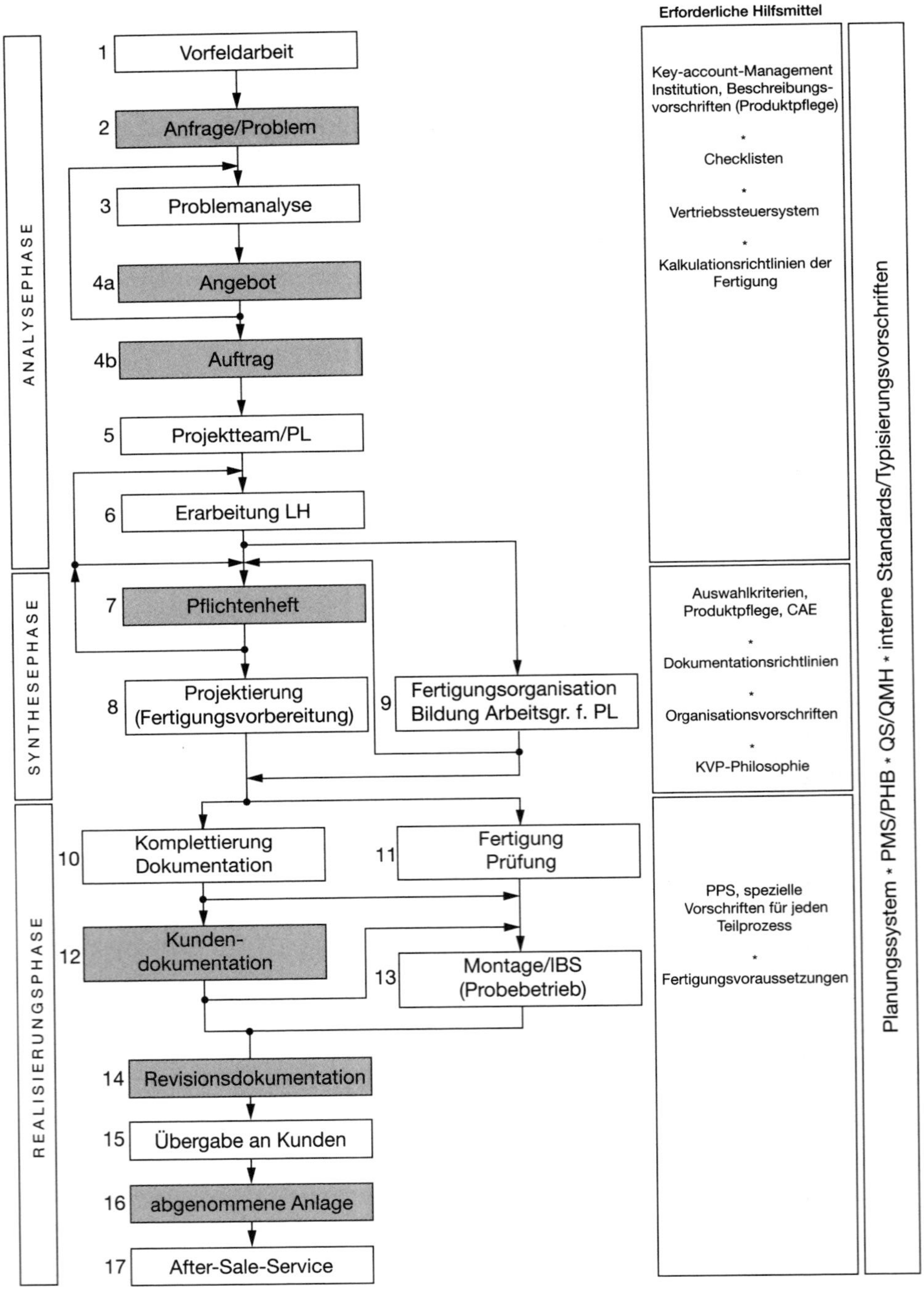

Bild 1.2 Entstehung einer Niederspannungs- und Antriebsanlage

Niederspannungs- und Antriebsanlagen nur in an dieser Stelle unerheblichen Details. In den drei Etappen

- Erarbeiten der widerspruchsfreien und z.T. formalisierten Aufgabenstellung (Analyse),
- Entwurf bzw. Projektierung (Synthese),
- Realisierung

sind die beiden, gelegentlich divergierenden Rahmenziele – Sicherung der Produktivität beim Produzenten sowie Erfüllung der Kundenaufgabenstellung – zu erreichen [1.30; 1.31]. Im gezeigten Ablaufschema interessieren den Kunden vordergründig nur der analytische Teil und die Realisierungsphase. Beide Etappen sind inhaltlich verbunden, die Güte des entstehenden Produktes hängt von der Qualität der Aufgabenstellung ab. Außerdem enthält die Vorgabe die Wünsche des Kunden hinsichtlich der Anforderungen an sein Betriebspersonal sowie bezüglich der Dokumentation (vgl. Abschnitte 2.6.2, 13.4). Die von beiden Seiten erarbeitete und bestätigte Aufgabenstellung gilt somit als Grundvoraussetzung zur Verständigung zwischen beiden Partnern sowie für den späteren zuverlässigen, bestimmungsgemäßen Betrieb des nachgeordneten technologischen Prozesses.

Die allgemeine Tendenz zum Rationalisieren der kostenintensiven Ingenieurarbeit – Kostenanteile werden vom Liefergegenstand auf ingenieurtechnische Service- und Softwareleistungen verlagert – führt in allen Bereichen zu veränderten Tätigkeitsmerkmalen (z.B. neuartige Inbetriebsetzungswerkzeuge, veränderte Bedienung, Überwachung u.a.) und Qualifikationserfordernissen [0.1]. Davon bleibt auch der Betreiber nicht unberührt, obwohl natürlich der Hersteller immer bestrebt ist, seinem Kunden Spezialwissen zu ersparen.

Die Genauigkeit der Einzelangaben nach Tabelle 1.3 beeinflusst als Grundlage der Ausführungsplanung das technische und kommerzielle Ergebnis. Zum Vereinfachen und Realisieren der fehlerfreien Projektierung stehen Hilfsmittel bereit, zu denen der Hersteller meist auch seinen Kunden Zugang ermöglicht. Neben den im Ablauf (Bild 1.3) genannten Instrumentarien zählen dazu:

- Listen, Kataloge,
- Planungshilfen (z.B. zum Einhalten der Grenzübertemperatur, Extrapolationsverfahren zum Ermitteln der Kurzschlussfestigkeit nicht typgeprüfter Sammelschienensysteme nach DIN IEC 61 117/VDE 0660 Teil 0509),
- Projektierungswerkzeuge (z.B. Eplan, Promis, ELCAD, unternehmensspezifische Werkzeuge wie DOC [1.48], KUBS [1.49]).

Den Strukturentwurf zum Lösen der Gesamtaufgabe (z.B. Bild 2.17), Ausführung und Aufteilung in Funktionen, die Gehäusebestückung (u.a. Überprüfung der thermischen Zulässigkeit), das Bemessen von Kabeln und Filtern, das Berechnen von Kurzschlussströmen, Leistungsschalter-Auswahl und Selektivitätsfestlegung, die Analyse des Anlassvorgangs von Motoren u.v.a. unterstützen solche Programme. Darüber hinaus liefern die Software-Werkzeuge Zeichnungen und Stücklisten, übertragen automatisch Änderungen von einer Unterlage auf andere Dokumentationsteile, überprüfen die verschiedenen Bestandteile auf Widerspruchsfreiheit und vergeben Nummern und

Tabelle 1.3 Aufgabenstellung des Lieferanten (Beispiel NSA)

a) Deckblatt Jede Position ist durch Angaben hinsichtlich elektrischer und mechanischer Funktionen, der Sicherheits- und Qualitätsforderungen, der Netzbedingungen, der Bedienung sowie der zu beachtenden Normen und Vorschriften zu ergänzen. Anforderungsspezifikation für Projekt Nr. xxxx Name: xxx ❑ Liste der zu beachtenden Unterlagen und Standards, Vorschriften, technischer Kundenspezifikationen usw. ❑ Technische Daten (auch Abmessungen, Bauform, Kühlung, Signalisation) ❑ Funktionelle Anforderungen (Schutz, Automatisierung, Zubehör, Ersatzteile) ❑ Einspeisung ❑ Kupplung ❑ Abgänge, Motorstarter ❑ Unterverteilungen ❑ Spezifische Forderungen (Blindleistungskompensation, Filter u. a.) ❑ Stückzahlen/Mengenangaben
b) Detailforderungen/-beschreibungen **Betriebs-, Umgebungs- und Aufstellungsbedingungen** ❑ mechanische Beanspruchung ❑ Schutzart ❑ Umgebungs-, Klimabedingungen ❑ Abmessungen (Sockel) ❑ Kapselung (Metall, Kunststoff) ❑ Korrosionsbeanspruchung ❑ Bauform ❑ Aufstellungsart und Raum am Einbauort, Zugänglichkeit, Tür ❑ Transporteinheiten ❑ Geräteeinbau, interne Verdrahtung, Steuerleitungen (Farbe, Querschnitt, Verlegung) ❑ Bezeichnungen/Aufschriften
Elektrische Bedingungen ❑ Übersichtsschaltbild ❑ Umfang und Ausführung der Dokumentation ❑ Bemessungs-Betriebsspannung und -Frequenz, Netzform ❑ Schutzmaßnahmen (inklusive Sondermaßnahmen wie Lichtbogenschutz usw.), bei Umrüstung/Erweiterung, Geräteausfall ❑ Einzuhaltende Standards, Vorschriften, Kundenspezifikationen usw. ❑ Einspeisung (Kabel, Schiene), Lage ❑ Abgangskabel, Lage ❑ Bemessungsströme ❑ Kurzschlussfestigkeit ❑ Haupt- und Verteilsammelschienen (Anzahl, Lage, Zugänglichkeit, Schrumpfschlauch usw.) ❑ Hauptgeräte ❑ Abgänge (Anzahl, Bestückung, Bemessungswerte, Schutz u. a.) ❑ Liste von zugelassenen, auditierten Vorzugslieferanten von Betriebsmitteln ❑ Steuerspannung, Hilfsschienensystem ❑ Belastungs-, Gleichzeitigkeitsfaktoren ❑ Bestückungsreserve für Abgänge ❑ Bedienung ❑ Kommunikationsart ❑ Meldungen ❑ Kennzeichnungen ❑ Zusatzdokumentation
Projektierungshilfsmittel

Bild 1.3
Zur Abwicklung des Projektes

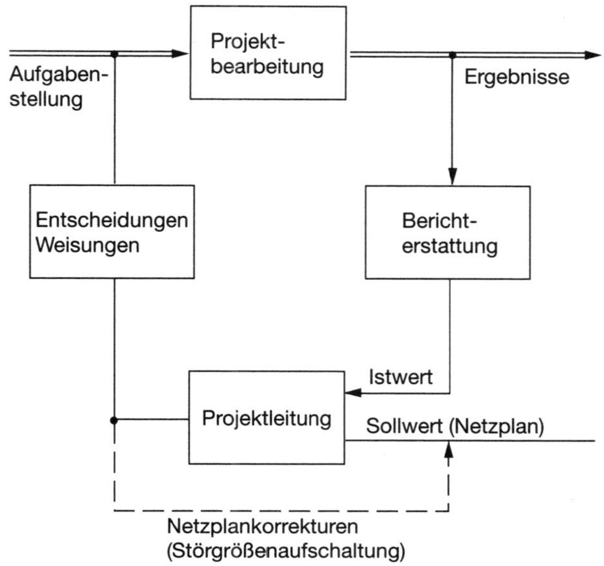

Bezeichnungen selbsttätig. Die Datenausgabe kann in wählbaren Formaten erfolgen, um die flexible Lesbarkeit unter anderen, beim Nutzer vorhandenen Systemen zu gewährleisten. Solche Tools verarbeiten kombiniert grafische, technische, logische, verschiedentlich selbst kaufmännische Informationen und legen selbsttätig Bibliotheken von Produktdaten, Symbolen und Funktionseinheiten an, die effizient für neue Projekte wieder verwendet werden können. Oft werden darüber hinaus Schnittstellen zu Produktionsplanungssystemen (PPS wie SAP/R3) sowie zum Vervollständigen der systemeigenen Unterlagenordnung für Dokumentenverwaltungssysteme (DVS) geboten. Z.T. sind solche Werkzeuge so mächtig und leistungsfähig, dass jedem über Grundkenntnisse verfügenden Nutzer die fehlerfreie Planung der eigenen NSA oder des gewünschten Antriebs in kurzer Zeit möglich wird (z. B. SIMARIS deSign [1.32; 1.33], StrieCAD [1.34], SINAMICS/SIZER+STARTER [1.49]).

Wie bei allen technischen Vorhaben überhaupt ist auch bei Projekten der Niederspannungs- und Antriebstechnik (vor allem großer Leistung mit vielen verteilten Komponenten) der durch Vertrag vorgeschriebene Zeit- und Kostenrahmen durch eine Projektleitung auf den Partnerseiten sicherzustellen (Bild 1.3). Zu den Pflichten des Projektverantwortlichen gehören die Fähigkeiten der Liste in Tabelle 1.4 [1.31]. Ein Netzplan oder ein vergleichbares Instrument unterstützt bei dieser Aufgabe. Diese übersichtliche, topologische Kontrollhilfe des Projektmanagers kennzeichnet den kritischen Weg der Abwicklung und die Arbeitsabschnitte mit den größten Unsicherheiten. Unterlassungen in der Organisation des Ablaufs werden vielfach mit Terminverzögerungen, Kostenanstieg und Qualitätsverlusten bezahlt. Die zu beherrschende, komplizierte Situation kann mit GOETHE treffend beschrieben werden: «*Es gilt auch hier, was bei vielen menschlichen Unternehmungen gilt, dass nur das Interesse Mehrerer auf Einen Punkt gerichtet Vorzügliches hervorzubringen im Stande sey.*» [1.35]

Tabelle 1.4 Aufgaben des Projektverantwortlichen

- ❑ Übernahme und Überprüfung der Auftragsunterlagen
- ❑ Genaue Auftrags-(nach-)kalkulation
- ❑ Terminplanung mit Risikoabschätzung
- ❑ Projektstart (Kick-off-Meeting; Festlegen der Teilnehmer der regelmäßigen Kontrollzusammenkünfte, Klarstellung der Termin- und Kostenziele, der Verantwortlichkeiten, von Pflichten u. a.)
- ❑ Überwachung der Materialbestellung (Vereinbarung und Überwachung AQL-Wert usw.)
- ❑ Kontrolle der Beistellungen
- ❑ Veranlassen/Überwachen Claim-Management (schriftliche Bestätigung durch den Kunden der kostenpflichtigen Zusatzleitungen, die über den Vertrag hinausgehen)
- ❑ (ggf.) Auslösen von Montage- und Inbetriebsetzungsaufträgen
- ❑ Projektcontrolling
- ❑ Auftragsbearbeitung mit (z. B. wöchentlichem) Check der Abwicklungstermine und Maßnahmen bei Rückständen sowie Berichterstattung an den Vorgesetzten
- ❑ Genehmigungszeichnungen
- ❑ Bereitstellung der Dokumentation
- ❑ Qualitätskontrolle
- ❑ Überwachung von Versand, Montage und Inbetriebsetzung
- ❑ Revisionsdokumentation
- ❑ Vorbereitung und Durchführung der Abnahme durch den Kunden
- ❑ After-sale-Aktivitäten (Bearbeitung von Reklamationen, Kulanzaufträgen u. a.)

1.7 Einfluss des WWW

Niederspannungs- und Antriebstechnik unterliegen gleichfalls dem Einfluss des World Wide Web (Web-Technologie). Neben Fernsteuerung, -überwachung und Teleservice (vgl. Abschnitt 3.3 und Kapitel 14) stehen die so genannten e-Technologien im Blickpunkt. Zu den neuen Arbeitstechniken gehören neben e-learning [1.36] und e-manufacturing der elektronische Geschäftsverkehr e-commerce bzw. e-business. Die veränderte elektronische Lernkultur e-learning nutzt zum einen natürlich das Internet, zum anderen dominiert weiterhin Computer-based-Training (CBT), bei dem das Lehrmaterial auf CD und/oder DVD gespeichert ist. Beide Plattformen liefern gleichermaßen die notwendige Ruhe für die Weiterbildung.

Hinter Electronic Commerce (e-commerce) verbirgt sich der Handel mit Gütern und Serviceleistungen über das Internet [1.37–1.41]. Kauft auf diesem Weg ein privater Verbraucher, spricht man von Business-to-Customer (B2C). Business-to-Business (B2B) umschreibt den an dieser Stelle relevanten elektronischen Handel zwischen Unternehmen, der damit einhergehende Bezahlmodus heißt e-cash. Die Bestellung kann per e-mail, aber auch telefonisch abgesetzt werden. Diese neuartige Geschäftsbeziehung bringt für beide Partner Vorteile (Tabelle 1.5). Für den Kunden erhöhen sich Markttransparenz und die Zahl der Anbieter. Produkte von Herstellern, die auf traditionellem Vertriebsweg nicht verfügbar wären, vergrößern die noch individuellere Auswahlmöglichkeit aus einem umfassenderen Angebot. Für den Lieferanten verringern sich mit dem neuen Vertriebsweg die Eintrittsbarrieren in den Markt. Mit deut-

Tabelle 1.5 Mehrwerte durch e-commerce

Kundenvorzüge	Lieferantenvorzüge
Transparenterer Markt	Größerer Kundenkreis
Größere Auswahlmöglichkeit zwischen mehr Wettbewerbern	Niedrigere Markteintrittsbarrieren Geringerer Vertriebsaufwand
Übersichtliches Produktsortiment mit Suchfunktion	Engerer Kundenkontakt
Einfacher und schneller Bestellvorgang (Übersichtliche Eingabe, Beschränkung auf das Kernproblem, Bestellung per e-Mail oder Telefon)	Intensivere, kostengünstigere Erzeugnis- und Kundeninformation Kundenfreundlicherer Service
Bequeme Zahlungsweise (auch per Kreditkarte)	Aussagefähigere Datenrückmeldung
24/48-h-Stunden-Anlieferung	
(Z. T. kostenfreier) Download der Dokumentation in der Wunschsprache	
Knappe, verständliche Installationshinweise	
Antworten auf häufig gestellte Fragen (FAQs, Frequently Asked Questions)	
Service-Hotline	
Verschlankung der Organisation bei gleichzeitig kostenoptimaler Prozessgestaltung	

lich niedrigerem Aufwand, aber größerem Informationsangebot und schnellerem Informationsaustausch erreicht der Unternehmer einen ausgeweiteten Kundenkreis. Zwischen Kunden und Lieferanten wird die partnerschaftliche Zusammenarbeit in den Bereichen Projektmanagement, Service sowie Beschaffung verbessert. Dabei sind die Vorzüge der elektronischen Angebotsabgabe wie Schnelligkeit, geringerer Aufwand u.Ä. ein weiterer, wichtiger Anwendungsaspekt. Trotz netzgebundener, «papierloser» Offerte entfällt der Aufwand für den Kunden, Anbieter zu vergleichen, nicht. Die verantwortungsvolle und zeitintensive Hürde beseitigt erst ein so genannter «Marktplatz», auf dem sich Produkte verschiedener Hersteller gleichberechtigt und neutral versammeln. Ausgehend von einer bestimmten Aufgabenstellung kann mit seiner Hilfe das dazu passende Angebot einer Vielzahl von Produzenten/Anbietern technisch und preislich unmittelbar verglichen werden. Lediglich ein «Mausklick» führt zur leistungsfähigsten und/oder preisgünstigsten Variante, die allerdings immer noch aus dem «Lagerregal» geholt werden muss.

Insgesamt lassen sich mit Hilfe des Web Geschäftsprozesse schneller und kostenärmer abwickeln, die Partner rücken ortsunabhängig zum beiderseitigen Vorteil enger zusammen.

Dass bei allen Aktivitäten jeder Teilnehmer von dem gründlichen Schutz der von ihm übermittelten bzw. empfangenen Daten auszugehen hat, ist sicher selbstverständlich, deswegen aber nicht einfach zu verwirklichen, zumal Pannen mit einem nur schwer zu beseitigenden Vertrauensverlust verbunden sind.

Einen wichtigen Schritt beim Ausbau des Electronic Commerce bedeutet seine Fähigkeit, nicht nur bestimmte Produkte auszuwählen und zu bestellen, sondern zusammengesetzte, funktional sehr komplexe Erzeugnisse inklusive notwendiger Serviceleistungen am eigenen PC zu konfigurieren [1.39]. Hierbei muss die Zusammenarbeit mit dem Besteller auf elektronischem Weg fehlerfrei funktionieren, damit der Lieferant seinen Unterstützungspflichten wirksam nachkommen kann. Nicht immer wird der Besteller nämlich ausreichend qualifiziert sein, die widerspruchsfreie Aufgabenstellung (vgl. Bild 1.2) als Voraussetzung für die Konfiguration des Produktes (Hardware und Software) mit allen nutzbaren Optionen selbstständig zu formulieren. Abschließend kann der Kunde seine Bestellung direkt in der Fertigung auslösen und gleichzeitig den Fertigungsfortschritt kontrollieren. Vorausgesetzt sind natürlich internetfähige Fertigungsstraßen, Einzelgeräte bzw. -maschinen. Die damit einhergehende, bruchlose Zusammenarbeit von Konstruktion/Projektierung, Fertigungsplanung und Produktion macht kleinste Losgrößen bei minimaler Durchlaufzeit wirtschaftlich.

Dass trotz dieser Vorzüge e-commerce sehr überschätzt wurde, zeigt das tatsächliche Einkaufsvolumen. Gegenwärtig bleibt es mit <10 % des Gesamtpotenzials deutlich hinter den Erwartungen zurück. Nur wenige Web-Shops für den Online-Einkauf haben sich behauptet (z.B. [1.42; 1.43]). Trotzdem gehört dem elektronischen Geschäftsverkehr die Zukunft. Als potenziell alle staatlichen Grenzen überschreitende, kommerzielle Interkommunikation treibt e-business die Globalisierung vor allem dann voran, wenn die Unternehmensstruktur des Lieferanten so aufgebaut ist, dass Fertigung und Auslieferung des gewünschten Produktes in der Nähe der Lieferadresse erfolgen können. Als Vorstufe bewährte sich das elektronische Lieferantenverzeichnis (z. B. [1.44]).

1.8 Künftige Aufgaben

Zweifellos ist in der Niederspannungs- und Antriebstechnik ein sehr hoher Stand erreicht. Trotzdem gilt es, dieses Niveau zu verbessern, die bestehende Umbruchsituation vollständig zu nutzen. Daraus leiten sich für die Zukunft Themen ab, die eine Verbesserung bzw. Vervollkommnung der bestehenden Lösungen versprechen:

- Wirkungsgrade zum Schonen der Ressourcen,
- Zuverlässigkeit und Verfügbarkeit (Redundanz),
- EMV und Umweltverträglichkeit,
- Bauvolumen und Materialeinsatz,
- Dezentralisation der Komponenten,
- Drehzahl-Stellbereich und Beschleunigungsvermögen,

- Inbetriebsetzung sowie Anpassung an die Arbeitsmaschine,
- System-, Integrations- und Kommunikationsfähigkeit,
- Projektierung,
- «Intelligenz» durch Übernahme zusätzlicher technologischer, Diagnose-, Bedien- u. a. Funktionen,
- Kompatibilität mit dem Internet,
- Komplettierungsgrad und Schlüsselfertigkeit,
- Kundenorientierung mit zugeschnittenen Anlagen und Serviceleistungen,
- Schutz und Sicherheit.

Dieser Katalog zielt auf eine noch engere Zusammenarbeit zwischen Elektrotechnik, Elektromaschinenbau, Maschinenbau, Leistungs- und Informationselektronik sowie der Kommunikationstechnik. Das wirkliche Erreichen einer solchen mechatronischen Zielstellung beeinflussen letztendlich entscheidend die Anwender der Niederspannungs- und Antriebstechnik. Ihnen obliegt nämlich die Pflicht, hartnäckig und unnachgiebig Forderungen im Sinne o. a. Aufgaben zu formulieren und durchzusetzen.

Teil I
Niederspannungstechnik

2 Niederspannungs-Schaltgerätekombinationen (Verteilungen und Anlagen)

2.1 Übersicht

Zur Niederspannung zählen die Betriebswerte

- ❑ Steuer- und Informationsspannung für Hilfsstromkreise ≤60/230 V AC/DC,
- ❑ Gebäudetechnikspannung für Hauptstromkreise ≤230/400 V AC/DC,
- ❑ Industriespannung für Hauptstromkreise ≤400/690 V AC/DC.

Gegenwärtig beginnt die Diskussion einer Ausdehnung auf 2000 V AC [1.45], was zu einer Betriebsspannung von ca. 1250 V führen würde. Das Wachstum des Verbrauchs elektrischer Energie ließe sich mit solcher Erhöhung besser beherrschen, weil die erneute Senkung der Querschnitte von Übertragungsmitteln deutlich die Investitionskosten bei Größtanlagen (z. B. im Schiffsbau, bei Off-shore-Installationen, in der Material und/oder Rohstoffe erzeugenden Industrie) vermindern wird. Wie bei der Einführung höherer Bemessungsspannungen in der Vergangenheit ist natürlich davon auszugehen, dass auch für den neuen Wert die passfähigen Betriebsmittel mit vertretbarem Aufwand bereitgestellt werden.

Die Forderungen an Verteilungen und Anlagen sind unter dem Oberbegriff Niederspannungs-Schaltgerätekombination in der Grundnorm DIN EN 60 439-1 (VDE 0660 Teil 500), IEC 60439-1:1999 [2.2–2.4] umfassend hinsichtlich

- ❑ Begriffen,
- ❑ Einteilung,
- ❑ Kennzeichnung,
- ❑ Betriebs- und Umgebungsbedingungen,
- ❑ Bauanforderungen,
- ❑ Herstellerprüfungen,
- ❑ verbindlicher nachgeordneter Bestimmungen

definiert. Danach versteht man unter einer Schaltgerätekombination (SK) die «Zusammenfassung eines oder mehrerer Niederspannungsschaltgeräte mit zugehörigen Betriebsmitteln zum Steuern, Messen, Melden und den zugehörigen Schutz- und Regeleinrichtungen usw., unter Verantwortung des Herstellers komplett zusammengebaut, mit allen inneren, elektrischen und mechanischen Verbindungen und Konstruktionsteilen».

Alle folgenden Ausführungen stützen sich auf diese Norm, die die hier nicht behandelten Installationskleinstverteiler und Zählerplätze ausschließt.

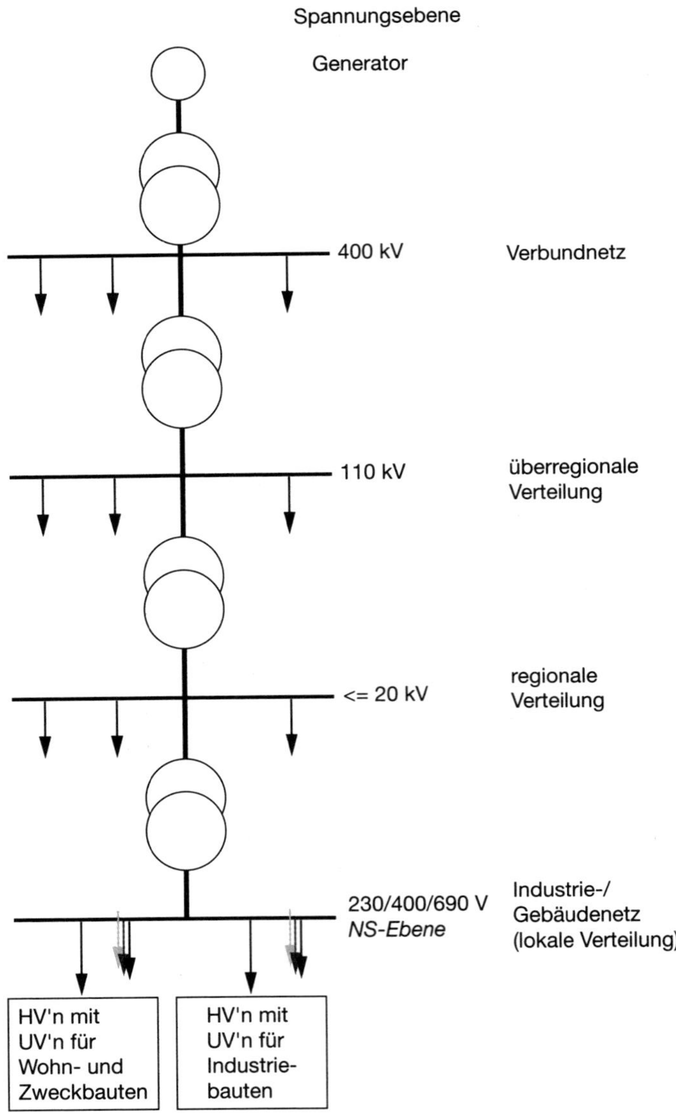

Bild 2.1 Struktur der Energieverteilung
HV Hauptverteilung
UV Unterverteilung
Antriebe werden aus HV oder UV versorgt. Große Leistungen besitzen oft eine dem Antrieb direkt zugeordnete NSA, erhalten ihre Energie aber auch gelegentlich direkt aus dem MS-Netz

2.1.1 Einordnung in die Energieversorgung

NSA/NS-SK, auch als Verteiler bezeichnet, setzen zusammen mit elektrischen Motoren bzw. Antrieben die in der Leit- und Steuerungstechnik (PLT) errechneten Signale in leistungsstarke Aktionen (z. B. Schaltvorgänge, Bewegungsabläufe, Schutzfunktionen) um. Wirtschaftlich und funktionell gleichrangig mit der PLT sind sie – wie Bild 1.1 zeigt – in unmittelbarer Prozessnähe angeordnet.

Energieversorgung beginnt an den Generatorklemmen im Kraftwerk und führt zum Motoranschluss bzw. zur Steckdose. Nach Bild 2.1 wird die Elektroenergie über Kabel und Freileitungen sowie über Transformatoren vom Erzeuger (Generator) über mehrere Spannungsebenen zum Verbraucher transportiert. Endgeräte arbeiten bevorzugt mit Niederspannung. Hauptsächlich dieser Bereich versorgt unmittelbar die Wirtschaft mit Elektroenergie. Auf seinem Niveau werden die technologischen Einrichtungen geschaltet, geschützt und überwacht. Zu den Konsumenten gehören Motoren bzw. Antriebe, aber auch Elektrowärme- und Klimageräte, Beleuchtungen, Magnetventile, elektrochemische Prozesse wie Akkumulatoren, Elektrolysen, Gebäudeinstallationen, Geräte zur Blindleistungskompensation u. a. Einrichtungen. Der Kompensation von Blindenergie im NS-Bereich fällt besonders aus umweltpolitischen Motiven eine enorme Bedeutung zu. Die mit dem Ausgleich erreichbare Absenkung des «Ballastes» vermindert Verluste auf dem gesamten Übertragungsweg (Bild 2.1). Größere Generatoren im Kraftwerk werden vermieden, genauso wie sich der Energieeinsatz zum Herstellen nun nicht mehr benötigter, überdimensionierter Betriebsmittel (Kabel, Leitungen, Transformatoren u. a.) reduziert. Insgesamt sinkt die zu erzeugende elektrische Energie signifikant. So kann eben selbst die Niederspannung einen nachhaltigen Beitrag zum Vermindern der CO_2-Emission sowie zum Einschränken des Treibhausgaseffektes leisten [2.101; 2.102].

Der **Hauptverteiler** (HV) erhält die Energie über ein Kabel oder eine Schiene direkt vom Transformator, um sie über ein internes Sammelschienensystem den Abzweigen zu den **Unterverteilern** (UV) den verschiedenen Verbrauchern zuzuführen (Bild 2.2). In den Hauptstromkreisen wird die Energie übertragen. Die Hilfsstromkreise dienen der Steuerung, Messung, Meldung, Informationsverarbeitung. Antriebe sehr großer Leistung besitzen meist eine eigene, nur ihm zugeordnete Schaltanlage.

2.1.2 Typgeprüfte und partiell typgeprüfte Schaltgerätekombinationen (TSK und PTSK)

Die Einteilung von NSA erfolgt nach Gesichtspunkten, die von technischen und wirtschaftlichen Erfordernissen bestimmt werden.

Hinsichtlich der **Verwendung** unterscheidet man zwischen Hauptverteilern/-schaltanlagen (für große Leistungen), Unterverteilern (für niedrigere Leistungen) und Schwerpunktlaststation (SLL). Letztere, angeordnet in Lastschwerpunkten von Industrieanlagen, aber auch großer Gebäude, bestehen aus einem direkt vom MS-Netz eingespeisten Trafo sowie einer NS-HV. Sie transportieren die Energie verlustärmer zum Verwendungsort. Großantriebe werden z. T. von einer SLL versorgt.

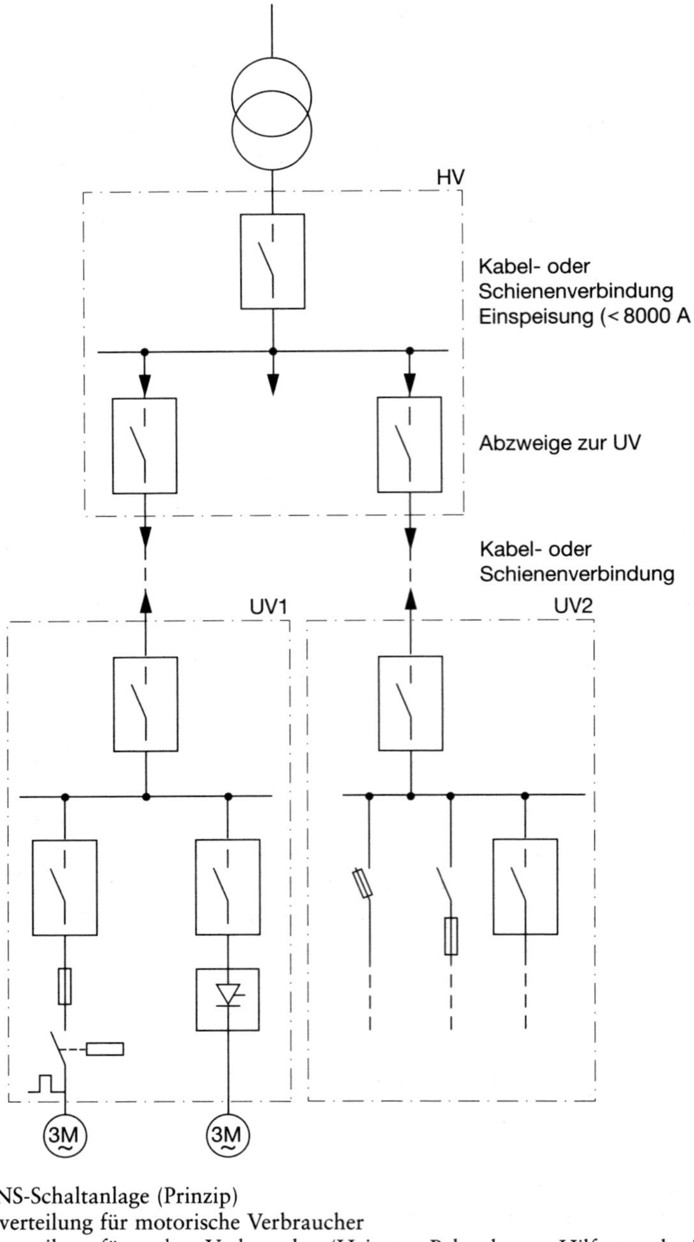

Bild 2.2 NS-Schaltanlage (Prinzip)
UV1 Unterverteilung für motorische Verbraucher
UV2 Unterverteilung für andere Verbraucher (Heizung, Beleuchtung, Hilfsstromkreise usw.)

Bild 2.3
Verteilungsstrukturen
→ Verbraucheranschluss
a) Punktverteiler (zentrale Energieverteilung, Sternstruktur)
b) Linienverteiler (dezentrale Energieverteilung, Busstruktur)

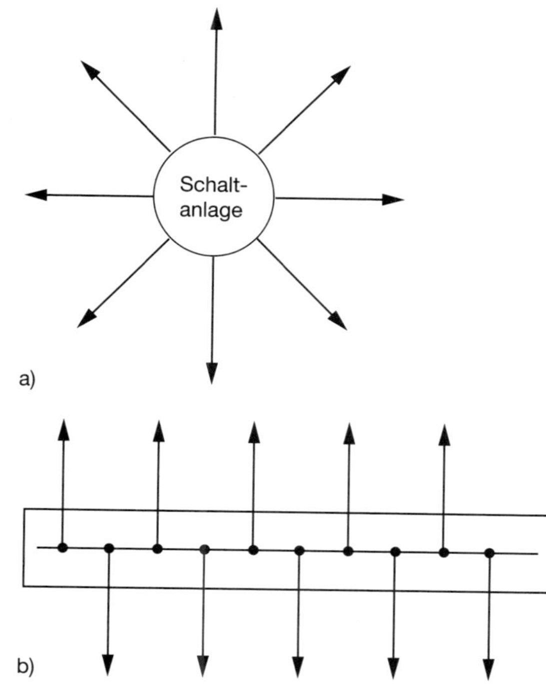

Steht die **Topologie** der Versorgungsstruktur (Bild 2.3) im Vordergrund, spricht man von Punkt- und Linienverteilern. Der Punktverteiler stellt eine Energiezentrale dar, von der die strahlenförmig entfernt angeordneten Verbraucher über Kabel versorgt werden. Linienverteiler sind Schienenverteiler (Abschnitt 2.4.2), die über einfache Kontaktierung (bei kleinen Leistungen im Installationsbereich) oder mittels abgesicherter Abgangskästen (bei größeren Leistungen) die Verbraucher speisen. Ein derartiger Energiebus bringt vor allem dann Vorteile, wenn die zu versorgende technologische Linie häufigen Änderungen unterliegt und die Verbraucher deshalb ihre räumliche Position zu wechseln haben.

Erfolgt die Unterscheidung der NSA nach **konstruktiven Gesichtspunkten**, gibt es geschlossene Schränke und Kästen. Offene Bauformen und Tafeln finden sich nur noch selten in bestehenden Anlagen, da mit solcher Ausführung die geforderten Schutzkriterien zu Berührungssicherheit u. a. nicht erfüllt werden können [2.1].

Schränke – oftmals als Felder bezeichnet – bestehen meist aus einer profilierten Rahmenkonstruktion mit Verkleidung. Ihr Inneres ist grundsätzlich gegliedert. Der einfachere Entwurf wird möglich. Nach Bild 2.4 existieren verschiedene Einbauräume, die nicht unbedingt körperlich gegeneinander abgegrenzt sind. Die Räume für die Sammelschienen nehmen entweder die die gesamte Anlage intern versorgende Hauptsammelschiene und/oder die Verteilschiene zum Anschluss von Verbraucherabgängen in Unterverteilern auf. Vorteilhaft ist die Lage des HSS-Raumes im Rücken des Feldes. Aus der

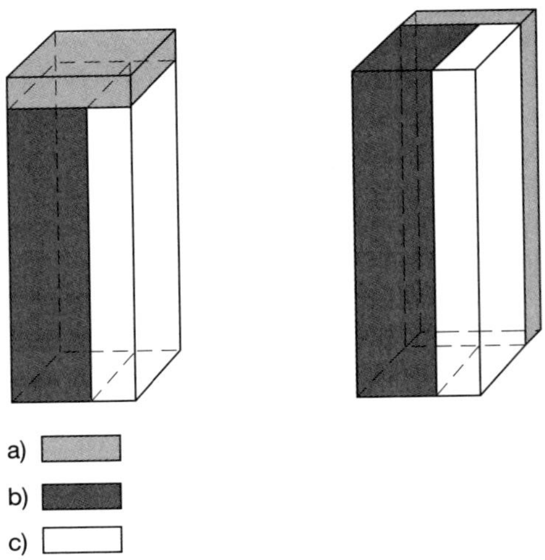

Bild 2.4
Einbauräume von Schränken/Feldern
a) Hauptsammelschienenraum
(oben liegend oder auf der Rückseite)
(Der nicht dargestellte Raum für die Verteilsammelschienen befindet sich auf der Rückseite oder seitlich.)
b) Geräteraum
c) Anschlussraum

dadurch entstehenden maximalen Entfernung zur Bedienseite folgt größtmöglicher Personenschutz. Die Wärme im Geräteraum wirkt nicht auf die Sammelschienen; zwei Schienensysteme für Doppeleinspeisung oder Rücken-an-Rücken-Aufstellung lassen sich bequem unterbringen.

Für den Ausbau des Geräteraumes haben sich die vier Ausführungsformen

- ❑ Festeinbau (FFF),
- ❑ Einsatztechnik (DFF),
- ❑ Schubeinsatztechnik (Stecktechnik, WFD),
- ❑ Einschubtechnik (WWW)

durchgesetzt. Ihre Buchstabenkennung legt die zutreffende Norm fest [2.2; 9]. Durch eine zusätzliche innere Unterteilung mit Trennwänden entstehen gegeneinander ggf. sogar abgeschottete Abteile (Compartments, vgl. Abschnitt 2.2.2.2), in denen die Einsätze untergebracht werden.

Bei **Festeinbau** werden die Betriebsmittel (Geräte) fix – z.B. mit einer Montageplatte – verschraubt, die meist den gesamten Geräteraum einnimmt und vom Gerüst getragen wird. Alle Zuführungen und Abgänge sind ebenfalls fest mit der Gegenseite verbunden. Der damit einhergehende Preisvorteil wird durch den erhöhten Aufwand beim Gerätewechsel (mit Spannungsfreischaltung usw.) erkauft.

Bei der **Einsatztechnik** werden auf kleineren, ebenso mit dem Schrankgerüst verschraubten Platten aus mehreren Betriebsmitteln bestehende Funktionseinheiten gebildet. Eine solche Baueinheit wird in einem Abteil untergebracht. Einspeisung und Verbraucherabgänge sind verschraubt oder geklemmt. Gegenüber der Variante Festeinbau kann im Störungsfall die komplette Funktionseinheit schneller gewechselt werden, außerdem steigert die damit verbundene Modularität die Flexibilität der NSA.

Schubeinsätze vermeiden die Nachteile der Einsatztechnik. Versorgungsseitig werden sie über Steckkontakte mit der Verteilsammelschiene verbunden, das Verbraucherkabel ist angeklemmt. Jede Baueinheit enthält einen Leistungsschalter oder einen Lasttrenner. Er trennt bei Bedarf vom Netz. Anschließend können die Schubeinsätze, ohne das Feld spannungslos zu machen, entfernt werden, sofern der Stecker für die Steuerstromkreise gezogen und die Verbraucherkabel abgetrennt sind. Die Einsatzpositionen Betrieb, Netztrennung, Prüfung werden in der Regel von Stellungsmeldern angezeigt.

Maximalen Komfort, geringste Qualifikation des Bedienungspersonals und größte Flexibilität verbunden mit höchstem Preis bietet die **Einschubtechnik**. Gegenüber dem Schubeinsatz sind alle Verbindungen steckbar ausgeführt, so dass im Störungs- oder Änderungsfall ein sehr schneller Austausch gleichfalls unter Spannung zulässig ist. Die Einschubstellungen erhält der Bediener ebenso gemeldet.

Einsätze und Einschübe gibt es für unterschiedliche Leistungen. Trotz der daraus resultierenden geänderten Abmessungen lassen sie sich gemeinsam in einem Feld unterbringen. Sind in einer Baueinheit – unabhängig von ihrer Steckbarkeit – alle für die Steuerung eines Motors benötigten Geräte vereinigt, spricht man von einem **Motor-Control-Center** (MCC).

Die endgültige Ausführung der Einsätze oder Einschübe kennzeichnet hersteller- bzw. systemabhängig große Unterschiede. Die gewünschten Eigenschaften sind deshalb exakt zu formulieren und zu kontrollieren (vgl. Abschnitt 1.6). Variationen ergeben sich aus dem Anschluss von Einspeisung und Verbrauchern sowie aus dem Zugang zum Anschlussraum. Die Energiezuführung zur Hauptsammelschiene der NSA kann mit Kabel oder Schiene, von oben, unten oder rückseitig erfolgen. Verbraucherabgänge sind vorder- oder rückseitig zugänglich.

Darüber hinaus werden NSA nach **funktionellen Gesichtspunkten** unterschieden. Technische Forderungen wie

- ❏ Bemessungsströme der Haupt- und Verteilsammelschienen,
- ❏ Bemessungsströme der Einspeisung,
- ❏ Bemessungsströme der Verbraucherabgänge,
- ❏ Kurzschlussfestigkeit der Sammelschienen,
- ❏ Schutz und Aufstellungsbedingungen mit
  - Schutzart,
  - Schutzmaßnahmen (gegen Überstrom, -temperatur, -spannung, direktes/indirektes Berühren),
  - Aufstellungsart (Wand, Rücken an Rücken, freistehend, Deckenhöhe usw.),
  - Werkstoff der Umhüllung (Metall/Blech, Kunststoff),
  - Umgebungsbedingungen (Temperatur, Feuchte, Luftdruck/Höhe)

zählen dazu.

Die ausgeführte **Qualität** der beschriebenen Schaltgerätekombinationen (SK) und ihrer Bauteile kann grundsätzlich sowohl als typgeprüft (TSK), aber auch als partiell typgeprüft (PTSK) eingestuft werden. Allerdings ist es nur bei Festeinbau-Anlagen zweckmäßig, sie nicht fabrikfertig (TSK), lediglich partiell typgeprüft zu liefern. Die überwiegende Mehrzahl der NSA besitzt die Eigenschaft TSK.

Beide Ausführungen werden auf Basis der Norm DIN EN 60 439-1 (VDE 0660 Teil 500), IEC 60439-1:1999 gebaut [2.2–2.4]. Da sie alle Fertigungsbedingungen festlegt, ist ein sehr hoher, dauerhafter Sicherheits- und Qualitätsstandard garantiert. Den Unterschied zwischen beiden Ausführungen bestimmt der Prüfzustand.

Immer dann ist eine SK typgeprüft (TSK), wenn die gelieferte Ausführung gegenüber dem durch eine unabhängige Institution physisch getesteten Ursprungssystem keine wesentliche Abweichung aufweist. Die Erfüllung aller Anforderungen ist an einer voll funktionsfähigen Anlage mit typischer Bestückung nachzuweisen. Die damit verbundene Festlegung des Herstellers auf bestimmte, typisierte oder standardisierte Bauteile/Komponenten erlaubt die Vorfertigung und deshalb kurze Lieferzeiten. Die während der Prüfung in der SK einbauten Geräte dürfen nur dann in der ausgeführten Anlage verändert werden, wenn dadurch lediglich unerhebliche Änderungen der Prüfergebnisse auftreten würden. Eine solche kostenaufwendige und umfangreiche Prozedur lohnt natürlich bevorzugt für eine Serienfertigung höherer Stückzahlen. Im Ergebnis dieser positiven Typprüfung wird im Werk vollständig mit hoher Wiederholgenauigkeit produziert und auf Fertigungsfehler geprüft, am Einsatzort lediglich montiert.

Zu den Bestandteilen der partiell typgeprüften, nicht fabrikfertigen Schaltgerätekombination (PTSK) zählen typgeprüfte und/oder nicht typgeprüfte Bauteile und Geräte. Auch für diese Gattung einer SK sind ohne Einschränkung alle verlangten Überprüfungen durchzuführen. Allerdings dürfen die Nachweise aufwandsärmer (i. Allg. rechnerisch, z. B. [2.24; 2.25]) durch Analogieschlüsse auf die Typprüfergebnisse der eingesetzten Bauteile und Geräte und beschränkt auf den betrachteten Fall geführt werden. Ein Unterschied zur TSK hinsichtlich Qualität und Sicherheit besteht nicht. Damit richtet sich diese vereinfachte Form der Qualitätskontrolle an SK kleiner Stückzahlen mit eng definierten Einsatzbedingungen. PTSK können vor Ort zusammengebaut werden. Im Gegensatz zur verbreiteten Meinung ist die Verantwortung für den Hersteller einer PTSK höher, da er sich nicht auf ein unabhängiges Zeugnis einer dritten Stelle stützen kann.

Einzelheiten zum Prüfumfang sind in Abschnitt 2.6.1 zusammengefasst (Tabelle 2.16).

2.1.3 Forderungen, Auswahlgesichtspunkte

Eine NSA hat wegen der unterschiedlichen Bezieher einen sehr weiten Einsatzbereich abzudecken. Die daraus folgenden Forderungen nach

- Anpassungsfähigkeit an geänderte technologische Bedingungen beim Nutzer und Fortschritte in der Niederspannungstechnik,
- Betriebs- und Personensicherheit,
- Bedienerfreundlichkeit,
- Qualität,
- Betreuung vor und nach dem Kauf

können wirtschaftlich ausschließlich mit einer typgeprüften Anlage (TSK) ausgeprägter Modularität nach [2.2] realisiert werden. PTSK dienen lediglich einer speziellen Anwendung.

Zu einer derartigen Verteilung zählen Einspeisefelder mit (mehreren) Leistungsschaltern (Hauptverteilung HV) sowie Abgangsfelder mit Leistungsschaltern (kleinerer Leistung), Einsätzen, MCC, Sicherungsleisten u. a. (Unterverteilung UV), vgl. Bild 2.2.

Zum Sortiment gehören ebenfalls Schränke, die für die variable, dem Kundenwunsch gehorchende Bestückung vorgesehen sind. Infolge der typisierten, modularen Ausführung eines solchen Systems kann während jedes Herstellungszustandes (Projektierung, Errichtung, Betrieb) problemlos und wirtschaftlich geändert oder erweitert werden.

Den Markt von NSA kennzeichnet eine sehr große Zahl von Herstellern [1.49; 2.6–2.8; 2.71–2.82]. Größere, überregional operierende Unternehmen liefern bevorzugt TSK. Kleine Hersteller mit örtlich begrenztem Kundenkreis konzentrieren sich in der Regel auf PTSK. Immer ist es jedoch zweckmäßig, vor dem Kauf den eigenen Ansprüchen einen Systemvergleich gegenüberzustellen. Die Checkliste der Tabelle 2.1 versammelt wichtige Gesichtspunkte, die der Investor in Zusammenarbeit mit dem Planer für seine Anlage quantitativ zu ermitteln und zu fordern hat. Natürlich können die Bedingungen von bestehenden Lieferbeziehungen bzw. von der Existenz bereits installierter Anlagen überlagert werden. Dann nämlich führen die gewonnenen positiven Erfahrungen zum Verzicht auf Vorzüge eines Mitbewerbers, zumal eine unmittelbare Kombination unterschiedlicher Systeme nur im Ausnahmefall möglich und zulässig ist.

Ist eine NSA ausgeliefert worden, muss ihre eindeutige Kennzeichnung erfolgen. Deshalb besitzt jedes Feld ein Typenschild, das mindestens Herstellernamen und/oder Warenzeichen sowie Typbezeichnung und/oder eine Kennnummer ausweist. Andere vereinbarte Kennwerte sind der technischen Dokumentation zu entnehmen. Eine zusätzliche Prüfplakette informiert den Betreiber über die ordnungsgemäß durchgeführte Fertigungsprüfung. Die Anschlussbezeichnungen der eingebauten Betriebsmittel (Geräte, Leitungen) erfolgen nach [2.5] u.a. Die Sammelschienen erhalten zu diesem Zeck wärmebeständige Aufkleber für die drei Phasen L1, L2, L3 sowie für Schutzleiter PE, Neutralleiter N, Neutralleiter mit PE-Funktion PEN.

Tabelle 2.1 Auswahlkriterien für NSA

Geeignete technische Daten (Abschnitt 2.2) **Prüfzustand TSK/PTSK** (Abschnitt 2.6)
Aufwandsarme, fehlerarme, rechnergestützte Projektierung ❑ durch Modularität von Anlage, Feldern und Einbaukomponenten ❑ durch optimale Standardisierung sowie Typisierung aller Komponenten und Grundschaltungen ❑ durch Bemessung der Hauptstromverbindungen auf 100% der Abgänge bei definierter, betriebsmäßiger Unterlastung (z.B. 70%) ❑ mit Bereitstellung der gewünschten Platzreserve, ggf. Empfehlung der Platzreserve ❑ mit aussagefähiger Dokumentation
Anlagengestaltung ❑ Flexibilität (bis zum Errichtungsabschluss) ❑ Konzentration verschiedenster Funktionen in einem einheitlichen Gefäß (ohne Einschränkung der Sicherheit) ❑ Mehrfachschränke ❑ Variable Transport- und Montageeinheiten

Tabelle 2.1 *(Fortsetzung)*

Verlustleistungsarmer und sicherer Aufbau mit minimalem Platzbedarf bei industrieller Serienfertigung (unter ISO DIN 9000 ff.) durch ❑ Anwendung von Feldschienen in Abgangsfeldern ❑ direkte Steckkontaktierung der Betriebsmittel an den Schienen ❑ hohe Packungsdichte durch verbesserte Wärmeabfuhr ❑ Einbau verlustleistungsarmer Betriebsmittel ❑ übersichtliche Verlegung von Steuerleitungen (flexible Kunststoffadern in Kundenwunschfarbe) ohne Verbindungsstellen in den ausreichend großen Kanälen ❑ kurzschlusssichere Verlegung von ungesicherten Messleitungen
Aufwandsarme Montierfähigkeit durch ❑ bequeme Zugänglichkeit zu den Sammelschienen ❑ Nutzung bohrungsloser Verbindungstechniken ❑ Nutzung von Einschub- oder Einsatztechnik ❑ Verwendung von Kombinationsgeräten (z. B. Strommessung, Stellungsanzeige)
Optimale Sicherheit für Bedienungs- und Wartungspersonal und Material durch ❑ Strukturierung in Funktionsräume (ggf. mit Lichtbogenschottung und Begrenzung des Bogens auf den Entstehungsraum) ❑ große Kurzschlussfestigkeit ❑ maximales Schaltvermögen der Betriebsmittel ❑ hohe Schutzart ❑ Fernschaltbarkeit der Betriebsmittel ❑ elektromagnetisch verträglicher Aufbau (EMV)
Geringer Änderungs-, Erweiterungs- und Wartungsaufwand ❑ Arbeiten unter Spannung
Hohe Verfügbarkeit durch ❑ maximale Zuverlässigkeit bzw. niedrige Ausfallquote der Betriebsmittel ❑ zulässiges Arbeiten unter Spannung infolge der Feldunterteilung in gegeneinander geschützte Funktionsräume ❑ Zeit sparenden Um- bzw. Ausbau durch Nutzung von Einschub- oder Einsatztechnik
Niedriger Bedienungsaufwand durch ❑ optimale Zugänglichkeit und Anordnung der Bedienelemente ❑ Kommunikationsfähigkeit der NSA mit integrierter Leittechnik ❑ fernsteuerbare Betriebsmittel ❑ Datenerfassung und -meldung
Berücksichtigung spezieller Kundenforderungen ❑ Lichtbogenfestigkeit ❑ Brandschutz ❑ Erdbebensicherheit ❑ Schiffs-, Bergbaueinsatz ❑ Aufstellung in Schutzräumen

2.1.4 Stand der Technik

Für jede Niederspannungsverteilungsaufgabe steht eine bewährte und ausgereifte Systemtechnik zur Verfügung, die höchsten Ansprüchen an Bedienung, Schutz und Betriebs- und Personensicherheit genügt. Infolge ihrer ausgeprägten Variabilität werden NSA bedarfsgerecht und wirtschaftlich für alle Strom- und Spannungsbereiche und Anwendungen in allen Bauformen bereitgestellt. Allerdings ist nicht jede Bauform in jedem System verfügbar. Exemplarische Ausführungsbeispiele sind in Bild 2.5 gezeigt.

Verkürzt ist die Situation durch folgende Merkmale gekennzeichnet:

- höchste Qualität durch Typprüfung aller Komponenten und ihrer Zusammenschaltung (TSK), z.T. mit getestetem Lichtbogenschutz, nachgewiesener Erdbebensicherheit und Schockprüfung;
- modulare Ausführung mit typisierten und/oder standardisierten Bausteinen bzw. Funktionseinheiten unterschiedlicher Leistung und konstruktiver Gestaltung (Einsätze, Einschübe), die kombinierbar sind;
- industrielle Serienfertigung unter einem zertifizierten Qualitätsmanagement nach DIN ISO 9000 ff. (Beachtung aller Normen und gesetzliche Vorschriften) bei hoher Wiederholgenauigkeit mit Vorfertigung von Modulen und kurzen Lieferzeiten selbst bei Nachbestellungen;
- Aufteilung in Funktionsräume;
- flexibler Anschluss der Energiezuführung bei variabler Sammelschienenlage;
- hohe Packungsdichte in den Feldern;
- Raum sparender Aufbau, variable Feldbreite;
- abschließbare Türen mit oder ohne (Sicherheits-)Verglasung;
- gute Zugänglichkeit der Sammelschienen;
- frontal zugängliche, bohrungslose Anschlusstechnik an Sammelschienen und Schaltgeräte;
- Schutzart bis IP 65;
- aussagefähige Dokumentation;
- Montagefreundlichkeit;
- Wartungsarmut;
- Betreuung nach der Lieferung;
- Flexibilität und Sicherheit bei Adaption an geänderte Forderungen (einfache Um-/Nachrüstung, schneller Tausch oder Ergänzung von Einsätzen z. T. ohne Spannungsabschaltung in einem Feld oder der Anlage);
- übersichtliche Bedienoberflächen mit Bedienfehlerschutz;
- unmissverständliches Meldekonzept;
- optionale Leittechnik zur Integration in die PLT;
- fehlerarme Auswahl und Platzierung von Betriebsmitteln (z. T. Fehlerfreiheit durch Rechnerstützung der Projektierung).

Typische erreichbare Kennwerte sind in Tabelle 2.2 zusammengestellt.

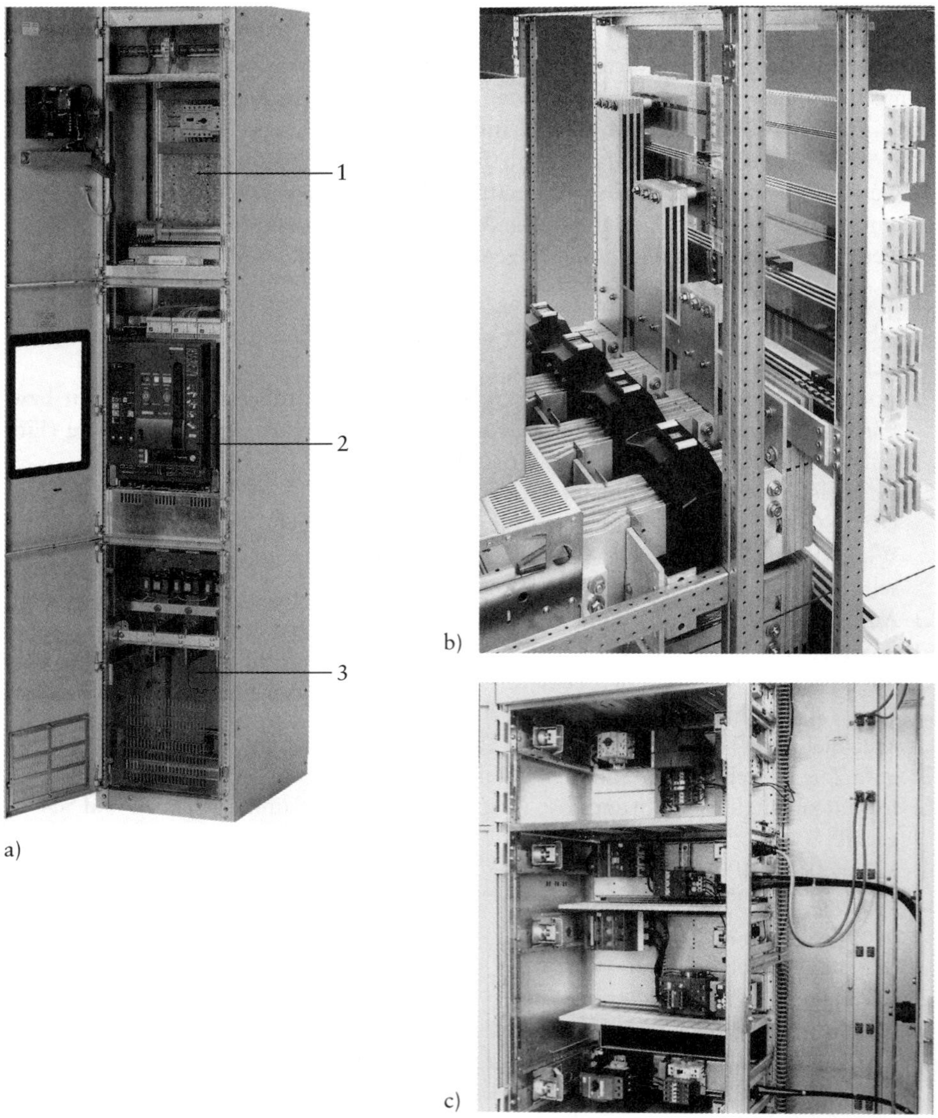

Bild 2.5 Ausführungsbeispiele von NSA
a) Einspeisefeld (Vorderseite geöffnet), System SIVACON [1.49; 2.73]
Funktionsräume
1 Anzeige, Steuerung (Bedien- und Anzeigemittel befinden sich auf der Tür)
2 Leistungsschalter (mit schutzarterhaltendem Türdurchbruch)
3 Versorgungsanschluss HSS-Raum rückseitig
b) Einspeise-/Kupplungsfeld mit Leistungsschalter (Rückseite mit HSS-Raum), System MNS [2.7; 2.72]
c) Einsatztechnik System MNS [2.7; 2.72]

d)

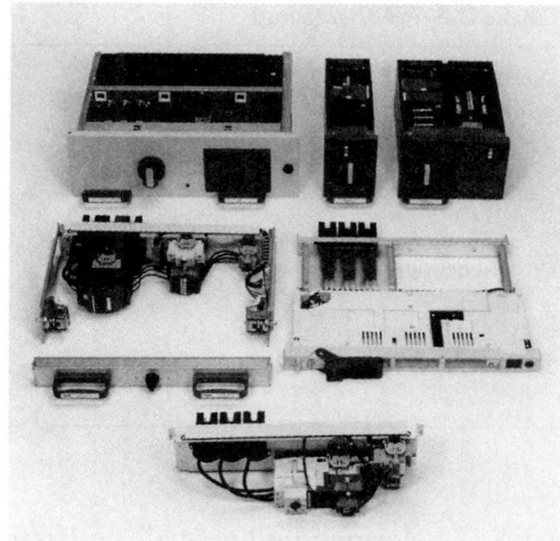

e)

Bild 2.5
(Fortsetzung)
d) Einschubtechnik mit Schaltanlagen-Leittechnik Simocode, System SIVACON [1.49; 2.73] (rechts Anschlussraum)
e) Standardausführungen: von oben Einschub-, Schubeinsatz-, (steckbare) Einsatztechnik; System MNS [2.7; 2.72]

Tabelle 2.2 Erreichbare Kennwerte NSA

Nennspannung/Bemessungsbetriebsspannung U_e	≤690 V AC
Bemessungsisolationspannung U_i	AC 1000 V, 50 Hz (DIN VDE 0110); ≤1500 V
Bemessungsstoßspannung u_{imp}	–8 kV
Überspannungskategorie	III
Verschmutzungsgrad	3
Schutzklasse	I mit Schutzleiter
Bemessungsstrom I_n Hauptsammelschiene (HS)	≤7500 A
Bemessungsstoßstromfestigkeit HS i_{pk}	≤330 kA
Bemessungsstrom I_n Feldverteilschiene (FS)	≤2000 A
Bemessungsstoßstrom FS i_{pk}	≤200 kA
Schranksystem	anreihbar, verwindungssteifes Rahmenprofil, Schottung zwischen Funktionsräumen
Oberfläche	Sendzimir-verzinkt/pulverlackiert
Aufstellung	Reihe, Wand, Rücken an Rücken; Innenraum
Abmessungen H×B×T/mm	1800/2000 × 400/600/1100 × 600/800
Sockelhöhe/mm	≤200
Art der inneren Unterteilung	bis 4
Energiezuführung	Kabel-/Schiene, oben/unten

Tabelle 2.2 *(Fortsetzung)*

Schutzart	IP 2X bis IP 65
Umgebungstemperatur	–5 °C bis 40 °C (Mittelwert über 24 h: 35 °C)
Kühlung/Lüftung	Eigenkonvektion, Filterlüfter bei IP 5X Zwangsumwälzung oder Zweikreiskühler (Wärmetauscher)
Störlichtbogensicherheit	geprüft nach DIN VDE 0660 Teil 508, IEC 61 641 bei i_{pk} = 160 kA, Betriebsspannung 230/400 V, Lichtbogenbrenndauer bis 100 ms

2.1.5 Normen und gesetzliche Bestimmungen

Gültige Normen [2.3] sowie Rechts- und vergleichbare Vorschriften, wie

- ❑ Niederspannungsrichtlinie 73/23/EWG [2.10; 2.11],
- ❑ Gerätesicherheitsgesetz GSG [2.12],
- ❑ EMV-Richtlinie 89/336/EWG [2.13],
- ❑ EMV-Gesetz (EMVG) [2.14; 2.15],
- ❑ CE-Kennzeichnungsrichtlinie 93/68/EWG [2.18],
- ❑ Produkthaftungsgesetz ProdHaftG [2.16],
- ❑ Unfallverhütungsvorschriften der Berufsgenossenschaft für Feinmechanik und Elektrotechnik (BGFE),

verlangen von Herstellern und Betreibern das Einhalten «anerkannter Regeln der Technik». Der Besteller hat deshalb darauf zu achten, dass die Einhaltung der gültigen Normen und aller Bedingungen [2.17; 2.18] in der Lieferdokumentation ausgewiesen wird. Dazu gehört die Pflicht des Herstellers zu einer Konformitätserklärung [2.18; 2.19] (Bild 2.6); nur ihr Vorliegen berechtigt zur CE-Kennzeichnung (CE – Conformitè Europèenne) des Produktes. Die Marke CE versteht sich als Freiverkehrszeichen, als ein Pass für den freien Handel mit Produkten innerhalb der Europäischen Gemeinschaft und für die Einfuhr in diesen Markt. Die in eigener Verantwortung des Herstellers vorgenommene Kennung wendet sich ausschließlich an die staatlichen Aufsichtsbehörden und dokumentiert die Entsprechung des Produktes mit den grundlegenden Anforderungen der EU-Richtlinien. Im Gegensatz zu anderen Etikettierungen wie VDE, VDE-GS, VDE-EMV, ENEC bedeutet CE keine Zusicherung von Eigenschaften. Das Symbol stellt weder ein Sicherheits-, ein Qualitätszeichen noch ein Normenkonformitätszeichen dar. Lediglich die Vermutung wird nahe gelegt, dass alle zutreffenden Normen, EU-Richtlinien bzw. ihre Umsetzung in nationales Recht eingehalten sind.

In den «anerkannten Regeln der Technik» besitzen Normen juristisch lediglich den Status einer Empfehlung, die allerdings den verbindlichen Beurteilungsmaßstab für Produzenten, Prüfstellen und Behörden bildet, deshalb also vom Hersteller strikt zu beherzigen ist. Ihre richtige Anwendung begründet nämlich die Annahme, dass die in

EG-Konformitätserklärung [1]

Dokumenten-Nr. mir Ausstellungsdatum...

Hersteller mit Anschrift...

Produktbezeichnung...

Übereinstimmung mit den folgenden EU-Richtlinien.......................

Übersicht eingehaltener Normen

Harmonisierte europäische Normen

Referenznummer	Ausgabedatum
....	....
....	....

Nationale Normen

Referenznummer	Ausgabedatum
....	....
....	....

IEC-Standards

Referenznummer	Ausgabedatum
....	....
....	....

Anbringung des CE-Kennzeichens: ja/nein

Aussteller..

Ort, Datum...

Rechtsverbindliche Unterschrift...........................

[1] Anhänge sind Bestandteil der Erklärung

Bild 2.6 CE-Konformitätserklärung (Inhalt) [2.18; 2.19]

Tabelle 2.3 Einteilung der NSA-relevanten deutschen Normen

	Inhalt	Beispiele
Horizontal- bestimmungen	Basisfestlegungen Isolationskoordination, Kriech- und Luftstrecken Personenschutz (Schutzmaß- nahmen) Begriffe, Grundlagen Berechnungen Kurzschlussfestigkeit (PTSK) Erwärmung (PTSK)	 DIN VDE 0110, Teile 1 und 2 DIN VDE 0100 Teil 410 [2.20] DIN VDE 0100 Teil 200 [2.20] VDE 0660 Teil 509 VDE 0660 Teil 507
Ausrüstungs- bestimmungen	Planung elektrischer Anlagen Ergänzende Forderungen zu Baubestimmungen Krankenhäuser Explosionsschutz u. a.	DIN VDE 0100 Teil 300 [2.20] DIN VDE 0107 DIN VDE 0166
Baubestimmungen	Herstellung von Betriebsmitteln und NSA Niederspannungs-Schalt- gerätekombinationen Schienenverteiler Kabelverteilerschränke	 VDE 0660 Teil 500 (DIN EN 60439-1) VDE 0660 Teil 502 VDE 0660 Teil 503
Errichtungs- bestimmungen	Aufstellen und Errichten von NSA Sicherheitstechnische Ansprüche Krankenhäuser Explosionsschutz u. a.	DIN VDE 0100 Teil 729 DIN VDE 0107 DIN VDE 0165

den Rechtsvorschriften festgelegten grundsätzlichen technischen Anforderungen (z. B. [2.10], Anhang I) vollständig erfüllt werden. Die Übersicht relevanter DIN-VDE-Normen und VDE-Vorschriften in Tabelle 2.3 [2.2; 8; 9; 10] ergänzen eine Reihe von DIN-Normen wie [9; 2.21]. Die Grundnorm [2.2] enthält die Entsprechungen aus dem europäischen und internationalen Normenwerk.

Sollen NSA auch außerhalb der Europäischen Union abgesetzt werden, ist zusätzlich zur Konformität mit den gültigen nationalen Normen das Erfordernis einer Approbation zu kontrollieren. Bestimmte europäische und außereuropäische Lieferländer, der Einsatz auf Schiffen u. a. verlangen beispielsweise eine gesonderte Zulassung.

2.1.6 Energiesparpotenzial

Unmittelbar kann mit NSA der Verbrauch elektrischer Energie durch das Erfüllen der in Tabelle 2.1 zusammengestellten Forderungen gesenkt werden. Indirekte Einsparmöglichkeiten ergeben sich aus einem wirksamen Energiemanagement, für das die NS-Technik unverzichtbar ist. Optimierte Verbrauchsstrategien erfordern Schaltanlagen, deren Geräte bzw. Verbraucher nach Bedarf ferngeschaltet werden können. Für diese Aufgabe stehen neben der Leittechnik für die NS-Technik spezielle Energiemanagementsysteme (Abschnitt 2.5) bereit. Sie erfüllen den Auftrag wegen ihrer im Vergleich zur Leittechnik eingeschränkten Funktion kostengünstiger. Für eine weitere Möglichkeit, den Energieverbrauch zu senken, sorgen NSA, die Blindleistung erzeugen bzw. kompensieren [9; 10; 42]. Projektant und Lieferer sollten dabei gemeinsam die Frage beantworten, ob die Anlage einen richtig dimensionierten Schwingkreis (verdrosselter Kondensator) enthält und so tatsächlich die erwartete Verbesserung der Netzqualität erbringen kann [2.9]. In beiden Fällen lässt sich das Einsparpotenzial schwerlich quantitativ angeben, da seine Nutzung immer an über die Grundfunktion hinausgehende Zusatzinvestitionen gebunden ist. Der Ersatz einer Lösung durch eine energieärmere Alternative, so wie aus der Antriebstechnik bekannt, bietet sich bei der NS-Technik nicht.

2.2 Technische Eigenschaften

Die technischen Eigenschaften einer NSA bzw. SK schreibt DIN EN 60 439 Teil 1 [2.2] mit ihren Erläuterungen vor [2.3; 2.4]. Sie hängen entscheidend vom zugelassenen Einsatzfeld ab. Entsprechende Angaben müssen vollständig in der Dokumentation enthalten sein.

2.2.1 Elektrische Bemessungsgrößen

Nach DIN 40 200 [2.26] wird die **Bemessungsgröße** durch den Hersteller für eine vorgegebene Betriebsbedingung festgelegt und mess- oder rechentechnisch überprüft. Auf seiner Grundlage beurteilt der Projektant die Eignung einer NSA; ihre Betriebsmittel werden nach diesem Wert ausgewählt und koordiniert. Dagegen ist die **Nenngröße** nur eine gerundete Zahl, die die Leistungsfähigkeit von Betriebsmitteln oder Anlagen im Rahmen der Vorauswahl charakterisiert. Da in der Praxis beide Zahlenwerte meist übereinstimmen, verwischen sich umgangssprachlich oft die definitionsgemäßen Unterschiede. In Tabelle 2.4 sind Bemessungsgrößen, die sich immer auf einen Stromkreis beziehen und sich für Haupt- und Steuerstromkreise unterscheiden, zusammengestellt [2.27]. Ihre Beträge hängen stark von Platzierung, Abstand und Anstrich der Haupt- sowie der Verteilsammelschienen ab. Die Bemessung der Stromschienen bestimmt außerdem der Belastungsfaktor b nach Gl. 2.1 in Tabelle 2.4. Seine möglichst präzise Ermittlung beeinflusst unmittelbar Anschaffungs- und Betriebskosten, so dass sich der dahinter stehende Aufwand zur Analyse des Fertigungsprozesses, zum Feststellen seiner Betriebsart lohnt. Zwischen Dauerbetrieb und Kurzzeit- oder Schaltbetrieb kann b von 1 und 0,2 variieren.

Tabelle 2.4 Wichtige elektrische Bemessungsgrößen (Wechselstrom)

Bemessungsgröße	**Erläuterung**	**typischer Wert**
❑ Betriebsspannung U_e/V~	Anlagenwert richtet sich nach dem Betriebsmittel mit der geringsten Spannung, Beachtung der auftretenden Toleranzen	690
❑ Isolationsspannung U_i/V~	zulässige Dauerbelastung der Kriech- und Luft-Strecken $U_i \geq U_e$	1000
❑ Stoßspannungsfestigkeit U_{imp}/kV	Isolationsfestigkeit gegenüber aperiodischen Impulsen (z. B. Schalt- oder Blitzüberspannungen), abhängig von Überspannungskategorie (ÜK), Verschmutzungsgrad (3)	8 bei ÜK III
❑ Strom I_n/A	Wird von der zugelassenen Umgebungstemperatur bestimmt. Zuführungsschiene oder -kabel gibt die Größe vor. Überdimensionierungen/Reserven nur bei späterer Nutzung	2500 (<7500)
❑ Kurzzeitstrom I_{cw}/kA (für × s)	Effektives Maß für die thermische Festigkeit (wird meist von den Sammelschienen bestimmt; Effektivwert, den die Anlage für die angegebene Zeit führen kann, ohne (thermisch) beschädigt zu werden.	>60 für 1 s
❑ Stoßstrom[1] i_{pk} /kA	Maß für die dynamische Festigkeit	≥60 (<250)
Bedingter Kurzschlussstrom i_{cc}	Zulässiger Strom bei Existenz einer Kurzschlussschutzeinrichtung $i_{cc} \leq$ Mindestausschaltstrom der Kurzschlussschutzeinrichtung bei U_e	
❑ Kurzschlussstrom i_{cf}	Kurzschlussschutzeinrichtung ist eine Sicherung. $i_{cf} \leq$ Bemessungsausschaltstrom der Sicherung	
Bemessungsbelastungsfaktor b bei z Hauptstromkreisen	$b = \frac{\Sigma \text{ aller zu erwartenden Ströme}}{\Sigma \text{ aller Bemessungsströme}}$ (Gl. 2.1) Bei Antrieben wird b von der Betriebsart beeinflusst (vgl. Abschnitt 6.2).	$b \approx 0{,}9$ bei $z = 2...3$ $b \approx 0{,}6$ bei $z \geq 10$
Bemessungsfrequenz/Hz	Nur mit diesem Wert ist die NSA zu betreiben. Abweichungen verschlechtern u. U. das Schaltvermögen der Betriebsmittel.	50/60, 16 2/3

[1] Den größeren Wert erreichen Haupt-, den geringeren Verteilsammelschienen.

2.2.2 Bauanforderungen

2.2.2.1 Übersicht

Schaltgerätekombinationen der Niederspannung unterliegen einer Vielzahl von Beanspruchungen (Tabelle 2.5), die von ihr zu beherrschen sind. Werden die daraus abgeleiteten Bauanforderungen umgesetzt, erträgt die Anlage alle Belastungen, die anstehende Versorgungsaufgabe wird sicher erfüllt. Wegen des gewachsenen Umweltbewusstseins sind zusätzliche Kriterien [1.53] zu beachten. Energie- und Wasserverbrauch sowie die Umweltbelastung müssen sich bei der Herstellung in den vorgeschriebenen Grenzen halten. Auch sollte die verschlissene Anlage recyclingfähig sein. Im Fehlerfall darf kein erheblicher Folgeschaden entstehen.

Tabelle 2.5 Beanspruchung von Schaltgerätekombinationen

Beanspruchungsart	**Beanspruchungsursache**
mechanisch	Eigengewicht der Betriebsmittel elektrodynamische (Kurzschluss-)Kräfte Schwingungen, Rüttelungen (Erdbeben) Montagearbeiten (Festziehen von Verschraubungen usw.) Transport elektromechanische Betätigung
elektrisch	Betriebsspannung Überspannungen (durch Schalten und/oder zeitweilige Spannungserhöhung im Netz, Gewitter (Blitz))
thermisch	Betriebstrom Überlaststrom Überstrom (Kurzschluss) erhöhte Umgebungstemperatur defekte Lüftung usw. Lichtbögen (Schalt-, Störlichtbogen) erhöhte Übergangswiderstände (lose Klemmstellen usw.)
klimatisch (Korrosion)	Betauung (schnelle Temperaturwechsel) Transport durch feuchte Klimazonen Eindringen von Wasser Luft-(Kühlmittel)verschmutzung (schädliche Gase)

Tabelle 2.6 Bauanforderungen

a) Auswirkungen der Beanspruchungsart	
Beanspruchung	**Bauanforderungen an**
mechanisch	Gehäuseform/Bauform/Abdeckungen (Sicherung der Stabilität, Berührungsschutz, Raum/Gang für Bedienung und Wartung, Zugänglichkeit) Innere Unterteilung zum Schutz gegen Gefährdungen aus benachbarten, internen Funktionseinheiten (Berührungsschutz, Schutz gegen Eindringen fester Körper, Schutz gegen Lichtbögen) Einbaumöglichkeit/Wechselbarkeit von Betriebsmitteln Kennzeichnungsfähigkeit Isolationsfestigkeit (Kriech-, Luft- und Trennstrecken, Verschmutzungsgrad 1...4 – typisch 3, Überspannungskategorie I...IV – typisch III) Außenleiteranschlüsse (Anschlussart, Eignung für Kupfer oder Aluminium, Berührungsschutz, (metrische) Pg-Verschraubung, EMV-Dichtigkeit u. Ä.)
mechanisch	Schutzart IP XX (Schutz gegen Eindringen fester Körper und Wasser, typisch IP 2X/4X) [10; 2.3; 2.31] 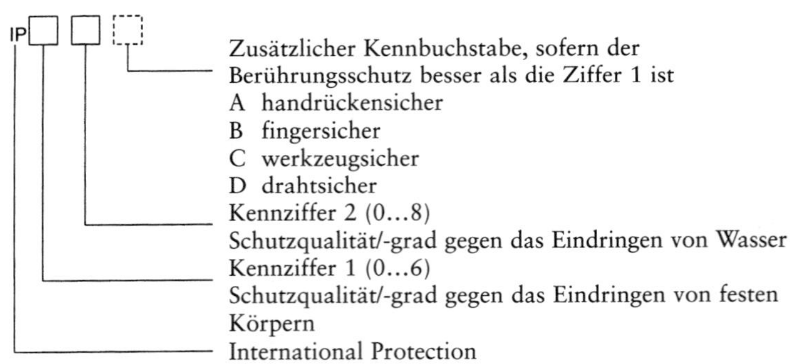 Aufstellungsbedingungen Außen-, Innenraum; Wand- (Einfront-), Rücken-an-Rücken- (Doppelfront-)aufstellung u. a.

Tabelle 2.6 zeigt als Übersicht die bezüglich Mechanik und Elektrik korrespondierenden Anforderungen. Zu diesen Erwartungen zählt ebenso eine gut lesbare, verständliche Dokumentation (vgl. Abschnitt 2.6.2).

2.2.2.2 Ausgewählte Kriterien

Den folgenden Merkmalen sollten Einkäufer und Anwender von NSA eine erhöhte Bedeutung beimessen. Sie beeinflussen nachhaltig die energieoptimale Arbeitsweise und die Größe der Betriebskosten.

Tabelle 2.6a (Fortsetzung)

Beanspruchung	**Bauanforderungen an**
elektrisch	Isolierung aktiver Teile, Schutz gegen direktes und indirektes Berühren (Berührungsschutz) Ausreichende Bemessung des Schutzleiters (wegen der Oberschwingungsbelastung u. Ä. gleich dem Querschnitt des Außenleiters), seine Kontaktierung berührbarer, inaktiver Teile Selektiver, koordinierter Kurzschlussschutz und -festigkeit Sicherung der elektromagnetischen Verträglichkeit Sicherung der Zuverlässigkeit Interne elektrische Verbindungen (blank, isoliert) Spannungsversorgung der Betriebsmittel (Schutz vor Überspannungen, Ausfällen) Schutz gegen elektrische Entladungen
thermisch	Wärmeabfuhrmöglichkeit (Kanalisierung der Luftabfuhr) Einhaltung der zulässigen Grenzübertemperaturen aller Betriebsmittel, der Bedienelemente sowie berührbarer Außenflächen bei den vereinbarten Aufstellungsbedingungen Einsatz schwer entflammbarer, selbst verlöschender Werkstoffe und chlorfreier Kunststoff-Basis-Produkte
klimatisch	Einsatzbedingungen, Schutzart

Thermische Eigenschaften

Alle in der NSA eingebauten Betriebsmittel, insbesondere die Stromschienen, erzeugen Ohm'sche Verluste. Sie führen zur Eigenerwärmung, tragen zur Belastung der Umgebung bei. Solche schädlichen Wirkleistungen verschlechtern den Gesamtwirkungsgrad der Schaltanlage. Sie müssen abgeführt werden, um die für die Betriebsmittel und die Schaltgerätekombination zugelassene Höchsttemperatur nicht zu überschreiten. Überhitzungen im Normalbetrieb infolge fehlerhafter Dimensionierung oder durch Überlastungen z. B. infolge des Überschreitens des Belastungsfaktors b sind in der Regel mit starkem, die Wirtschaftlichkeit der Anlage negativ beeinflussendem Derating verbunden. Das heißt nichts anderes, als dass die NSA nur mit einem Strom belastet werden darf, der gegenüber dem im Projekt vorgesehenen Wert niedriger ist. Die Erweiterung der Schaltanlage wird notwendig. Im ungünstigsten Fall kann Überbeanspruchung zum Brand mit allen seinen negativen Folgen hinsichtlich Personenschäden und Produktionsausfall führen. Selbst wenn dieser Worst case nicht eintritt, nimmt mit einer unzulässigen Erhöhung der Betriebstemperatur die Zuverlässigkeit (Lebensdauer) nach der empirischen Regel von MONTSINGER ab. Dieses Gesetz besagt, dass die Steigerung um ca. 8 bis 10 K bei (bevorzugt elektronischen) Bauelementen und Betriebsmitteln ein Absinken der Lebensdauer um ungefähr 50% zur Folge hat. Um solche Unannehmlichkeiten von vornherein auszuschließen, sollten Lieferer und Besteller die Belastung gemeinsam abstimmen. Damit wird gleichzeitig vermieden, dass die in der Herstellerdokumentation ausgewiesenen Bedingungen falsch interpretiert werden, nicht mit der Realität übereinstimmen und deshalb mit den genannten Folgen

Tabelle 2.6b Nachzuweisende Kennwerte (vgl. Tabelle 2.16)

Prüfzustand TSK/PTSK
Bemessungsstrom I_n
Hauptsammelschiene (Sammelschienenplatzierung, Anstrich)
Verteilsammelschiene im Abgangsfeld (Sammelschienenabstand, Anstrich)
Spannungsfestigkeit
Nennspannung/Bemessungsbetriebsspannung U_e
Netzform (TN, TT, IT)
Netzfrequenz
Bemessungsisolationsspannung U_i
Toleranzen
Bemessungsstoßspannung u_{imp}
Überspannungskategorie
Verschmutzungsgrad
Kurzschlussfestigkeit
Bemessungskurzzeitstrom I_{cw}
Unbeeinflusster Bemessungskurzschlussstrom i_{cc} (vom Hersteller vorgeschriebene Kurzschlussschutzeinrichtung) oder i_{cf} (Schutz durch Sicherungen)
Bemessungsstoßstrom i_{pk} (Scheitelwert, Angabe der Werte nach Art der Einspeisung (eine bzw. mehrere Einspeisungen, gleichzeitig oder nicht gleichzeitig in Betrieb), nach Art/Anzahl der Abgänge, hinsichtlich des generatorischen Betriebes von elektrischen Maschinen)
Sicherheit
Schutzart ≥IP 2X (abhängig vom Aufstellungsort, Umgebungsbedingungen, Zugänglichkeit)
Umhüllung/Kapselung der Felder/Schränke/Kästen mit Isolierstoff oder Metall
Schutzmaßnahmen (Schutzklasse) gegen direktes und indirektes Berühren (auch nach Änderungen und Störungen)
Abschließbarkeit von Schranktüren, Einsatztüren, Betriebsmitteln
EMV-Eigenschaften
Verfügbarkeit/Zuverlässigkeit
Brand-/Lichtbogenschutz
Mechanik
Modularität (Raumaufteilung, Grundraster, Sammelschienenanordnung u.a.)
Gerüst
Feldabmessungen
Korrosionsschutz von Gerüst und Hülle
Umgebungs-/Klimabedingungen für Betrieb, Transport und Lagerung
Temperaturbereich
Luftfeuchte, Betauung
Aufstellungshöhe über N.N.
Aufstellung, Zugänglichkeit, Bedienung
Aufstellungsort, Aufstellungsart, Aufstellungsmaße
Bauhöhe
Zugänglichkeit
Transportwege (lichte Werte, Tragfähigkeit von Aufzug, Kran u.a.)
Transportmittel

Tabelle 2.6b (Fortsetzung)

Funktionseinheiten/Geräte
Festeinbau, Einsatz-, Einschubtechnik
Kombinationsfähigkeit von Modulen
Bestückung nach Kundenwunsch
Sicherheit der elektrischen und mechanischen Verriegelung bei Einsätzen/Einschüben
Stellungsanzeige
Dokumentation
Kennzeichnung
Betriebs- und Montageunterlagen
Prüfunterlagen
Qualität/Fertigung
Projektierung und Fertigung nach DIN ISO 9000 ff. (Vorliegen eines zertifizierten Qualitätsmanagements)
Verdrahtung (Verlegung, Leitungsmaterial, Farben, Ausführung der Leiterenden, Beschriftung u. a.)
Klemmtechnik
Einhalten von Vorschriften
Sonderforderungen
Störlichtbogenfestigkeit (innere Unterteilung, Schottung)
Umrüstung auf verbesserte Betriebsmittel
Geräteaustausch im Störungsfall
Erweiterung/Platzreserve
Zusatzzertifikationen (optional)
Schiffs-, Bergbau-, Schutzraumeinsatz u. a.
Erdbebenfestigkeit

verbunden sind. Häufig tritt dieser Fall bei unten liegenden Schienen, Kupplungsfeldern u. Ä. ein.

NSA bzw. ihre Komponenten sind geeignet zu kühlen, um den zugelassenen oberen Temperaturwert nicht zu überschreiten. Die dazu besonders bei hohen Schutzarten erforderlichen Zusatzeinrichtungen sorgen für den störungsfreien Betrieb sowohl des einzelnen Verbrauchers/Antriebs als auch der ganzen Fertigungsanlage. Ihre Wirkung wird von den eingesetzten Geräten, vom verwendeten Kühlmittel, aber auch von der konstruktiven Gestaltung des Wärmeerzeugers bestimmt. Bemessung und Betriebssicherheit von Kühlausrüstungen tragen entscheidend zur Wirtschaftlichkeit bei. Nur die optimale Anpassung aller Anlagenbestandteile senkt den Energieeigenbedarf und verbessert den Gesamtwirkungsgrad. Kühlen heißt, die Wärme von dem Entstehungsort (höherer Temperatur) an die Umgebung mit niedrigerer Temperatur zu transportieren. Dazu stehen die drei Möglichkeiten Leitung, Konvektion und Strahlung bereit. Praktische Bedeutung besitzt die Kombination von Wärmeleitung und -konvektion. Ihre Wirksamkeit wird von den thermischen Materialeigenschaften beeinflusst, hängt darüber hinaus entscheidend an dem existierenden Temperaturgefälle, der Differenz zwischen Innentemperatur/°C ∂_i und Außentemperatur/°C ∂_a. Der Abstand sollte den

Richtwert von $\Delta T = 20$ K nicht wesentlich unterschreiten. Die daraus abgeleiteten, von der Mehrzahl der angebotenen Niederspannungsverteilungen eingehaltenen Maximalwerte lauten $\vartheta_{a\,max} = 35$ °C bzw. $\vartheta_{i\,max} = 55$ °C. Diese Größen werden kompatibel zum Bemessungsstrom sowohl bei TSK (Prüfung) und PTSK (Rechnung) nachgewiesen. Bestimmte Bauteile erlauben bzw. fordern Abweichungen. Dazu gehören

- Anschlüsse von außen eingeführter Leiter ($\Delta T = 70$ K, $\vartheta_{a\,max} = 105$ °C),
- Strom-/Sammelschienen ($\Delta T = 95$ K, $\vartheta_{a\,max} = 105/130$ °C),
- Bedienelemente (ihre erlaubte Betriebsübertemperatur liegt um 15 K niedriger als berührbare Außenflächen).

Die Wirksamkeit der Kühlung beeinflussen die Aufstellungsbedingungen. Wie in Tabelle 2.7 beispielhaft zu sehen, sinkt bei der verbreiteten Reihenaufstellung (Wand- oder Rücken-an-Rücken-Aufstellung sind gleichfalls zugelassen) und natürlicher Belüftung die über die Oberfläche abführbare Verlustleistung um ca. 50% [2.28; 2.29]. Da zunehmend Schutzart und Leistungsdichte der Gefäße steigen, kommen ebenfalls bei NSA mehr und mehr Zwangslüftung und Zweikreiskühlsystem (ZKSS), in speziellen Situationen sogar thermoelektrische Wärmepumpen (Peltierelemente) zur Anwendung. Nicht nur, dass damit eine erhebliche Steigerung der abgeführten Verlustleistung erreicht wird – im Gegensatz zur Eigenkonvektion kann die Art der Aufstellung nahezu unberücksichtigt bleiben. Das sollte bei der Standortwahl unbedingt beachtet werden. Bei Höchstleistungen (Hauptsammelschienenströme >6500 A) reicht oft das Kühlmedium Luft nicht mehr aus, so dass sich als Alternative wassergekühlte Schienen anbieten [1.49].

Um die thermische Überlastung zu vermeiden, sind die Angaben der Herstellerdokumentation unbedingt einzuhalten. In dieser Hinsicht erlangen die Wartungsvorschriften ein besonderes Gewicht. In ihnen kann z.B. die ca. zweijährige Kontrolle wichtiger stromstarker Schraubverbindungen als Quelle von Überhitzungen wegen des erhöhten Übergangswiderstandes lockerer Verbindungen ebenso wie die Überwachung von Lüftungs- und Kühleinrichtungen, von Filtern und Kühlmitteln vorgesehen sein (vgl. Abschnitt 2.6.3) [2.97; 2.98].

Innere Unterteilung

Ein wichtiges Gebrauchsmerkmal eines Schrankes bzw. der NSA stellt die innere Unterteilung dar. Dahinter verbirgt sich, wie in Abschnitt 2.1.2 bereits erläutert, die Aufteilung in Geräte-, Schienen- und Anschlussraum (Bild 2.4). Diese Bereiche können durch unterschiedlich gestaltete Abdeckungen oder Trenn-/Schottwände gegeneinander separiert und weiter unterteilt werden. In Abhängigkeit von der gewählten Trennungsform steigen Verfügbarkeit und Sicherheit der Schaltanlage, da

- Arbeiten an einzelnen Funktionseinheiten gefahrlos durchgeführt werden können, ohne ggf. die gesamte Anlage bzw. das betroffene Feld spannungsfrei schalten zu müssen,
- gestörte Betriebsmittel/Geräte unter Spannung ausgetauscht werden können,
- sich Stillstandszeiten (MTTR) bei Reparatur oder Wartung verkürzen,

Tabelle 2.7 Einfluss von Aufstellung und Schutzart auf die Wärmeabfuhr (Schrankausführung IP 54, Abmessung 1000×2000×600 mm)

Art und Wirkungsweise der Wärmeabfuhr	Wärmeleitung (Wärmestrahlung) durch Eigenkonvektion über die Schrankwände	Wärmeleitung (Wärmestrahlung) Zwangsumwälzung durch 2 Innenlüfter über die Schrankwände	Wärmeleitung ZKKS (interne Eigenkonfektion, externe Zwangslüftung) Wärmeaustausch nach dem Gegenstromverfahren	Wärmeleitung ZKKS (interne und externe Zwangslüftung) Wärmeaustausch nach dem Gegenstromverfahren
Prinzip	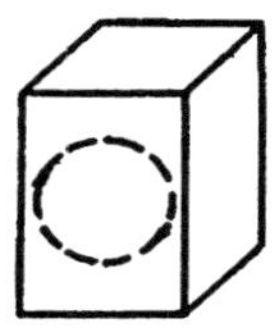	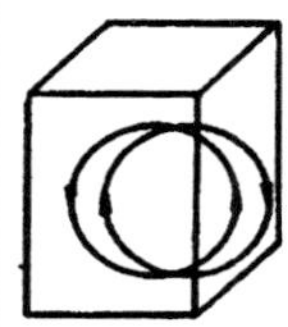	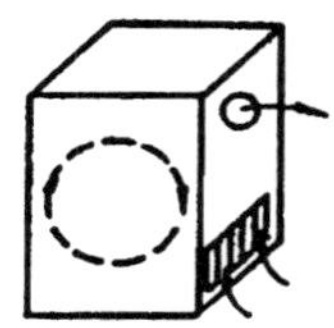	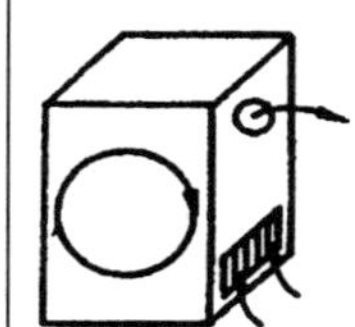
max. abführbare Verlustleistung P_v/W bei Einzelaufstellung $\vartheta_{u\,max}$ = 45 °C $\vartheta_{u\,max}$ = 35 °C	ca. 150,0 ca. 300,0	ca. 250,0 ca. 550,0	ca. 300,0 ca. 600,0	ca. 800,0 ca. 1600,0
spezifische abführbare Verlustleistung P_v je 1 m², freistehende Schrankoberfläche und je 1 °K Temperaturdifferenzzunahme zur Umgebungstemperatur $\frac{W}{m^2\,°K}$	ca. 3,1	ca. 4,5	ca. 4,7	ca. 12,2
Reihenaufstellung Reduzierung der P_v um	ca. 50,0%	ca. 50,0%	ca. 30,0%	ca. 5,0%

Tabelle 2.8 Innere Unterteilung in einem Feld durch Trennwände, Abdeckungen u. a.
—— Haupt- oder Verteilsammelschiene; ▭ Funktionseinheit; | Außenanschluss; ═ Gehäuse

a) Varianten

Form	Unterteilung	Anschlussraum für äußere Leiter	Teilungsprinzip
1	Keine	nicht vorhanden	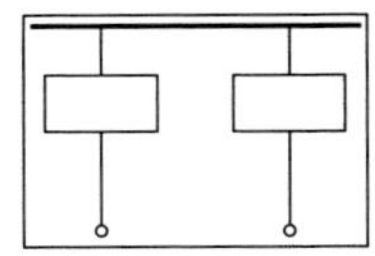
2a	Sammelschienen und Funktions-einheiten (FE)	vom Sammel-schienenraum nicht getrennt	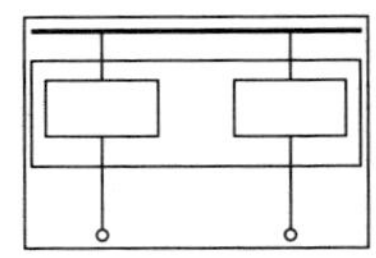
2b	Sammelschienen und Funktionsein-heiten einschließlich ihrer Außenschlüsse	vom Sammelschienen-raum getrennt	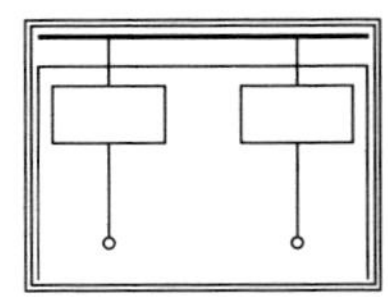
3a	Sammelschienen und Funktionsein-heiten und FE untereinander	vom Sammelschienen-raum nicht getrennt	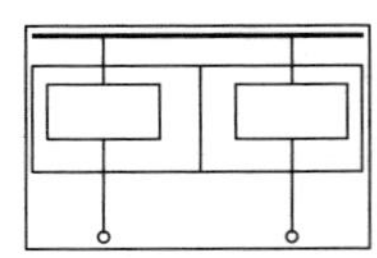
3b	Sammelschienen und Funktionseinheiten und FE untereinander und Außenleiter	vom Sammelschienen-raum getrennt, aber nicht untereinander	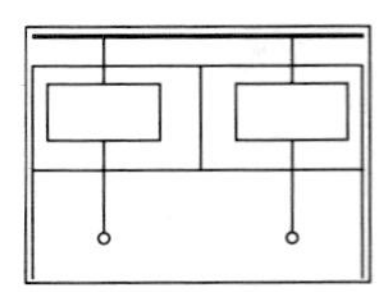
4a	Sammelschienen und Funktionseinheiten und FE untereinander einschließlich der Außenleiter	vom Sammelschienen-raum getrennt, auch untereinander, aber nicht von den FE	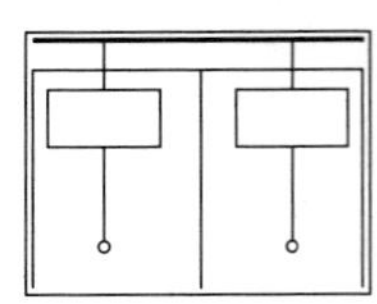
4b	Sammelschienen und Funktionseinheiten und FE einschließlich der Außenleiter untereinander	vom Sammelschienen-raum getrennt, auch untereinander sowie von den FE	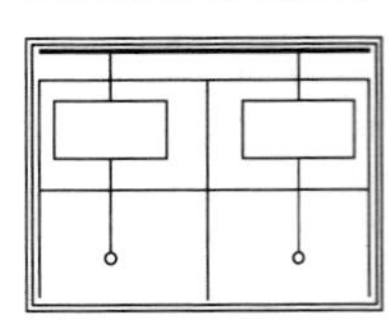

b) Bevorzugte Lösungen

Bauform	Innere Unterteilung
Festeinbau	(1)/2a/2b
Schubeinsatztechnik	3b/4b
Einschubtechnik	3b/4b

- zufälliges Berühren innerhalb der Funktionseinheit und von benachbarten Funktionseinheiten (Schutzart ≥ IP 2XB) vermieden wird,
- keine festen Fremdkörper in eine benachbarte Funktionseinheit (Schutzart ≥ IP 2X) eindringen können und
- sich die Gefahr von Entstehung und Ausbreitung der Störlichtbögen verringert, da dieser Defekt auf den Entstehungsort begrenzt bleibt.

Lichtbogenschutz bedeutet dabei Schottung. Ggf. sind die Trennwände nichtmetallisch auszuführen. Auch hierbei beträgt die Mindestschutzart IP 2XB (die dritte, additive Datenstelle drückt den Grad des Schutzes gegen direktes Berühren spannungsführender Teile aus, B – Fingersicherheit, vgl. Tabelle 2.6a [10; 2.31]).

Die Festlegung der internen Struktur richtet sich nach der gewünschten Verfügbarkeit, außerdem hängt sie von der Qualifikation des Bedienungspersonals ab. Nur die richtige Auswahl und die konsequente, konstruktive Umsetzung dieser Entscheidung vermeiden Gefahren für Personal und Schaltgerätekombination tatsächlich [2.4]. DIN EN 60 439 Teil 1 [2.2; 2.3] unterscheidet gemäß Tabelle 2.8 sieben Formen der inneren Unterteilung.

Betriebs- und Umgebungsbedingungen

Jede Schaltanlage wird für bestimmte Betriebs- und Umgebungsbedingungen projektiert, gefertigt und geliefert. Diese Vorgaben hat der Betreiber im eigenen Interesse bedingungslos zu erfüllen. Überschreiten nämlich die Betriebswerte periodisch und längere Zeit die angegebenen Grenzwerte, wird das störungsfreie Arbeiten mit allen unangenehmen Folgen hinsichtlich Personenschaden und Produktionsausfall in Frage gestellt, die Lebensdauer der NSA sinkt (vgl. Absatz «Thermische Eigenschaften»).

Diese Bedingungen (Tabelle 2.9) sind für die unterschiedlichen Betriebssituationen in den einschlägigen Normen vorgeschrieben [2.2–2.4]. Angewendet für eine NSA zur Innenraumaufstellung im gemäßigten Klima sieht das Kenndatenblatt entsprechend Tabelle 2.18 aus. Abweichende klimatische (arktisches, tropisches Klima) und Aufstellungsbedingungen (Außenraum-, Freiluftaufstellung) haben die schärferen Grenzwerte der Tabelle 2.9 zur Folge [2.32]. Meist wird eine höhere Schutzart notwendig. Direkte Sonneneinstrahlung (UV-beständige Lackierung und Schutzdächer), ein höherer Verschmutzungsgrad, Korrosion durch regelmäßige Betauung und Kondenswasserbildung (Einsatz von Stillstandsheizungen oder Lufttrocknung) sind zu beherrschen. Aber auch andere Zusatzmaßnahmen wie Abweisung der Bodenfeuchtigkeit, Klimatisierung oder elektromagnetisch dichte Gehäuse und Durchführungen gelangen zur Anwendung.

Hinter dem Begriff Klima verbirgt sich für die Betriebsmittel ihre unmittelbare Umgebung, also im Schrankinneren die Mikroumgebung der Kriech- und Luftstrecken. Bei hoher Schutzart besteht durchaus ein deutlicher Unterschied zu den atmosphärischen Bedingungen des umgebenden Raumes. Allerdings kann die damit verbundene verschlechterte Wärmeabfuhr höhere Kosten für den Betreiber verursachen (Reduzierung der Strombelastbarkeit, erhöhter Kühlaufwand). Nur der Kompromiss zwischen Schutzart und Erwärmung überbrückt den zwischen beiden Kennwerten bestehenden

Tabelle 2.9 Betriebs- und Umgebungsbedingungen für NS-Anlagen

Übliche Betriebsbedingungen

- **Innenraumaufstellung**
  Umgebungstemperatur –5 °C bis ≤+40 °C
  Mittelwert über 24 h ≤ +35 °C
  Mittlere Luftfeuchte 50% bei +40 °C oder 90% bei +20 °C (nur gelegentliche Kondenswasserbildung)
  Verschmutzungsgrad: 3 (industrieller Normverschmutzungsgrad)
  Aufstellungshöhe: ≤2000 m über N.N.

- **Außenraumaufstellung**
  Umgebungstemperatur ≥–25 °C bis ≤+40 °C
  Gemäßigtes Klima
  Arktisches Klima Umgebungstemperatur ≥–50 °C
  Mittlere Luftfeuchte bis 100% bei +25 °C
  Hohe Schutzart, Verschmutzungsgrad 3 für interne Betriebsmittel
  Häufige Betauung
  Aufstellungshöhe: ≤2000 m über N.N.

- **Freiluftaufstellung**
  Umgebungstemperatur ≥–25 °C bis ≤+40 °C
  Mittlere Luftfeuchte bis 100% bei +25 °C
  Direkte Sonneneinstrahlung (UV-beständige Lackierung)
  Ggf. Einbau der Betriebsmittel in ein gesondertes Gehäuse → Verschmutzungsgrad 3
  Ohne Gehäuse (z.B. Isolatoren) Verschmutzungsgrad 4
  Aufstellungshöhe: ≤2000 m über N.N.

Besondere Betriebsbedingungen für	**Lösung** durch
Temperatur, Feuchte, Aufstellungshöhe	geringere Strombelastung der Geräte
Betauung	Klimatisierung der Gehäuse, Stillstandsheizung
Staub, korrosive Dämpfe, Salze	hohe Schutzart (≥IP 54)
Elektrische und magnetische Felder	EMV-dichte Gehäuse u. Leitungsdurchführungen
Sonneneinstrahlung, Hitze	Schutzdach, Aufstellungsort, Klimatisierung
Feuergefährdete Betriebsstätten	DIN VDE 0100 T. 720
Explosionsgefährdete Bereiche	DIN VDE 0105 T. 9 DIN VDE 0165 DIN VDE 0170 DIN VDE 0101 T.1 – 10 DIN VDE 0166
Erhöhte Rüttel- und Stoßbeanspruchung	Besondere dämpfende Konstruktion, Fundament

Lager, Transport- und Aufstellungsbedingungen
Stimmen in der Regel mit den o.a. Werten überein
Umgebungstemperatur ≥–25 °C bis ≤+40 °C, bis 24 h bis +70 °C
Abweichungen sind gesondert zu vereinbaren.

Widerstreit. Wird die Anlage in größeren Höhen aufgestellt (≥2000 m), muss ggf. die Strombelastung gemindert bzw. die Belüftung/Kühlung forciert oder aber von vornherein eine Überdimensionierung vorgenommen werden. Eine verstärkte Rüttel- und Stoßbeanspruchung (etwa durch Erdbeben) wird entweder mit einer besonderen Konstruktion oder mit Dämpfungsmaßnahmen am Fundament beherrscht. Arbeitet die NSA in feuer- oder explosionsgefährdeten Betriebsstätten, greifen die Lösungen der einschlägigen Vorschriften [2.33].

Ausfallverhalten und elektromagnetische Verträglichkeit

Selbst wenn die Betriebs- und Umgebungsbedingungen sowie die vorgesehenen Belastungsverhältnisse vollständig eingehalten werden, sind Lebensdauer und **Ausfallverhalten** (störungsfreie Arbeitszeit) einer Niederspannungsschaltanlage begrenzt [2.34]. Verschleiß- und Ermüdungserscheinungen, die bei den eingesetzten Bauteilen zu unterschiedlichen, nur statistisch bekannten Zeitpunkten auftreten, führen zum Ausfall. Natürlich soll der fehlerfreie Zeitraum möglichst groß werden, um Störungen der von NSA versorgten, hochproduktiven Anlagen von vornherein auszuschalten. Das Ausfallverhalten der Niederspannungsschaltanlage beschreiben die statistischen Größen Zuverlässigkeit $R(t)$ (reliability) und Verfügbarkeit A (availability). Als Wahrscheinlichkeiten sagen diese Größen etwas über das erwartete Verhalten des Produktes in der Zukunft aus. Die auch als Überlebenswahrscheinlichkeit bezeichnete Zuverlässigkeit erreicht in der Niederspannungstechnik hohe Werte. Da die Reparaturtechnologie sehr ausgereift ist, liegt die Verfügbarkeit bei >98%. Insgesamt ist die quantitative Bewertung in diesem Bereich noch wenig verbreitet. Deswegen wird das Problem der Zuverlässigkeit im Zusammenhang mit der Antriebstechnik in Kapitel 13 ausführlicher behandelt. An gleicher Stelle erläuterte Maßnahmen zur Steigerung der Zuverlässigkeit gelten inhaltlich voll für die Niederspannungstechnik, obwohl im Vordergrund der Energieeinspeisung eben mehr die Versorgungssicherheit steht. Ihre Größe bestimmen nationale Standards sowie die zuständigen Energieversorgungsunternehmen (EVU). Da sich in Deutschland beide Bereiche auf sehr hohem Niveau befinden, liegen die gegenwärtig erreichten Werte bei >99%. Die Nichtverfügbarkeit der Netzenergie pro deutschem Kunden beträgt aktuell 10...12 min/Jahr und stellt im europäischen Vergleich den Bestwert dar [2.103]. Ein spürbarer Qualitätsverlust ist künftig nicht auszuschließen, weil infolge der Liberalisierung und dem damit einhergehenden verstärkten Wettbewerb von den Netzbetreibern die bestehenden Kostensenkungspotenziale zu Lasten der stabilen Versorgung ausgeschöpft werden. Wohin der sich darin ausdrückende Glaube an die Privatisierung aller Infrastrukturen führen kann, demonstrierte z.B. das Desaster im August 2003 in der US-amerikanischen Elektroenergieversorgung. Wirksame Ansätze zum Verhindern dieser negativen Aussichten diskutiert die VDE-Studie [2.104].

Sensible Schaltgerätekombinationen erfordern als Schutzmaßnahme gegen das folgenreiche Unterschreiten von Mindestwerten verstärkt Netzersatzanlagen und unterbrechungsfreie Stromversorgungen (USV) [11.1; 11.2].

Die **elektromagnetische Verträglichkeit EMV** (EMC, Electromagnetic Compatibility) zählt ebenfalls zu den Qualitätsmerkmalen einer NSA [38–43]. Hinter dieser Eigenschaft verbirgt sich ihre Fähigkeit, in der Umgebung elektrischer und magnetischer Felder zufrieden stellend zu funktionieren, ohne andere Einrichtungen und die Umgebung unzulässig zu belasten. Auf dem Wege elektrischer, induktiver und/oder galvanischer Kopplung gelangen ggf. schädigende Impulse in die Anlage, die von Blitz und elektrostatischen Entladungen und/oder von Schaltvorgängen in allen Spannungsebenen verursacht werden. Im Gegensatz zur Auswirkung auf Psyche und Gesundheit des Menschen lassen sich die funktionellen Folgen derartiger Einwirkungen quantitativ nachweisen.

Die Schaltgerätekombination muss einerseits im bestimmten Rahmen von außen eintreffende, eingekoppelte Störsignale, z. B. auch von vergleichbaren Anlagen, tolerieren, also zum Gewährleisten der Funktion eine ganz bestimmte Störfestigkeit bzw. Zerstörfestigkeit aufweisen. Andererseits darf sie aber auch keine unzulässigen Signale in die Umgebung versenden (Störaussendung). Zugleich bedeutet diese Fähigkeit, dass sich feldintern unterschiedliche Energieniveaus zu vertragen haben (Eigenstörfestigkeit). Durch den Einzug der Elektronik in die Niederspannungstechnik gewinnt die zuletzt genannte Eigenschaft an Bedeutung.

Die EMV steht als ein Qualitätsmerkmal der Umgebungsverträglichkeit einer NSA zusammen mit der Sicherheit unter staatlichem Schutz. Dazu erließ die EU Richtlinien, für deren Geltungsbereich die CE-Kennzeichnung vorgesehen ist und die als EMV-Gesetz (EMVG) hinsichtlich der Störaussendung in nationales Recht umgesetzt wurden (vgl. Abschnitt 2.1.5). Die Störfestigkeit gewährleistet der Hersteller im Rahmen der Funktionssicherheit. Die vom Lieferanten einzuhaltenden Grenzwerte für das Störvermögen (Störaussendung) weisen die einschlägigen Normen aus [43]. Das Beachten der Vorschriften garantiert, dass die Anlage keine unzulässigen, schädlichen Signale abgibt. Um die Störfestigkeit zu testen, definieren IEC-Vorschriften die Prüfklassen 1...5 mit dazugehörigen Störsignalgrößen [40; 43; 2.35]. Niederspannungsanlagen müssen in der Regel in Industrieumgebung, die für technologische Anlagen, Kraft- und Walzwerke, Energieversorgungsanlagen u. Ä. typisch ist, funktionieren. Die Prüfklasse 3 trägt diesen Bedingungen Rechnung. In der Gebäudetechnik, im Gesellschaftsbau gelten härtere Ansprüche [10].

Um die Verträglichkeit bei der speziellen Anlage tatsächlich auch zu erreichen, sind dem Lieferanten alle Forderungen sorgfältig zu beschreiben. Einsatzort – Industrie oder zivil genutztes Objekt in Wohnumgebung – mit Netzanschlusspunkt, die Entfernungen zum Verbraucher, die Art des Verbrauchers (z. B. Stromrichterantriebe, Beleuchtung, Elektroschmelzofen o. a.) sollten genannt werden. Gegenüber dem Wohn-, Geschäfts-, Gewerbebereich und Kleinbetrieben (Entstörklasse B nach EN 500 081 T. 1) ist der Industriestandort mit seinem um 10 dB höheren Grenzwert der Funkstörspannungen (Entstörklasse A nach EN 500 081 T. 2) unkritisch.

Ausführlicher wird die elektromagnetische Verträglichkeit im Teil II Antriebstechnik behandelt, da sie in dieser Branche eine weitaus größere Geltung erlangte. Die Ausführungen in Abschnitt 13.2 gelten uneingeschränkt auch für die Niederspannungstechnik.

Da informationselektronische Komponenten (vgl. Abschnitte 3.2 und 3.3) inzwischen zu ihrem integralen Bestandteil gehören können, sind die nachstehenden Gefährdungen und Hinweise von steigendem Interesse. Überspannungen müssen beherrscht bzw. vermieden, daraus resultierende Schäden an der Elektronik brauchen nicht mehr in Kauf genommen zu werden. Gegen unvermeidliche Blitze schützt ein optimiertes Schutzkonzept [2.36; 2.37]. Überhöhte Potenziale infolge von netzinternen Schaltvorgängen bauen Überspannungsleiter ab [2.38; 2.39]. Spannungsspitzen (Spikes) bis zu 2 kV (Dauer ≤100 µs) sind bereits bei Relais zu beobachten und können sicher durch die geeignete Spulenbeschaltung vermieden werden [40]. Niederfrequente Störungen innerhalb der zugelassenen Toleranzen wie Spannungsschwankungen, Frequenzänderungen, Unsymmetrien und Verzerrungen, Spannungseinbrüche berücksichtigt die Dimensionierung. Die entsprechenden Schutzmaßnahmen fasst Abschnitt 2.3.1 zusammen. Wichtig ist gleichermaßen das Einhalten der Herstellervorschriften für Schirmung sowie hinsichtlich systematischer, EMV-gerechter Leitungsführung überhaupt. Sollte die Anlage einmal aufgestellt sein, darf dieser korrekte Zustand nie aufgehoben werden.

2.2.3 Kriterien für Niederspannungsschaltgeräte

Schaltgeräte als aktiver Bestandteil einer NSA bestimmen in der Hauptsache ihre elektrischen Eigenschaften, aber auch den Schutzumfang von Personen (Fehlerstrom) und Anlagen (Überbeanspruchung durch Strom, Spannung, Wärme usw.). Geeignete Betriebsmittel haben sowohl im Normalbetrieb zu funktionieren als auch in Grenzen die außergewöhnliche Belastung zu tolerieren. Die ungestörte Arbeitsweise wird durch Schaltaufgaben wie Trennen/Freischalten, Lastschalten von Motoren, Beleuchtungen, Heizungen u. a. Verbrauchern in der vorgesehenen Betriebsart (vgl. Abschnitt 6.2) und von den projektierten Werten hinsichtlich Netzanschluss, Betriebsstrom, Schalthäufigkeit, Lebensdauer, Verfügbarkeit, aber auch von Steuerung und Bedienung bestimmt. Außergewöhnliche Belastung bedeutet das Beherrschen von Überstrom bzw. Kurzschluss (Existenz eines bestimmten Schaltvermögens und einer vorgesehenen Selektivität), Überspannung (durch Netz und interne Schaltvorgänge), Übertemperatur, Überspannung sowie von Störbeeinflussung und -aussendung. Je nach Ausführung übernehmen Geräte mehrere Aufgaben. Andernfalls ist zum Lösen der Funktion ihre Kombination erforderlich. Beispiele von eingesetzten Geräten zeigt der Stromlaufplan in Bild 2.7. Zugangssicherung (Verriegeln, Verschließen usw.) und Aufwand beim Auswechseln von Geräten bzw. von Gerätegruppen (Funktionseinheiten in Einschüben/Einsätzen) richten sich nach der gewählten Konstruktionsform (vgl. Abschnitt 2.1.2). Wichtige Auswahlgesichtspunkte von Schaltgeräten für Haupt- und Hilfsstromkreise sind in den Tabellen 3.1 und 3.2 zusammengestellt.

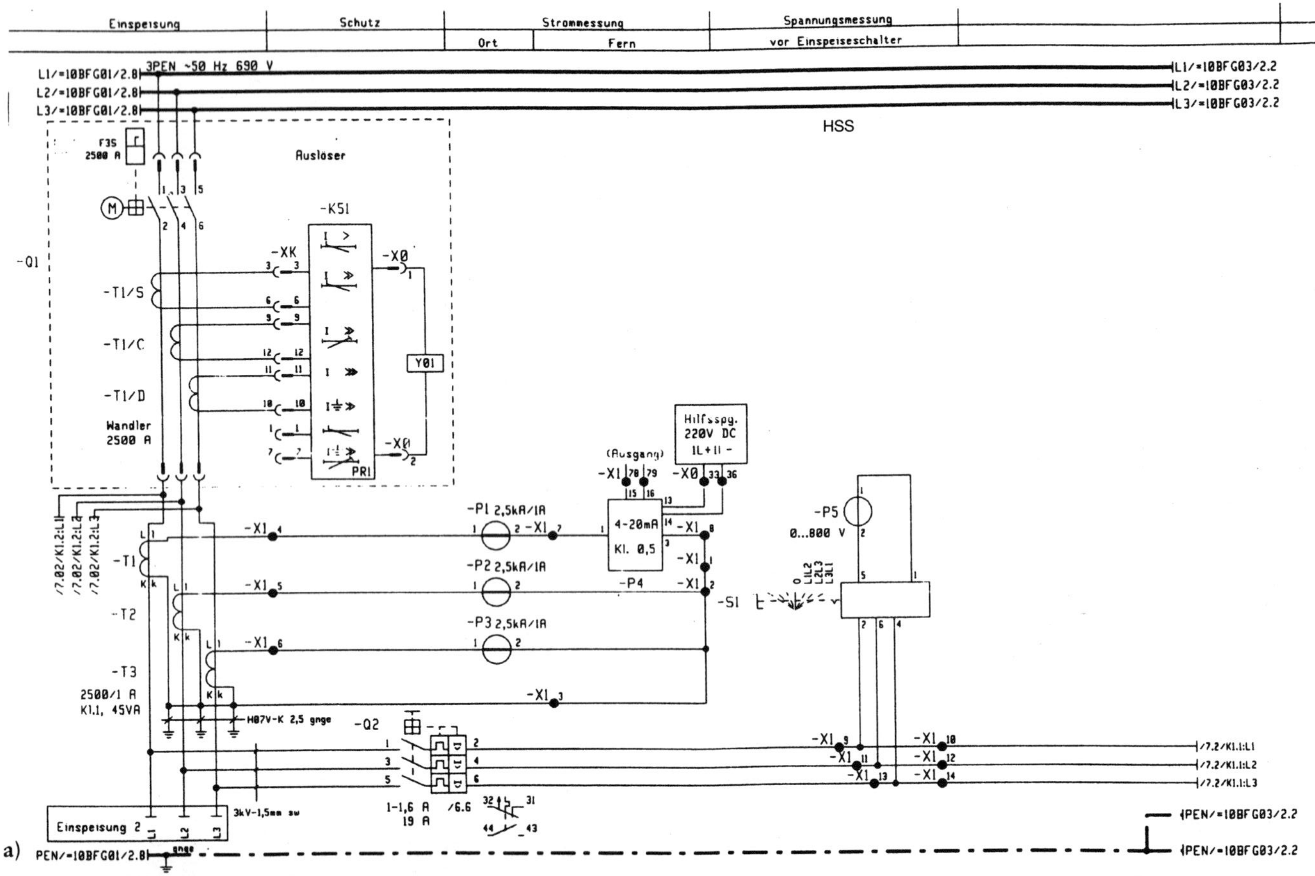

a)

Bild 2.7a,b Beispiel eines aus mehreren A4-Blättern bestehenden, strukturierten Stromlaufplanes für ein Einspeisefeld (Auszug, Basis CAE-System EPLAN, ohne Schriftfeld und Schaltzeichenerklärungen)
a) Hauptstromkreis

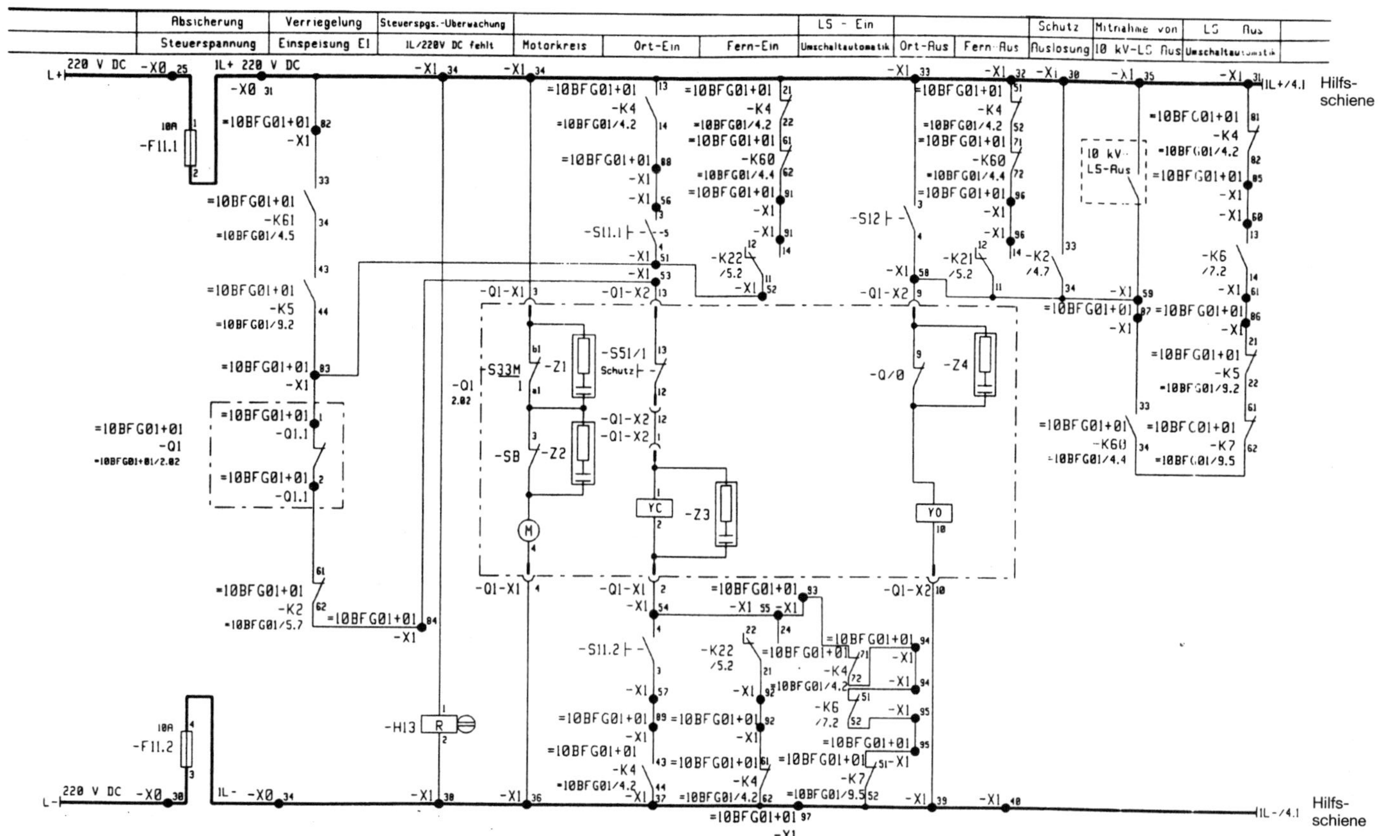

Bild 2.7 b) Hilfsstromkreise

2.3 Schutztechnik

NSA sind für bestimmte Betriebs- und Umgebungsbedingungen sowie für definierte Bemessungsgrößen ausgelegt. Die durch Prüfung bestätigten Werte enthält das Kennblatt (vgl. Abschnitt 2.6.2). Überschreiten und Abweichen erzeugen Gefahren für Bedienungspersonal und installierte Anlage; beides ist zu vermeiden. Dazu zwingt der Gesetzgeber den Lieferanten/Hersteller mit der Niederspannungsrichtlinie [2.10] (Sicherheitsziele im Anhang I) sowie mit dem deshalb novellierten Gerätesicherheitsgesetz [2.12] (vgl. Abschnitt 2.1.5). Besonders gefährlich sind Überstrom, Überspannung und Übertemperatur. Aber auch Fehlerströme, Erdschlüsse und Isolationsfehler bilden erhebliche Gefahrenquellen. Werden sie unterschätzt, erzeugen die Folgen verletzungsbedingte Ausfälle von Personen, Betriebsunterbrechungen und/oder Sachbeschädigungen/Produktionsstörungen mit hohen Zusatzkosten. Schutzmaßnahmen mit geeigneten Geräten (Tabelle 2.10) sind deshalb zwingend.

2.3.1 Schutz gegen Übertemperatur, Überstrom und -spannung sowie elektromagnetische Störungen

Die Ursache von Überlast- und Kurzschlussströmen kann innerhalb der NSA oder in den angeschlossenen Verbrauchern zu suchen sein. Derartige Überströme können zum vorzeitigen Altern durch Überschreiten der zulässigen Temperatur (vgl. Abschnitt 2.2.2.2), zum Sinken der Lebensdauer, gar zur mechanischen Zerstörung führen. Zugleich erhöhen sich Brand- und Störlichtbogengefahr (vgl. Abschnitt 2.3.2). Funktionsbezogene Geräte für den gesamtem Strom- und Spannungsbereich in den verschiedensten Bau- und Einbauarten schützen dagegen [8–10] (Tabelle 2.10).

Weit verbreitet ist beim Schutz gegen **Überstrom** die Anwendung von (strombegrenzenden) Leistungsschaltern. Zur (auch vierpoligen) Trennung ihrer Kontakte bzw. zum allpoligen Unterbrechen des fehlerhaften Strompfades führen Signale von den extern angeordneten Relais oder schalterinternen Auslösern mit unterschiedlicher Charakteristik und einstellbarer Ansprechschwelle. Bei Überlast sind es thermisch oder elektronisch stromabhängig verzögerte Auslöser *a* oder Überlastrelais. Einen Kurzschluss schalten unverzögerte, elektromagnetische oder elektronische Auslöser *n* ab. Mit Hilfe kurzzeitig verzögerbarer Überstromauslöser *z* und kommunikationsfähiger Schalter erfolgt die Kurzschlussabschaltung selektiv. Zwischen Verbraucher und Stromquelle liegen häufig mehrere Schutzgeräte in Reihe. Sie müssen gestaffelt ansprechen, damit in der gewünschten kurzen Zeit nur die Verbraucher abgeschaltet werden, die von dem Fehler tatsächlich betroffen sind. Unnötige Trennungen werden so vermieden. Neben Strom- (Staffelung der Ansprechwerte) und Zeitselektivität (unterschiedliche Ansprechzeiten des Schutzes bei etwa gleichen Kurzschlussströmen an den Einbaustellen) existiert seit dem Eindringen der Elektronik das Verfahren der Freigabeselektivität. Die automatische, elektronische «Verständigung» der Schalter verhindert zu lange Abschaltverzögerungen.

In der Regel sind bei der Gefahrenabwehr Schmelzsicherungen beteiligt (Bild 2.8a). Diese elektromechanisch arbeitenden Betriebsmittel lassen sich ebenso in eine Selek-

Tabelle 2.10 Schutzgeräte in NS-Anlagen

Schutzgerät	Schutz gegen					
	Überlast/-strom	Kurzschluss	Übertemperatur	Überspannung	Fehlerstrom Erdschluss	Isolationsfehler
Thermistorschutzgerät	x	–	x	–	–	–
Sicherung Betriebsklasse Ganzbereich (Leitungs-, Kabelschutz)	x[1]	x	–	–	–	–
Betriebsklasse Teilbereich[2] (Geräteschutz)	–	x	–	–	–	–
Leitungsschutzschalter[3]	x	x	–	–	–	–
Leistungsschalter mit a-Auslöser	x					
n-Auslöser	–	x	–	–	–	–
z-Auslöser (zeit- bzw. freigabeselektiv)	–	x	–	–	–	–
I-Begrenzer		x				
Überlastrelais stromabhängig/ thermisch verzögert	x	–	–	–	–	–
elektronisch verzögert	x	–	–	–	–	–
Überstromrelais el.-magnetisch unverzögert	x	x	–	–	–	–
Schaltgerätekombination Sicherung, Schütz, Überlast-Relais (sicherungsbehaftet)	x	x	–	–	–	–
Leistungsschalter/ Starter-Schutzschalter, Überlastrelais (sicherungslos)	x	x	–	–	–	–
Schaltgerätebeschaltung (intern mit Kondensator, Widerstand, Diode)	–	–	–	x	–	–

Tabelle 2.10 (Fortsetzung)

Schutzgerät	Schutz gegen					
	Über-last/-strom	Kurz-schluss	Über-tempe-ratur	Über-spannung	Fehler-strom Erdschluss	Isolations-fehler
Überspannungs-ableiter [4] (Anforderungs-klasse A,B,C,D)	–	–	–	x	–	–
Differenzstrom-überwachung [5] (RCD, RCM)	–	–	–	–	x	–
Isolationsüber-wachungs-Einrichtung [6]	–	–	–	–	–	x

1 Für Motoren ungeeignet (Klasse gL/gG).

2 Für den Schutz von Motorabzweigen geeignet (Klasse aM).

3 Leitungsschutzschalter (LS nach DIN VDE 0641) besitzen einen verzögerten Überlast- und einen unverzögertem Kurzschlussauslöser.

4 Sie schützen gegen atmosphärische (A für Freileitungen) und transiente Schaltüberspannungen. Der Ableiter richtet sich nach der Überspannungskategorie.

5 Schutz von Mensch, Tier sowie von Sachwerten unter Beachtung der Erdverbindung des Netzsystemes, Schutz gegen gefährliche Körperströme bei direktem und indirektem Berühren, präventiver Brandschutz.

6 Überwacht ständig den Isolationswiderstand der Anlage. Wird im IT-System als Schutzmaßnahme gegen indirektes Berühren angewendet.

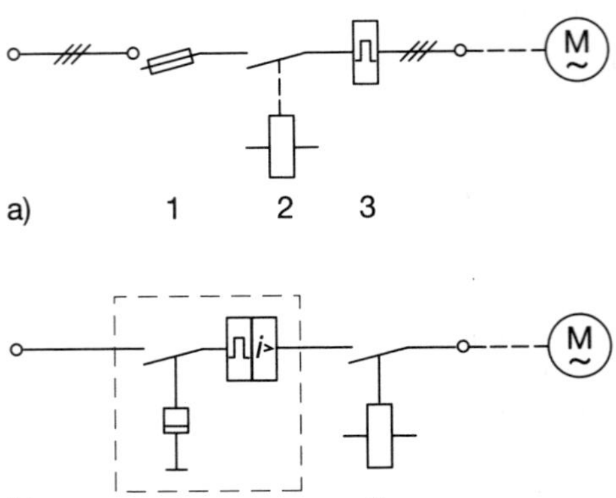

Bild 2.8
Schutzalternativen am Beispiel Motorstarter (zur Ein- und Ausschaltung von Motoren)
a) Sicherungsbehaftete Ausführung
   1 Sicherungslasttrenner
   2 Schütz
   3 Überstromauslöser
b) Sicherungslose Ausführung
   4 Leistungsschalter

Tabelle 2.11 Sicherungen in NS-Anlagen

Systembedingte Vorzüge	Stabile und perspektivische Einsatzgebiete
Unerreichtes Preis-Leistungs-Verhältnis Hohe Zuverlässigkeit und Lebensdauer Keine Test-Betätigung Großes Ausschaltvermögen Geringe Abmessungen Konstruktive Integration in Schaltgeräte (Lastschalt-, NH-Sicherungslleisten) Unempfindlich gegenüber hohen Spannungen Optische Trennfunktion Fail-safe-Eigenschaft (Abschaltneigung zur «sicheren Seite»)	Back-up-Schutz (für Leistungsschalter, Halbleiterschütze u. a.) Kombination mit elektronischen Sicherungen (Schadensbegrenzung) Langlebiger, preiswerter Schutz ohne Test-Betätigungsbedarf Selbsttätig zurücksetzende Sicherung (Polymer-Sicherung ohne Potenzialtrennung; Ansteigen der Einsatzdaten z. Zt. ≤30 V, ≤100 A)
Systembedingte Nachteile	
Fernschalten, -anzeige, -meldung mit Aufwand Verriegelung schwierig bis unmöglich Aufwand für Sicherungstausch (Wiedereinschaltbereitschaft) Unfallgefahr Einschränkung der logischen Selektivität Dreipolige Unterbrechung mit Zusatzaufwand	

tivitätskette einordnen. Der Verzicht auf dieses Mittel ist möglich. Zur Auswahl der favorisierten Lösung ist infolgedessen situationsbezogen der Vergleich bzw. eine Gegenüberstellung von sicherungsbehafteter und sicherungsloser Technik (Bild 2.8b) unerlässlich. Für eine Vielzahl von Schutzaufgaben scheint die sicherungsfreie Schaltgerätekombination Vorzüge zu versprechen [8; 2.40]. Die zweifellos vorhandenen Nachteile der Sicherungen kompensieren eine Vielzahl von Vorzügen (Tabelle 2.11). Aus dem Alter des Prinzips der Schmelzsicherung wegen seiner Einfachheit sowie aus den erreichten Verbesserungen hinsichtlich Handhabung, der kostengünstigen Integration in Schaltgeräte (z. B. NH-Sicherungsleisten, Lastschaltleisten), ihrer Kommunikationsfähigkeit (Schlagmelder, Hilfsschalter), der Kombinierbarkeit mit Wandlern und Messgeräten u. Ä. ist allerdings abzuleiten, dass dieses konventionelle Schutzelement weiterhin seinen Platz behauptet und nie vollständig ersetzt wird [2.61]. Einen effizienten Schutz bei besonders hohen Kurzschlussströmen in leistungsstarken Netzen liefert der Stoßstrombegrenzer [2.42]. Dieses schnelle, in der Mittelspannungsebene bevorzugte Hochleistungsgerät steht für den NS-Bereich ebenfalls zur Verfügung.

Gewitter (vor allem bei Versorgung durch eine Freileitung mit geringer Entfernung zur Anlage) und Schaltvorgänge in zugehörigen Stromkreisen (z. B. lange Leitungen, Motoren großer Leistung, zentralkompensierte NS-Leuchtstofflampen) erzeugen **Überspannungen.** Die Auswirkungen gleichen grundsätzlich denen bei Überstrom und Übertemperatur, wobei die Personengefährdung ausgeprägter ist. Als Schutzgeräte

(Tabelle 2.10) kommen Überspannungsableiter der Anforderungsklassen A bis D [2.36–2.38] in Betracht, die nun auch für die Installation in 690-V-Netzen bereitstehen [2.39]. In jeden Verteiler einbaubar, besitzen diese Geräte mit optimaler Schutzwirkung Kontakte zur Zustandsfernanzeige.

Abgesehen von der Überwachung der Komponenten einer ggf. vorhandenen Zwangskühlung erfolgt in NSA in der Regel kein unmittelbarer Schutz vor **Übertemperatur**. Üblicherweise wird die Temperatur von angeschlossenen Verbrauchern erfasst. Auch hier entspricht die Auswirkung der bei Überstrom. Temperaturfühler/Thermistoren in Motoren, Transformatoren o. ä. Betriebsmitteln melden der tatsächlichen Temperatur entsprechende Signale an auswertende Thermistorschutzgeräte. Sie werden in einen Schaltbefehl mit dem Ziel umgewandelt,

- ❑ betriebsmäßig auftretende Übertemperaturen zuzulassen, aber anzuzeigen,
- ❑ vor dem Erreichen der Grenztemperatur rechtzeitig den Verbraucher abzuschalten,
- ❑ ggf. vor dem Erreichen des unzulässigen Grenzwertes zu warnen, um die Belastung (Lastabwurf, -minderung) abzubauen.

Thermistorschutzgeräte arbeiten entweder mit einem Kaltleiter (PTC – Widerstandsanstieg pro 10 K um mehrere Zehnerpotenzen [2.41], für Motoren in Serienfertigung) oder mit einem Heißleiter (NTC – Widerstand sinkt mit zunehmender Temperatur, ca. eine Zehnerpotenz pro 40...50 K, für Maschinen in Einzelfertigung) zusammen.

Schlagartige Isolationsfehler zwischen Leiter–Leiter, Leiter–Erde, Leiter–PE verursachen im ungünstigen Fall einen elektrischen Schlag (Körperstrom ggf. mit Todesfolge), einen Spannungsausfall, partielle Übererwärmung, die Störung der öffentlichen und privaten Stromversorgung. Um die bekannten negativen Folgen abzuwenden bzw. zu mindern, stehen auch für die Kategorie **Fehlerstrom** und **Erdschluss** zugeschnittene Schutzgeräte zur Verfügung. Das grundlegende Arbeitsprinzip, den ableitimpedanzabhängigen Differenzstrom zwischen Normalbetrieb und Fehlerfall auszuwerten (bei Fehlerfreiheit ist der Wert null), ist in den Gerätetypen RCD (**R**esidual **C**urrent **P**rotective **D**evice) und RCM (**R**esidual **C**urrent **M**onitor) umgesetzt [2.43]. Schaltet RCD im Ergebnis der Überwachung ein Anlagenteil ab (FI-Schutzschalter), löst RCM als Resultat der permanenten Kontrolle lediglich einen Alarm aus. Schaltung und Empfindlichkeit des speziellen Geräts in der Anlage richten sich nach dem Netzsystem (TT, TN, IT) [2.44] sowie der Stromart (Wechsel-, Gleich-, Misch-/Allstrom). Ihre umfangreichen Schutzaufgaben und die Bedeutung für den präventiven Brandschutz machen derartige Geräte unverzichtbar.

Nimmt der Isolationswiderstand wegen Feuchtigkeit, Alterung, Verschmutzung oder anderen Klimaeinflüssen (i. Allg. schleichend) ab, liegt ein **Isolationsfehler** vor. Als Folge kann die Anlage unerwartet abschalten. Treten mehrere solcher Fehler gleichzeitig auf, können sie einen Befehlsgeber simulieren und demzufolge eine Fehlsteuerung veranlassen. Die Brandgefahr ist ausgeprägt, weil selbst ein Verluststrom an einer hochohmigen Fehlstelle eine überdurchschnittliche Erwärmung diesen Ortes mit sich bringt (40 bis 60 W sind bereits brandgefährlich). Um die sehr aufwendige Defektsuche zu umgehen, werden Schutzgeräte eingebaut. RCM überwachen laufend den Isolationswiderstand (im IT-System) oder den Ableitstrom (im TN-System).

Ihre Ansprechwerte sind einstellbar, Visualisierung und Meldung der Werte übernimmt die serielle Schnittstelle (z. B. RS 485). Durch die Eignung für AC-/DC-Netze, das Überwachen selbst abgeschalteter Verbraucher und wegen der Nutzbarkeit als Fehlersuchinstrument bietet sich ein solches Gerät zur vorbeugenden Instandhaltung an.

Elektromagnetische Einflüsse (EMV/EMC) [38–43] innerhalb der NSA und gegenüber der Umwelt (vgl. Abschnitt 2.2.2.2) erzeugen ggf. sporadisch auftretende Fehlsteuerungen, stören Kommunikation und Messung oder führen zum Ausfall, gar zur Zerstörung von Geräten und/oder Anlagenteilen. Das gesamte Netz kann mit HF-Signalen (z. B. bei eingebauten Umrichtern) verseucht werden, was andere, am gleichen Netzpunkt betriebene Verbraucher irritiert. Schützende Potenzialausgleichsmaßnahmen unter EMV-Blickwinkel können durchaus im Widerspruch zur Erdung als dem vordringlichen Schutz des Bedieners vor gefährlichen Spannungen stehen. Unter Berücksichtigung der vorliegenden Netzform sind geeignete Lösungen zu wählen [2.60]. Eine Übersicht üblicher Schutzmaßnahmen enthält Tabelle 2.12. Freiwillige Tests zusätzlich zur Typprüfung sind zweckmäßig und erhöhen die Sicherheit für Hersteller und Betreiber bzw. Kunde.

Tabelle 2.12 Maßnahmen gegen elektromagnetische Störungen in Schaltschränken und anderen Gehäusen

- ❑ Getrennte Schränke für Starkstrom- und Kleinsignale bei großen Anlagen
- ❑ HF-gerechte Verbindung von metallischen Gehäuseteilen (kontaktierte Türen, Seiten- und Trennwände)
- ❑ EMV-gerechte, unlackierte bzw. eloxierte Montageplatte
- ❑ Erdung, niederohmige, kurze Verbindung zu Erdungsschienen, Montageplatten u. a. (möglichst maschenförmiger Potenzialausgleich); bei HF-Gefährdung sollte die sternförmige Verbindung auf einen zentralen Punkt vermieden werden, Beachtung der Netzform TT, TN, IT; Einhalten der Mindestquerschnitte
- ❑ Trennung von sensiblen Leitungen unterschiedlichen Potenzials
- ❑ Installation möglichst kurzer Leitungen
- ❑ Rechtwinklige Kreuzung störender und empfindlicher Leitungen
- ❑ Abstand zwischen störender und sensibler Leitungen >10 cm
- ❑ Verwenden geschirmter Leitungen bei störempfindlichen Verbindungen (Motorzuleitungen, Buskabel u. a.); Einhalten der Mindestoberflächen
- ❑ Mehrfach-Erdung von Leitungsschirmen bevorzugt bei langen Leitungen
- ❑ Kein Potenzialausgleichsstrom über Schirme führen
- ❑ EMV-Dichtigkeit (Leitungsschirme bei Schrankaus- und -eintritt sowie an dem Gerät erden u. a.)
- ❑ Ungenutzte (Reserve-)Leitungen beidseitig erden, Verzicht auf Reserveschleifen
- ❑ Hin- und Rückleiter immer gemeinsam führen
- ❑ Abstand von Leuchtstoffröhren (z. B. Schrankbeleuchtung, Handlampen bei Servicearbeiten) zu empfindlichen Geräten
- ❑ Installation von Filtern (z. B. bei Frequenzumrichtern) nach Herstellervorschrift
- ❑ Nutzung einer einheitlichen Erde bei allen Feldern der NSA
- ❑ Einbeziehen von metallischen Kabelkanälen in die Erdung
- ❑ Blanke und fettfreie Kontaktstellen

2.3.2 Lichtbogen- und Brandschutz

Störungen und Ausfälle werden mehrheitlich vollständig beherrscht. Eine Ausnahme bildet der einen **Lichtbogen** nach sich ziehende Kurzschluss (z. B. an Sammelschienen). Dazu wird die Isolation zwischen zwei Leitern oder zwischen Leiter und Erde oder innerhalb eines Gerätes durchbrochen (z. B. durch Überlastung). Nicht immer muss hierzu eine metallische Verbindung existieren. In der Regel verursacht die thermische Auswirkung des Durchschlags große materielle Zerstörungen mit erheblichen Folgeschäden (z. B. 250 T€/h in der Automobilfertigung), oft schlimme Verletzungen bis zum Tod von in Anlagennähe befindlichen Personen. Ein Lichtbogen muss also vermieden, mindestens seine Ausbreitung unterbunden bzw. seine Brenndauer durch Abschalten der Energiequelle minimiert werden, weil mit seinem Fortbestehen die Störlichtbogenenergie wächst und gleichzeitig das Zerstörungspotenzial zunimmt. Das Risiko der Entstehung ist durch die Gestaltung der NS-Anlage wirksam zu vermindern. Mit dem vorbeugenden Schutz werden neben Unfällen zugleich Brände verhindert. Da nach Berufsgenossenschaft und VdS Elektrizität sowie Störlichtbögen zu ihren Hauptursachen zählen, besitzt der Störlichtbogenschutz einen erheblichen volkswirtschaftlichen Stellenwert. Hinzu kommt, dass nach den allgemeinen Bedingungen der Feuerversicherung (AFB 87, §1) Schäden an elektrischen Anlagen durch elektrischen Strom nicht automatisch zu den versicherten Gefahren zählen.

Ein Lichtbogen ist auch bei TSK nicht absolut zu verhindern [2.59]. Allerdings beugt der durch die Typprüfung garantierte hohe Qualitätsstandard seinem Auftreten vor. Z. B. bildet sich an gefährdeten Verbindungsstellen durch die Nutzung eines Drehmomentenschlüssels [2.21] eine langlebige, konstante Kontaktkraft (Wartungsarmut). Die Luft- und Kriechstrecken blanker, spannungsführender Teile ohne Verschmutzungen und die Schutzart gegen das Eindringen von Fremdkörpern werden dauerhaft eingehalten. Zusätzlich schreibt die Dokumentation die regelmäßige Kontrolle vor. Darüber hinaus vermögen leitfähige Fremdkörper wie vergessene Werkzeuge, herabfallende Metallteile, subjektiv bedingte falsche Bedienhandlungen, selbst Kleintiere den Überschlag mit Lichtbogenfolge auszulösen. Dagegen schützt die Typprüfung natürlich nicht. Bedingt durch die physikalischen Vorgänge beim Aufbau eines Bogens (Druck- und Temperaturanstieg auf Extremwerte innerhalb von wenigen Millisekunden) platzt die Kapselung eines Feldes explosionsartig. Zusammen mit Verbrennungsrückständen und glühenden Partikeln dringt heißes, toxisches Gas unkontrolliert nach außen. Durch die damit verbundene extreme mechanische und thermische Beanspruchung schmelzen elektrische Leiter und Metallteile ab. Deutlich mindern so genannte Entlastungsklappen im Dach solche Wirkungen. Sie öffnen bei Überdruck und entlassen das Gas nach oben, wo es weitgehend unschädlich bleibt.

Schutz gegen Lichtbögen bieten sowohl aktive Maßnahmen als auch passive Hilfsmittel. Aktiv wirken Baumaßnahmen, die das Entstehen und die Ausbreitung des Lichtbogens (Wandern z. B. entlang der Hauptsammelschienen) von vornherein verhindern. Dazu zählen zusätzliche Umhüllungen für Abgangsleiter und Sammelschienen (Schrumpfschlauch), Einbetten der Verteilschienen in mechanisch stabilen Kunststoff, gezieltes Überschreiten der vorgeschriebenen Mindestwerte der Kriech- und Luftstrecken bei Sammelschienen und Schienenverbindungen, Ausführen der Schraubverbindungen mit überwachtem Drehmoment [2.94], zusätzlicher Berührungsschutz für äußere Anschlüsse, erhöhte Schutzart, vor allem aber die geeignete innere Strukturierung sowie ihre Schottung untereinander (vgl. Abschnitt 2.2.2.2). Mit der internen Aufteilung eines Feldes in Funktionsräume (Tabelle 2.8) sinkt die Wahrscheinlichkeit des Entstehens eines Lichtbogens beträchtlich. Die zu wählende Form hängt vom Schutzziel hinsichtlich Personen und/oder der Anlage ab [2.45; 2.46]. Mindestens ist Form 2a, besser 2b zu verwirklichen. Je nach Ausführung und eingesetztem Material fällt durch den Lichtbogen lediglich das betroffene Gefäß oder nur das beanspruchte Fach (Einschub/Einsatz) aus. Zusammen mit weiteren konstruktiven Mitteln (Kapselung, versteifte, sogar doppelwandige Gefäße, isolierte, fußpunktfreie Sammelschienen, Dichtigkeit auch der Sammelschienendurchführung zum Nachbarschrank u.a.) verursachen die geschilderten Möglichkeiten erheblich höhere Kosten. Der Materialaufwand steigt, Wärmeabgabe und Geräteauslastung sinken (erhöhte Schutzart).

Eine günstige Alternative stellt der passive Schutz dar. Gerätetechnisch übernehmen diese Aufgabe strombegrenzende Schaltgeräte (Leistungs-, Leitungsschutz-, Motorschutzschalter, Sicherungen). Sie unterbrechen den Lichtbogenstrom vor Erreichen seines von den Fehlstellenimpedanzen unbeeinflussten, prospektiven Höchstwertes und reduzieren die Brenndauer; der Zerstörungsumfang sinkt. Sind die Geräte mit dem Leitsystem vernetzt, werden die Störungen in die Warte gemeldet und dort ausgewertet. Einen vergleichbaren Effekt lösen Licht- und Stromsensoren aus [2.47; 2.48]. Als Lichtbogenwächter etwa in Gestalt eines durch alle geschützten Räume/Abteile geführten Lichtleiters reagieren sie auf die optischen und elektrischen Eigenschaften des Lichtbogens. Eine nachgeschaltete elektronische Baueinheit vergleicht die Signale mit den gespeicherten Werten des Normalbetriebes, um daraus einen Befehl zu errechnen, der den speisenden Leistungsschalter öffnet. Abgetrennt von der Energiequelle verlischt der Lichtbogen. Da die Verzögerungszeit zwischen Erfassen und Abschalten mit ca. 40 ms immer noch zu lang ist (den Hauptanteil bringen Leistungsschalter), entsteht trotzdem eine noch zu große Zerstörung. Abhilfe schafft ein spezielles, mit einer Gasexplosion arbeitendes Löschgerät [2.49; 2.62; 2.69]. Durch das Zusammenwirken des Lichtbogenwächters mit einem Schnellkurzschließer und dem Einspeiseschalter erlischt der Bogen bereits wenige Millisekunden nach dem Zünden. Mit dieser Lösung höchsten Schutzniveaus (sog. Anlagenfunktionsschutz) verbindet sich keine Zerstörung von Schaltgeräten. Außerdem darf die Anlage nach Beheben der Ursache unmittelbar wieder eingeschaltet werden. Auch spezifische Schutzausrüstungen für das Bedienungs- und Wartungspersonal wirken als passiver Schutz.

Zahlreiche Schaltanlagensysteme sind auf das Verhalten beim Auftreten von Störlichtbögen (Brenndauer ≤300 ms) geprüft und auf Basis der Testergebnisse als sicher, dem Bedienungspersonal höchsten Schutz bietend, ausgewiesen. Dabei handelt es sich um keine Typprüfung, sondern um eine zwischen Hersteller und Kunde vereinbarte Sonderprüfung, die sich auf [2.45; 2.57] stützt und an [2.50] anlehnt.

Einen vergleichbaren Stellenwert besitzt der vorbeugende **Brandschutz** [2.51; 2.58], weil trotz aller bisher geschilderten Schutzmaßnahmen Fehler unvermeidlich sind. Örtlich oft zu starker Überhitzung führend, bilden sie potenziell eine Zündquelle. Im

Fall des Lichtbogenschutzes kommt hinzu, dass die ohnehin nicht unerhebliche Brandlast einer NSA wegen der eingesetzten Sonderisolationen und Schottungen beträchtlich ansteigt. Um diesen Wert einschließlich zusätzlicher Vergiftungsrisiken abzusenken, müssen grundsätzlich schwer entflammbare, selbst verlöschende Werk- sowie chlorfreie Kunststoffe verwendet werden [2.52]. Von der Entflammbarkeit hängt nämlich die Entstehung eines Brandes ab. Kabel und Leitungen müssen mit halogenfreiem Material ummantelt sein. Solche raucharmen Typen erzeugen keine giftigen und korrosiven Halogensubstanzen. Vom Hersteller unbedingt zu beachtende Brandschutzvorschriften existieren vom Verband der Sachversicherer (VdS) sowie als Normen (z.B. [2.53; 2.54]), aber auch in Gestalt von behördlichen Regelwerken wie Musterbauordnung (MBO), Landesbauordnung (LBO), Muster-Leitungsanlagen-Richtlinie (MLAR) [2.30] u.a. Dem Kunden erleichtert eine Europanorm [2.55] die Kontrolle der tatsächlich eingesetzten Stoffe. Diese schreibt nämlich vor, dass für alle Anlagen und Betriebsmittel die benutzten Kunststoffe unmissverständlich auszuweisen sind.

Die Widerstandsfähigkeit gegen Feuer charakterisiert die Feuerwiderstandsdauer. Nach der Norm [2.56] sind die diesbezüglich wichtigsten Angaben die Funktionserhaltsklasse E sowie die Feuerwiderstandsklasse F. Sie betreffen bevorzugt Kabel-/Netzersatzanlagen sowie die bauliche Umgebung. Die der Buchstabenkennung nachfolgende Ziffer markiert bei der Funktionserhaltsklasse die Zeit in Minuten, während der trotz Feuers elektrische Kennwerte und mechanische Stabilität beibehalten werden müssen (E30, E60, E90). Bei der Feuerwiderstandsklasse drückt diese Spanne aus, dass sich während dieser Dauer der Brand nicht ausbreitet und sich die Temperatur auf der dem Brand abgewandten Seite durchschnittlich um nicht mehr als 140 K erhöht (F30, F60, F90). Niederspannungsschaltschränke aus Stahlblech beispielsweise erfüllen die Bedingung der Kategorie F30.

2.3.3 Explosionsschutz

Werden NSA in explosionsgefährdeter Umgebung aufgestellt [2.63; 2.64; 2.70] und können während des Betriebs zündfähige Lichtbogenplasmen auftreten, müssen die betroffenen Betriebsmittel druckfest gekapselt sein. Das Ausbreiten einer gefährlichen Flamme bei Explosion im Inneren wird unterbunden. Hinsichtlich solcher Anwendungen gilt in den z.T. neu definierten Ex-Zonen [2.65] ab 30. Juni 2003 verändertes EU-Recht [2.66; 2.67]. Die gewandelte Gesetzeslage schlägt sich in der neuen Betriebssicherheitsverordnung (BetrSichV) als der juristischen Fassung von Betriebs- und Anlagensicherheit nieder [2.68].

2.4 Systemtechnik

Die Systemausführungen der Niederspannungsanlagentechnik besitzen die bisher erläuterten Eigenschaften teilweise, aber auch vollständig.

2.4.1 Standardsysteme

Zu den gebräuchlichen Schaltanlagen bzw. Verteilern gehören

- ❑ Schranksysteme aus Stahlblech oder mit Isolierstoffumhüllung,
- ❑ Systeme in Kastenbauform mit Stahlblech- oder Isolierstoffumhüllung.

Sie werden von einer Vielzahl von Herstellern [2.6] für die unterschiedlichsten Daten und Applikationen angeboten. Oft lassen sie sich bereits vom Kunden mittels eines Katalogs konfigurieren.

Die Industrie bevorzugt modulare, typisierte **Schranksysteme mit Stahlblechumhüllung** für Festeinbau-, Einsatz-/Schubeinsatz- und/oder Einschubtechnik (Bild 2.9). Als Ergebnis einer zertifizierten Serienfertigung (vgl. Abschnitt 2.6) erfüllen sie in TSK-Ausführung alle Forderungen hinsichtlich Normalbetrieb und Schutz wirtschaftlich sowie Platz sparend bei höchster Packungsdichte. Die korrosionssicher lackierten Felder folgen einem konstruktiven Grundraster. Aus typisierten Bausteinen bestehend sind sie in Funktionsräume (s. Bild 2.4 und Tabelle 2.8) gegliedert. An einen Profilrahmen ist die Beplankung angeschraubt. Verwindungssteife Stahlblechkonstruktionen mit verschweißten Hüllen sind ebenfalls üblich. Für die sichere Trennung bzw. Schottung zum Nachbargefäß sorgt die Vollwandtechnik. Die üblichen Aufstellungsarten mit und ohne Sockel sowie die flexible Lage der von Feld zu Feld verlaschbaren Hauptsammelschienen (oben, mittig, unten) erlauben die Anpassung an örtliche Bedingungen. Ein solches Schienensystem aus drei, vier, selbst fünf Leitern ist grundsätzlich vollständig abgedeckt, bietet somit höchste Sicherheit. Verschiedentlich kann ein Doppelsammelschienensystem untergebracht werden. In einem Feld lassen sich freizügig unterschiedlichste Funktionen konzentrieren. Der modulare Aufbau verspricht eine breite Palette von Einbaumöglichkeiten für Geräte. Leistungs-, Sicherungslast- oder Lastschalter können z.B. die Einspeisung oder die Versorgung von Unterverteilungen übernehmen. Für die Stromlieferung an die unterschiedlichsten Verbraucher, zur Aufnahme von Steuerungen oder anderer Verbraucher (z.B. USV-Anlagen) steht ein großzügiger Gestaltungsspielraum bereit. Trotzdem garantieren alle Systeme die einfache, schnelle und sichere Bedienung und Wartung.

Der Anschluss von Einspeisung und/oder Abgängen über Kabel oder Schienen mit Schraubklemmen oder Steckverbindungen kann sowohl von oben oder unten als auch im seitlichen Kabelanschlussraum (z.B. Bild 2.4) erfolgen. Unterverteilungen besitzen feldintern abgedeckte, senkrechte Verteilsammelschienen, deren Leiterzahl dem Hauptsystem entspricht. Zum Inneren führen an der Frontseite befindliche, verschließbare Türen mit oder ohne Sicherheitsglasscheibe. Getragen von mehreren Scharnieren lassen sich Anschlag und Öffnungswinkel (bis 180°) flexibel einstellen.

Unterschiedliche Bauformen verhalten sich innerhalb eines Systems zueinander kompatibel und können auch nachträglich im Zuge einer Erweiterung kombiniert werden. Zubehörteile für Varianten sind immer identisch. Mit den in Tabelle 2.13 zusammengefassten qualitativen Merkmalen werden die technischen Daten in Tabelle 2.2 erreicht.

Standardsysteme dienen auch zum Ausrüsten von Schalthäusern aus zertifizierten Betonraumzellen [2.106].

a)

b)

Bild 2.9
Niederspannungsanlage in Schrankbauform und Stahlblechumhüllung mit kombinierter Einsatz- und Einschubbauweise sowie Schaltanlagen-Leittechnik (vgl. Abschnitt 3.3)
a) geöffnet, System SIVACON [1.49; 2.73] mit Leittechnik Simocode
b) geschlossen, System MNS [2.7; 2.72] mit Leittechnik INSUM

Tabelle 2.13 Qualitative Merkmale von Standardschranksystemen

- ❏ Typgeprüfte Schaltgerätekombination (TSK)
- ❏ Einhaltung BGV A2 4
- ❏ Mehrfachschrankbauform mit Stahlblech- oder Kunststoffumhüllung (rostfreie Gerüste)
- ❏ Variable Transport- und Montageeinheiten
- ❏ Modulare, standardisierte, mechanische und elektrische Gestaltung
- ❏ Nutzung typisierter, elektrischer Grundschaltungen
- ❏ Flexible Anlagengestaltung (insbesondere der Verbraucherabgänge) bis zum Errichtungsabschluss
- ❏ Strukturierung in Funktionsräume, standardisierte Bauweisen innerhalb dieser Schrankzonen
- ❏ Von vorn zugängliche, bohrungslose Anschlusstechnik an Sammelschienen und Geräte
- ❏ Schottung der Sammelschienen- sowie aller lichtbogengefährdeten Räume
- ❏ Begrenzung des Lichtbogens auf den Entstehungsraum
- ❏ Hohe Kurzschlussfestigkeit (kompatibel zu den eingesetzten Schaltgeräten)
- ❏ Konzentration verschiedenster Funktionen in einem Schrank ohne Einschränkung der Sicherheit
- ❏ Standardisierte, rechnergestützte Projektierung und elektronisch speicherbare, bei Erfordernis papierlose Dokumentation mit DXF-Schnittstelle
- ❏ Nachrüstbarkeit durch planbare Reserven
- ❏ Anwendungen: Einspeisung, Kupplung (Power-Center); Haupt-, Unter- sowie Motorverteiler (in sicherungsbestückter oder sicherungsloser Technik, Anwendung von Schaltleisten)
- ❏ Fertigung unter Kontrolle ISO DIN 9000, EN 29 000 ff.
- ❏ Einhaltung relevanter Vorschriften der Europäischen Union (EU)
- ❏ Sonderausführungen als partiell typgeprüfte Schaltgerätekombination (PTSK)

Zu repräsentativen Systemen dieser Produktgruppe gehören u.a. MCC 601 [2.71], MNS [2.72], SIVACON [2.73], SMC 7000 [2.74], TopDraw 100/TopStick 100 [2.75], Genimod [2.76]. Neben diesen und anderen Originalherstellern bewerben sich am Markt zahlreiche Unternehmen, die die von verschiedenen renommierten Systemen gebotenen Lizenz- oder Franchising-Fertigungs- und -Liefermöglichkeiten nutzen.

Bei Installationen von Einrichtungen im Freien oder in Gesellschaftsbauten kommen bei natürlich geringerer Strombelastbarkeit **Schranksysteme mit Isolierstoffumhüllungen** (z.B. KNS [2.72]) bzw. Kunststoffgehäuse zur Anwendung [10; 1.34]. Darüber hinaus gibt es funktionsbestimmende, typgeprüfte Komponenten wie Leerschranksysteme mit Montageplatten oder -gerüsten zum Aufnehmen der Betriebsmittel wie TS8 [2.77; 2.78] u.a., Haupt- und Verteilsammelschienensysteme wie Elbus [2.79; 2.80] u.a. sowie Klimatisierungsbausteine [2.80; 10.2] (vgl. Abschnitt 10.3), mit deren Hilfe sich gleichfalls TSK- oder PTSK-Anlagensysteme entwickeln lassen.

Sofern regelmäßig elektrotechnische Laien Zugang zur Anlage besitzen, werden **TSK-Kastensysteme mit Isolierstoffumhüllung** (Bild 2.10), aber auch mit Stahlgehäuse bevorzugt. Abgesehen von Strombelastbarkeit ($I_n \leq 1250$ A) und Kurzschlussstromfestigkeit ($i_{pk} \leq 45$ kA) erreicht diese Konstruktion alle anderen Kennwerte der Schranksysteme. Für eine Vielzahl von Funktionen stehen Module einheitlicher Breite in verschiedenen Höhen (Raster 150...170 mm) leer oder mit Geräten und Sammelschienen bestückt bereit. Sowohl Wandbefestigung als auch die Montage auf Standrahmen oder Sockel ist vorgesehen, störende Baukörper lassen sich umgehen. Typisch für diese

Bild 2.10 Niederspannungsanlage in Kastenbauform mit Isolierstoffumhüllung (Typ: COMPACT-line) [2.81]

Bauweise sind z.B. die Systeme Mi 1000 [2.74], Compact-line [2.81] sowie INS [2.72; 2.82].

Darüber hinaus werden Spezialsysteme für Zähler, Kabelabzweige sowie Kleinverteiler für die unterschiedlichsten Schutzarten, Bestückungen und Brandschutzeigenschaften angeboten.

Da Leitsysteme eine wichtige Voraussetzung für einen ordnungsgemäßen, ggf. vollautomatischen Prozessablauf bilden, ist das Einbeziehen von NSA in Prozesssteuerung und -überwachung unerlässlich. Erst der damit mögliche umfangreiche Datenaustausch zwischen der nun ebenfalls «intelligenten» Niederspannungsversorgung und der Automatisierung gewährleistet zuverlässig und wirtschaftlich den optimalen Ablauf des technologischen Betriebs bei gleichzeitig hoher Verfügbarkeit der Gesamtanlage. Die Qualität sowohl von Verfahren als auch vom Produkt steigt, gleichzeitig sinken die Betriebskosten (Personal, Wartungsaufwand u.a.). Hinsichtlich der Vernetzung kann ein zum Büro adäquater Standard erreicht werden.

Den prinzipiellen Aufbau derartiger Leitsysteme für Niederspannungsanlagen, die auch die Verbindung zu Intranet/Internet herstellen, beschreibt Abschnitt 3.3.

2.4.2 Schienenverteiler

Mit der Veränderung von Fertigungsprogramm oder Technologie verbinden sich Maschinenumstellungen, auf die die Energieeinspeisung flexibel reagieren muss. Außerdem wachsen mit geschärftem Kostenbewusstsein von Betreiber und Investor und härteren gesetzlichen Forderungen die Ansprüche bezüglich Verfügbarkeit, Zuverlässigkeit und Lebensdauer, an Sicherheit, Übersichtlichkeit und an niedrigen Aufwand bei Wartung und Nachrüstung bzw. Erweiterung sowie hinsichtlich geringer Brandlast. Da Kabelinstallationen in dieser Beziehung Grenzen erreicht haben, bildet die in Bild 2.11 dargestellte linienförmige Schienenverteileranlage die technische und wirtschaftliche Alternative [8; 10; 2.83; 2.84]. Gleichsam als Bus auf Energieniveau unterstützt das Schienensystem die aus der Automatisierung geläufige Dezentralisierung. Neben der nahezu punktgenauen, geometrisch flexiblen Versorgung der Verbraucher bzw. der vorgeschalteten Niederspannungsverteilungen kann der Linienverteiler bei Erfordernis zusätzlich Leuchten tragen oder Kabel und Leitungen aufnehmen. Einsatzschwerpunkt liegt im Automobilbereich, aber auch in der gesamten Industrie und in der Gebäudetechnik zählen Schienensysteme zum Mittel der Wahl.

Die Norm [2.2] definiert dieses Betriebsmittel als «typgeprüfte Schaltgerätekombination in Form eines Leitersystems, das in einem Leitungskanal, einem Leitungsrohr oder einem Gehäuse Sammelschienen enthält, die in Isoliermaterial gehalten werden». Das Baukastensystem Schienenverteiler besteht aus

- der Einspeisung (Baueinheit zum Netzanschluss),
- vollständigen Schienenverteilerelementen mit oder ohne Abgangsstellen in variablen, geometrischen Formen (Gerade, Winkel, Kreuz, T-Stück),
- Abgangsstellen (zum Anschluss von Abgangskästen),
- Abgangskästen (zur Energieentnahme),
- Schienenverteilerelementen zum Dehnungsausgleich in axialer Richtung (wegen Erwärmung, zum Wechseln der Lage der Außenleiter u. a.).

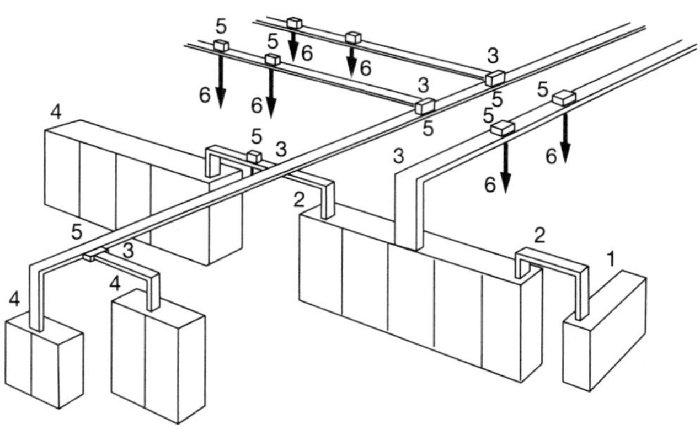

Bild 2.11
Modell einer Anlage mit verschiedenen Schienenverteilern
1 Einspeisetrafo
2 Hauptverteilung
3 Schienen unterschiedlicher Stromstärken zu den UV
4 Unterverteilungen
5 Abgangsstellen, -kästen
6 Maschinen-, Rechnerarbeitsplätze u. Ä.

Tabelle 2.14 Typische Kennwerte von Schienenverteilern

Nenn-/Bemessungsbetriebsspannung U_e	400 – 690 V AC
Bemessungsisolationspannung U_i	AC 1000 V, 50 Hz (DIN VDE 0110)
Bemessungsstrom I_n	25 – 5000 A
Bemessungskurzzeitstrom i_{cw} (1 s)	0,6 – 116 kA
Bemessungsstoßstrom i_{pk}	2,4 – 255 kA
Umgebungstemperatur	–5 °C... +40 °C
Schutzart	≤IP 54
Schienenkästen-Werkstoff	Stahlblech, Aluminium
Stromschienen-Werkstoff	Cu, Al
Repräsentative Systeme: canalis (telemecanique); CD, BCxx, LD, LX (Moeller Electric), 8PL (Siemens)	

Die Kennwerte in Tabelle 2.14 sind den Gehäusesystemen nach Abschnitt 2.4.1 kompatibel bzw. ihnen z. T. sogar überlegen. Vorzüge wie

- punktgenaue, flächendeckende Energieversorgung bei übersichtlicher Struktur,
- flexible, aufwandsarme Verbindung mit Verbrauchern (Arbeitsmaschinen, vorgeschaltete Verteilungen, Verteilungen untereinander, vgl. Bild 2.12) ohne Abschaltung der Anlage,
- Einsatz in der Bauphase als Baustromverteiler,
- hohe Kurzschlussfestigkeit,
- geringere Brandlast,
- weniger Brandschutzmaßnahmen,
- niedrigerer Platzbedarf,
- verbesserte Kühlung und Wärmeabfuhr,
- geringerer Projektierungsaufwand bei gleichzeitiger Erhöhung von Schnelligkeit und Flexibilität (keine exakte Kenntnis von Abständen und Längen, Ermittlung des Nennstroms lediglich für einen Schienenteilstrang, Vermeidung von Kabelbäumen u. a.),
- verminderte Montage- und Inbetriebsetzungskosten (keine Vorzugslage, Verzicht auf Spezialwerkzeuge und -kenntnisse),
- schnellere Fehlersuche,
- kostengünstigere Erweiterbarkeit und Umrüstung,
- hoher Grad der Wiederverwendbarkeit aller Komponenten u. a.

empfehlen die Applikation der Schienenverteiler besonders nachhaltig für die (senkrechte) Installation der Versorgung eines Hochhauses. Die herkömmlichen, dicht gepackten Kabeltrassen lassen sich vorteilhaft bei steigender Sicherheit und mit Abbau des Kostenrisikos «Kabel» (korrekte Werte zu Lage, Querschnitt u. a.) ablösen. Die wirtschaftliche Anwendungsbreite des Schienenverteilers erhöht sich, sofern die Entwicklung zu «intelligenten» Abgangskästen Erfolge zeitigt. Mit elektronischen Komponenten bestückt erlauben sie den vernetzten Betrieb.

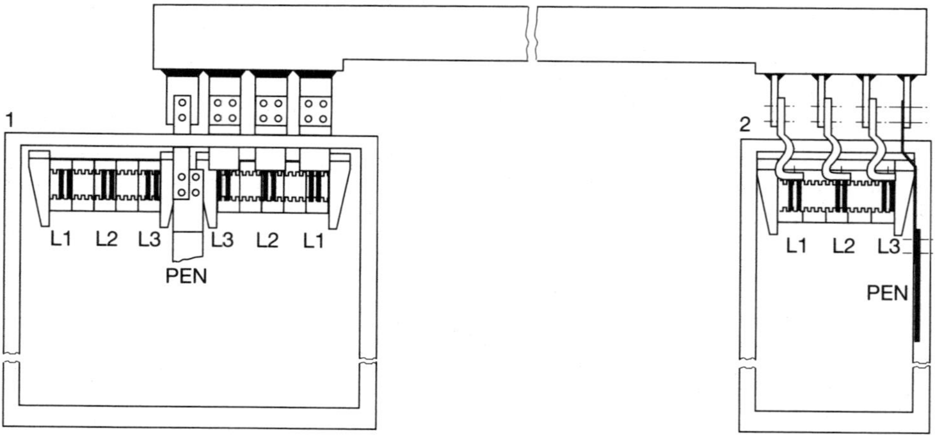

Bild 2.12 Schienenverbindung von zwei NS-Anlagen

Dass sich im Gleichschritt mit der dezentralisierten Automation ebenfalls auf dem weitaus niedrigeren Leistungsniveau der klassischen Installationstechnik die busförmige Energieverteilung einen Platz eroberte, belegen beispielsweise die Systeme podis [2.85] und Han-Power T [2.87]. Ein flexibles Flachband oder eine unterbrechungsfrei adaptierbare Standardleitung gleicht hinsichtlich Anschluss von Einspeisung und Verbraucherabgriff prinzipiell dem Schienenverteiler.

In diesem Zusammenhang sind konfektionierbare Energiezuführungssysteme zu erwähnen. Biegsame, kettenähnliche Konstruktionen nehmen Leitungen auf und erlauben mechanisch geschützt kleinste Biegeradien. Sie versorgen Kosten sparend wie zuverlässig z.B. den Antrieb einer verfahrbaren Arbeitsmaschine [2.99]. Gleichzeitig können derartig robuste Betriebsmittel Informationsleitungen enthalten [2.100]. Geradezu zwingend benötigen Rohstoff-Zuführungssysteme, roboterbestückte Maschinen, Krananlagen u.ä. Anlagen eine für extreme Belastungen ausgelegte, bei Erfordernis auch ATEX-zertifizierte (vgl. Abschnitt 2.3.3) flexible Stromzuführung.

2.4.3 Schaltschrankarmer Anlagenaufbau

Nahezu im Gleichschritt mit der Dezentralisierung in der Informationstechnik verläuft die verteilte Anordnung der Leistungstechnik im Niederspannungsbereich. Stellglieder (Aktoren, Motorstarter u.Ä.) nehmen als Peripherie der Hauptschaltanlage bzw. der gesamten Automatisierungsanlage dezentrale Positionen in Prozessnähe ein, werden aber zentral gesteuert und überwacht. Das spart erhebliche Kosten bei Schaltschränken, an Aufstellungsplatz, für Transport, Verkabelung und Montage. Eine Vorabinbetriebsetzung beim Hersteller macht das aufwandsarme, schnelle Arbeitsprinzip «Plug & Play» möglich. Neben sinkenden Brandlasten zeichnet sich solche schaltschrankarme Installation aus durch

- steckbare, standardisierte, herstellerunabhängige Schnittstellen,
- verkürzte Projektierungszeit und
- höhere Verfügbarkeit.

Die dazugehörigen Komponenten (z. B. Feldverteiler, Einspeiseeinheiten, Motorstarter) versorgt meist ein Energiebus. Sie besitzen einen integrierten Leitungsschutz, einen Reparaturschalter u. a. Außerdem sind die Anschlussbereiche für Energie und Informationen zum Vereinfachen von Montage und Ingangsetzung übersichtlich gegliedert. Alle gängigen Feldbussysteme (als Lichtwellen- oder Kupferleitung) können mit Hilfe eines Kommunikationsbausteins angekoppelt werden. Das robuste Gehäuse hoher Schutzart nimmt bei Bedarf oft eine SPS auf und verfügt über Möglichkeiten zum Anschalten zusätzlicher binärer Aktoren oder Initiatoren (Endschalter o. a.). Auch diese Bauform unterstützt die Umsetzung modularer Maschinen- und Anlagenkonzepte.

Der Trend zum schaltschrankarmen bzw. -losen Anlagenaufbau bedingt Vorleistungen. Dazu gehören:

- modularer Aufbau von vorfertigbaren, typisierten Basisfunktionen (z. B. Motorstarter),
- Bereitstellung kleiner, auch thermisch geeigneter Gehäuse in Metall oder Isolierstoff für die Aufnahme der Funktionseinheiten mit Eignung für maschinennahe Vor-Ort-Montage (Schutzart ≥IP 54),
- Steuerbarkeit, Überwachung, Programmierung und Diagnose (Kommunikations-/Anschlussfähigkeit) über verbreitete Feldbusse, vollelektronische Ausführung von Schutzeinrichtungen,
- alternative Vor-Ort-Steuerbarkeit (inklusive Not-Aus und Abschließbarkeit) und -Meldung,
- konstruktive Integration der Leistungsbausteine (Einspeisung, Schütz, Motorschutz-, Sicherheitsrelais u. a.) mit Ein- und Ausgabebaugruppen,
- aufwandsarme Zusammenschaltung aller Komponenten durch Stecken statt Verdrahten,
- Nutzung der Funktionseinheiten inklusive angeschlossenem Verbraucher/Motor als Sensor für zusätzliche Informationen über die technologische Situation,
- Integration von Sicherheitsmodulen, um bei Bedarf Gefahrensituationen (z. B. Bewegungen bei Pressen) mit einem Sicherheitssystem der Kategorie 4 nach EN 0954-1 zu beherrschen,
- ggf. Anschließbarkeit an Intranet/Internet.

Auch diese Systemtechnik steht für unterschiedliche Ansprüche in zahlreichen Ausführungen wie IB-Inline (Bild 2.13) [2.38], ecofast [2.86], Sirius 3R (Vor-Ort-Motorstarter im Isolierstoffgehäuse) [2.73], dpu [12.15] bereit.

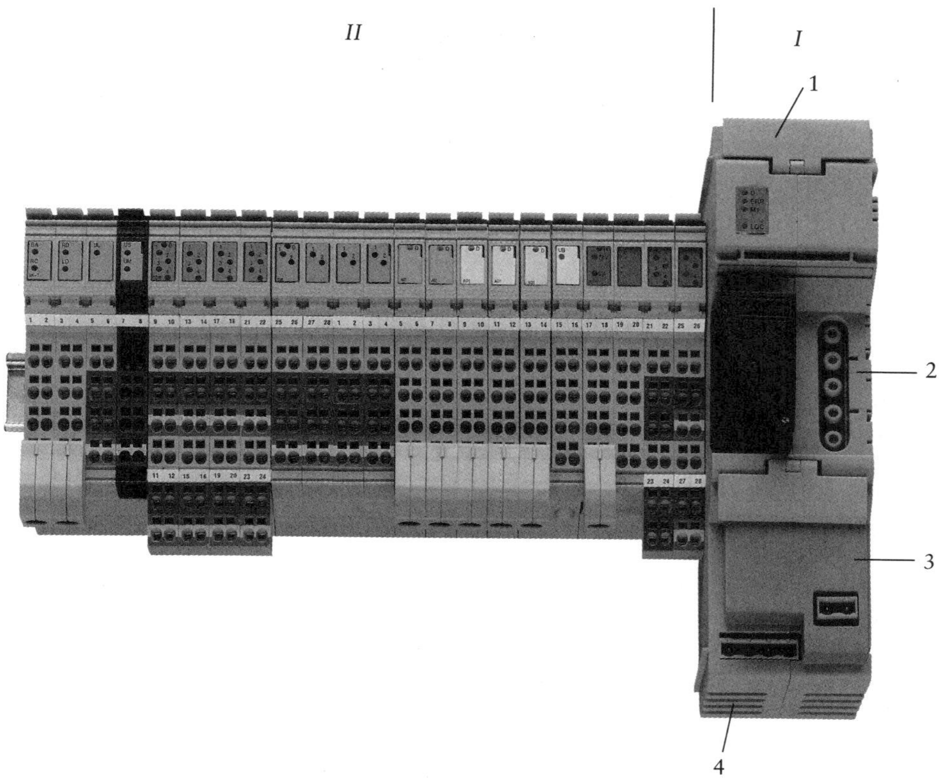

Bild 2.13 Busfähige Peripheriestation zum Fern- oder Vorortschalten von Leistungen und zum Überwachen von Last und Gerät (der Funktionsumfang entsteht individuell durch Zusammenstecken von z.T. parametrisierbaren Modulen bei gleichzeitiger Querverdrahtung); System Inline [2.38]

I *Leistungsteil*
- 1 Motorstarter mit elektromechanischem oder elektronischem Lastrelais (bis 3,7 kW; Schaltungsprinzip vergleichbar Bild 2.8)
- 2 Anschluss und Brücken des 3-phasigen Energiebusses 400 V AC
- 3 Bremsmodul mit Anschluss Motorbremse
- 4 Bediengerätanschluss für manuelle Vor-Ort-Steuerung

II *Steuerungs- und Überwachungsteil* (Funktionsumfang variabel; digitale und analoge Ein- und Ausgänge, Buskoppler (nach Wahl), Busklemmen, Klemmen für EMV-Schirme, Steuer- und Positioniermodule, Eingang für Inkrementalgeber u.a.)

2.5 Wirtschaftlichkeit und Energiemanagement

Die Wirtschaftlichkeit einer Niederspannungsanlage wird sowohl von den Investitionsaufwendungen als auch von den Betriebskosten über die gesamte Lebensdauer bestimmt. Zu den TCO zählen gleichfalls die Entsorgungsaufwendungen der verschlissenen Anlage. Um das Optimum zu erreichen, sind bei Projektierung und Betreiben folgende Gesichtspunkte zu beachten:

- präzise Formulierung der Aufgabenstellung (Belastung, Reserve, Erweiterbarkeit in Verbindung mit einer Aufwärtskompatibilität zu komfortableren Systembauformen, Dokumentation, Kennzeichnung, Bedienung, Verkabelung/Verschienung u. Ä., vgl. Abschnitt 1.6),
- Auswahl des geeigneten Systems,
- Realisierung der notwendigen Schutzmaßnahmen,
- Vermeiden von Überlasten,
- Nachrüsten bzw. Erweitern nur im Rahmen der vorgesehenen Reserve [2.94],
- strikte Einhaltung der Wartungsvorschrift insbesondere hinsichtlich Lüftung/Kühlung, Verschraubung usw.,
- ausreichende Qualifikation des Wartungs- und Bedienungspersonals.

Das Beachten dieser Kriterien gewährleistet maximalen Wirkungsgrad, minimale Wartungsaufwendungen, höchste Zuverlässigkeit, geringste Stillstandszeiten im Störungsfall sowie eine lange Lebensdauer. Erweiterungen und Umbauten erfordern u.U. kein Abschalten der Gesamtanlage. Damit verbundene, oft beachtliche Folgekosten unterbleiben.

Häufig orientiert sich der Energieliefervertrag zwischen EVU und Großkunden an monatlichen Größtwerten. Solche Zahlen, die in einem definierten Zeitraum (z.B. in drei Monaten) pro Monat gemessen werden, bilden die Abrechnungsgrundlage für das Kalenderjahr. Gelingt es, diese Spitzenlasten, die zudem oft nur während sehr kurzer Zeit auftreten, zu vermeiden, sinken die an das EVU zu zahlenden Jahreskosten beträchtlich. Diese Aufgabe übernimmt ein ggf. in die Prozessleittechnik eingebundenes, in vielen Ausführungen am Markt verfügbares Energiemanagementsystem [2.88–2.91; 2.105; 10]. Zusammen mit der Niederspannungsverteilung bildet es ein unerlässliches Instrument, um im gesamten Versorgungsbereich einer Industrieanlage oder eines Gesellschaftsbaus den Energieverbrauch zu minimieren (Bild 2.14). Ausgehend von der Messung der Parameter an allen relevanten Verbraucherabgängen (Spannung, Strom in allen Leitern, Phasenwinkel, Belastungsasymmetrie, Oberschwingungsanteile usw.) besteht seine Aufgabe darin, diese Daten zu analysieren, auszuwerten und mit zulässigen Grenzwerten abzugleichen. Als Ergebnis liegen Informationen vor über

- die Belastung,
- den Netzzustand,
- das Erreichen von Grenzwerten,
- aufgetretene Störungen,
- Schaltzustände.

Ihre Weiterverarbeitung führt

- zu einem Störmelde- und Ereignisprotokoll (Tagebuch),
- zur Parametrisierung von Grenzwerten und anderen Vorgaben sowie zu ihrer Überwachung,
- zur unverzüglichen Untersuchung der Störungen,
- zur Netzanalyse,
- zum Ermitteln der Energieflüsse,

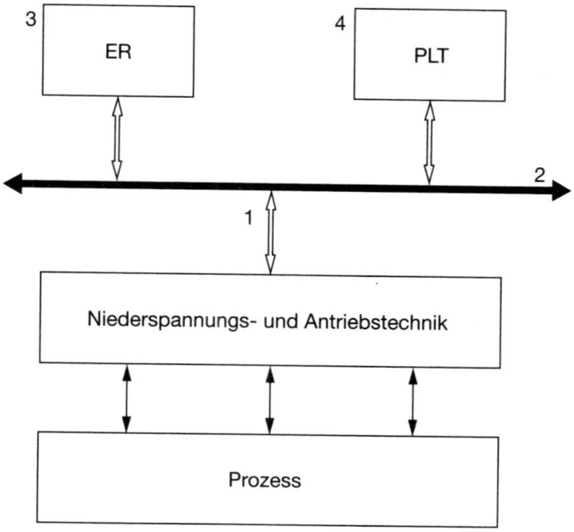

Bild 2.14
Energiemanagementsystem (Prinzip)
1 erfasste Daten der Anlage und aus dem Netz (Überwachung)
2 serieller Bus (vgl. Abschnitt 7.4)
3 Energiemanagementrechner ggf. mit Tatstatur und Display (ER) für Analyse, Auswertung, Statistik, Prävention, Verbrauchsoptimierung
4 Prozessleittechnik (PLT)

- zum Erfassen des Verbrauchs und zum Erstellen von zeitabhängigen Verbrauchsprofilen,
- zu Auslastungsstatistiken,
- zur besseren Ausnutzung der Gesamtanlage,
- zu Strategien, um Tarifzonen mit höherem Arbeitspreis zu vermeiden,
- zur präventiven Schadensfrüherkennung.

Das daraus abgeleitete, zeitlich gestaffelte Steuern, Ab- und Zuschalten von Lasten senkt bzw. optimiert den Verbrauch von Wirk- und Blindleistung dergestalt, dass die Kostenbelastung so gering wie möglich wird bzw. der Verbrauch eine vorgegebene Grenze nicht überschreitet. Daten und Auslastung können häufig mittels einer Tastatur an einem Display sichtbar gemacht und an den übergeordneten Server weiter gemeldet werden. Optional kann ein derartiges System die Langzeitaufzeichnung der Betriebsdaten vornehmen.

Der Datenübertragung an die statistische und/oder grafische Weiterverarbeitung im übergeordneten Rechner/Server dient ein genormter Feldbus. Eingebunden macht er den Energieverbrauch an zentraler Stelle transparent.

Das Energiemanagementsystem reagiert schnell und gezielt auf sich verändernde Lastforderungen. Die damit einhergehende Netzüberwachung optimiert den Betriebsablauf zusätzlich. Fehler, Verschleißerscheinungen, Risiken usw. lassen sich bereits im Vorfeld erkennen, lokalisieren und schnell beheben, so dass Stillstandszeiten mit ihren Folgekosten abgebaut, z.T. sogar ganz vermieden werden. Insgesamt steigt die Betriebssicherheit. Die häufig integrierte, geregelte oder gesteuerte Blindleistungskompensation [10; 42] verbessert darüber hinaus die Eigenschaften des Versorgungsnetzes für fremde Nutzer. Abgesehen von einer geeigneten Informationsverarbeitung benötigt ein Energiemanagementsystem elektronifizierte, fernsteuerbare, motorgetriebene Betriebsmittel wie Schaltleisten [2.91; 2.92] oder Leistungsschalter (vgl. Abschnitt 3.2) bzw. eine zugeschnittene Leittechnik (vgl. Abschnitt 3.3). So ausgerüstete Schaltgeräte überwachen und melden den Ist-Zustand, lassen sich von der Ferne betätigen und parametrisieren. Eine serielle Schnittstelle inklusive Bus verbindet sie mit dem Prozessleitsystem.

2.6 Qualitätssicherung

Die Fertigung von Niederspannungsanlagen erfolgt mehrheitlich unter der Regie eines von DIN ISO 9000 ff. [2.93] gestützten Qualitätssicherungssystems (QSS). Mit dieser Grundlage wird das Rahmenziel der totalen Kundenorientierung (Total Customer Focus) erreicht (Tabelle 2.15). Das dazugehörige Schriftwerk zur Sicherstellung einer gleichbleibend hohen Fertigungsqualität enthält technologische Verfahrensanweisun-

Tabelle 2.15 Qualitätsziele und Inhalt des zertifizierten Qualitätssicherungssystems (QSS) zur Fertigung von NSA

Qualitätsziele

- ❑ Definierte Aufgabenstellung
- ❑ Organisation der Arbeit als ablauforientiertes Projektmanagement
- ❑ Installation eines koordinierenden Produktmanagements
- ❑ Fehlerfreier Produktionsprozess
- ❑ Regelmäßige Auswertung der Arbeitsergebnisse in allen Phasen des Projektes, um Verbesserungspotenziale aufzudecken und auszunutzen
- ❑ Kostenkontrolle (Schwerpunkt Qualitätskosten)
- ❑ Gruppenarbeit
- ❑ Abschied vom Hierarchiedenken, vorurteilsfreier Umgang aller Beteiligten

Qualitätssicherungssystem (Inhalt)

- ❑ Verantwortung der Geschäftsführung
- ❑ Vertragsprüfung
- ❑ Entwurfslenkung
- ❑ Lenkung von Daten und Dokumenten
- ❑ Beschaffung von Material usw.
- ❑ Lenkung der vom Kunden beigestellten Produkte
- ❑ Identifikation und Rückverfolgbarkeit von Produkten
- ❑ Prozesslenkung
- ❑ Prüfungen
- ❑ Prüfmittelkontrolle
- ❑ Prüfstatus
- ❑ Lenkung fehlerhafter Produkte
- ❑ Korrektur- und Vorbeugemaßnahmen
- ❑ Handhabung
- ❑ Lagerung, Verpackung, Versand
- ❑ Qualitätsaufzeichnungen (statistische Auswertung)
- ❑ Interne Audits
- ❑ Schulung
- ❑ Kundendienst (After-Sale-Service)

gen und Fertigungsvorschriften. Zum Inhalt gehört gleichermaßen ein Projektmanagement-Handbuch. Dahinter verbirgt sich eine Anleitung, nach der eine NSA konform zur Aufgabenstellung hergestellt und an den Betreiber übergeben wird (vgl. Abschnitt 1.6). Wesentliche Elemente dieser von unabhängigen Prüfinstituten wie DQS, TÜV, Germanischer Lloyd zertifizierten und in regelmäßigen Abständen gleichfalls nach DIN ISO 9001 zu auditierenden Arbeitsgrundlage behandeln die folgenden Abschnitte.

Als für alle Mitarbeiter verbindlich muss das Qualitätsmanagement-Handbuch ausdrücklich von der Geschäftsführung mit einer schriftlichen Erklärung genehmigt und in Kraft gesetzt werden. Ein eigens eingesetzter Beauftragter überwacht das ganze Geschehen.

Jeder potenzielle Kunde sollte sich vor Auftragserteilung von Existenz und Anwendung des QSS überzeugen. Da dieser zertifizierte Beleg keinesfalls die weltweite Lieferung des Produktes garantiert, müssen die Lieferbedingungen sowie die geforderten Zulassungen bzw. Nachweise des Exportlandes genau ergründet werden. Wie in [2.22; 13.4; 13.5] zu erfahren, gelten beispielsweise auf dem großen nordamerikanischen Markt Gepflogenheiten und Vorschriften, die von den Bedingungen innerhalb der EU z. T. erheblich abweichen.

Die gleiche Empfehlung zum QSS gilt natürlich für die Beziehung Hersteller–Zulieferer.

2.6.1 Prüfungen

Grundsätzlich unterscheidet man zwischen Typ- und Stückprüfung. Die Typprüfung bezeichnet den Test an einem oder mehreren Fertigungsmustern unter Grenzbedingungen zum Nachweis des Einhaltens der Normenanforderungen, dessen verbindliche Ergebnisse auch für später in gleicher oder ähnlicher Ausführung herstellte Erzeugnisse gelten. Dagegen ist die Stückprüfung nur eine eingeschränkte Untersuchung im Prüffeld des Herstellers an jedem gefertigten Erzeugnis, um Fertigungsfehler zu entdecken und zu beseitigen.

Die individuellen Anforderungen der verschiedenen Betreiber führen zu einer Vielfalt in der Detailausführung. Um nun nicht jede Variante einer Typprüfung zu unterziehen, wird die Anlage in Module gegliedert, die in gleicher oder ähnlicher Weise aufgebaut sind. Ihr Zusammenbau zum Feld wird der Musterprüfung ausgesetzt. Nur dann muss sie wiederholt werden, wenn gravierende Änderungen das vorliegende Ergebnis verfälschen könnten. Gelingt es dem Hersteller, die Module bzw. die Felder einer NSA möglichst universell zu gestalten, lässt sich ein Maximum von Anwendungsforderungen hinsichtlich Gerätetechnik, Feldbestückung, Struktur u. a. wirtschaftlich auf der Grundlage eines werksinternen Standards (Bild 2.15) mit lediglich einer einzigen Typprüfung erfüllen. Die Qualität der Musterprüfung (experimentelle Prüfung oder Rechnung) unterscheidet sich für TSK oder PTSK (vgl. Abschnitt 2.1.2). Immer wieder – so auch hier – bestimmt die Norm DIN EN 60 439-1 Umfang sowie Einzelheiten [2.2; 2.3].

Die **Typprüfung**, zu der auch die Dokumentation gehört, muss immer ein unabhängiges, zertifiziertes Prüfinstitut ausführen. Das positive, ebenso das negative Ergeb-

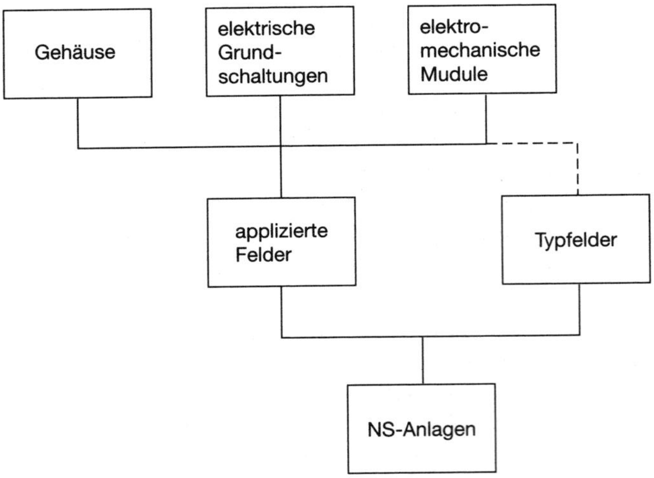

Bild 2.15
Struktur eines werksinternen Standards für eine NSA
Standardbestandteile: konstruktiver Aufbau, Abmessungen, Schaltung, Stückliste, Flächenbedarf, Verlustleistung, Kosten (Fertigungsaufwände, Preisbausteine)

nis belegt das Typprüfzertifikat (Bild 2.16) über die vollständige und meist mängelfrei bestandene, normenkonforme Prüfung. Die Bescheinigung wird ergänzt um den Typprüfbericht, der das Ergebnis der Einzelprüfungen ausweist, vom Prüfbericht mit den exakten Prüfbedingungen sowie der genauen Prüflingsbeschreibung. Zugeordnet ist ebenfalls die Schilderung des Verhaltens vom Prüfling während der Untersuchung inklusive des detaillierten Versuchsprotokolls. Ausgewählte einfachere Arbeiten (z.B. die Überprüfung von Erwärmung, Kriech- und Luftstrecken, der elektrischen Funktion) kann der Hersteller in Abstimmung mit dem Prüfinstitut selbst durchführen, sofern ein dazu geeignet ausgerüstetes Prüffeld zur Verfügung steht. Nachweise des Status PTSK erfolgen eigenverantwortlich durch den Hersteller selbst. Den Beweis von Lichtbogenfestigkeit, der Sicherheit gegenüber Erdbeben und/oder Schockbeanspruchung (<15 g) durch die neutrale Stelle übernimmt der Hersteller als Zusatztest immer freiwillig. Der Kunde kann die Aushändigung all dieser Prüfunterlagen, mindestens aber die Einsicht verlangen. Tabelle 2.16 fasst die geforderten Nachweise zusammen.

Zur Vorbereitung sollten dem Prüfinstitut nachstehende Dokumente übergeben werden:

- Produktbeschreibung mit Schalt-, Bestückungsplänen, Leiterplatten-Layouts, mit Fotos, Skizzen, Verkaufsunterlagen sowie Sicherheitshinweise, Installations- und Bedienanleitungen,
- Liste der kritischen Komponenten und Kunststoffmaterialien bezüglich der Umgebungsbedingungen >30 V_{eff}, >50 V_{DC}, >100 VA,
- perspektivische Nutzung alternativer Materialien,
- Liste der Kooperationspartner wie Auftraggeber, Hersteller, wichtige Lieferanten u.a.,
- Liste der beteiligten Fertigungsstätten,
- vorhandene Prüfergebnisse,
- notwendiger Ablauf (Termine für Musterbereitstellung, (Zwischen-)Prüfergebnisse, Zertifikat).

INSTITUT „PRÜFFELD FÜR ELEKTRISCHE HOCHLEISTUNGSTECHNIK" GMBH — IPH BERLIN

Unabhängiges, akkreditiertes Prüflaboratorium · registriert bei STLA und LOVAG

TYPPRÜFBERICHT

NR. 1234.5678.3.123

Karl Mustermann GmbH Beispielstraße 5 17788 Berlin	AUFTRAGGEBER
Karl Mustermann GmbH	HERSTELLER
Niederspannungs-Schaltgerätekombination	PRÜFOBJEKT
System TX 12	TYP
3-feldrige Musteranlage	FERTIGUNGS-NR.

Bemessungsbetriebsspannung	U_e	690	V AC	BEMESSUNGS-DATEN NACH ANGABEN DES AUFTRAGGEBERS
Bemessungsisolationsspannung	U_i	1000	V	
Bemessungsstoßspannungsfestigkeit	U_{imp}	8	kV	
Bemessungsstrom Sammelschiene	I_e	1250	A	
Bemessungsstrom Verteilschiene	I_e	1250	A	
Bemessungsbelastungsfaktor der Abgänge		0,6 ... 1		
Bemessungskurzzeitstromfestigkeit	I_{cw}	50	kA	
Bemessungsstoßstromfestigkeit	I_{pk}	105	kA	
Bemessungskurzschlussdauer	t	1	s	
Bedingte Bemessungskurzschlussfestigkeit der Abgänge mit Sicherungslastschalter	I_{cu}	50	kA	
Bemessungsfrequenz	f	50	Hz	
Schutzart Schrankbauform		IP54		
Schutzart Tafelbauform		IP30		

IEC 60439-1: 1999-09 DIN EN 60439 Teil 1 (VDE 0660 Teil 500): 2000-08	PRÜFVORSCHRIFT
Nachweis der • Einhaltung der Grenzübertemperaturen • Isolationsfestigkeit • Kurzschlussfestigkeit • Wirksamkeit des Schutzleiterstromkreises • Kriech- und Luftstrecken • mechanischen Funktion	UMFANG DER PRÜFUNG
10. bis 15. Mai 2003	DATUM DER PRÜFUNG
Das Prüfobjekt hat die Typprüfungen BESTANDEN.	PRÜFERGEBNIS

RONALD BORCHERT
Leiter Niederspannungs-Prüffeld

JÜRGEN VOGLER
Verantwortlicher Prüfingenieur

Berlin, den 17. Oktober 2003

Unabhängiges Prüflaboratorium, akkreditiert von der Deutschen Akkreditierungsstelle Technik (DATech) e.V. für die Bereiche Hochspannungsgeräte und -anlagen, Starkstromkabel und Starkstromkabel-Garnituren, Niederspannungsgeräte und -anlagen, Installationsgeräte sowie Schalt-, Regel- und Steuereinrichtungen.

Deutscher Akkreditierungs Rat DAR
DAT - P - 019/92

IPH · LANDSBERGER ALLEE 378 · D-12681 BERLIN · TEL. 030/54 96 02 00 FAX 030/54 96 02 22

Bild 2.16 Typprüfbericht (Muster des Deckblatts) [2.98]

Tabelle 2.16 Für PTSK und TSK geforderte Nachweise [2.1; 2.2]

Funktion	PTSK	TSK
Isolationsfestigkeit	Prüfung oder rechnerischer Nachweis des Isolationswiderstandes	TP, Stückprüfung
Kriech- und Luftstrecken	Prüfung	TP
Schutzart	Prüfung	TP
Thermische Festigkeit	Extrapolation oder rechnerischer Nachweis der Grenzübertemperatur nach VDE 0660 T.507:1997 – 11	TP
elektromechanische Kurzschlussfestigkeit	Extrapolation oder rechnerischer Nachweis nach VDE 0660 Teil 509; 1993 – 9	TP
Schutzleiterwirkung (Verbindung, Kurzschlussfestigkeit)	Besichtigung, Prüfung	Besichtigung, TP
Elektrische Funktion	Stückprüfung	Stückprüfung
Mechanische Funktion	Stückprüfung	TP

TP Typprüfung.

Die **Stückprüfung** bildet mit dem Ziel, Fertigungs- und Materialfehler zu ermitteln, den letzten Schritt der Fertigung jeder TSK oder PTSK (vgl. Bild 1.2). Zum Testumfang gehören die Funktionsprüfung (vor allem der auf mehrere Bau- bzw. Liefer-/Montageeinheiten verteilten elektrischen Funktionseinheiten), der Nachweis der Übereinstimmung mit den auf Vollständigkeit zu kontrollierenden Unterlagen (Stromlaufplan, Stückliste usw.), die Isolationsprüfung (Ermittlung von Verdrahtungsfehlern u. Ä.) sowie der Nachweis der Wirksamkeit von Schutzmaßnahmen. Mit dem wichtigen Stichprobentest der erheblichen Gefahrenquelle Verschraubung der Stromschienen [2.94] wird – sofern keine rechnergestützte Dokumentation auf Basis DIN 43 673 [2.21] erfolgt – überprüft und sichergestellt, dass die Verbindungen mit geeigneten Schmiermitteln und Federelementen versehen sowie mit dem richtigen Drehmoment angezogen wurden. Erst danach kann davon ausgegangen werden, dass an den Klemmstellen im gesamten Betriebsbereich die Mindestdruckkraft wirkt und die Verbindung auch bei Kurzschluss stabil bleibt. Prüfabläufe werden zusammen mit den verwendeten Prüfmitteln auf der Grundlage des Qualitätsmanagement-Handbuches ständig überwacht und in Abständen auditiert. Trotz positiver Stückprüfung muss der Errichter die Anlage nach Transport und Montage vor dem Inbetriebsetzen erneut auf ordnungsgemäßen Zustand durchsehen und die Isolationsprüfung wiederholen.

2.6.2 Dokumentation

Die Dokumentation als unverzichtbarer Bestandteil der NSA gehört zum Lieferumfang, selbst dann, wenn sie nicht ausdrücklich mitbestellt wurde. Gut lesbare, verständliche Unterlagen müssen sowohl den Ansprüchen von Montage, Inbetriebsetzung,

Service und Wartung entsprechen, aber auch den Bedürfnissen des Anlagenbetreibers für den bestimmungsgemäßen Betrieb genügen. Neben der Beschreibung der umfangreichen Funktionalität machen die Dokumente die größere Kompliziertheit sowie die veränderten Tätigkeitsmerkmale und Arbeitsmittel für den mit der Niederspannungstechnik befassten Personenkreis beherrschbar. Da die Güte der Unterlagen den Gebrauchswert des Produktes entscheidend mitbestimmt, gehört die Dokumentation zu den qualitätssichernden Elementen. Ihren Mindestumfang bestimmt ebenfalls [2.2]. Üblicherweise enthalten die Unterlagen das Ausmaß nach Tabelle 2.17. Bild 2.17 zeigt aus dem Sortiment als Beispiel den für Angebot und Bedienungsvorschriften wichtigen Ansichtsplan. Andere Muster sind der Stromlaufplan Bild 2.7 sowie das Kenndatenblatt in Tabelle 2.18. Die Vollständigkeit dieser Begleitpapiere ist bei Abnahme der Lieferung zu kontrollieren. Dasselbe gilt für die Umsetzung der vom Kunden vorgegebenen technischen Spezifikation, die sich gleichfalls in den Unterlagen niederzuschlagen hat.

Die Ausführung sollte den nachstehenden Grundsätzen folgen:

- ❑ CAD-gestützte Erstellung unter Nutzung eines verbreiteten CAE-Systems wie EPLAN, AutoCAD, Promis u. Ä. (Bild 2.7),

Tabelle 2.17 Dokumentation für NS-Anlagen

❑ **Zeichnungs-/Unterlagenverzeichnis** (Inhalt)
❑ **Gesamtanlage** Übersichtsschaltplan mit Beschreibung Frontansichtsplan (mit Lage der Bedienungselemente) Transport-/Lagervorschrift Aufstellungsplan Kabelschema Montagevorschrift Bedienungsvorschriften Beschreibung Kennzeichnungsvorschrift Kenn-/Datenblatt Wartungsvorschrift Prüfberichte, -protokolle
❑ **Detailunterlagen für Anlagenteile, Funktionseinheiten usw.** Beschreibungen Kenn-/Datenblätter Zeichenerklärungen Übersichtsschaltpläne Stromlaufpläne Stücklisten Klemmenpläne Türbelegungen mit Bedienelementen Einbauplätze in Funktionsräumen Belegungspläne von Montageplatten u. a. Bedienungsanweisungen Antriebsspezifische Angaben wie Last, Betriebsart, Motorabstand, Verhalten bei/nach Störungen u. a.

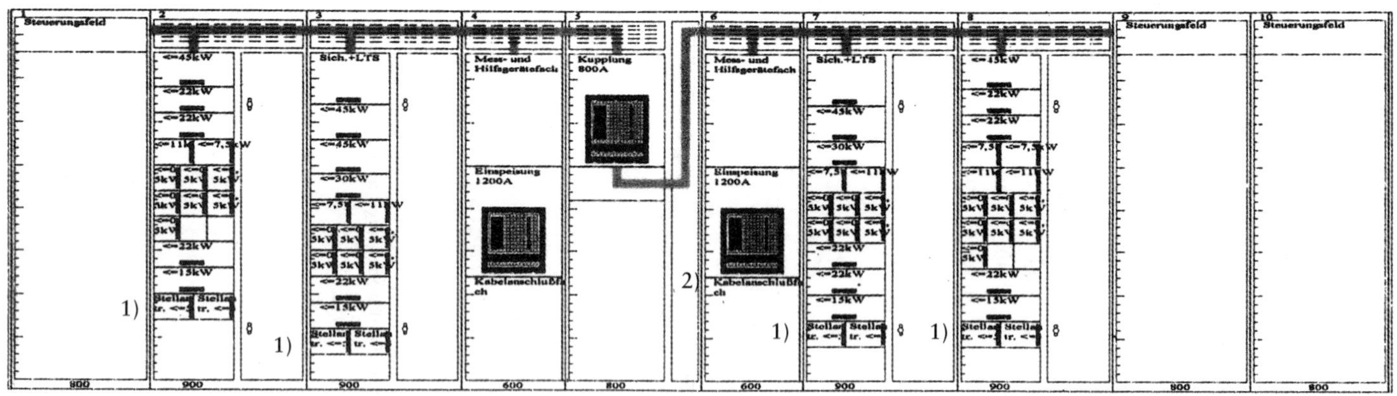

Bild 2.17 Ansichtsplan (Beispiel für die Bauform Einschubtechnik)
1) Stellantrieb
2) Kabelanschlussfach

Tabelle 2.18 Kenndatenblatt (Beispiel)

Hauptmerkmale	**Einspeisung/Kupplung**	
Funktionelle Einheit	Ausprägung	
Gefäß (Schrank, Gestell) T = 600 (800)	Abmessungen:	B = 600/800 H = 2200 T = 600(800)
	Aufstellung:	freistehend oder Wandaufstellung mit Anreihung, Rücken-an-Rücken
	Schutzart:	IP 00...55 bei max. Δt = 25 K
	Klimaklasse:	Innenraum –5 °C bis +35 °C (40 °C)
	Schutzklasse:	1
	Konstruktive Ausführung:	Konvektionsbelüftung bis IP 4X Feldweise Schottung (Seitentrennwand) Transporteinheit ≤3200 mm Personenschutz nach BGV A2 [2.1] Farbe RAL 7032 Blechstärke ≥2 mm Sockel H = 100 bzw. 200 mm Gebräuchliche Schießsysteme EMV-gerechte Verlegung verschiedener Spannungssysteme Ergonomische Geräteanordung nach [2.1] Kanal für Steuersignale zwischen den Feldern
Hauptsammelschiene (HSS)	Anzahl der Systeme:	1×3-polig + PEN
	Bemessungsstrom:	250 A...2500/4000 A
	Bemessungsspannung:	690 V AC
	Bemessungsfrequenz:	40...60 Hz
	Bemessungs-Isolationsspannung	1000 V AC
	Nennstoßstrom:	630 A ≥ 30 kA 1000 A ≥ 50 kA 1600 A ≥ 50 kA 2500 A ≥ 80 kA
	Nennkurzzeitstrom (1 s):	630 A 15 kA 1000 A 25 kA 1600 A 25 kA 2500 A 40 kA
	Einbaulage:	Horizontal oben, PE/N unten, lichtbogensichere Durchführung zwischen den Feldern
	Netzform:	TN, TT, IT
Hilfsschienensystem	Anzahl der Systeme:	≤2
	Bemessungsstrom:	<40 A
	Bemessungsspannung:	24 V DC bis 220 V DC; 230 V AC 50 Hz
	Bemessungsfrequenz:	40...60 Hz
	Bemessungs-Isolationsspannung	1000 V AC 50 Hz
	Nennstoßstrom:	>15 kA
	Einbaulage:	vertikal/horizontal oben
Hauptgeräte	Typen:	siehe ....

- Nutzung eines Datenformats, das die Portabilität erleichtert,
- Lieferung als Papier und als Datenträger,
- Übereinstimung mit den Kundenvorschriften (Bezeichnung, Format, Beschriftung usw.),
- Transparenz und Eindeutigkeit bzw. Unmissverständlichkeit bei Beschränkung auf das Wesentliche,
- Vollständigkeit (Lücken führen u. U. zu kostenintensiven Änderungen),
- Angabe von Gefahren bzw. Restrisiken und ihren eventuellen Auswirkungen,
- Ausfertigung in einer für den Kunden verständlichen, klaren Sprache und sinnfälligen, mit dem Kunden abgestimmten Bezeichnungssystematik (Vermeiden unterschiedlicher Begriffe für gleiche Sachverhalte),
- ggf. hierarchischer Aufbau («Autoatlasprinzip») bei gleichmäßig guter Lesbarkeit, Änderungsfreundlichkeit sowie Handhabbarkeit auf allen Ebenen der Unterlagenrangordnung (Änderungen dürfen sich höchstens in der unmittelbar übergeordneten Ebene auswirken),
- rechtzeitige bzw. sogar vorfristige Bereitstellung.

Zwar klingen diese Prinzipien ziemlich selbstverständlich, doch gibt es häufig Defizite. Diese Gefahr besteht vor allem dann, wenn die Dokumentation als «notwendiges Übel» vom Lieferanten angesehen und unter Zeitdruck kurz vor dem Projektabschlusstermin erstellt wird. Außerdem fällt es dem für die Unterlagen zuständigen Projektanten manchmal schwer, sich vollständig in die Rolle des Anwenders zu versetzen.

Eine informative Dokumentation fordert indirekt auch der Gesetzgeber mit dem Produkthaftungsgesetz [2.16]. Nach seinem Verständnis gilt die Dokumentation neben ihrer Funktion zur Qualitätssicherung als Maßnahme einer präventiven Fehlervermeidung und zum Abwehren von Schadenersatzansprüchen bzw. zum Reduzieren des Haftungsrisiko von Produzenten oder Lieferanten (vgl. Abschnitte 2.1.5, 13.3). Unter diesem Aspekt sind vor allem Bedienungsanleitungen (Anwendungshinweise zum Ausschließen unsachgemäßen Gebrauchs, Warnhinweise, Sicherheitsbestimmungen) sowie Wartungshinweise zu betrachten. Belege (auch in elektronischer Gestalt) über elektrische und konstruktive Details des Produkts (Entwicklungs-, Berechnungsergebnisse u. Ä.) und zur Fertigung müssen zwar existieren, aber nur beim Hersteller aufbewahrt werden. Einen Schwerpunkt bilden in diesem Zusammenhang Nachweise zur Ausgangskontrolle des Liefergegenstandes sowie zur Wareneingangskontrolle der Zulieferungen.

2.6.3 Wartung und Änderungen

Abweichend von der häufig suggerierten Ansicht sind Einrichtungen und Betriebsmittel der Niederspannungstechnik keinesfalls wartungsfrei. Infolge ihres ständigen Gebrauchs unterliegen sie einem steten Verschleiß. Die regelmäßige Wartung anhand der Lieferantenvorschriften und bestimmte Wiederholungsprüfungen gemäß der in [2.1; 2.95; 2.96] vorgegebenen Umfänge und Fristen erzwingen die Routinekontrolle. Nur so wird das vereinbarte und gelieferte Sicherheits-, Verfügbarkeits- und Lebensdauerniveau bezüglich Personen und Material aufrechterhalten. Das Entdecken unzulässiger Dauerüberlastungen als auch von Wärmenestern beseitigt Unfall-/Brandgefahren. Zu den Inspektionsschwerpunkten gehören

- Kühleinrichtungen und Filter,
- Umgebungsbedingungen,
- Schraubverbindungen bevorzugt an Stellen hoher Strombelastung wie Sammelschienen,
- Sicherheitsbetriebsmittel (Schaltschranktemperatur als Kalibrationsgrundlage Bimetall-behafteter Schalt- und Schutzgeräte wie RCD, Motor-, Leitungsschutz-, Leistungsschalter),
- Hauptschaltgeräte.

Z.T. beschränkt sich die regelmäßige Kontrolle auf eine kritische Besichtigung. Um gefährliche Wärmenester sicher zu entdecken, empfehlen sich Hilfsmittel wie die Infrarot-Thermografie [2.96; 2.97]. Unbestechliche, luftgekühlte IR-Kameras liefern detailgetreue, temperaturkalibrierte Wärmebilder der untersuchten NSA.

Da Änderungen und/oder Erweiterungen wegen des ständig zunehmenden Bedarfs an elektrischer Energie im Laufe der Lebenszeit von Niederspannungsschaltanlagen fast unvermeidlich sind, muss der Nachrüstung – der erforderliche Raum in den Feldern wird als gegeben vorausgesetzt – eine systematische Analyse zum Vermeiden von potenziellen Fehlerquellen und Schäden vorausgehen [2.94]. Um solcher Zwangsläufigkeit von vornherein Rechnung zu tragen, sollte in jede Anlage neben der räumlichen gleichfalls eine vernünftige thermische Reserve projektiert werden. Trotz ihrer Existenz müssen der zu erwartende Strombemessungs- bzw. Gleichzeitigkeitsfaktor (Gl. 2.1) sowie die veränderte Übertemperatur im Schrank/Gefäß mit den zulässigen Grenzwerten verglichen werden. Ggf. meistern das Überschreiten der Sollwerte nur zusätzliche Kühlmaßnahmen wie Einbau von Be- und Entlüftungsstutzen, von Kühlgeräten bei höheren Schutzarten u.Ä. (vgl. Abschnitt 2.2.2.2). Neben der Kontrolle der Kriech- und Luftstrecken unter den Bedingungen erweiterter Bestückung erfordert der Einbau leistungselektronischer Niederspannungsgeräte (z.B. Umrichter), wegen der unvermeidlichen Stromoberschwingungen die Belastung von Neutral- und Außenleiter auf Zulässigkeit zu überprüfen.

Sofern die Änderung bzw. Erweiterung lediglich unter dem eingeschränkten Gesichtspunkt des Platzangebotes beurteilt wird, muss u.U. mit fatalen Konsequenzen gerechnet werden. Als Folge der Nichtabführbarkeit der entstehenden Zusatzverluste an die Umgebung steigt die Temperatur im Gefäßinneren. Wegen der damit verbundenen Überhitzung leidet die Isolation, die Kriech- und Luftstrecken sinken eventuell unter den zulässigen Wert. Ein Störlichtbogen könnte entstehen und einen Brand auslösen, Personen und Material kämen zu erheblichem Schaden (vgl. Abschnitt 2.3.2). Dieser Inspektion kommt deshalb besondere Bedeutung zu, weil vermehrt Laien oder «nicht unterwiesene» Personen Schalthandlungen durchführen und NSA sich häufig an Lastschwerpunkten außerhalb elektrischer Betriebsräume an allgemein zugänglichen Positionen befinden.

3 Niederspannungsschaltgeräte

3.1 Übersicht

Die Eigenschaften der gerätetechnischen Betriebsmittel, dem aktiven Bestandteil der Einrichtung (vgl. Bild 2.7), bestimmen entscheidend die elektrische Leistungsfähigkeit von Niederspannungsschaltanlagen mit [8; 9; 10]. Gebrauchswerte wie Lebensdauer (Verschleiß), Spannungsfestigkeit (≤690 V) und Strombelastung (erhöhte Nenn- und Kurzschlussströme), Funktionalität (Bedienung, Fernschaltbarkeit, -überwachung), Verfügbarkeit und Zuverlässigkeit, Sicherheit, Kosten u.a. verbesserten sich in den letzten Jahren erheblich. Grundsätzlicher Aufbau und Funktionsprinzip änderten sich allerdings nicht. Elektromechanische Elemente von zentraler Bedeutung wie Kontakte, magnetische Spulen mit Anker, Bimetalle u.a. halten in jeder Hinsicht die angestiegenen harten elektrischen und mechanischen Beanspruchungen aus. Zudem bleibt aus Sicherheitsgründen die galvanische Trennung mit dem klassischen Kontakt unverzichtbar. Bei Bedienung, Steuerung, Überwachung und Kommunikation ist die Elektronik zum Vorteil der Nutzer eingedrungen.

Die für die Anlage ausgewählten Betriebsmittel haben

- ❑ den durch die Schaltaufgabe bestimmten Normalbetrieb (Trennen/Freischalten, Lastschalten von Motoren und Verbrauchern wie Kapazitäten, Induktivitäten, Lampen bei der vorgesehenen Betriebsart hinsichtlich Betriebsstrom, Schalthäufigkeit, Lebensdauer, Verfügbarkeit u.a.),
- ❑ die außergewöhnlichen Belastungen infolge Kurzschluss (Schaltvermögen, Selektivität), Überspannung (Netz, Schaltvorgänge), EMV (Störbeeinflussung, -aussendung), Umwelt (Verschmutzung, Wasser, Lagerung, Transport) sowie
- ❑ Servicesituationen (Auswechselbarkeit von Geräten, Einschüben und Einsätzen, ihr Verriegeln, Abschließen usw.)

zu beherrschen. Zugleich definieren Schaltgeräte den Schutzumfang von Personen (Fehlerstrom, Lichtbogen) und Anlagen (Überspannung, Übertemperatur, Überstrom).

Die universellen Geräteanforderungen unterscheiden zwischen Hauptstrom- und Hilfsstromkreisen. Flexibel handhabbare Auswahlgesichtpunkte für den Hauptstromkreiseinsatz zeigt Tabelle 3.1. Im Hilfsstromkreis stehen die Aufgaben Steuern, Melden, Verriegeln im Vordergrund. Deshalb addieren sich zu den elektrischen Forderungen an Befehlsgeber, Hilfsstromschalter und -schütze, Zeitrelais u.a. zusätzliche

Tabelle 3.1 Auswahlkriterien für Niederspannungsgeräte im Hauptstromkreis

Netz- und Betriebsbedingungen
- ❑ Bemessungsgrößen
- ❑ Netzkurzschlusswerte
- ❑ Kurzschlussarten
- ❑ Netzart (TT, TN, IT)

Schaltaufgaben
- ❑ Leerschalten (ohne Strom bzw. mit kapazitivem Strom der Leitungskapazität)
- ❑ Lastschalten (Ein/Aus von Betriebs- und Überstrom, Schalten auf Kurzschluss)
- ❑ Trennen (verriegelbar, spannungsfreier Zustand mit Anzeige der Schaltstellung)
- ❑ Leistungsschalten (Schalterausführung: offen, geschlossen/kompakt, steckbar, einschiebbar; Abschalten von Last-, Motor-, Über-, Kurzschlussstrom; Löschprinzip – Nullpunktlöschung oder Strombegrenzung, ggf. mit Vakuumtechnik ohne offenen Lichtbogen)
- ❑ Motorschalten (Schütze und Steuerschalter mit spezifischem Schaltvermögen; Trennschalter u. Ä. nicht geeignet für betriebsmäßiges Schalten von Motoren)

Schaltbedingungen (bestimmt von der Art der zu schaltenden Last)
- ❑ Anlauf von Kurzschlussläufer-Motoren (Direkteinschaltung, Stern-Dreieck-Hochlauf)
- ❑ Anlauf von Kurzschlussläufermotoren mit Widerstand (KUSA-Schaltung)
- ❑ Drehrichtungsumkehr
- ❑ Anlauf von Schleifringläufer-Motoren
- ❑ Schalten von Kondensatoren
- ❑ Schalten von Induktivitäten und Transformatoren
- ❑ Schalten von Lampen
- ❑ Schalten von Raumheizungen, Klimaanlagen, Elektrowärmeöfen

Betriebsart der Last nach DIN VDE 0530 Teil 1 (vgl. Abschnitt 6.2)

Schalthäufigkeit und Lebensdauer
- ❑ Schaltspiele/h
- ❑ Mechanische und elektrische Lebensdauer
- ❑ Einfluss der Gebrauchskategorie (besonders interessant für Leistungsschalter – A, B und Schütze – AC-xx, DC-xx)

Antrieb des Schaltgerätes (Motor, Magnet-, Handantrieb)
- ❑ Fernsteuerbarkeit
- ❑ Zustandsmeldung
- ❑ Schattenenergie/-vermögen
- ❑ Weiter Spannungsbereich

Schutzaufgaben (Lösung durch sicherungsbehaftete oder sicherungslose Technik, für Leitungen und Lasten)
- ❑ Überstrom/Überlast (Selektivität, vorgeordneter Back-up-Schutz)
- ❑ Überspannung
- ❑ Kurzschluss
- ❑ Übertemperatur
- ❑ Fehlerstrom
- ❑ Sichere Trennung der Stromkreise
- ❑ Zulässige Störsaussendung
- ❑ Fehlschaltungssicherheit
- ❑ Berührungsschutz

Tabelle 3.1 *(Fortsetzung)*

Bedienung/Kommunikation mit Bedienungspersonal und/oder Automatisierungsanlage (Prozessleittechnik PLT) ❑ Konventionell (manuell, motorgetrieben) ❑ Elektronisch über Bussystem ❑ Hilfsschalter ≥2
Konstruktive Ausführung ❑ Modularer Aufbau ❑ Ausbaufähigkeit/Nachrüstbarkeit von Funktionen (Hilfsschalter u. Ä.) ❑ Servicefreundliche, aufwandsarme Montage- und Anschlusstechnik (Cage-Clamp-Technik [2.38; 3.18] u. Ä.) ❑ Schock- und Vibrationsfestigkeit ❑ Steckbare Kombinierbarkeit von Geräten zu kompakten Einheiten

Tabelle 3.2 Zusätzliche Auswahlkriterien für Niederspannungsgeräte im Hilfsstromkreis

Steuerung/Befehlsausführung ❑ Eindeutigkeit des Kommandos ❑ Sichere Verriegelungen ❑ Beherrschen von Schwankungen der Versorgungsspannung ❑ Beherrschen langer Steuerleitungen ❑ Störfestigkeit ❑ Zulässige Störaussendung (Begrenzung von Schaltüberspannungen usw.)
Versorgungsspannung ❑ Stabilität ❑ Stabilisierungsmaßnahmen (USV-Einsatz) ❑ Größe der Spannung (Kontaktsicherheit) ❑ Notwendigkeit von Koppelgliedern ❑ Elektronikkompatibilität ❑ Potenzialfreiheit (Einsatz von Trenn- oder Sparmaßnahmen)
Schutz gegen Kurzschluss und Überspannungen
Kommunikationsfähigkeit mit der Leittechnik
Konstruktive Ausführung siehe Tabelle 3.1

Bedingungen wie Schutzart, Design, Sicherheit, Antriebsart. Entsprechende, funktionell-elektrische Schwerpunkte verzeichnet Tabelle 3.2.

Die Aufgaben lassen sich in allen Kategorien sowohl mit einzelnen Schaltgeräten als auch mit Kombinationen mehrerer Betriebsmittel verwirklichen. Geschuldet ihrer Flexibilität können sie technisch und wirtschaftlich optimal dem jeweiligen Anwendungsfall angepasst werden. In Abhängigkeit vom konkreten Einsatz unterliegen Schaltgeräte den verschiedensten Zertifizierungspflichten (Schiffseinsatz, Bergbau, Ex-Schutz u. a., vgl. Abschnitt 2.3.3).

3.2 Elektronik in NS-Schaltgeräten

Verglichen mit der imposanten Entwicklung der Informationstechnik ging der technische Fortschritt an den Geräten bisher weitgehend spurlos vorüber. Mit dem Angebot mechanisch und thermisch ausreichend stabiler elektronischer Bauelemente auf Basis der US-amerikanischen MIL-Standards [43; 3.1] änderte sich die Situation. Die Substitution der klassischen, elektromechanischen Komponenten, ja sogar die Entwicklung neuartiger, in ihrer Funktion beträchtlich erweiteter Geräte wurde wirtschaftlich vertretbar. Anstehende Aufgaben lassen sich zuverlässiger und komfortabler lösen, zusätzliche Anwendungsgebiete entstehen [3.2]. Die scharfe Abgrenzung der NS-Technik von der Automatisierung verschwimmt außerdem deshalb, weil die EMV-Probleme, die aus der engen Nachbarschaft zur Leistungstechnik resultieren, beherrscht werden. Zu den elektronikbedingten neuen Eigenschaften gehören

- ❑ Laststromschalten mit Leistungselektronik-Bauelementen,
- ❑ Parametrisierung von Gerätefunktionen,
- ❑ Erkennung von Über- und Kurzschlussströmen,
- ❑ Auslösen des Schaltschlosses,
- ❑ Verstärken des Ansteuersignals der Schützspule,
- ❑ zeit- und energieoptimierte Steuerung der Magnetantriebe,
- ❑ Betätigen von Relais,
- ❑ verbesserter Wirkungsgrad durch reduzierte Leistungsaufnahme,
- ❑ direkte Busanbindung zur Kommunikation (für Parametrisieren, Überwachen, Melden/Diagnostizieren, Steuern/Schalten).

Eine Gegenüberstellung der Eigenschaften von Elektromechanik und Elektronik fällt insbesondere bei Ansteuerung, Arbeitsgeschwindigkeit, Überwachung und Kommunikation, bei Beanspruchungen und Lebensdauer zugunsten der Halbleitertechnik aus. Von 25 relevanten Merkmalen zeigen sich gegenwärtig «nur» 14 der Elektromechanik überlegen [3.3], woraus auf ein beträchtliches Entwicklungspotenzial auf diesem Gebiet zu schließen ist.

Zu den repräsentativen Einsatzbeispielen zählt das Schütz mit elektronisch gesteuertem Magnetantrieb. Verbesserte Gebrauchswerteigenschaften drücken sich aus in

- ❑ optimaler Kontaktaufschlaggeschwindigkeit,
- ❑ verbessertem, steuerspannungsunabhängigem Prellverhalten,
- ❑ höherer elektrischer und mechanischer Lebensdauer,
- ❑ der Realisierung von Spulen für Steuerspannungsbereiche,
- ❑ Schutz gegen Elektronikfehler und Spannungsausfall (Fail-safe-Eigenschaft) und
- ❑ reduzierter Leistungsaufnahme.

Gesunkene Verlustleistung bedeutet gleichzeitig weniger Platzbedarf. Einsparungen bei Leitungsquerschnitt und Steuerspannungsquelle folgen. Überdies vermindert sich die Belastung der Kontakte vorgeschalteter Befehls- und Steuergeräte, so dass insgesamt Installations- und Betriebskosten durch die Kombination von Elektromechanik und Elektronik abnehmen. Höhere Investitionsaufwendungen amortisieren sich in

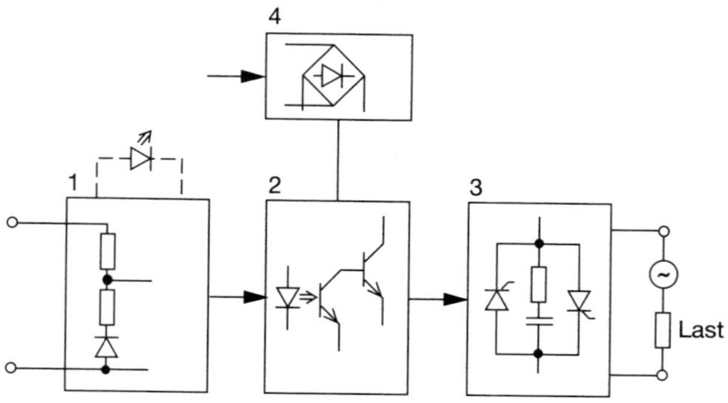

Bild 3.1 Halbleiterschütz – Aufbauprinzip
1 Eingangsglied (mit Verpolschutz, Schaltstellungsanzeige u.a.)
2 Ansteuerung des Ausgangs mit leistungselektronischen Bauelementen über galvanisch trennende Optokoppler
3 Ausgangsglied mit Leistungshalbleitern und Schutzbeschaltung
4 Stromversorgung

kurzer Zeit. Noch stehen solche Lösungen für Schütze größerer Leistung nicht zur Verfügung.

Typisch für das erfolgreiche Eindringen der Halbleitertechnik ist gleichfalls das Motorschutzrelais, das das elektromechanische Bimetall ersetzt. Das Gerät besteht aus einem Auslösegerät mit Display (zur Diagnose des Auslösegrundes) und Stromsensormodulen, die im oberen Strombereich als Rogowski-Spule ausgebildet sind. Der Elektronikeinfluss spiegelt sich wider in

- kleinerer Typenvielfalt durch weiten Stromeinstellbereich,
- hoher Einstellgenauigkeit und Reproduzierbarkeit,
- Zusatzfunktionen wie thermisches Gedächtnis (Statusspeicher), Vorwarnfunktion, Erdschluss-, Blockierschutz, Anlaufzeit-, Unterlast- und Selbstüberwachung.

Auch der thermische Motor- und Leitungsschutz gewinnt mit dem Einzug der Halbleiter. Zusatzfunktionen wie die Diagnostizierbarkeit des Messkreises und die Überwachungen der Fühlerleitungen auf Kurzschluss und Drahtbruch erhöhen den Anwendernutzen [3.4; 3.19]. Ein elektronisches Wendelastrelais z.B. misst Wirkleistung und cos φ, um bei Überschreiten eines Einstellwertes den Motor abzuschalten oder eine Meldung über die integrierte Feldbusschnittstelle abzusetzen [3.6].

Halbleiterschütze gar werden vollelektronisch aufgebaut (Bild 3.1). Der Optokoppler im Eingangskreis sorgt für eine besonders geringe Ansteuerleistung. Die Höhe der Schaltleistung bestimmen die Ventile auf der Ausgangsseite. Darüber hinaus kennzeichnet diese Geräte

- die geräuschlose Arbeitsweise (besondere Eignung in der Gebäudetechnik),
- die SPS-kompatible Ansteuerbarkeit,
- Verschleißfreiheit wegen fehlender beweglicher Teile, lange Lebensdauer,
- eine verbesserte Zuverlässigkeit trotz höherer Schalthäufigkeit sowie
- die gestiegene Reaktionsgeschwindigkeit.

Die Anforderungen von Automatisierung und Dezentralisierung erfüllen zwei konstruktive Prinzipien zum Anbinden an den Feldbus. Zum einen werden Busadapter oder intelligente Anschaltgeräte (vgl. Abschnitt 3.3) angewendet, zum anderen ist die Anschaltung bereits in das Gerät integriert. Die unmittelbare Kombination bevorzugen Betriebsmittel mit hohem Kommunikationsaufkommen (z.B. Leistungsschalter [3.5; 3.8], Motorschutzgeräte [3.6], Softstarter [11.11]). Im weitesten Sinne gehören Frequenzumrichter als besonders «intelligente», kontinuierlich schaltende Geräte (vgl. Abschnitt 7.2.2) in diese Kategorie. Nicht nur gut durchdachte Schaltanlagenkonzepte, eben auch «kluge» Schaltgeräte erlauben durchgängige, leichter zu projektierende Energieverteilungen von der Steckdose bis zur Mittelspannung, die beispielsweise als Totally Integrated Power bekannt wurden [1.49].

Trotz gegenwärtig noch zu beobachtender Zurückhaltung wird die Elektronik genauso wie im Pkw zur Selbstverständlichkeit in der NS-Gerätetechnik werden. Nicht zuletzt aus Sicherheitsgründen bleibt dabei der elektromechanische Kontakt mit luftoffener Lichtbogenlöschung auch künftig bedeutsam [3.7]. Mit zunehmender Preiswürdigkeit in Kombination mit komplexerer Funktionalität ist mittelfristig mit dem Generationswechsel bei Neuinstallationen zu rechnen [3.9].

3.3 Leittechnik für NS-Anlagen

Die Elektronifizierung der NS-Geräte unterstützt den Einzug der Leittechnik als eine wichtige Voraussetzung für einen hochwertigen, ggf. vollautomatischen Technologieprozess. Erst der damit mögliche umfangreiche Datenaustausch zwischen der nunmehr ebenfalls «intelligenten» Niederspannungsversorgung und der Automatisierung gewährleistet zuverlässig den wirtschaftlich optimalen Ablauf der Vorgänge bei gleichzeitig hoher Verfügbarkeit der Gesamtanlage. Die Qualität sowohl des Verfahrens als auch der Produkte steigt, gleichzeitig sinken die Energie- und Betriebskosten (Personal, Diagnose, Wartungsaufwand u.a.) [3.17].

Für die NS-Leittechnik existieren eine Reihe mikroprozessorbasierter und softwaregestützter Gesamtlösungen, die sowohl die Energieverteilung kontrollieren als auch Überwachung und Steuerung der (Motor-) Abgänge in ein durchgängiges, leittechnisches Netzwerk einbeziehen. Zugleich wird die Einheitlichkeit von Bedienung und Service vor Ort und zentral unterstützt. Darüber hinaus liefert diese Technik aussagefähigere Service- und Wartungsinformationen. Mit der Fähigkeit zur Übernahme von Betriebsaufgaben werden Anlagenflexibilität und funktionale Dezentralisierung bei gleichzeitiger Entlastung der zentralen Leittechnik gefördert.

Die beispielsweise in [3.10] erwartete Konsolidierung solcher Fernwirktechnik ist eingetreten. Flexible Systeme wie INSUM [9; 3.10; 3.11], simocode [3.13; 3.14] (vgl. Bild 2.9), epos [3.15] übernehmen bei vergleichbarem Prinzipaufbau die in Bild 3.2a formulierten Aufgaben. In einem kommunikationsfähigen Motorabzweig etwa werden getrennte Messwertumformer, Überlastrelais und thermischer Motorschutz ersetzt.

Aufgaben können unmittelbar erfüllt werden, sofern das Schaltgerät wie ein Leistungsschalter über einen eigenen Busanschluss verfügt. Ansonsten werden die kommunikationsfähigen Vorschaltgeräte – bevorzugt bei Anlagen mit Schubeinsatz- oder

Bedien-/Steueraufgaben:	**Messaufgaben:**	**Meldung, Kommunikation:**	**Schutz-/Diagnosefunktionen:**
• Bedienbarkeit vor Ort oder zentral (über Tastatur und Display) • Steuern der Energieverteilung, von Leistungsschaltern, Motorstartern, Abgängen usw. über Prozessleittechnik • Logische Folgeschaltungen von Funktionsgruppen • Testfunktion • Parametrisierung • Energiemanagement (auch automatisch) • Realisierung von Redundanzen	• Phasenströme, auch dynamisch • Spannungen • Leistungen • Fehlerströme • Schaltspiele • Betriebsstunden, Betriebstagebuch (Zahl der Anläufe, Einschaltungen usw.) • Statistikaufgaben, Archivieren und Auswertung historischer Daten • Temperaturen • Leistungsfaktor • Symmetrie • Hochlaufzeiten	• Status-/Istzustandsüberwachung mit Kennung (Betriebsinformation) • Fehlervorbeugende Warnungen, Störungen • Wartungsinformation • Visualisierung mit einheitlicher Bedienoberfläche für verschiedene Geräte und Funktionen • Anbindung an Intranet/Internet	• Überlast • Schutz (Leerlauf, Blockieren, Übertemperatur) • Unterlastanzeige/-schutz • Überwachung (Erdschluss, Phasenausfall, cos φ u. Ä.) • Asymmetrieschutz • Spannungsausfall • Busüberwachung • Motorschutz • Geräteüberwachung • Eigenüberwachung • Zugriffsberechtigung

Bild 3.2 Leittechnik für Niederspannungsanlagen
a) Aufgaben

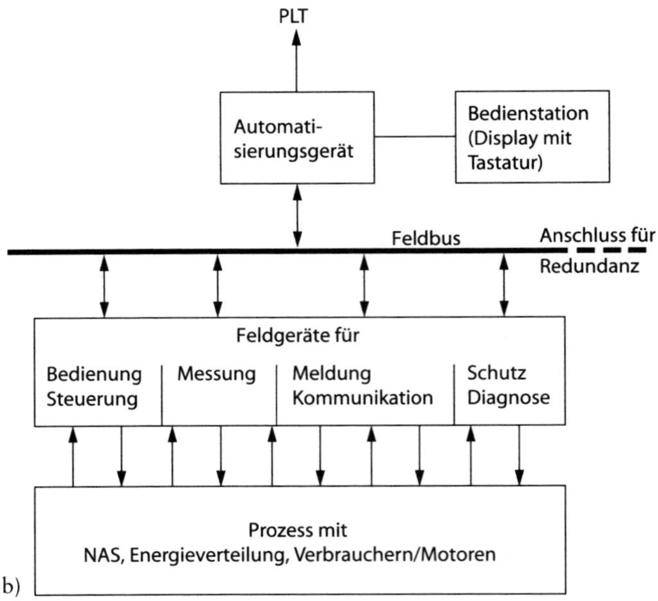

b)

Bild 3.2 *(Fortsetzung)*
b) Prinzipaufbau

Einschubtechnik (vgl. Abschnitt 2.1.2) – eingesetzt. Sie erfassen und melden die erforderlichen Signale weiter, setzen aber auch die von der Leitzentrale gesendeten Daten in Befehle für die Funktionseinheiten und/oder Motor-Control-Center MCC um (Bild 3.2b). Alle Daten erhalten bei Bedarf eine Zeitmarke, so dass nicht nur eine Statistik geführt werden kann, sondern gleichfalls ein elektronisches Betriebstagebuch mit hoher Auflösung bereitsteht.

Die unmittelbare Kombination von busfähigen Anschaltgeräten mit dem Sammelschienensystem – wie beim System ECS [3.16] – eignet sich bevorzugt für Anlagen in Festeinbau- oder Einsatztechnik. Immer kommen als Busverbindung standardisierte Feldbusse wie PROFIBUS-DP, LON, AS-Interface, EIB in Betracht (vgl. Abschnitt 7.4).

Damit gehören hardwaredominierte Strukturen mit Koppelrelais und sehr vielen Steuerleitungen, die ohnehin nur eingeschränkt die beschriebenen Aufgaben bewältigen konnten und sich zudem durch hohen Materialaufwand sowie überdurchschnittliche Kosten für Montage und Inbetriebsetzung auszeichnen, der Vergangenheit an. Im Vergleich zur konventionellen Kopplung liegen die Investitionskosten der modernen Ausführung um bis zu 50% niedriger. Einen ähnlichen Wert erreicht die Minderung der Stillstandszeiten [3.11].

Protokollumsetzer (Gateways) verbinden mit Ethernet und anderen Systemen [3.12]. Dadurch lässt sich ein Niederspannungssystem mit der Leittechnik der Mittelspannung verbinden, und ein einziger Bildschirm gibt dem Betreiber bedarfsgerecht Auskunft über die Situation in allen Ebenen des Energienetzwerkes.

Auf dem gleichen Weg kommuniziert die NS-Anlage via Intranet/Internet.

Teil II
Antriebstechnik

4 Übersicht

4.1 Bedeutung der Antriebstechnik

Elektrische Antriebssysteme verwandeln elektrische in mechanische Energie und umgekehrt. Damit setzen sie zusammen mit der Niederspannungstechnik die in der Leit- und Steuerungstechnik (PLT) errechneten Signale in leistungsstarke Aktionen um. Antriebe sind als gleichrangig mit der PLT anzusehen. Angeordnet in unmittelbarer Prozessnähe (s. Bild 1.1) erzeugen Antriebe Drehmomente bzw. Kräfte. Mit Hilfe der mechanischen Elemente der Arbeitsmaschinen steuern sie technologische Abläufe. Die genaue Funktion der Einzelantriebe und ihre Zusammenarbeit schreibt die Technologie vor; Größen wie Bearbeitungsgeschwindigkeit, synchrone Bewegungen, Positionsänderungen, Volumenstrom, Druck, Zug und Temperatur werden dazu im gewünschten Sinne beeinflusst.

Diese Aufgabe übernehmen Gleichstrom-, Wechsel- oder Drehstrommotoren zusammen mit Stromrichtern, elektromechanischen Stellgliedern und Informationseinrichtungen. Bei den Maschinen kommen sowohl rotierende als auch translatorisch linear arbeitende Ausführungen zum Zuge. Wechselstromsysteme dominieren wegen ihrer Vorzüge. Die Mehrzahl der Antriebe erfüllt die übertragenen Aufgaben selbsttätig, arbeitet also unabhängig innerhalb eines geschlossenen Regelkreises. Das Netz stellt die benötigte elektrische Energie bereit.

Ohne die elektrische Antriebstechnik ist die Mehrzahl der vielfältigen Verstell- und Automatisierungsaufgaben nicht zu lösen. Ihre «Intelligenz» bestimmt die Verzahnung mit dem Bewegungssystem von Arbeitsmaschinen und die Integration in das Anlagenautomatisierungssystem. Gleichzeitig sinken die Rückwirkungen auf das speisende Netz. Antriebe gelangen in allen Industriebereichen zum Einsatz. Dazu zählen:

- Fertigungsindustrie und Verfahrenstechnik (Werkzeugmaschinen, Produktions- und Hilfseinrichtungen),
- Nahrungsmittelindustrie,
- Heizungs-Klima-Lüftungs(HKL)-Technik,
- feinmechanische Geräte,
- Elektrowerkzeuge und Konsumgüter,

aber auch Traktion und Schiffbau gehören zu gewichtigen Anwendern. Die auf die besonderen Bedürfnisse aller Branchen und die verschiedensten Aufgaben zugeschnittene Lösung fußt auf typisierten oder/und standardisierten Grundkomponenten. Nur somit lässt sich die wachsende Variantenvielfalt kostengünstig beherrschen.

Tabelle 4.1 Grenzbereiche elektrischer Antriebe

Kennwert	Bereich	Anwendung
Leistung	µW/mW (10^{-6}) – 100 (10^{9}) MW/ je Einheit	Antrieb einer Digitaluhr – Bahnumformer
Frequenz/Hz	0 (Gleichstrom) – 16 2/3 – 50 – 1500	Industrie-, Bahn-, Schleifspindelantriebe
Drehzahlbereich	bis 100 000 min^{-1} und mehr	
Drehzahl-Stellbereich	bis 1 : 10000	

Der elektrische Antrieb ersetzt zunehmend die Mechanik, ermöglicht Vorgänge, die manuell nicht durchführbar wären (z.B. Roboterfunktionen), verwirklicht bedienarme, flexible Produktionseinrichtungen und verbessert ihre Auslastung. Ein solches System steigert Zuverlässigkeit und Verfügbarkeit sowie die Sicherheit der Produktionsanlagen und unterstützt den ökonomischen Einsatz von Arbeitskräften, Energie sowie von Material. Außerdem tragen automatisierte Antriebe wirksam dazu bei, dass die Engineering-Aufwendungen in einer Automatisierungsanlage sowie ihre Gesamtkosten über den Lebenszyklus (TCO) bei gleichzeitigem Wachstum der Produktivität sinken. Dass sich dadurch die «Lebensqualität» der Anlagen nachhaltig verbessert, wurde in Verbindung mit der volkswirtschaftlichen Bedeutung und des freisetzbaren Energiesparpotenzials in Abschnitt 1.2 erläutert. Die mit diesen verbesserten Gebrauchswerten verbundenen Mehrkosten amortisieren sich zumeist in wenigen Monaten (in der Regel ≤12). Anschließend verdient der Betreiber Geld bei gleichzeitiger Schonung der Umwelt. Leistungsfähige Antriebssysteme bilden eine entscheidende Vorbedingung zum Aufbau der Fabrik der Zukunft «Plant Intelligence» [15.16].

Die mit elektrischen Antrieben gegenwärtig erreichbaren Grenzwerte sind in Tabelle 4.1 zusammengestellt.

4.2 Struktur des Antriebs

Die in Bild 4.1a gezeigte, seit längerem geübte Grundstruktur des autarken Einzelantriebs [20] (in der EMV-Produktnorm EN 61 800-3 als Power Drive System PDS, nach IEC-TC 22 mit Adjustable Speed Drive bezeichnet) entspricht einer selbsttätigen Regelung. Sie besteht aus dem energetischenm Teilsystem zu Energieübertragung, -stellung und -wandlung (Regelstrecke) und aus der i. Allg. mikrorechnerbasierten Informationsverarbeitung für Regelung und Steuerung, Schutz und Überwachung, Bedienung und Diagnose, Kommunikation und z. T. sogar Datenarchivierung, der klassischen, in ihrer Funktion deutlich erweiterten Regeleinrichtung. Beide Teilsysteme tauschen die bezeichneten Signale aus. Als gesteuertes System verzichtet der Antrieb auf die Rückführung der Istwerte *r*. Der geschlossene Wirkungskreislauf des geregelten Antriebs wird geöffnet.

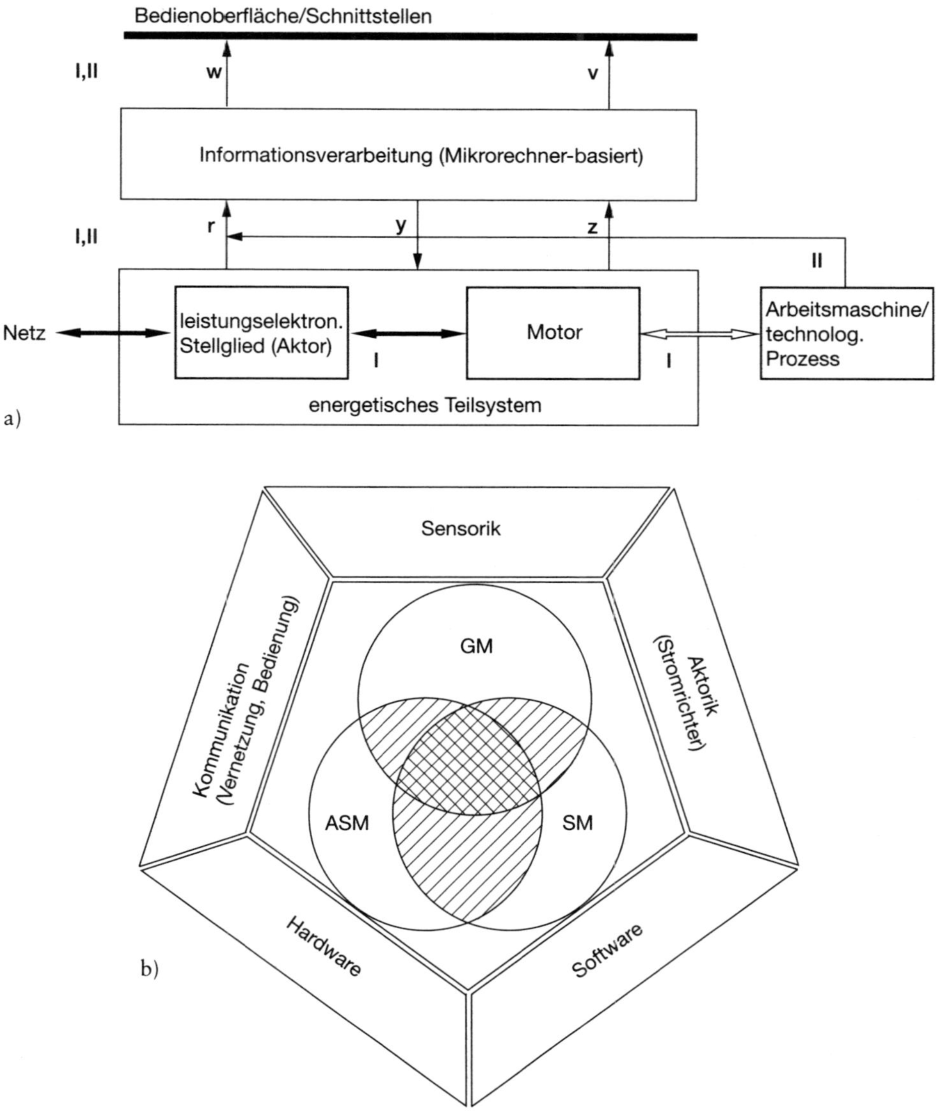

Bild 4.1 Autarkes Antriebssystem
a) Grundstruktur
Integrationsmöglichkeiten eines automatisierten Antriebs zum mechatronischen System
w Führungsgrößen ⟷ elektrischer Energiefluss
v Meldegrößen
r Istwerte (Sensorwerte) ⟺ mechanischer Energiefluss
y Stell-, Steuergrößen
z Störgrößen ⟶ Informations- bzw. Signalfluss
I Integration der Komponenten (Hardware-Integration)
II funktionelle Integration (Software-Integration)
b) Komponenten

Die funktionelle Bedeutung der Bestandteile nach Bild 4.1b spiegelt sich in ihren Kostenanteilen wider. Der Software-Anteil nimmt so zu, wie der Beitrag der Hardware abnimmt. Die Quote der Maschine wächst dagegen nur geringfügig.

Zum Leistungsteil gehören die Komponenten

- Stromrichter (leistungselektronisches Stellglied) mit in der Regel vorgeschaltetem Leistungsschalter, der bei großen Leistungen einer vollständigen NS-Verteilung weicht,
- Motor (mit Gleich- oder Drehstrom gespeist, rotierend oder translatorisch arbeitend),
- mechanisches Stellglied (Getriebe, Kupplung u. Ä.).

Nicht zum System gehören die Arbeitsmaschine und das speisende Netz. Da beide Komponenten das Übertragungsverhalten des Antriebsystems beeinflussen, sind sie bei Projektierung und Bemessung unbedingt zu beachten.

Mit der digitalen, mikrorechnerbasierten Informationselektronik werden

- die Hardwarevielfalt der Vergangenheit minimiert und harmonisiert,
- hard- und softwaremäßig realisierte Funktionsgruppen für einen hohen Wiederholgrad modularisiert und typisiert,
- komplizierteste Regelungs- und Steuerungskonzepte nutzerfreundlich implementiert sowie
- umfangreiche Inbetriebsetzungs-, Bedienhilfen und Diagnosefunktionen bereitgestellt.

Im Ergebnis stellt sich ein dem Leistungsteil und der Mechanik vergleichbarer Zustand ein, so dass Antriebe vollständig aus einem Modulsortiment typisierter oder standardisierter Einzelteile zur fabrikfertigen, typgeprüften Baueinheit gefügt werden können [4.6]. Insgesamt drückt sich dieser Fortschritt im Anstieg des technologischen Niveaus der betriebenen Produktionseinrichtung einschließlich der Qualität der damit hergestellten Güter aus.

Zu den informationellen Systemgrößen zählen die Führungsgrößen w, die Stellgrößen y, die Istwerte r, die Meldegrößen v sowie die Störgrößen z. w als Sollwert für die zu regelnden Größen lässt sich manuell am Antrieb einstellen oder ist aus der PLT vorgegeben. Daraus leitet sich die Stellgröße y ab, sie beeinflusst gezielt das Leistungsteil (Leistungsschalter, Stromrichter-Stellglied, Schaltgetriebe). Die von Sensoren erfassten Istwerte r bilden die zu regelnden physikalischen Ausgangsgrößen von Stromrichter-Stellglied, Motor und ggf. auch der Arbeitsmaschine ab. Dazu zählen Ströme, Drehzahlen, Drehwinkel, Beschleunigungen, Momente, Kräfte u. a. Meldegrößen v geben über den Zustand des Antriebs Auskunft. Störgrößen z, die den Antrieb beeinträchtigen, entstehen hauptsächlich durch das von der Arbeitsmaschine verlangte, variable Drehmoment und durch Reibungsverluste (Laständerung). Aber auch Netzeinflüsse wie Spannungsschwankungen und/oder -einbrüche u. a. fallen unter unerwünschte Einflüsse, die auszugleichen sind. Zu vermeiden sind nicht beabsichtigte, akustische, mechanische, thermische und elektromagnetische Wirkungen. Da sie die Umgebung beschädigen, dürfen derartige Störungen bestimmte, durch Vorschriften festgelegte Grenzwerte nicht überschreiten.

Die klare Strukturierung des Antriebs besitzt Vorzüge für Hersteller und Betreiber. Sie erleichtert zugleich seine schrittweise Integration zum mechatronischen System [23]. An den Schnittstellen I erfolgt die physische Integration der Hardwarekomponenten. Stellglied und Motor, aber auch die Arbeitsmaschine bilden danach eine Einheit. Wird in die Stell- und Messglieder die Informationsverarbeitung integriert, entstehen intelligente Aktoren und Sensoren. Ein anderer Schritt zur Konzentration ist die Übernahme von Kommunikations- und Bedienaufgaben durch die Regeleinrichtung. Mit der funktionellen, softwaregestützten Vereinigung an den Positionen II des Bildes 4.1a verbindet sich die Verarbeitung von Prozesskenntnissen (z. B. über Beobachter, Modelle) in der Informationsverarbeitung, was zum Optimieren von Regelgenauigkeit und -dynamik, dem besseren Beherrschen von Störgrößen, selbst zum Verzicht auf Messeinrichtungen führt. Zusätzlich kann der Antrieb veränderte technologische Bedingungen adaptieren, indem er der Messung bisher unzugängliche Größen synthetisch errechnet. Sogar die präventive Überwachung inklusive Fehlerdiagnose wird verbessert bzw. überhaupt erst möglich. Infolge der drastisch gesteigerten Leistungsfähigkeit der Informationsverarbeitung übernimmt der Antrieb technologiespezifische Funktionen, die bisher von einer gesonderten, überlagerten Einrichtung ausgeführt wurden. Aus dem schrittweisen Wandel zum mechatronischen System entwickeln sich neuartige Möglichkeiten zur freizügigen Gestaltung einer Maschine bzw. einer Anlage. Servicefreundliche und flexible elektrische Lösungen ersetzen mechanische Maschinenelemente. Das vollständige Fügen einer technologischen Anlage oder Maschine aus einem Modulbaukasten wird unterstützt [4.1]. Aufwandsarm kann der Antrieb bzw. die Produktionseinrichtung in die durchgängig automatisierte Anlage einer «intelligenten» Fabrik [15.16] eingebunden werden.

4.3 Grundlegende Betriebsweisen

Strukturell kann ein Antrieb einmal vollständig autonom arbeiten. Die Bedienoberfläche besitzt keine funktionsbestimmende, externe Verbindung. Beispiele für Inselbetrieb sind Prüffeldantriebe, Aufzüge, Fördermaschinen u. Ä. Bildet der Antrieb zum anderen ein prozessnahes Element im automatisierten System (s. Bild 1.1), arbeitet er (meist als Mehrmotorenantrieb) im Verbund. Verkettet werden die Teilsysteme durch die Technologie, aber auch durch Stell- und Messglieder, vor allem aber durch die übergeordnete Steuer- und Leittechnik (PLT).

Grundlegende Betriebsweisen zeigt Tabelle 4.2 in Verbindung mit Bild 4.2. Nach geläufigen Gesetzen und mit bekannten Mitteln lassen sich die charakteristischen Werte ineinander überführen. Bewegungsvorgänge (maßgebende Größen v, ω) treten in Dreh-, Fräs-, Bohrmaschinen, bei Kranen, Aufzügen, Fahrzeugen, aber auch bei Ventilatoren und Pumpen sowie in Walzanlagen, Pressen, Kalandern auf. Beispiele für Stellvorgänge (maßgebende Größen α, s) bieten Ventile, Schieber, Positioniereinrichtungen, Roboter, Taktstraßen.

Eine zusätzliche Unterscheidung verspricht der zeitliche Verlauf der Drehzahl. Läuft der Antrieb mit unveränderlicher bzw. näherungsweise konstanter Drehzahl, handelt

Tabelle 4.2 Charakteristische Betriebsweisen

Eigenschaften	**Kennwerte**
Bewegungsablauf *Rotatorisch* (Antrieb mit klassischem Motor)	Drehwinkel α Winkelgeschwindigkeit $\omega = \frac{d\alpha}{dt}$ Drehzahl $n = \frac{\omega}{2\pi}$ Winkelgeschwindigkeit $\omega /s^{-1} = \frac{2\pi}{60}\, n/min^{-1}$ (zugeschnittene Größengleichung) Dimension min^{-1}, um Verwechslungen mit der Frequenz zu vermeiden. Umlauffrequenz (≡ Drehzahl) $n = \frac{\frac{\omega/rad}{s}}{2\pi} \frac{U}{rad} /s^{-1}$ Winkelbeschleunigung $\varepsilon = \dot{\omega} = \frac{d^2\alpha}{dt^2}$ Winkeldruck $r = \ddot{\omega} = \frac{d^3\alpha}{dt^3}$ Drehmoment m
Zu erfüllende Aufgabe	Verwirklichung $\omega = f(t, \alpha)$ in Abhängigkeit $m_w = f(\omega, \alpha, t)$
Translatorisch (Linearantrieb)	Weg s Geschwindigkeit $v = \frac{ds}{dt}$ Beschleunigung $a = \frac{dv}{dt} = \frac{d^2s}{dt^2}$ Ruck $r = \ddot{v} = \frac{d^3s}{dt^3}$ Kraft f
Zu erfüllende Aufgabe	Verwirklichung $v = f(t, s)$ in Abhängigkeit $f_w = f(v, s, t)$
Belastungsvorgang	Verlauf v, ω, m, $f = f(t)$ konstant, periodisch, willkürlich nicht periodisch
Energiefluss	Einrichtungs- oder Umkehrantrieb (Bild 4.2) Aufnahme elektrischer Energie aus dem Netz, Abgabe an die Arbeitsmaschine Arbeit in den Quadranten I, IV (Einrichtungsantrieb) $P = (-)M_w \cdot (-)\,\Omega$ (stationärer Betrieb) Aufnahme elektrischer Energie von der Arbeitsmaschine, Abgabe in das Netz (Bremsbetrieb) Vorzeichen von P wird negativ, weil sich die Richtung von M oder Ω ändern. Arbeit in allen vier Quadranten (Umkehrantrieb) Im dynamischen Betrieb gilt: $p = m \cdot \omega$.

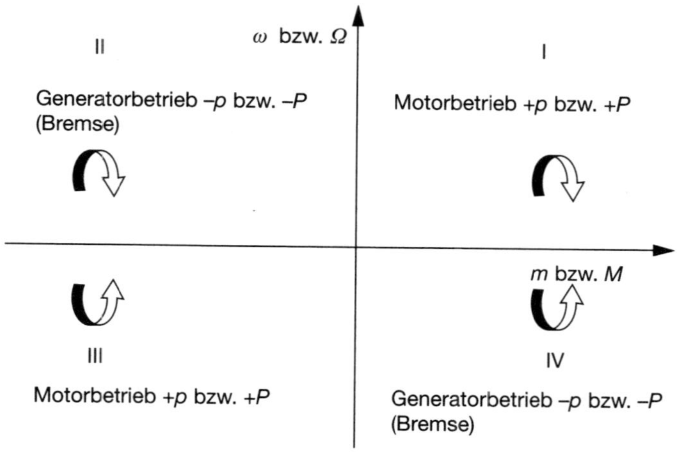

Bild 4.2 Leistungsfluss im Antriebssystem
Quadrant I, III: Treiben: Antrieb nimmt elektrische Leistung aus dem Netz auf und führt sie vermindert um die Eigenverluste an die Arbeitsmaschine ab.
Quadrant II, IV: Bremsen: Die elektrische Maschine wird angetrieben und arbeitet als Generator. Sie speist nach der Deckung der Eigenverluste die Energie in das Netz oder auf einen Widerstand. Vorzeichen von Drehmoment *M/m* oder Drehzahl *Ω/ω* muss sich ändern.
Antriebsleistung $P = M\,\Omega$ bzw. $p = m\,\omega$

es sich meist um ein gesteuertes, ungeregeltes System. Diese Betriebsart wird auch bevorzugt, wenn sich während Anlauf und Bremsen kurzzeitig die Drehzahl verändert. Antriebe variabler Drehzahl betreibt man geregelt, nur im Ausnahmefall gesteuert.

4.4 «Optimaler» Antrieb

Die Wahl des «optimalen» Antriebs läuft auf die Entscheidung zwischen Gleichstrom- (GAT) und Drehstromlösung (DAT) hinaus. Verschiedenartige technische und wirtschaftliche Merkmale ergeben sich nicht nur aus den Motoreigenschaften. Alle übrigen Komponenten unterscheiden sich gleichfalls (Bild 4.3). In der Vergangenheit beherrschte der Drehstrommotor den Bereich hoher Leistungen und Drehzahlen (Bild 4.4). Die in dieser Region geforderten Bedingungen erfüllte der Gleichstromantrieb nur unwirtschaftlich bzw. überhaupt nicht. Inzwischen dehnte sich die Anwendung der Drehstrommaschine auf alle Spannungsebenen, Leistungen und Drehzahlen aus. Ihre im Vergleich zum Gleichstrommotor günstigeren technologischen Eigenschaften wie

- ❑ geringere Herstellungs- und Anschaffungskosten,
- ❑ verminderte Betriebskosten (besserer Wirkungsgrad, niedrigerer Wartungsaufwand),
- ❑ höhere Grenzwerte für Moment und Drehzahl (Leistung),
- ❑ problemarmer Explosionsschutz,
- ❑ effizientere Energieausnutzung durch Antrieb und Arbeitsmaschine

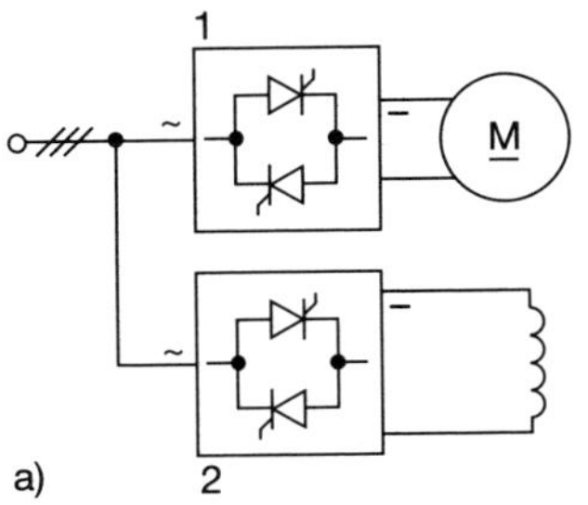

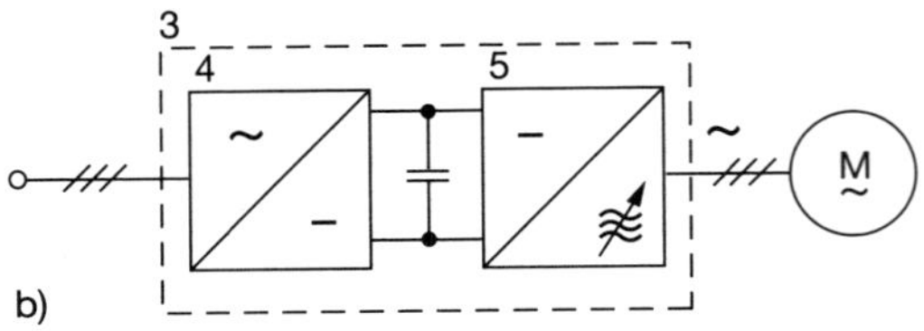

Bild 4.3 Stromrichtergespeiste Antriebe
a) Gleichstromantrieb (GAT)
1 Ankerkreisgleichrichter
2 Feldkreisgleichrichter
b) Drehstromantrieb (DAT)
3 Umrichter
4 Netzgleichrichter (NSR)
5 Wechselrichter (MSR)
Alle Stromrichter können im Bedarfsfall Leistung in beiden Richtungen transportieren.

begründen den Siegeszug der Drehstromantriebe, zumal sich die Investitionskosten angeglichen haben. Sollten sie im Einzelfall doch höher sein, amortisiert sich der Drehstromzuschlag für die Elektronik in relativ kurzer Zeit. Mehr subjektiv wirkt, dass auch die übersichtliche Beschreibung des im Vergleich zur nichtlinearen Drehstrommaschine nahezu ideal linearen Gleichstromsystems keine Rolle mehr spielt. Selbst komplizierteste Algorithmen werden mühelos von der digitalen Elektronik beherrscht und hinter einfachen Bedien- und Parametrisierstrategien verborgen. Als Firmware spielen sie für den Anwender lediglich eine untergeordnete Rolle.

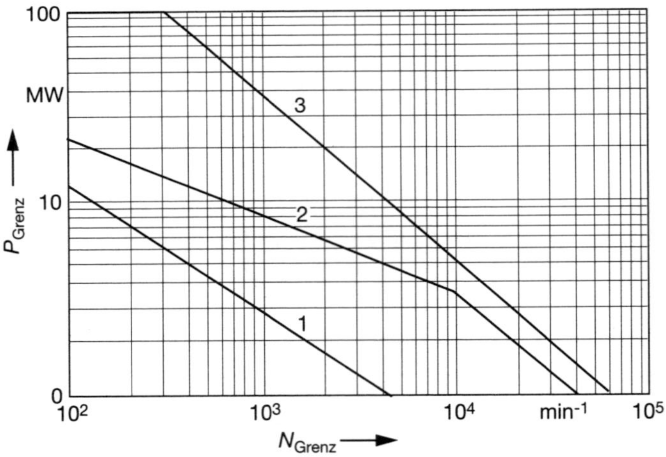

Bild 4.4 Grenzdaten von Gleichstrom- und Drehstrommotoren
1 Gleichstrommaschine; 2 Asynchronmaschine; 3 Synchronmaschine

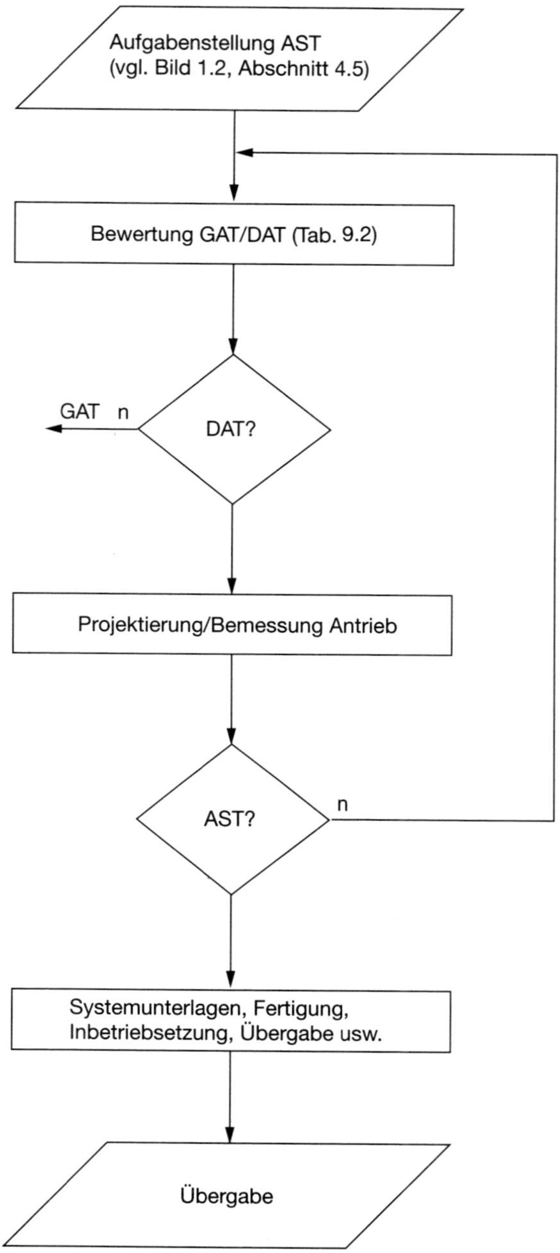

Bild 4.5 Auswahl eines umrichtergespeisten Drehstromantriebs

Die Entscheidung im unteren und mittleren Leistungsbereich ist im Regelfall zugunsten des Drehstromantriebs gefallen, wie Produktionszahlen 2000 und Zuwachsraten bestätigen:

- Gleichstrom-Nebenschlussmaschine 113 Mio. € (Jahreszuwachs +5%),
- Asynchronmaschine 1370 Mio. € (Jahreszuwachs +6,8%).

Für größere Leistungen (≫500 kW) empfiehlt sich bei Zweifeln die Kriterien in Tabelle 9.2 [34; 4.2–4.5] anhand des Ablaufs Bild 4.5 zu Rate zu ziehen. Letztere Empfehlungen gelten nicht für Stellantriebe. Sie unterliegen speziellen technologischen Randbedingungen. Zudem erübrigt sich der Vergleich, da auf diesem Feld unverkennbar und endgültig der Abschied vom Gleichstrom vollzogen wurde. Zusammen mit Kleinmotoren stellen sie übrigens das größte Kontingent innerhalb der deutschen Gesamtproduktion von Antrieben.

4.5 Forderungen an einen Antrieb, Qualität

Damit der Antrieb seine Aufgabe zur Zufriedenheit erfüllt, sind durch den Anwender in Zusammenarbeit mit dem spezialisierten Hersteller die technischen Forderungen zu formulieren. Sie lauten:

- Leistung/Drehmoment an der Welle,
- Anschlussnetz mit zulässigen Netzrückwirkungen,
- Motortyp (Drehstrom – ASM, SM; GS – NS, RS; Sonderbauformen),
- Isolationsklasse des Motors (besonders bei Umrichterspeisung),
- Nenndrehzahl,
- Regel- und Stellaufgabe, Ziel der Bewegungssteuerung,
- Sicherheitsanforderungen,
- Drehzahlverlauf bei variablem, von der Arbeitsmaschine (Last) bestimmtem Moment (stationäres Übertragungsverhalten, Ω-M-Kennlinie),
- Drehzahlstellbarkeit,
- Maximaldrehzahl,
- Anlaufmoment,
- Nennmoment M_n,
- Bremsung, Energierückspeisung,
- Zeitverhalten (dynamisches Übertragungsverhalten),
- Beschleunigungsvermögen (zulässiges di/dt),
- Schwankung (Welligkeit) der Drehzahl,
- Netzrückwirkungen,
- Strom-, Drehmomentüberlastbarkeit (mechanische Überlastbarkeit),
- Leistungsfaktor (möglichst $\cos \varphi = \lambda \approx 1$),
- Wirkungsgrad (möglichst nahe $\eta \approx 1$),
- funktionelle sowie gestalterische Flexibilität und Modularität von Hardware und Software (etwa für nachträgliche Erweiterungen/Änderungen),

Tabelle 4.3 Besonderheiten der Antriebstechnik

Verarbeitungsgeschwindigkeit	hoch, Zykluszeiten <1...19 ms
Schutz	extrem hohe Anforderungen (z. B. Ventilschutz)
Kommunikation	z. T. synchronisierbare Datenübertragung höchster Geschwindigkeit, flexibel hinsichtlich des Anschlusses an unterschiedliche Systeme mit variabler Topologie
Raumbedarf	niedrig, häufige Platzbeschränkung
Umgebungsbedingungen	teilweise extrem (z. B. bis –55 °C)
Zuverlässigkeit	sehr hoch besonders bei eingeschränkten Redundanzmöglichkeiten
EMV/EMC	ausgeprägt räumliche Nähe zu starken Störern (Stromrichter), Netzrückwirkungen
Peripherie	Baugruppen für spezielle Messwerte
Projektierungsaufwand	niedrig, hoher Firmware-Anteil
Inbetriebsetzung	autark (Plug-and-Play)
Betrieb	autark und vernetzt

- ❑ konstruktive Ausführung (Bauform von Stellglied und Motor, Hauptabmessungen bzw. Einbaumaße – Achshöhe, Wellendurchmesser, Länge u. Ä., Schutzart, Kühlsystem, Grenzübertemperaturen),
- ❑ Umgebungsbedingungen (Klima, Temperatur, Aufstellungshöhe),
- ❑ Störeinflüsse auf die Umgebung (EMV, Schwingungsgüte, Geräuschkennwerte, Funkentstörung),
- ❑ zulässige Abweichungen,
- ❑ Anforderungen an Service und Diagnose,
- ❑ Normen- und Vorschriftenkonformität.

Zugehörige qualitative Werte enthält die Anfrage. Herausragende Besonderheiten vermittelt Tabelle 4.3.

Antriebssysteme und ihre Komponenten kennzeichnet wie NSA ein hoher Qualitätsstandard. Als typgeprüfte Systeme unterliegen sie den in Abschnitten 2.1.2, 2.2.2.2 und 2.6.1 für TSK/NSA aufgeführten Prüfbedingungen und Güteanforderungen. Schwerpunkt ist dabei der Testnachweis in der richtigen EMV-Prüfklasse (≥3) [40; 42; 2.35].

4.6 Stand der Technik

Stark verkürzt lässt sich die Situation in der Antriebstechnik so beschreiben: Mit dem Antrieb wird nicht mehr nur das Bedürfnis, eine Bewegung auszuführen oder eine bestimmte Position zu erreichen, befriedigt. Seine moderne Ausführung erfüllt weitgehend und vor allen Dingen wirtschaftlich jeden Zusatzwunsch, der an die Bedingungen, unter denen bewegt oder positioniert werden soll, gestellt wird. Das Ferment für diesen Paradigmenwechsel liefern Leistungs- und Mikroelektronik, unterstützt von den Innovationen bei Magnetmaterialien sowie effizienten, rechnergestützten Entwurfsverfahren (z.B. Finite-Elemente-Methode, FEM).

4.7 Künftige Ingenieuraufgaben

Ausgehend von der allgemeinen Zielstellung

Antriebsfunktionen in immer höherer Qualität mit möglichst niedrigem Gesamtaufwand bereitzustellen und einzusetzen

leiten sich für die Zukunft die Schwerpunkte gemäß Abschnitt 1.8 ab. Um das in diesen Aufgaben steckende Verbesserungspotenzial auszuschöpfen, ist die Zusammenarbeit von Elektromaschinenbau, Mechanik, Leistungselektronik, Informationselektronik, Kommunikationstechnik zu intensivieren. Im Ergebnis liegt der mechatronische Antrieb vor.

5 Arbeitsprinzipien und Betriebsverhalten der wichtigsten elektrischen Maschinen

5.1 Elektromechanische Energiewandlung

Elektrische Maschinen [12–19] arbeiten innerhalb des Antriebs als elektromechanischer Energiewandler (Tabelle 5.2a, vgl. Abschnitt 4.3). Die elektrische Energie liefert das Netz über die Anschlussklemmen. Der Weitertransport über die Welle zur Arbeitsmaschine erfolgt in Gestalt des erzeugten Drehmomentes (Motorbetrieb). Im Generatorbetrieb kehrt sich die Energieflussrichtung um. Die von der Arbeitsmaschine abgegebene mechanische Bremsenergie wird in elektrischer Form in das Netz zurückgespeist oder als Wärmeenergie verheizt. Grundsätzlich kann jeder Wandler jede Mission ausführen, seine Primäraufgabe jedoch steht auf dem Leistungsschild und ist den Unterlagen zu entnehmen. Die folgenden Erläuterungen lassen sich von der zugrunde gelegten, rotierenden Bauform auf die translatorisch arbeitende Linearmaschine übertragen.

Um die Energietransformation zu bewältigen, besteht jede elektrische Maschine aus einem beweglichen Läufer (Rotor) und dem fest stehenden Ständer (Stator). Beide Maschinenelemente nehmen als rotationssymmetrische, meist geblechte Eisenteile den Magnetfluss auf, den mindestens zwei elektrische, stromdurchflossene Leitersysteme, die Erregerwicklung (err) und die Ankerwicklung (A), erzeugen. Dazwischen befindet sich ein Luftspalt. Bei ausgeprägten Polen (Innen- oder Außenpol) ist die Erregerwicklung konzentriert in Spulenkästen untergebracht. In Vollpolen, die sich zur Aufnahme der verteilten Anker- oder Erregerwicklung eignen, werden Ein- oder Zweischicht-Wicklungen [15] ausgeführt. Der Stromzuführung dienen Bürsten (Kohle, Grafit), Schleifringe (Bronze, Stahl) sowie Klemmen. Gleichzeitig sorgen die Eisenteile zusammen mit den elektrisch inaktiven Bestandteilen Welle, Gehäuse, Lagerträger für die mechanische Festigkeit. Über die Welle der Läuferseite erfolgt der Ab-/Zufluss mechanischer Energie.

Dieser grundsätzliche, für alle rotierenden Maschinen gültige Aufbau ist in Bild 5.1 am Beispiel einer Gleichstrom-Nebenschlussmaschine dargestellt. Die Windungen einer Wicklung sind untereinander, die verschiedenen Spulen gegeneinander isoliert. Ihre Wärmebeständigkeit, das Verhalten bei Stromfluss infolge Belastung, hängt von ihrer Ausführung ab. Die nach IEC definierten Klassen enthält Tabelle 5.1.

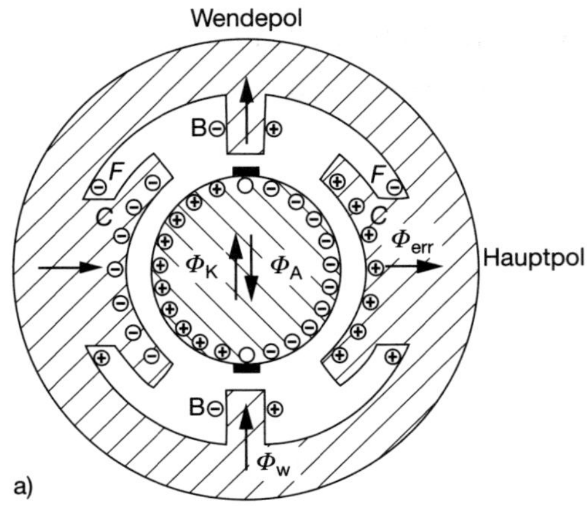

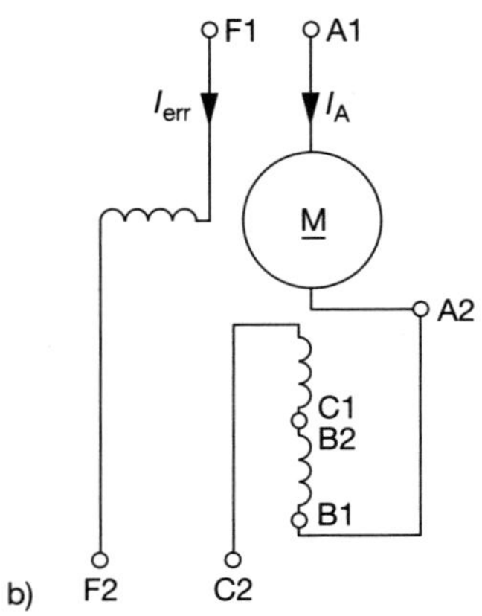

Bild 5.1
Grundsätzlicher Aufbau einer kompensierten Gleichstrom-Nebenschlussmaschine mit Darstellung der Durchflutungen und Magnetflüsse
Klemmenbezeichnungen:
A1 – A2: Ankerwicklung
F1 – F2: Erregerwicklung (fremderregt)
B1 – B2: Wendepolwicklung
C1 – C2: Kompensationswicklung
E1 – E2: Nebenschluss-Erregerwicklung
D1 – D2: Reihenschluss-Erregerwicklung

a) Konstruktiver Aufbau
Positive Stromrichtung ⊖
Negative Stromrichtung ⊕
b) Schaltbild

Tabelle 5.1 Wärmebeständigkeitsklassen nach IEC-Publikation 216

Wärmebeständigkeitsklasse [1]	A	E	B	F	H	C	Y
Grenzübertemperatur/Θ_{gr}/K	60	75	80	100	125	≥115	
Höchstzulässige Dauertemperatur/δ_{max}/°C	105	120	130	155	180	≥180	
Maximale Temperaturdifferenz/K	45	45	50	55	55		

[1] Bei zulässigen Grenzwerten der Motorspannungen können die Temperaturwerte überschritten werden:
≤1000 kW um 10 K.
>1000 kW um 5 K.

Als Bauform wird die konstruktive Anpassung des Motors an die Arbeitsmaschine bezeichnet. Dazu gehören:

- die Ausführung der Lagerträger,
- die vorgesehene Befestigung bzw. Aufstellung des Motors,
- die Betriebslage.

Hinter der Baugröße verstecken sich mechanische Abmessungen und Angaben zum elektrischen Anschluss (Kabeldurchmesser, Anschlusskasten, Wellenende usw.). Die diesbezüglichen Unterscheidungsmerkmale sind nach DIN EN 60 034-7 verschlüsselt in Kurzzeichen enthalten, die zum Bestelltext gemäß Katalog gehören. Als Bezeichnungsbeispiel (im so genannten Code I) dienen Maschinen mit einem Wellenende:

- IM B3 – Motor mit horizontaler, zylindrischer Welle mit Fuß und zwei Lagerschilden,
- IM V3 – Motor mit vertikaler Welle (Ende nach oben gerichtet) und Flanschbauform.

Ursache der Drehbewegung sind die magnetischen Felder der zwei stromdurchflossenen Wicklungen und die von ihnen induzierten Spannungen. Die im Magnetfeld erzeugten mechanischen Kräfte wirken entweder auf die stromdurchflossenen Leiter einer Wicklung im Feld einer anderen Wicklung, oder es bilden sich Kräfte am ferromagnetischen Körper im Feld der anderen Spule. Da die andere Wicklung bzw. der Eisenkörper im beweglichen Rotor untergebracht ist, führt die entstehende, im Abstand des Radius angreifende Kraft zur Läuferdrehung. Zwischen beiden Wicklungen findet eine Relativbewegung statt. Beim Linearmotor entspricht dieser Vorgang der Translation.

Zum Feldaufbau müssen die Wicklungen mit elektrischem Strom versorgt werden. Sowohl die Art des eingespeisten Stroms (Frequenz, Phasenzahl) als auch die Ausführung der Wicklungen bestimmen das statische und dynamische Übertragungsverhalten (Betriebsverhalten). Abhängig von der Stromart stehen oder rotieren die Magnetfelder. Läufer- und Ständerdrehfeld befinden sich immer in relativer Ruhe zueinander, ihre Differenzwinkelgeschwindigkeit ist gleich null. Selbst dann stellt sich dieser Zustand ein, wenn sich die Wicklungen relativ zueinander bewegen ($\omega_s = 0$, $\omega_r \neq 0$).

Die einheitliche mathematische Formulierung und Untersuchung der Vorgänge gelingt mit dem Faraday'schen Induktionsgesetz, dem Durchflutungsgesetz, dem elektrodynamischen Kraftgesetz, dem Verkettungssatz der Ströme (Knotenpunktregel nach Ampere), dem Maschensatz der Spannungen sowie einer Energiebilanz [12; 15; 16]. Als Ergebnis liefert die Berechnung das elektrodynamische Moment

$$m \sim \vec{\varphi}_A \cdot \vec{\varphi}_{err} \qquad \text{(Gl. 5.1)}$$

Seine Größe hängt vom Produkt der magnetischen Flüsse von Anker- und Erregerwicklung oder der sie erzeugenden Ströme ab. Das Moment kann auch aus der Verrechnung eines Flusswertes mit einem Stromwert ermittelt werden.

Unabhängig davon, ob es sich bei den eingespeisten Strömen um Gleich- oder sinusförmige Größen (gleicher Frequenz) handelt, sind im eingeschwungenen Zustand die Werte der magnetischen Felder konstant. Zugleich befinden sie sich zueinander in relativer Ruhe. Als Folge ist das erzeugte Drehmoment zeitlich unveränderlich. Damit gilt das Produkt ebenfalls für die Mittelwerte. In dieser Beschreibung steckt die entscheidende Voraussetzung für den stabilen Betrieb einer elektrischen Maschine bzw. eines Antriebs, ein gleich bleibendes Moment trotz variabler Drehzahl zu liefern. Zu berücksichtigen ist dabei, dass Gl. 5.1 ein Vektorprodukt darstellt. Das Ergebnis wird somit vom Phasenwinkel beeinflusst, den die beiden gerichteten Größen einschließen. Das Maximum wird erreicht, sofern beide Flussvektoren oder die verantwortlichen Ströme senkrecht aufeinander stehen.

Die Beziehung Gl. 5.1 gilt für jeden Maschinentyp. Die verschiedenen Lösungen ergeben sich aus der konstruktiv-technischen Gestaltung der aktiven elektrischen und magnetischen Bauteile. Den gelegentlich kultivierten grundsätzlichen Unterschied etwa zwischen Gleichstrom- und Wechsel- bzw. Drehstrommaschinen gibt es nicht. Trotzdem existieren natürlich eine Vielzahl von Motorentypen, so dass Systematisierung und Klassifizierung nach bestimmten Eigenschaften zweckmäßig sind.

5.2 Systematisierung und Klassifizierung

Der stabile Betrieb der Maschine erfordert Gleichlauf zwischen Ständer- und Läuferdrehfeld ($\Delta\omega = 0$). Einmal kann er bei jeder beliebigen Drehzahl erreicht werden, sofern zwischen die Stromquelle z.B. für den Läufer und der zugehörigen Wicklung ein Stromwender (Kommutator) geschaltet wird. Dieser Frequenzwandler stellt die Frequenz der Ströme in der Wicklung so ein, dass das von ihnen erregte Feld (Drehfeld) relativ zum anderen, dem Ständerfeld, ruht. Alternativ dazu werden Wechselströme mit einer festen Phasenverschiebung so in eine mehrphasige Wicklung eingespeist, dass sich ebenfalls ein gleichförmig umlaufendes Drehfeld ausbildet. Bei einem dreiphasigen System beträgt die elektrische Phasenverschiebung 120°, bei einer zweiphasigen stehen die Ströme senkrecht aufeinander (Phasenlage 90 °el.). Beide Möglichkeiten gestatten die Systematisierung der Maschinen nach dem Mechanismus der Drehmomentbildung in synchron zur Maschinendrehzahl und asynchron zur Maschinendrehzahl umlaufende Drehfelder [15; 16]. Daraus entsteht entweder ein synchrones oder ein asynchrones, elektrodynamisches Moment.

Synchrones Moment (synchron umlaufende Drehfelder):

- Die bekannteste Anordnung mit einem Frequenzwandler ist die **Gleichstrommaschine** mit mechanischem Kommutator (Stromwender). Er sorgt dafür, dass in der im Läufer untergebrachten Ankerwicklung ein Wechselstrom fließt, der unabhängig von der Motordrehzahl ein relativ zum Erregerfeld ruhendes Feld erzeugt. Die Erregerwicklung im Ständer ruht ohnehin und wird von einem Gleichstrom versorgt. Beide Felder «rotieren» (bzw. stehen) synchron mit Drehzahl Null und Drehzahldifferenz Null. Dem Charakter nach handelt es sich also um eine Maschine mit «synchronem» Moment. In diese Betrachtungsweise fügt sich die Maschine mit elektronischem Kommutator zwanglos ein. Im oberen Leistungsbereich heißt sie

Stromrichtermotor. Der Begriff Elektronikmotor hat sich bei kleineren Leistungen eingebürgert. Vom konstruktiven Aufbau her handelt es sich um Synchronmaschinen.

- ❑ In der **Synchronmaschine** werden Ständer- und Läuferfeld gleichfalls unabhängig voneinander aufgebaut. Bei der Innenpolausführung ist das Läuferfeld ein rotierendes Gleichfeld (Gleichstromeinspeisung). Die Ständerwicklung wird mit Drehstrom versorgt. Das entstehende Drehfeld läuft mit der Frequenz des vom Netz eingespeisten Stroms um. Nur bei einer bestimmtem Drehzahl, nämlich der von der Netzfrequenz bestimmten synchronen Motordrehzahl, befinden sich beide Magnetfelder relativ zueinander in Ruhe, um das notwendige, zeitlich konstante «synchrone» Drehmoment entwickeln zu können.
  Zusätzlich zu diesem von der synchronen Motordrehzahl abhängigen Moment existieren Wirkungen, die vom magnetischen Kreis bestimmt werden. Dazu zählt das *Reluktanzmoment*, das in Maschinen entsteht, bei denen nur Ständer oder Läufer eine Wicklung tragen. Es bildet sich wegen der Änderung des magnetischen Widerstandes (Reluktanz) für das Feld einer Wicklung auf einem der beiden Maschinenelemente in Abhängigkeit der Lage von unbewickeltem Läufer bzw. Ständer. Die Ursache des *Hysteresemoments* liegt in einer ausgeprägten Hysterese des Magnetkreises von Ständer und/oder Läufer. Unter ihrem Einfluss entsteht ein vom Drehzahlunterschied zwischen Ständer- und Läuferfeld unabhängiges Moment. Bei Erreichen des Synchronismus verschwindet es. Seine Wirkung geht im synchronen Drehmoment auf.

Asynchrones Moment (asynchron umlaufende Drehfelder):

- ❑ In der **Asynchronmaschine** entsteht das Ständerdrehfeld wie bei der Synchronmaschine. Es rotiert mit der Frequenz des vom Netz eingespeisten Drehstroms. Das Läuferfeld wird durch Induktion vom Ständerfeld erzeugt. Ebenso wie das Ständerfeld bewegt es sich drehzahlunabhängig mit der Frequenz ω_{ri} des von der induzierten Spannung angetriebenen Stroms. Ein auf dem Läufer sitzender Betrachter würde diese Rotation des Drehfeldes registrieren können. Seine tatsächliche Umdrehungsgeschwindigkeit errechnet sich aus der Frequenz des Läuferstroms $\omega_{ri} \leq \omega_s$ und der Motordrehzahl ω_{mech} zu

$$\omega_{ri} + \omega_{mech} = \omega_r = \omega_s \qquad \text{(Gl. 5.2)}$$

Auch in diesem Fall stimmen also die Drehgeschwindigkeiten der beiden Felder überein, allerdings unabhängig und abweichend von der Motordrehzahl. Zueinander in relativer Ruhe erzeugen sie das zeitlich konstante Drehmoment. Man bezeichnet das entstehende Moment wegen der Abweichung von der Motordrehzahl als asynchron.

Trotz dieser prinzipiellen Gemeinsamkeit bestehen zwischen den elektrischen Maschinen bzw. Motoren zahlreiche Unterschiede. Zu den Klassifizierungsmerkmalen zählen:

I das stationäre Übertragungsverhalten, die Drehzahl-Drehmoment-Kennlinie,
II die Bewegungsform,

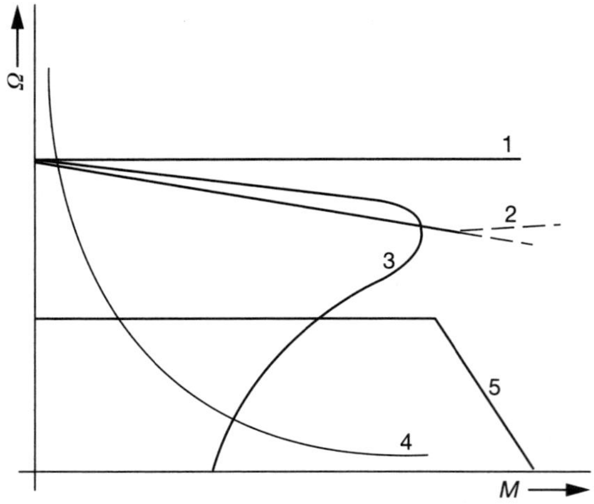

Bild 5.2
Typen von Maschinenkennlinien (Motorbetrieb)
1 Synchronverhalten (DS-, WS-Motoren, Reluktanz-, Hysteresemotoren)
2 Nebenschlussverhalten (fremderregte und Nebenschluss-GS-Motoren)
----- Einfluss der Ankerrückwirkung
3 Asynchronverhalten (Nebenschlussverhalten)
4 Reihenschlussverhalten
5 geregelter Motor (beliebige Kennlinie einstellbar, zwei typische Bereiche: M = const., Ω = const.)

III das Erregungsprinzip,
IV das maximale Moment der Maschine,
V die Ausführung des Ankerleitersystems,
VI das angeschlossene Versorgungsnetz,
VII der Erzeugnistyp.

I Die fünf Grundtypen des Verhaltens erläutert zusammen mit den Merkmalen II, III Tabelle 5.2, die dazugehörigen Drehzahl-Drehmoment-Kennlinien $\Omega = f(M)$ zeigt Bild 5.2. Alle Ausführungen können nicht nur motorisch arbeiten ($+M$, $+\Omega$; $-M$, $-\Omega$ – Motorbetrieb), sondern beim Bremsen auch Energie in das Netz zurückspeisen ($-M$, $+\Omega$; $+M$, $-\Omega$ – Generatorbetrieb), vgl. Bild 4.2.

II Natürlich dominiert die Rotation. Zunehmend gewinnen Maschinen an Bedeutung, deren Bewegungsform translatorisch ist. Der so genannte Linearmotor entsteht durch Aufschneiden, Strecken und Verlängern in der Ebene. Ständer und Läufer (Rotor) sind nicht mehr rotationssymmetrisch aufgebaut.

Tabelle 5.2. Zur Klassifikation elektrischer Maschinen. a) Funktionsarten (nach Arbeitsweisen)

rotierend arbeitend	**translatorisch arbeitend**	**ruhend arbeitend**	**Elektromagnetische Kupplungen** [1]
Motoren Generatoren Phasenschieber-maschinen [1] Verstärker-maschinen [1,2]	Linearmotoren Schwinger [1]	Transformatoren [1] Messwandler [1] (Spezialtrans-formatoren) Drosselspulen [1] Magnetverstärker [1,2]	

[1] Werden nicht behandelt.
[2] Nicht mehr handelsüblich.

Tabelle 5.2 *(Fortsetzung)* b) Einteilung nach der stationären Kennlinie Ω, $N - f(M)$

Verhalten	Stationäre Kennlinien Bild 5.2		ausgeführte Motoren	P-Bereich/KW	Bewegungsform	Erregungsprinzip
	$\Omega = f(M)$	$I = f(M)$				
Synchronverhalten	$\Omega = \Omega_0 = \text{const.}$	$I = k_1 \lvert M \rvert$	mit Drehstrom oder Wechselstrom als Synchron-, Reluktanz-[1], Hysterese-Motoren[1]		rotierend translatorisch (Linear-motoren)	heteropolar (Wechselpole) homopolar (Reluktanzmotor) Gleichstromwicklung Permanentmagnet
Nebenschlussverh.	$\Omega = \Omega_0 - k_2 M$	$I = k_3 \lvert M \rvert$	fremderregte und Nebenschluss-Gleich-strom (GS)-Motoren	gesamter Leistungs-bereich (vgl. Bild 4.4)	rotierend	heteropolar Gleichstromwicklung Permanentmagnet (für kleine Leistungen)
Asynchronverhalten	s. Bild 5.2, (3)	$I \approx k_4 \lvert M \rvert$	mit Drehstrom- oder Wechselstrom als Motor mit Kurz-schluss- oder Schleif-ringläufer		rotierend translatorisch	heteropolar Drehstromwicklung
Reihenschlussverh.	$\Omega = \dfrac{k_5}{\sqrt{M}}$	$I = k_6 \sqrt{M}$	GS-Reihenschluss-motor, Drehstrom-Reihen-schluss-, Bahn-, Universalmotor[1]	rotierend	heteropolar	Gleichstromwicklung
Geregeltes Verh.	beliebige Kennlinien einstellbar, zwei bevorzugte Arbeitsbereiche: $\Omega = \text{const.}$ oder $M = \text{const.}$		jeder Motortyp		rotierend translatorisch	je nach Maschinentyp

[1] Nur für geringe Leistungen.

III Erregungsprinzip und konstruktive Ausführung des Erregersystems bilden ein weiteres wichtiges Differenzierungsmerkmal. Üblich ist die Wechselpol-, die heteropolare Erregung. Auf den Pluspol folgt immer ein Minuspol. Besitzen nebeneinander liegende Pole immer die gleiche Polarität, heißt diese Bauweise homopolar erregt. Sie tritt beispielsweise bei Reluktanzmotoren auf. Wird die Erregerwicklung parallel oder unabhängig von der Ankerwicklung betrieben, wird sie als Nebenschlusswicklung bezeichnet. Liegt eine Serienschaltung der beiden Wicklungen vor, spricht man von Reihenschluss. Unabhängig von der Schaltung und unbeeinflusst von der Stromart, erzeugt die Erregerwicklung grundsätzlich ein Drehfeld, das synchron mit dem Feld der Ankerspulen umläuft, aber auch gemeinsam stillsteht. Die Schaltung der Erregerwicklung bei Gleichstrommaschinen fungiert als Namensgeber für das Drehzahlverhalten einer Maschine unter Last. Der nahezu lastunabhängige Verlauf trägt die Bezeichnung Nebenschlusscharakteristik. Er wurde auch das erste Mal bei Nebenschluss- oder fremderregten Gleichstrommaschinen beobachtet. Mit der Reihenschlusskennlinie verbindet sich starke Lastabhängigkeit, wie sie eben bei der Reihenschluss-Gleichstrommaschine auftritt. Darüber hinaus kann die Erregung im Ständer (Außenpolmaschine) oder im Läufer (Innenpolmaschine) montiert werden.

IV Im Gegensatz zu Stromrichtern besitzen Motoren eine große Wärmekapazität. Deshalb können sie kurzzeitig überlastet werden, müssen also nicht für das Maximalmoment ausgelegt werden. Man unterscheidet zwischen

- ❑ Normalmotoren $M_{max}/M_n \geq 1{,}6...3{,}2$
- ❑ Stell-/Servomotoren $M_{max}/M_n \geq 5...20$

V Hinsichtlich der Konstruktion der Ankerwicklung werden Drehfeld- und Kommutatorwicklung (bevorzugt bei Gleichstrommaschinen) unterschieden. Sie befinden sich in den Nuten eines weichmagnetischen Körpers. Ihre Relativbewegung zum Erregersystem kann beliebig oder fest sein, das entstehende Drehfeld rotiert oder steht synchron zum Erregerfeld.

VI Bei der angeschlossenen elektrischen Energieversorgung muss zwischen 1- oder 3-phasigem Wechselstromnetz (für die Ankerwicklung) oder dem Gleichstromnetz (für die Anker- und/oder Erregerwicklung) unterschieden werden.

VII Drei wesentliche Erzeugnistypen beschreiben das Spektrum. Sie lauten:

- ❑ Gleichstrommaschine mit Fremderregung, Neben-, Reihenschlusswicklung und ihre Sonderbauformen,
- ❑ Asynchronmaschine mit Schleifring-, Kurzschlussläufer und ihre Sonderbauformen,
- ❑ Synchronmaschine als Schenkel-, Vollpolausführung, ihre Sonderbauformen (mit Permanenterregung, Anlaufkäfig).

Verschiedentlich werden derartige Maschinen auch nach der Kühlweise Fremd-, Selbst-, Luft- oder Wasserkühlung unterschieden.

Wie unterschiedlich Gleichstrom- und Drehstrommaschinen trotz der grundsätzlichen Gemeinsamkeit reagieren, demonstriert insbesondere das dynamische Übertragungsverhalten des als Regelstrecke eingesetzten Motors. Wichtige Merkmale der elektrischen Maschine enthält das Leistungsschild (Tabelle 5.3).

Tabelle 5.3 Leistungsschilddaten (nach VDE 0130, DIN 42961)

- ❑ Hersteller, Typbezeichnung, Baujahr
- ❑ Stromart (Gleich-, Wechsel- Drehstrom)
- ❑ Arbeitsweise (Motor/Generator)
- ❑ Schaltungsart der Wicklungen (Stern, Dreieck, Reihen-, Nebenschluss, Fremderregung)
- ❑ Nenn-/Bemessungswerte von U, I, P (abgegebene mech. Leistung), n, cos φ[1]
- ❑ Nennbetriebsart
- ❑ Phasenzahl
- ❑ Toleranzen[2]
- ❑ Wirkungsgrad, -klasse
- ❑ Schutzart
- ❑ Bauform
- ❑ Gewicht, Masse
- ❑ Wärmebeständigkeitsklasse (A, E, B, F...)
- ❑ Erregernenndaten (U, I bei GS, SM)
- ❑ Spezialangaben bei speziellen Motoren (Läuferstillstandsspannung und -nennstrom bei ASM)
- ❑ CE-Zeichen

[1] Schrägstriche zwischen zwei Werten deuten auf die Umschaltbarkeit (z.B. 230/400 V). 380 V...420 V entspricht einem zugelassenen Bereich.
[2] Die Angabe ±5 % ist eine Toleranz. Für den Bemessungswert 400 V errechnet sich daraus die zulässige Spannungsänderung zwischen 380 V und 420 V. Für den Bereich 380 V...420 V lautet die mögliche Schwankungsbreite 361 V...441 V.

5.3 Gleichstrommaschinen

Die Verwendung von Gleichstrommotoren stagniert. Sie besitzen gegenüber Drehstrommaschinen (vor allem den Asynchronmotoren mit Kurzschlussläufer) Nachteile wie höhere Herstellkosten, stärkerer Verschleiß und kürzere Wartungsintervalle vor allem durch den Kommutator. Ex-Schutz zu verwirklichen ist aufwendiger. Wegen der durch den Kommutator begrenzten Ankerspannung bestehen Einsatzgrenzen (Tabelle 5.4). So sind sie für Mittelspannung ungeeignet. Die Produktionsvolumina unterscheiden sich beträchtlich etwa im Verhältnis 1:10 bei vergleichbaren Zuwachsraten (vgl. Abschnitt 4.4). Trotzdem besitzen diese Maschinen weiterhin einen relevanten Produktionsanteil, da sie weiterentwickelt und die erwähnten Nachteile reduziert, z.T. sogar ganz beseitigt wurden. Der verbliebene Einsatz umfasst bevorzugt Ersatzinvestitionen (Retrofit).

5.3.1 Aufbau, Grundschaltungen

Zu den Bestandteilen der verbreiteten Außenpolmaschine (Bild 5.1) zählen

- ❑ die Hauptpole mit der Erregerwicklung (Ständer). Ihre Anzahl ist durch zwei teilbar, mit steigender Polzahl sinkt die Motordrehzahl. Die Hauptpole nehmen die gleichstromdurchflossene Erregerwicklung auf, die das ruhende Gleichfeld erzeugt. Die Polschuhe bestehen meist aus Blechen, dadurch steigt der Wirkungsgrad;

Tabelle 5.4 Leistungen und Spannungen von Elektromotoren[1]

	Gleichstrommotoren	**Drehstrom-Asynchronmotoren** Kurzschlussläufer[2]	**Drehstrom-Synchronmotoren** (bei großen Leistungen elektrisch erregt)
Anker-/Ständerspannung/V	420...810 DC	230...500...690YΔ	... ≤690YΔ
Leistung/kW	1,2...2700 (5000)	0,55...1200...10 000	0,1...10 000
Frequenz/Hz		≤50, 60; >50 für hohe Drehzahlen	≤50, 60; 50 für hohe Drehzahlen
Drehzahlbereich/min^{-1} (mit Feldschwächung)	≤700...≤1300	<750...<3000...>14 000	>500...3000...>14 000
Wirkungsgrad η/%	70...95	72...95	<98
Erregerspannung/V	180...360 DC		
Umkehrbetrieb	ja	ja	ja
Stromrichterfestigkeit	ja	umrichterfest	umrichterfest
Kühlung	selbstgekühlt fremdgekühlt (Luft, Wasser)	selbstgekühlt fremdgekühlt (Luft, Wasser)	wie Asynchronmotoren
Kühlluft/°C	≤40	–20...+40	–20...+40
Kühlwasser/°C	≤ 25	≤25	≤25
Schutzart	bis IP 55	bis IP 66	bis IP 55
Stillstandsheizung	optional	optional	
Mittelspannung[3]			
Ständerspannung/kV		2 – 10	1...15
Leistung/kW		200 – >20 000	1000...50 000
Drehzahl/min^{-1}	–	<750...<3000	150...<1500
Frequenz/Hz		≤50, 60	≤50, 60
Wirkungsgrad η/%		≥94	≥95
Stromrichterfestigkeit		umrichterfest	umrichterfest
Kühlung		selbstgekühlt fremdgekühlt (Luft, Wasser)	wie Asynchronmotoren

[1] Die Mehrzahl der Maschinen ist recyclingfähig konstruiert und gefertigt. Die Angaben gelten für Serienprodukte bzw. Standardmotoren. Einzelanfertigungen oder Spezialanwendungen gehen in Leistung und Drehzahl weit über die genannten Bereiche hinaus.

[2] Wieder einschaltbar nach Netzspannungsausfall gegen Restfeld und Phasenopposition.

[3] Bis ca. 1 MW ab Lager lieferbar, > 1 MW Einzelfertigung

- die Wendepole mit der vom Ankerstrom durchflossenen Reihenschlusswicklung. Sie sitzen in den Pollücken, erzeugen das Wendefeld und verhindern Störungen während der Stromwendung;
- der Läufer oder Anker. Er enthält die am Kommutator angeschlossene Ankerstromwicklung;
- der Kommutator oder Stromwender für den Ankerstrom. Dieser Frequenzwandler verantwortet den Gleichlauf zwischen Ständer- und Läuferdrehfeld (Differenzdrehzahl Null, ruhende Felder);

$$\omega_{2,r} = \omega_{1,s} \pm \Omega_{mech}$$
$$\omega_{1,s} = 0 \qquad \text{(Gl. 5.3)}$$
$$\omega_{2,r} = \Omega_{mech}$$

$\omega_{2,r}$ vom Kommutator erzeugte Frequenz des Ankerstroms I_A

- die Kompensationswicklung. Das ist eine ebenfalls vom Ankerstrom durchflossene Reihenschlusswicklung. Als Hilfswicklung in den Polschuhen Maschinen großer Leistung untergebracht, kompensiert sie den negativen Einfluss des Ankerstroms auf das Erregerfeld;
- die Erregerwicklung. Ihre Schaltung bezüglich der Ankerwicklung beeinflusst entscheidend das Betriebsverhalten. Bei der Nebenschlussmaschine ist sie parallel zum Anker angeordnet und wird von der gleichen Quelle gespeist. Die fremderregte, von der Antriebstechnik bevorzugte Ausführung kennzeichnet die Versorgung der Spule aus einer gesonderten Gleichspannungsquelle. Reihenschlussmaschine bedeutet die Serienschaltung beider vom Ankerstrom durchflossenen Wicklungen. Verfügt die Maschine über Nebenschluss- und Reihenschlusserregung, bezeichnet man sie als Verbundmaschine. In permanenterregten Maschinen ersetzen Dauermagnete die Erregerwicklung. Auch sie eignen sich für Antriebe, da die natürliche Drehzahl-Drehmoment-Kennlinie Nebenschlussverhalten aufweist.

Die Klemmbezeichnungen aller Wicklungen enthält Bild 5.1.

5.3.2 Nebenschluss- und fremderregte Maschine

Das Drehmoment entsteht aus dem Zusammenwirken von Erregerfluss (erzeugt vom Erregerstrom) und Ankerfluss (erzeugt vom Ankerstrom). Beide Vektoren bilden im Idealfall einen rechten Winkel. Das Moment und alle weiteren in Tabelle 5.5a zusammengestellten Beziehungen errechnen sich nach den in Zusammenhang mit Gl. 5.1 genannten Grundgesetzen. Hilfreich zeigt sich dabei die Nutzung einer elektrischen Ersatzschaltung der Maschine. Dieses Maschinenmodell zur mathematischen Beschreibung ist ein lineares Netzwerk aus Widerständen, Induktivitäten sowie von Spannungsquellen.

Stationäres Übertragungsverhalten

Die abfallende Gerade der Kennlinie $\Omega = f(M)$ gilt bis zu dem zugelassenen maximalen Moment. Wird dieser Wert überschritten, kommt es durch eine Feldverzerrung im

Tabelle 5.5 Zum Betriebsverhalten der Gleichstrommaschinen

a) Gleichstrom-Nebenschlussmaschine

Kennlinie	**Gleichung**	**Darstellung**
$M = f(I_A)$	$M = c\,\Phi_{err} I_A$ (Gl. 5.4)	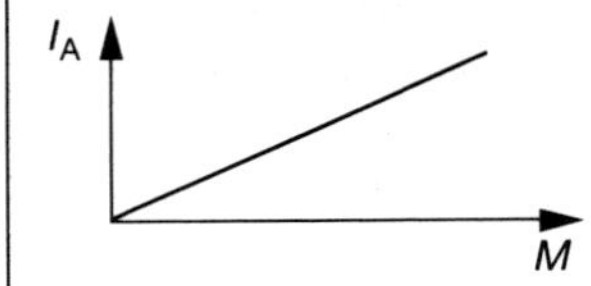
$\Omega = f(M)$ Neben- schluss- Kennlinie	$\Omega = \frac{U_A}{c\Phi_{err}} - \frac{R_A}{(c\Phi_{err})^2} M = \Omega_0 - \Delta\Omega$ (Gl. 5.5) stark genähert $\Omega \sim U_A$ für $M \leq M_{max}$ $M_{max} \approx 1{,}5\ M_n$ (unkompensierte Maschine) $M_{max} \approx 2\ M_n$ (unkompensierte Maschine)	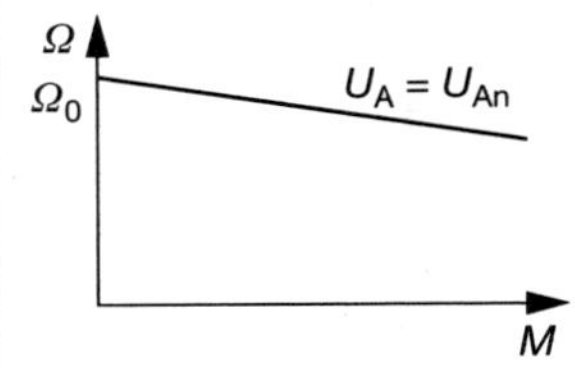

b) Gleichstrom-Reihenschlussmaschine

Kennlinie	**Gleichung**	**Darstellung**
$M = f(I_A)$	$M = K_1(I_A)^2$	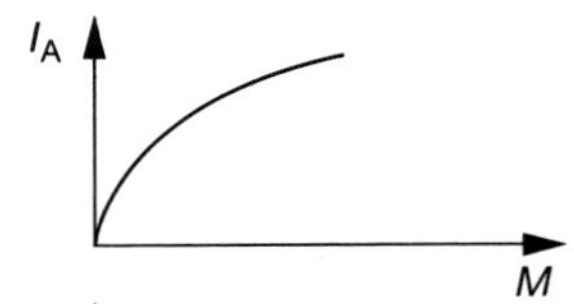
$\Omega = f(M)$ Reihen- schluss- kennlinie	$\Omega = \frac{U}{K_3\sqrt{M}} - K_2$	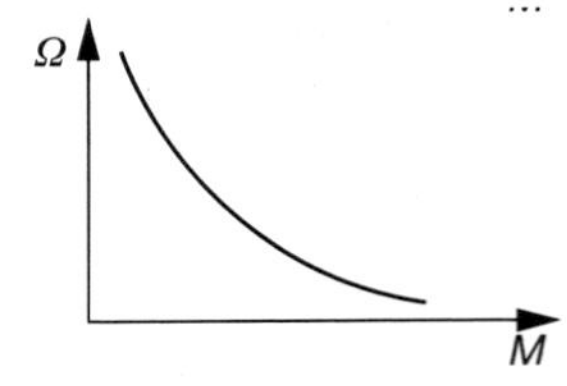

I_A Ankerstrom
U_A Ankerspannung
c Maschinenkonstante
p Polpaarzahl
Φ_{err} Erregerfluss
M_{max} Maximalmoment
$\Delta\Omega$ Drehzahlabfall, ~ Verlustleistung im Ankerkreis
Ω_0 Leerlaufdrehzahl bei $M = 0$
R_A Ankerkreiswiderstand

Luftspalt der Maschine zu einer Schwächung des Erregerfeldes Φ_{err}. Aus dieser so genannten Ankerrückwirkung AR resultiert ein positiver Anstieg der M-Ω-Kennlinie, der Instabilität des Motors zur Folge hat. In diesem Betriebszustand steigt trotz zunehmender Last die Drehzahl, die Maschine «geht durch». Außerdem wird das Übertragungsverhalten ausgeprägt nichtlinear.

Die von der Maschine abgegebene mechanische Leistung an der Welle errechnet sich zu

$$P_{mech} = M\ \Omega_{mech} \qquad \text{(Gl. 5.6)}$$

Sie entsteht aus der aufgenommenen elektrischen Leistung

$$P_{el} = I_A\ U_A \qquad \text{(Gl. 5.7)}$$

mit dem Wirkungsgrad η

$$\eta = \frac{P_{mech}}{P_{el}} = \frac{P_{mech}}{P_{mech} + \Sigma P_v} \qquad \text{(Gl. 5.8)}$$

Die Verlustleistung ΣP_v ist die Summe von Ankerkreis-, Eisen-, Reibungs- (Luft, Bürste), Lagerverlusten sowie zusätzlichen Schaltverlusten in diesen Kategorien, die durch Beschleunigen, Bremsen, Reversieren entstehen. Um die damit verbundene Erwärmung aus der Maschine zu entfernen, ist Kühlung notwendig.

Drehzahl-Verstellmöglichkeiten

Die verfügbaren Varianten ergeben sich aus Gl. 5.5 in Tabelle 5.5a. Verlustarm ($\Sigma P_v \approx$ const.) lässt sich die Drehzahl durch die Veränderung von U_A, Φ_{err} verstellen. Das Einfügen eines Zusatzwiderstandes R_v in den Ankerkreis bringt zusätzliche Verluste und findet kein Interesse mehr. Das Drehmoment M wird von der Last – der Arbeitsmaschine – eingeprägt und ist ohne Regelung nicht beeinflussbar.

Durch Verändern der Ankerspannung U_A kann bei $I_{err\,n} \equiv \Phi_{err\,n} = \phi_{err\,max} =$ const. die Drehzahl ausgehend vom Nennwert proportional in Richtung Null verstellt werden. Die Spannung darf gegenüber ihrem Nennwert nur verkleinert werden. Somit entspricht die **Spannungssteuerung** einer Parallelverschiebung der Kennlinien. Nach Gl. 5.4 ist der aufgenommene Strom spannungsunabhängig. Verändertes Spannungsvorzeichen führt zum Wechsel der Drehrichtung. Bereits mit einfachen Mitteln, z. B. über einen steuerbaren Thyristor-Stromrichter, lässt sich ein Stellbereich >1 : 100 erreichen. Die Ausnutzung des Verhältnisses bestimmt maßgeblich das Kühlsystem, das meist auf Fremdkühlung beruht.

Große praktische Bedeutung besitzt gleichfalls die **Feldsteuerung.** Erregerfeld bzw. -strom können ausgehend vom Nennwert nur vermindert werden. Deshalb heißt dieser Vorgang Feldschwächung. Als Folge steigt nach Gl. 5.5 die Drehzahl über die Nenndrehzahl hinaus $\Omega \geq \Omega_{nenn}$. Der trotz gleich bleibender Belastung nach Gl. 5.4 zunehmende Strom verursacht höhere Lastverluste, die Neigung der Ω-M-Kennlinie, der Spannungsabfall bzw. $\Delta\Omega$ in Gl. 5.5 wird größer. Da der Ankerstrom mit zunehmendem Drehmoment stärker als bei Nennerregung anwächst, nimmt der Einfluss der Ankerrückwirkung zu. Das zulässige Maximalmoment sinkt. Die einzuhaltende

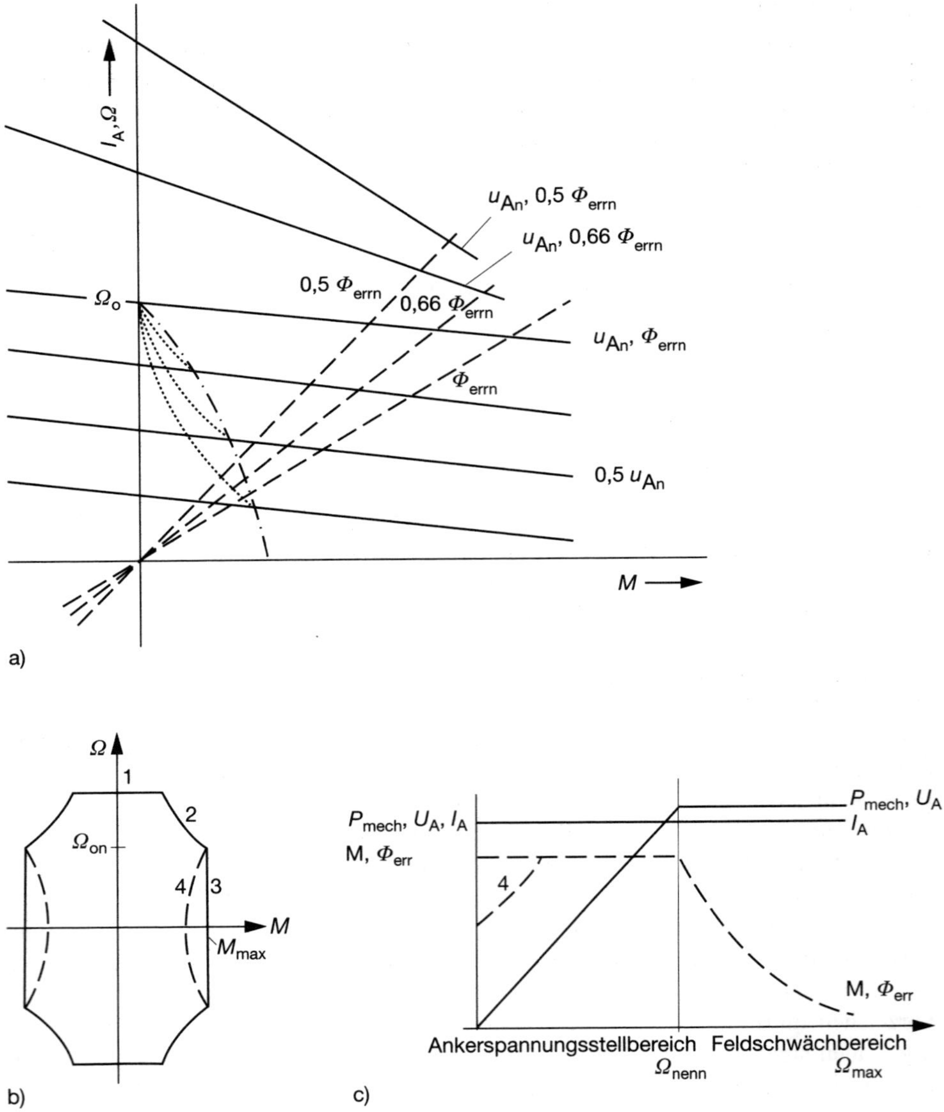

Bild 5.3 Kennlinienfeld bei Drehzahlsteuerung der Gleichstrom-Nebenschlussmaschine
a) Spannungssteuerung und Feldschwächung
——— Ω-M-Kennlinie - - - - I_A-M-Kennlinie
–.–.–.– Lückgrenze .... Stromrichterspeisung (bei lückendem Strom)
b) Grenzkurven Ω-M-Kennlinienfeld (auch für Drehstrom-Asynchronmaschinen gültig)
1 Fliehkraftgrenze
2 Kommutierungsgrenze bei Feldschwächung
3 Belastungsgrenze bei Fremdkühlung
4 Belastungsgrenze bei Selbstkühlung
c) Stell- und Grenzkurven aller Motorgrößen; 4 vgl. 4 in b

Grenzkennlinie mit $M < M_{max}$ und $I_A = I_{Amax}$ entspricht einer konstanten mechanischen Leistung $P_{mech} = M\,\Omega$ = const. und bildet die thermische Belastungsgrenze. Um die Drehrichtung umzukehren, muss die Feldrichtung verändert werden, d. h., I_{err} muss in der entgegengesetzten Richtung fließen.

Das Kennlinienfeld für die genannten Stellverfahren zeigt Bild 5.3. Jeder Punkt kann innerhalb der Grenzkurven eingestellt werden. Sie ergeben sich aus

- ❑ der Fliehkraftgrenze (zulässige Höchstdrehzahl),
- ❑ der gestörten Kommutierung bei zu großem Drehmoment und zu hoher Drehzahl (schädliche Ankerrückwirkung),
- ❑ der thermischen Belastungsgrenze,
- ❑ der schlechteren Wärmeabfuhr bei niedrigen Drehzahlen eigenbelüfteter Motoren.

Mit für Spannungsumkehr geeigneten Stellgliedern lassen sich alle Arbeitspunkte $\Omega \leq$ bzw. $> \Omega_{nenn}$ in den vier Quadranten des Kennlinienfeldes bei Einhaltung der geschilderten Grenzen erreichen. Leistungselektronische Stromrichter besitzen für beide Steuerungsarten die erforderlichen Eigenschaften. Jenseits ihrer Lückgrenze, wo der Ankerstrom nicht mehr ununterbrochen fließt, weichen die Kennlinien von dem geradlinigen Verlauf deutlich ab. Die Eingangsspannung entnehmen die Stellglieder dem Drehstrom- oder einem Gleichspannungsnetz.

Anlaufen und Bremsen

Im Stillstand, im Moment des Zuschaltens der Gleichspannung U_A, nimmt der Motor einen großen Strom auf (Berechnung des Einschaltstroms aus Gl. 5.5 in Tabelle 5.5 bei $\Omega = 0$). Seine Größe hängt lediglich von dem sehr geringen Widerstand des Ankerkreises ab. Ein Widerstandsanlasser (gestufter, zeitlich befristet in den Ankerkreis eingeschalteter Vorwiderstand) begrenzt den Anlaufstrom. Gleichzeitig wird damit das erforderliche Anlaufmoment bereitgestellt. Dieses Verfahren gehört der Vergangenheit an. Stromrichter steuern den Anlauf verlustarm so, indem sie die Spannung von null an steigern.

Im Bremsbetrieb arbeitet die Maschine generatorisch im II. oder IV. Quadranten. Über Umkehrstromrichter versorgte Motoren speisen die Energie in das Netz zurück (Nutzbremsung). Die Methoden Widerstands- und Gegenstrombremsung werden nicht mehr angewendet.

Dynamisches Übertragungsverhalten

Das Zeitverhalten ist maßgebend für den geregelten Antrieb mit Nebenschlussmaschine. Das die Übergangsvorgänge beschreibende linearisierte System von Differentialgleichungen wird grafisch als Signalflussbild in Bild 5.4 dargestellt. Das rein analoge Verhalten entspricht einem Verzögerungsglied 2. Ordnung [5.1], sofern als Steuergröße die Ankerspannung eingesetzt wird. Den zeitlichen Verzug erzeugt einmal die mechanische Trägheit der rotierenden Massen, er kommt mathematisch in der elektromechanischen Zeitkonstante τ_M zum Ausdruck.

$$\tau_M = \theta\, R_A/(c\,\Phi_{err})^2 \qquad \text{(Gl. 5.9)}$$

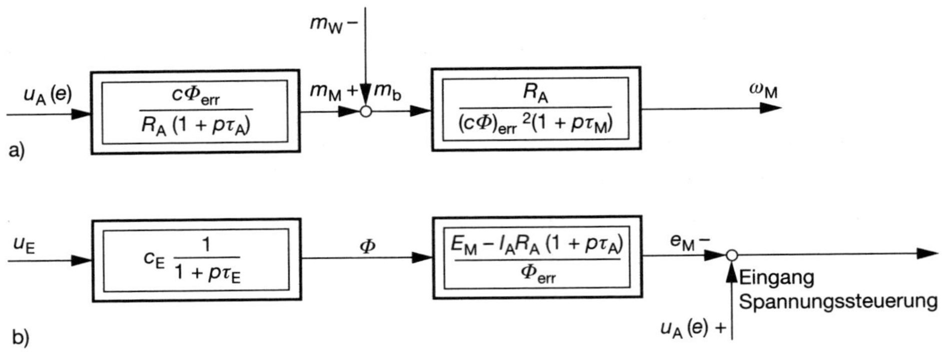

Bild 5.4 Vereinfachtes Signalflussbild der Gleichstrom-Nebenschlussmaschine
a) Spannungssteuerung
b) Feldsteuerung

Zum zweiten ist die Induktivität der Ankerkreiswicklung verantwortlich. Sie steckt in der so genannten Ankerkreis-Zeitkonstanten

$$\tau_A = L_A/R_A\,. \qquad \text{(Gl. 5.10)}$$

Um die durch diese übersichtliche Struktur gegebenen regelungstechnischen Möglichkeiten voll nutzen zu können, vertragen zur Stromrichterspeisung vorgesehene Maschinen eine große Welligkeit (w_w = 0,15...0,45) sowie eine hohe Stromänderungsgeschwindigkeit des Ankerstroms (>100...200 kA/s oder 30...100 I_n/s). Eisenkörper sind deswegen nicht massiv aufgebaut, sondern sie bestehen aus die Eisenverluste mindernden Blechen. Außerdem sind die Nennspannungen so gewählt, dass der Anschluss direkt ohne Transformator an das Netz erfolgen darf.

Aktuelle Ausführungen

Gleichstrom-Nebenschlussmaschinen werden weiterhin eingesetzt. Viele ihrer Nachteile wurden beseitigt. Die Bürstenstandzeiten des Kommutators etwa verlängerten sich bis ca. 15 000 h. Daraus erwachsende größere Wartungsintervalle kommen in den Bereich der entsprechenden Abstände bei den Lagern und vermindern die Pflegekosten beträchtlich. In die gleiche Richtung wirkt eine stark reduzierte Welligkeit in der Spannung an der Erregerwicklung (Abschnitt 9.1, [5.3]). Somit können Gleichstrommotoren nach Überholung bzw. Erneuerung des Bürstenapparates wegen ihrer Vorzüge – Überlastfähigkeit (großes Losbrechmoment), mechanische Steifigkeit, geräuscharmer Drehzahlstellbereich, Einstellgenauigkeit der Drehzahl, Rundlauf bei kleiner Drehzahl – weiterhin, vor allem im wirtschaftlich bedeutsamen Retrofit-Geschäft eingesetzt werden. Daten lieferbarer Motoren zeigt Tabelle 5.4 ([5.2; 5.44] u.a.).

5.3.3 Reihenschlussmaschine

Die Reihenschaltung von Anker- und Erregerwicklung spielt ebenso wie die Verbundmaschine in der Antriebstechnik keine Rolle mehr. Früher wurde sie vor allem in der

Bahntechnik eingesetzt. Das veränderte Betriebsverhalten folgt aus der ankerstromdurchflossenen Erregerwicklung (Tabelle 5.5b).

5.4 Drehstrommaschinen

Drehstrommaschinen besitzen die von der Ausführung mit Gleichstromeinspeisung bekannten Nachteile prinzipiell nicht. Sie lassen sich kostengünstiger produzieren, ihr geringerer Verschleiß erlaubt erheblich längere Wartungsintervalle. Zur Familie der Drehstrommaschinen zählen die Asynchronmaschine mit Kurzschluss- bzw. Käfigläufer sowie mit Schleifringläufer und Synchronmaschinen. Letztere sind auf dem Vormarsch, zumal selbst bei größeren Leistungen die Gleichstromerregung durch Permanentmagneten ersetzbar ist. Vor allem mit schleifringlosen Bauformen wird der Ex-Schutz einfach beherrscht. Die Begrenzung der Ankerspannung entfällt, so dass sich der Mittelspannungsbereich öffnet.

5.4.1 Asynchronmaschine mit Kurzschlussläufer

Der weitverbreitetste Motor in der Antriebstechnik ist die dreiphasige Drehstrommaschine mit Kurzschlussläufer. Kleine Leistungen nutzen die einphasig betriebene Wechselstromversion (Abschnitt 5.6.6).

Aufbau und Funktion
Ständer (Stator) und Läufer (Rotor) sind entsprechend Bild 5.5a rotationssymmetrisch aufgebaut. Sie bestehen aus Paketen von Dynamoblechen einer Stärke von ca. 0,5 mm, die z.T. gegeneinander isoliert sind. Am Umfang verteilte Nuten nehmen die Wicklungen auf. Von der dreisträngigen, verteilten Ständerwicklung werden meist alle sechs Enden nach außen geführt, so dass ihre Verschaltung in Stern oder Dreieck erfolgen kann (Bild 5.5b). Der Läufer besitzt keine herausgeführten Spulenenden. In Käfigbauform trägt er speziell geformte Alu- oder Cu-Stäbe (Bild 5.5c), um den Stromverdrängungseffekt für ein erhöhtes Anlaufmoment auszunutzen. Diese massiven Profilleiter befinden sich unisoliert in den Nuten des Läufereisens. Zwischen Rotor und Stator besteht ein kleiner Luftspalt δ = const. ≈ 0,3...0,8 mm.

Die drei Ständerwicklungen werden mit drei um 120 °el phasenverschobenen Strömen gespeist. In der einpolpaarigen Maschine $z_p = 1$ sind sie räumlich um den gleichen Winkel verschoben. Bei $z_p = 2$ vermindert sich die räumliche Phasenlage auf 60°. Nur diese Anordnung sichert bei der dreiphasigen Maschine die Bildung des synchron mit der Frequenz des speisenden Netzes f_s umlaufenden Drehfeldes mit Ω_s.

$$\Omega_{\text{Drehfeld}} = \Omega_s = \frac{2\pi f_s}{z_p} \qquad \text{(Gl. 5.11)}$$

z_p – Polpaarzahl

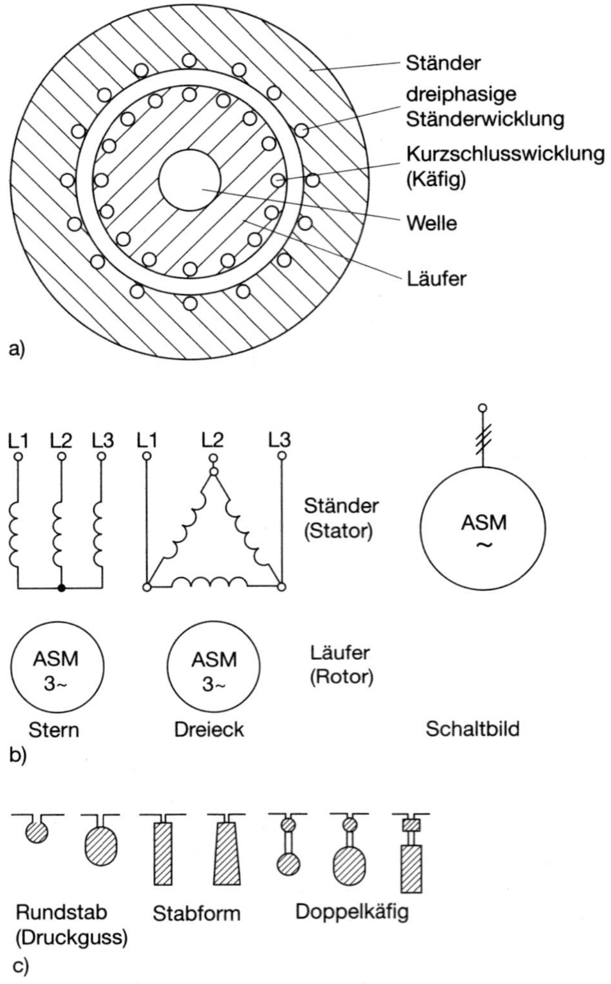

Bild 5.5 Asynchronmaschine mit Kurzschlussläufer
a) Aufbauprinzip
b) Schaltung der dreiphasigen Wicklung, Schaltbild
c) Formen von Läuferstäben
Die Stromverdrängung nimmt in Richtung Doppelkäfig zu, das Anlaufmoment M_a wächst.

Vom Drehfeld wird im Läufer eine Spannung induziert, die einen dreiphasigen Strom mit der Frequenz f_r ($\sim\Omega_r$) und damit einen magnetischen, ebenfalls rotierenden Fluss zur Folge hat. Aus dem Zusammenwirken der beiden Felder entsteht das Drehmoment, das so gerichtet ist, dass sich der Läufer in gleicher Richtung wie das Ständerdrehfeld bewegt (Abschnitt 5.1). Die Spannungsinduktion fordert natürlich einen Drehzahlunterschied, also eine Relativbewegung zwischen Ständerdrehfeld Ω_s und mechanischer Läuferdrehzahl Ω_{mech}. Diese Differenz entspricht der Frequenz des Läuferstroms f_r bzw. Ω_r:

$$\Omega_r = \Omega_s - \Omega_{mech} \qquad \text{(Gl. 5.12)}$$

Als Schlupf s wird das Verhältnis der beiden Winkelgeschwindigkeiten bezeichnet.

$$s = \frac{\Omega_r}{\Omega_s} = \frac{\Omega_s - \Omega_{mech}}{\Omega_s} \qquad \text{(Gl. 5.13)}$$

Da die elektrischen Vorgänge im Läufer mit f_r bzw. Ω_r ablaufen, rotiert das Läuferdrehfeld mit der Winkelgeschwindigkeit

$$\Omega_r = s\,\Omega_s \qquad \text{(Gl. 5.14)}$$

Diesen Wert würde allerdings nur der in Abschnitt 5.2 erwähnte, auf dem Läufer positionierte Betrachter registrieren. Weil er sich zusätzlich mit der Läuferdrehzahl Ω_{mech} dreht, gilt für die tatsächliche Winkelgeschwindigkeit des Läuferdrehfeldes:

$$\Omega_s = \Omega_r + \Omega_{mech} \qquad \text{(Gl. 5.15)}$$

Somit bewegt sich letztendlich auch das Läuferdrehfeld mit Ω_s. Die Wechselwirkung zweier relativ zueinander ruhender Drehfelder als Voraussetzung für das gleichmäßige, konstante Drehmoment besteht. Der Schlupf s des Motors ist leistungsabhängig. Motoren kleiner Leistungen erreichen im Nennpunkt ca. 10 %, bei großen Leistungen sinkt er auf weniger als 2 %. Leerlauf bedeutet $s \approx 0$, der Motor muss lediglich das Reibungsmoment aufbringen (vgl. Tabelle 5.6).

Stationäres Übertragungsverhalten

Die Berechnung wird weitaus komplizierter, obwohl die gleichen Grundgesetze wie bei der Gleichstrommaschine gelten. Bei der Mehrzahl der Ausführungen (Tabelle 5.6) versagt die direkte mathematische Analyse sogar. Grafische Hilfsmittel wie Ortskurven [5.4] müssen herbeigezogen werden. Außerdem ändern sich die Verhältnisse, wenn der in der Antriebstechnik typische Fall – Anschluss an ein nicht starres, oberwellenbehaftetes Netz – auftritt. So besitzen die Angaben in Tabelle 5.6 nur Gültigkeit für den am starren Netz betriebenen Kurzschlussläufer ohne Stromverdrängung sowie für den kurzgeschlossenen Schleifringläufer. Darüber hinaus geben sie lediglich eine Orientierung. Die Gleichungen genügen der verbreiteten Praxis, anstelle von Drehzahl bzw. Winkelgeschwindigkeit den Schlupf s als abhängige Variable anzugeben. Die Kennlinie überstreicht drei Quadranten und zeigt ein ausgeprägt nichtlineares Verhalten. Zur von der Gleichstrommaschine bekannten motorischen und generatorischen Betriebsart gesellt sich der Gegenstrom-Bremsbetrieb in Quadrant IV. Die Bremsleistung belastet den Motor als Verlustleistung mit zusätzlicher Erwärmung. Der Kurvenverlauf für die entgegengesetzte Drehrichtung entsteht durch Spiegelung an der 45°-Achse. Schaltungstechnisch müssen dazu zwei Phasen vertauscht werden.

Die maßgebenden Größen der Drehzahl-Drehmomenten-Kennlinie sind M_n, M_{kipp}, s_n, s_{kipp}, M_a. Trotz gleicher Nennleistung, unveränderter Stromaufnahme und etwa gleich bleibenden, stationären Läuferverlusten verändern die Läuferstabformen die

Tabelle 5.6 Zum Betriebsverhalten der Drehstrom-Asynchronmaschinen

Kennlinie	Gleichung	Darstellung
$M = f(I_s)$	$M \sim I_r^2 \frac{R_r}{s}$ (Gl. 5.16)	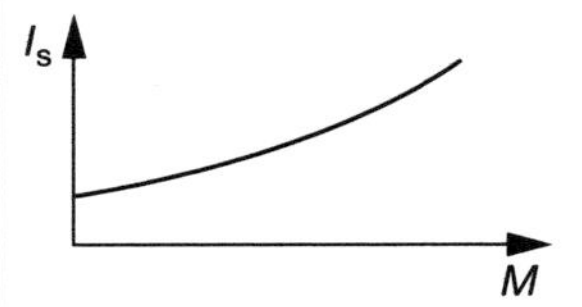
Ω, $s = f(M)$	$\frac{M}{M_{kipp}} = \frac{2}{s/s_{kipp} + s_{kipp}/s}$ (Gl. 5.17)	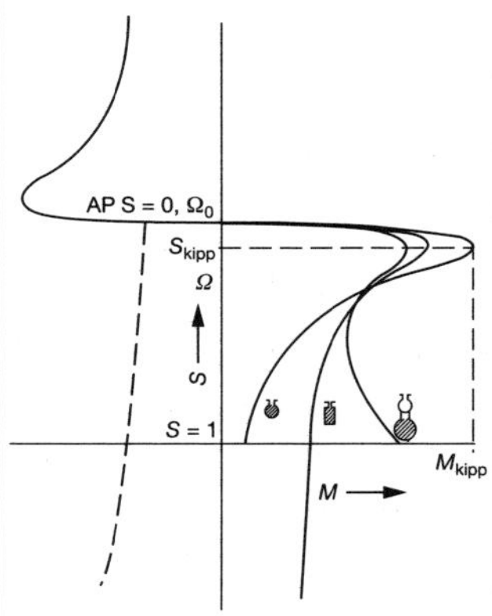
Kloss'sche-Formel	gilt für Kurzschlussläufer nur angenähert $\frac{M}{M_{kipp}} = \frac{2}{s_{kipp}/s} = 2 \frac{s}{s_{kipp}}$ (Gl. 5.18)	
Nebenschluss-Kennlinie	näherungsweise Darstellung für $s \ll s_{kipp}$ $s_{kipp} \approx \pm \frac{R_r}{X_\sigma}$; 0,03 ($P > 500$ kW) (Gl. 5.19) ...0,8 ($P > 1$ kW) $M_{kipp} \sim \left(\frac{U_s}{f_s}\right)^2 z_p$ mit $f_s \sim \Omega_s$ (Gl. 5.20)	

– – – – Gegenstrombremsen.

Kennlinie. Mit Zunahme des Stromverdrängungseffektes (Bild 5.5c) steigt das Anlaufmoment M_a, wogegen das Kippmoment M_{kipp} abnimmt. Gleichzeitig vergrößert sich der cos φ, da die Phasenverschiebung zwischen den Ständergrößen U_s und I_s zunimmt. Die Stromkennlinie bleibt von den Konstruktion des Läuferkäfigs weitgehend unberührt.

Die gültigen Leistungsbeziehungen entsprechen den Gleichungen 5.16 bis 5.18. Zu modifizieren ist dabei, dass die aufgenommene elektrische Leistung ein Wechselstromwert ist. Für ihn gilt:

$$P_{el} = 3\, I_s\, U_s \cos \varphi \qquad \text{(Gl. 5.21)}$$

Drehzahl-Verstellmöglichkeiten

Die verfügbaren Verfahren entsprechen prinzipiell den von der Gleichstrommaschine bekannten Möglichkeiten. Auch hier können sie analytisch mit den Beziehungen begründet werden, die das stationäre Verhalten beschreiben (vgl. Tabelle 5.6).

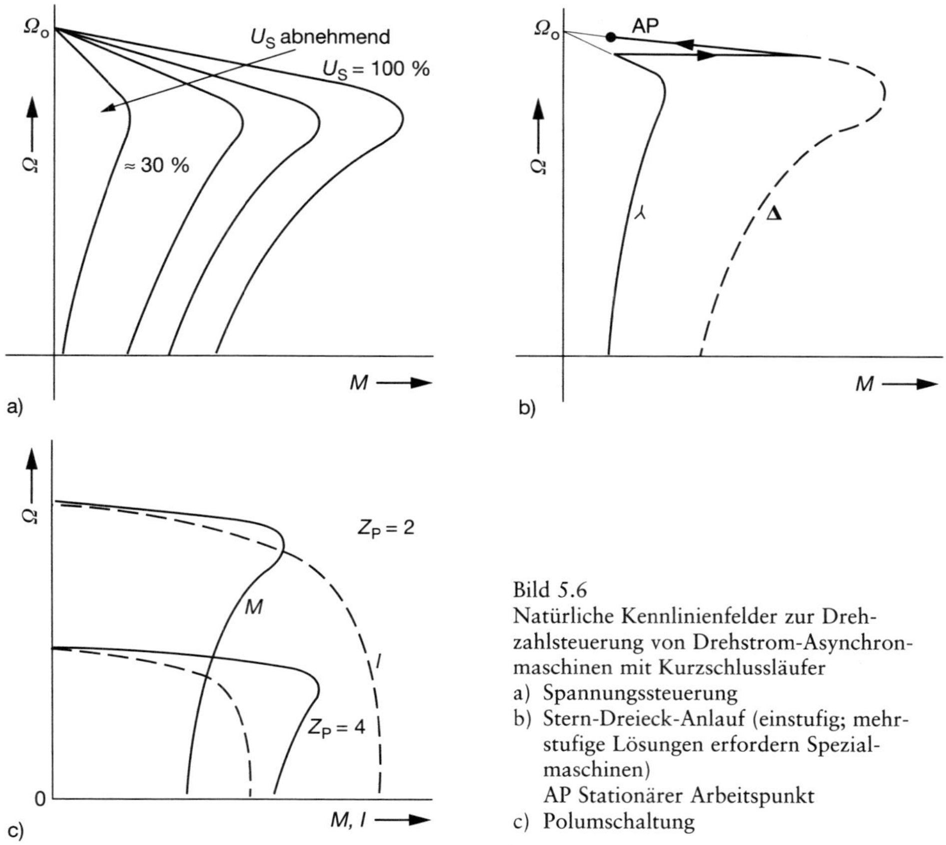

Bild 5.6
Natürliche Kennlinienfelder zur Drehzahlsteuerung von Drehstrom-Asynchronmaschinen mit Kurzschlussläufer
a) Spannungssteuerung
b) Stern-Dreieck-Anlauf (einstufig; mehrstufige Lösungen erfordern Spezialmaschinen)
AP Stationärer Arbeitspunkt
c) Polumschaltung

Verlustbehaftet (ΣP_v zunehmend) arbeitet die reine Spannungssteuerung. Hierbei bleibt der Wert der synchronen Drehzahl Ω_s zwar erhalten, jedoch verändert sich das Kippmoment. Verlustarm ($\Sigma P_v \approx$ const.) kann die Motordrehzahl durch die Veränderung der Polpaarzahl z_p (Polumschaltung) und der Netzfrequenz f_s (Frequenzsteuerung) verstellt werden. Damit das Kippmoment konstant bleibt, muss bei der praktisch bedeutsamen Frequenzsteuerung die Spannung der Frequenz so erfolgen, dass sich der Quotient nicht verändert (Gl. 5.20). Auch für die Umschaltung auf größere Polzahlen muss eine Spannungsanpassung erfolgen. Bei beiden Verfahren ändert sich die synchrone Drehzahl Ω_s.

Tabelle 5.7 fasst die wichtigen Stellverfahren zusammen, typische Kennwerte erleichtern die Vorentscheidung bei einer Auswahl. Die Bilder 5.6 und 5.7 zeigen die zugehörigen Kennlinienfelder.

Zur **Spannungssteuerung** (Bild 5.6a) wird bei Maschinen mit erhöhtem Kippschlupf die Ständerspannung ausgehend vom Nennwert reduziert. Da die Ständerfrequenz

Tabelle 5.7 Wichtige Drehzahlstellverfahren für Drehstrom-Asynchronmaschinen

Verstellgröße	**Läufer-spannung U_r**	**Ständerspannung U_s**		**Ständerfrequenz f_s mit U_s**		
Realisierung/ Stromrichter-Stellglied	Kaskaden-schaltung	Polumschaltung Dahlanderschaltg., getrennte Ständer-wicklungen	Drehstromsteller	indirekter Umrichter		Direktum-richter
				mit Spannungs-zwischenkreis	mit Strom-zwischenkreis	
Effizienz	verlustarm	verlustbehaftet	verlustbehaftet	← verlustarm →		
Motor	Schleifringläufer	Kurzschlussläufer	Schleifringläufer Kurzschlussläufer	← Kurzschlussläufer →		
Motorfrequenz/Hz	50/60	50/60	50/60	0...400...1000[2]	5...200[2]	0,1...20...>50[2]
Drehzahlstellbereich[1]	1:1,3...1:5	1:2...1:10	1:3...1:80	... >1:1000	1:10 (40)	>1:100
Drehrichtungsumkehr[3]	möglich	nicht üblich		← möglich →		
Leistungsbereich/MVA	0,1...25	...0,06	...0,075	...1(10)	0,02...1(12)[4]	0,2...0,5(6)
Netzleistungsfaktor λ	variabel	>0,6	variabel	0,96...1	variabel	variabel
Anwendungs-schwerpunkte	Windanlagen Arbeitsmaschi-nen mit Lüfter-kennlinie (vgl. Bild 6.1)	Hebezeuge Arbeitsmaschinen mit Lüfterkennlinie	Sanftanlauf Aussetzbetrieb	alle Applika-tionen		Pumpen, Lüfter, Förder-anlagen

[1] Der Wert 1 bezieht sich auf die synchrone Drehzahl, die sich bei Speisung des Motors mit Netzfrequenz einstellt.
[2] Umrichterausgangsfrequenz
[3] mit Zusatzaufwand
[4] keine praktische Bedeutung mehr.

unverändert bleibt, sinkt die Drehzahl bzw. steigt der Schlupf entsprechend dem abnehmenden Kippmoment. Es gilt nach Gl. 5.20:

$$M_{\text{kipp}} \sim (U_s)^2 \quad \text{mit} \quad f_s = \text{const.} \qquad \text{(Gl. 5.22)}$$

Auf den Kippschlupf s_{kipp} bleibt der auch als Schlupfsteuerung bezeichnete Vorgang ohne Einfluss (s_{kipp} = const.). Nach Gl. 5.19 hängt die entsprechende Drehzahl nur von nicht beeinflussbaren Maschinenparametern ab. Die Spannungssteuerung wird überwiegend zur Verminderung der Stromaufnahme während des Anlaufs eingesetzt (vgl. Anlaufen und Bremsen). Solche Geräte lassen häufig sogar Dauerbetrieb zu, obwohl die Spannungssteuerung eine relativ unwirtschaftliche Methode darstellt. Die Rotorverluste steigen nämlich schlupfabhängig.

Bei **Polumschaltung** bleibt die Ständerfrequenz f_s = const., Ω_s wird durch Erhöhen von z_p stufig gesenkt (vgl. Gl. 5.11). Die Wirkung kann mit einem Stufengetriebe verglichen werden. Für eine derartige diskontinuierliche Drehzahlsteuerung eignen sich die Dahlander-Schaltung (Drehzahlverhältnis 1 : 2) oder getrennte Ständerwicklungen (Drehzahlverhältnis bis 1 : 10). Weil die steigende Polpaarzahl M_{kipp} beeinflusst, müssen die Ständerwicklungen modifiziert werden, um die Nennspannung beibehalten zu können. Dadurch gilt: $M_{\text{kipp}} \approx$ const., Erwärmung (Stromaufnahme) bleibt etwa gleich. Wegen des zusätzlichen Materialaufwandes in der Ständerwicklung und der daraus folgenden schlechteren Maschinenausnutzung liegen die Kosten gegenüber Normalmaschinen um 50 bis 100 % höher.

Die **Frequenzsteuerung** als verbreitetste und wirtschaftlichste Methode entspricht in vielen Punkten dem konventionellen Netzbetrieb, sie dominiert den Markt. Mit der Frequenz der eingespeisten Ständerspannung wird gleichzeitig ihre Amplitude bzw. ihr Effektivwert so verändert, dass das Verhältnis

$$\frac{U_s}{f_s} = \text{const.} \qquad \text{(Gl. 5.23)}$$

bleibt. Diese Unveränderlichkeit gilt daraufhin sowohl für Kippmoment (M_{kipp} = const., vgl. Gl. 5.20) als auch für den Fluss innerhalb der Maschine. Aus dem Steuergesetz

$$U_s \sim f_s \qquad \text{(Gl. 5.24)}$$

folgt – gleichsam wie bei der spannungsgesteuerten Gleichstrommaschine – die Parallelverschiebung der natürlichen Drehzahl-Drehmoment-Kennlinie. Das Einhalten der Proportionalität nach Gl. 5.23 während der Drehzahlverstellung gelingt nur bei Frequenzabsenkung. Soll die Motordrehzahl über die Nenndrehzahl hinaus gesteigert werden, muss die Spannung U_s = const. bleiben. Höhere Werte als die Nenngröße darf die Spannung nicht annehmen, weil sonst die Wärmeverluste im Eisen das zulässige Maß überschreiten. Sie nämlich sind frequenz- und flussabhängig. Zunahme der Frequenz bei Spannungskonstanz bedeutet aber ein umgekehrt proportionales Abnehmen des Flusswertes, so dass das für die Eisenverluste maßgebende Produkt $f_s\,\Phi$ = const. bleibt. In Analogie zur Gleichstrommaschine heißt dieser Betriebszustand Feldschwächung. Auch hier sinkt das zulässige Maximalmoment M_{kipp}, für die Leistung

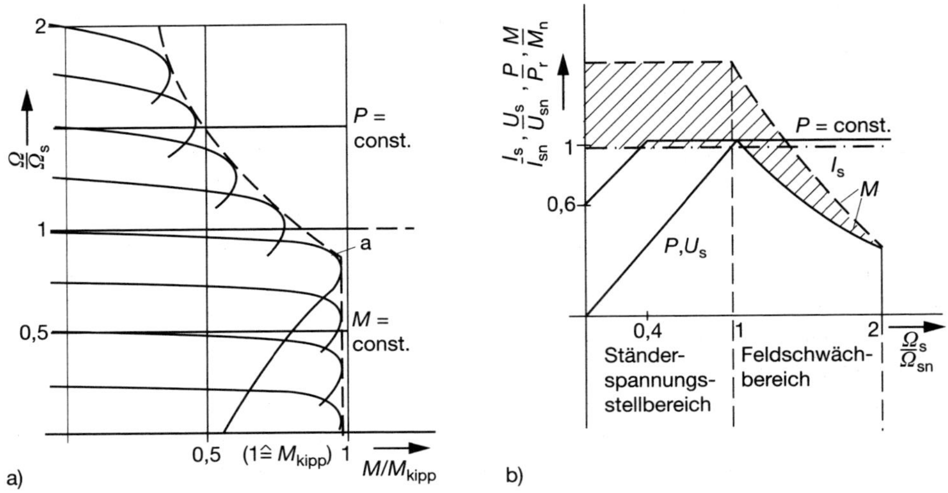

Bild 5.7 Kennlinienfeld bei Frequenzsteuerung der Drehstrom-Asynchronmaschine mit Kurzschlussläufer
a) Natürliche Ω-M-Kennlinien
b) Grenzkennlinien ////// Kurzzeitbetrieb

gilt: P = const. Die in Bild 5.7b gezeigten Grenzkennlinien entsprechen denen der Gleichstrom-Nebenschlussmaschine (Bild 5.3c). Die Aufgabe besteht nun darin, für die weitaus komplizierter arbeitende Asynchronmaschine einen praktikablen Algorithmus zur Frequenzsteuerung anzuwenden, mit dem die Drehzahl bei gleichzeitiger Flusskonstanz bzw. bei drehzahlinvariablem Moment verstellt werden kann. Mehrere Lösungen sind bekannt.

a) **Betrieb mit eingeprägter Ständerspannung**

In diesem verbreiteten Fall werden Frequenz und Spannung gemäß der Gl. 5.23 und 5.24 vorgegeben. Frequenzproportionale Spannungsstellung wird bei einfachen, gesteuerten Antrieben, beispielsweise für Mehrmotorenantriebe, ohne große Genauigkeitsforderungen an die veränderliche Drehzahl eingesetzt. In der Nähe der Drehzahl Null ist diese Betriebsart kritisch, eigentlich sogar ungeeignet. Auf jeden Fall muss die Spannung deutlich schwächer (nichtlinear) als die zugehörige Frequenz abgesenkt werden. Leistungsfähige Umrichter mit Gleichspannungszwischenkreis (U-Umrichter) stehen für die Aufgabe zur Verfügung (Tabelle 5.7; vgl. Abschnitt 7.2.2).

b) **Betrieb mit eingeprägtem Ständerstrom**

Flusskonstanz lässt sich gleichfalls durch Vorgabe eines definierten Stroms – allerdings nach einem weitaus komplizierteren Steuergesetz – erreichen. Unterstützt wurde diese Betriebsweise in der Vergangenheit durch aufwandsarme Umrichter mit Gleichstromzwischenkreis (I-Umrichter). Wegen ihres Aufbaus besitzen sie einen Kostenvorteil gegenüber der Ausführung mit Gleichspannungs-Zwischenkreis (Abschnitt 7.2).

Diese Überlegenheit besteht wegen der inzwischen sehr effizient herstellbaren *U*-Umrichter nicht mehr. Hinzu kommt eine wesentliche Einschränkung bei der Stromeinprägung. *I*-Umrichter bedürfen der festen Zuordnung zum Motor, so dass die Vorzüge in der Hauptsache bei speziell gefertigten Einzelantrieben auftraten. Die Speisung von Standardmaschinen war zumindest schwierig. Antriebe mit Stromeinprägung werden gegenwärtig im Ausnahmefall noch gefertigt.

c) **Feldorientierte Regelung** (Transvektorregelung)
Mit diesem Verfahren [5.5] erhält die Asynchronmaschine sowohl in statischer als auch in dynamischer Hinsicht der Gleichstrom-Nebenschlussmaschine vollständig ebenbürtige Eigenschaften. Der kostengünstigere Drehstrommotor steht damit selbst für hochwertigste Antriebe, wie sie etwa Positionieraufgaben erfordern, bereit, zumal der zweifellos aufwendige Steueralgorithmus mit den modernen elektronischen Mitteln so wirtschaftlich umgesetzt werden kann, dass bereits einfache Ausführungen davon profitieren. Durch Messen oder Errechnen der Regelgrößen Fluss und Ständerstrom mit anschließender Verarbeitung der gewonnenen Werte in einer aufwendigen Regeleinrichtung gelingt es, den flussbildenden Magnetisierungsstrom $i_{s\mu}$ (Blindstrom, $\sim\phi_{err}$ der Gleichstrommaschine) und den momentenbildenden Wirkanteil i_{sw} ($\sim I_A$ bzw. $\sim\phi_A$ der Gleichstrommaschine) getrennt und unabhängig voneinander zu beeinflussen. Da beide Größen entkoppelt so verstellt werden können, dass der von ihnen eingeschlossene Winkel 90 °el beträgt, ist regeldynamisch vollständige Gleichwertigkeit mit der Gleichstrommaschine hergestellt. Das Moment ist dem Vektorprodukt (vgl. Gl. 5.1)

$$m \sim \vec{i}_{S\mu}\,\vec{i}_{Sw} \qquad \text{(Gl. 5.25)}$$

proportional und zeitlich konstant. Seinen Höchstwert erreicht es, weil die beiden gerichteten Größen senkrecht aufeinander stehen. Im Unterschied zur Gleichstrommaschine handelt es sich hierbei nicht mehr um die Momentanwerte von Gleichgrößen, sondern um Anteile von so genannten komplexen Raumzeigern mit Vektorcharakter [12; 13]. Nur in der komplexen Zahlenebene lassen sich nämlich die räumlich und elektrisch phasenversetzten, dreisträngigen Wechselgrößen mit vertretbarem Aufwand übersichtlich abbilden.

Die Berechnungen können sich sowohl am Ständer- als auch am Läuferfluss orientieren. Physikalisch bringt das natürlich keine Unterschiede. Sie liegen im mathematischen, von der Regeleinrichtung zu beherrschenden Aufwand. Der $i_{S\mu}$-Regelung kann eine ϕ-Regelung, der i_{sw}-Regelung eine Drehzahlregelung überlagert werden. Als Stellglied sind Pulswechselrichter – angesteuert von einer leistungsfähigen, digitalen Informationselektronik auf Mikroprozessorbasis – zwingend erforderlich. Das statisch und dynamisch hochwertige Verfahren der Feldorientierung steht für den gesamten Leistungs- und Drehzahlbereich einschließlich der Drehzahl Null zur Verfügung.

Anlaufen und Bremsen
Auch beim Asynchronmotor erreicht der Anlaufstrom im Moment des Zuschaltens ein Vielfaches des Motornennstroms (4...7fach). Deshalb werden in der Regel nur Ma-

schinen kleinerer Leistung direkt zugeschaltet, da die erhöhte Stromaufnahme eine unwirtschaftliche Bemessung des Netzanschlusses bedingen würde.

Mit der zeitlich befristeten Reduzierung der Ständerspannung wird der **Anlauf** beherrscht. Die diesbezüglich einfachste und bekannteste Lösung ist der Stern-Dreieck-Anlauf. Der für die Dreieckschaltung seiner Ständerwicklung ausgelegte Motor wird in Sternschaltung (Wicklungsspannung $1/\sqrt{3}U_{sn}$) angelassen und nach Erreichen einer bestimmten, nahe dem Betriebswert liegenden Drehzahl auf Dreieck umgeschaltet. Solche diskontinuierliche Verstellung (Bild 5.6b) mit verminderter Spannung bringt während des Anlaufs eine Senkung der Ströme in der Zuleitung um den Faktor $\frac{I_{<}}{I_{\triangle}} = \frac{1}{3}$. Den Preis für die Entlastung zahlt das gleichzeitig um denselben Betrag reduzierte Anzugsmoment $\frac{M_{<}}{M_{\triangle}} = \frac{1}{3}$. Deshalb darf die Anordnung nur bei niedrigem Anlaufwiderstandsmoment zur Anwendung kommen.

Noch ausgeprägter wird die Mechanik geschont, wenn Strom- und Momentenspitzen durch Sanftanlauf (Softstart) kontinuierlich vermieden werden. Das gelingt mit einem Drehstromsteller. Stetig und unterstützt von einer Stromregelung erhöht der Softstarter nach vorgegebener Zeitfunktion die Motorspannung bis zum Nennwert (Abschnitt 11.4).

Gesenkt wird der Anlaufstrom ebenfalls, wenn während des Anlaufs ein ein- oder mehrphasiger Widerstand vor den Motor geschaltet wird. Kurz vor Erreichen der Betriebsdrehzahl wird er kurzgeschlossen. Diese als Kurzschlussläufer-Sanftanlaufschaltung (KUSA-Schaltung) bekannte Anordnung besitzt keine praktische Bedeutung mehr.

Im **Bremsbetrieb** arbeitet die Maschine generatorisch im II. oder IV. Quadranten (Tabelle 5.6). Das Besondere im Quadranten IV (bzw. II bei entgegengesetzter Drehrichtung) ist, dass sich die Bremsenergie innerhalb der Maschine in Wärme verwandelt. Zum Gegenstrombremsen wechselt die Drehrichtung des Ständerdrehfeldes trotz gleich bleibender Rotation des Läufers. Dazu werden zwei Phasen vertauscht. Ausgehend vom neuen Arbeitspunkt AP im II. Quadranten wird die belastete Maschine bis zur Drehzahl Null ($s = 1$) verzögert. Um ein erneutes Hochlaufen der Maschine in umgekehrter Drehrichtung zu verhindern, geschieht an dieser Stelle das Abschalten.

Eine weitere Möglichkeit bietet die Gleichstrombremsung. Dazu wird die Maschine vom Netz getrennt. Anschließend speist eine Gleichspannungsquelle die drei Ständerwicklungen, deren Zusammenschaltungsmöglichkeiten den resultierenden Widerstand und damit Strom und Bremsmoment bestimmen. Die Maschine arbeitet quasi als Synchronmaschine mit fest stehendem Polrad (Außenpolmaschine) und rotierender Drehstromwicklung im Läufer. In diesem Zustand wird die Bremsenergie in Wärme umgesetzt, die die Maschine vertragen bzw. an die Umgebung abführen muss. In Kombination mit der Stromrichter-Sanftanlaufschaltung gelingt zusätzlich zum Softstart definiertes und schonendes Bremsen.

Dynamisches Übertragungsverhalten

Wie bei der Gleichstrommaschine bestimmt das Zeitverhalten den geregelten Betrieb. Das die Übergangsvorgänge beschreibende System von Differentialgleichungen ist allerdings wegen der Mehrphasigkeit erheblich komplizierter. Zusätzlichen Einfluss übt das ausgeprägt nichtlineare Verhalten aus, wie es bereits in den stationären Kennlinien des Motors sichtbar wird. Der Signalfluss in der Asynchronmaschine und seine Darstellung ist gegenüber der Gleichstromtechnik weitaus komplizierter. Kopplungen zwischen Läufer und Ständer, zwischen den Veränderlichen, Nichtlinearitäten u.a. führen zu einer Vielzahl von Verzögerungs- und Proportionalgliedern sowie internen Verrechnungsstellen (Additionen, Multiplikationen von Zwischengrößen). Die Größe der die Zeitverzögerung bestimmenden elektrischen und mechanischen Zeitkonstanten innerhalb dieser nichtlinearen Mehrgrößen-Regelstrecke richtet sich nach den Maschinenparametern, deren Anzahl im Vergleich zur Gleichstrommaschine deutlich ansteigt. So wird selbst auf eine orientierende Darstellung verzichtet und auf die spezielle Literatur verwiesen [24; 26; 27; 34].

Aktuelle Ausführungen

Asynchronmaschinen stehen im gesamten Drehzahl- und Leistungsbereich, für alle Anwendungen vom Standard- bis zum Stellantrieb unter allen Einsatzbedingungen bei Speisung durch Nieder- und Mittelspannung zur Verfügung (Tabelle 5.4). Mehrheitlich werden die Verluste durch Luftkühlung (selbst belüftet mit maschineninternem Ventilator, fremdbelüftet mit extern angebautem, motordrehzahlunabhängigem Lüfter) oder bei größeren Leistungen über Wasserkühlung abgeführt. Mit Flüssigkeitskühlung sinkt zugleich die Geräuschemission.

Die Art der Versorgung aus einem Netz konstanter Spannung (starres Netz) oder mit einem Umrichter bestimmt Beurteilung und Auswahl. Am starren Netz arbeiten Motoren mit Konstantspannung fester Frequenz und einer Drehzahl, deren Schwankung lastabhängig lediglich die natürliche Motorkennlinie bestimmt (Tabelle 5.6). Bei umrichtergespeisten Maschinen erzwingt die Regelung den Verlauf der Ω-M-Kennlinie und den Arbeitspunkt.

Neben der Standardausführung für Netzbetrieb bietet der Markt **Energiesparmotoren** (ESM) mit hohem Wirkungsgrad (vgl. Abschnitt 10.5). Ihre Anwendung empfiehlt sich, obwohl verschiedene Anbieter eine Entscheidung insofern abnehmen, dass nur noch solche umwelt- und kostenfreundlichen Maschinen angeboten werden. In der Regel eignen sich beide Versionen für Umrichterbetrieb. Trotzdem sollte sich der Käufer, sobald die Produktunterlagen diese Eigenschaft nicht ausweisen, die Umrichterverträglichkeit ausdrücklich bestätigen lassen. Die Forderung nach variabler Drehzahl zwingt zum Umrichterbetrieb. Als eine Spannungs- oder Stromquelle veränderlicher Amplitude und Frequenz erzeugt dieser Stromrichter (Abschnitt 7.2) oberwellenhaltige Ausgangsgrößen. Infolge des schnellen und häufigen Schaltens der Umrichterventile treten in der Ausgangsspannung außerdem periodisch sehr steile Sprünge $\mathrm{d}u/\mathrm{d}t$ auf. Solche Vorgänge beanspruchen mit den dadurch entstehenden Pendelmomenten, Wellenspannungen und Lagerströmen den Motor gegenüber dem Betrieb am sinusförmigen Festnetz thermisch und mechanisch zusätzlich. Ggf. müssen Abschläge von der Nennleistung hingenommen werden, oder es ist gar die nächstgrößere Typenleistung auszuwählen. Hinzu kommt die erhöhte Belastung der Wicklungsisolation durch dem $\mathrm{d}u/\mathrm{d}t$ proportionale, kapazitive Ströme und kraft periodisch

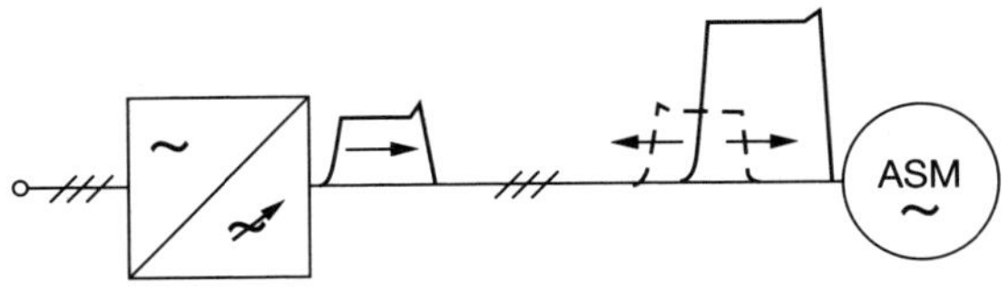

Bild 5.8
Erhöhte Motorbeanspruchung bei Umrichterspeisung
- - - - - Reflektierter Impuls

Messort	Anstieg gegenüber Sinusspeisung/%
Spule–Spule	bis 300
Windung–Windung	bis 1900
Phase–Phase	bis 200
Phase–Gehäuse	bis 200

wirkender Spannungsspitzen. Reflexionen in den Motorzuleitungen erzeugen weitere Überspannungen (Bild 5.8). Störend wirken oft mit der Umrichterspeisung verbundene magnetische Geräusche. Nicht zu vergessen ist die schlechtere Wärmeabfuhr im unteren Drehzahlbereich selbst belüfteter Maschinen, die sich nur durch Fremdkühlung beherrschen lässt. Dieser Stress erfordert eine spezielle, umrichterfeste Auslegung. Nur solche Konstruktion verträgt die stellgliedbedingten Zusatzverluste und -beanspruchungen (Tabelle 5.8). Die Mehrzahl der Motoren (bis 500 V) ist gegenwärtig

Tabelle 5.8 Eigenschaften umrichtergespeister Asychronmaschinen

Motoreigenschaften (Zuständigkeit Lieferant)
❑ Speisung mit CSI: kleine Streuinduktivität, M_{kipp} hoch, I_a groß $M_{kipp}/M_n \approx 3$, $I_a/I_n \approx 10$ $I_o \approx 0{,}25..0{,}3\ I_n$ ❑ Speisung mit VSI: größere Streuinduktivität, M_{kipp} klein, $M_{kipp}/M_n \approx 1{,}6...2$ ❑ $\Delta P \approx 0{,}05...0{,}1$ bei nicht umrichterfesten Motoren Klasse F: 100%-Ausnutzung nach Klasse B ❑ kein Einsatz von Doppelkäfig-, Keilstab- (Schmalseite oben), Druckgussläufer mit Alu in den Nutenschlitzen ❑ Isolationssystem Klasse F ❑ ein isoliertes Motorlager ❑ Fremdlüftung bei Drehzahlstellbereich >50 % und M = const.
Anschluss-, Aufstellungsbedingungen (Zuständigkeit Projektant, Errichter)
❑ Einsatz eines Filters nach Herstellervorschrift bei nicht umrichterfesten Motoren und einer Motorentfernung ≥20 m (vgl. Abschnitt 13.2) ❑ ggf. äußere Dämpfung gegen Geräusche ❑ Beachtung der Montagevorschriften, um Wellenspannungen und Lagerströme zu unterbinden/zu reduzieren, dadurch bedingte Ausfälle zu vermeiden [5.7]

umrichterkompatibel, so dass der Nutzer die geschilderten Effekte nicht beachten muss [5.6; 5.7].

In Erinnerung gerufen sei, dass im Jahr 2003 die Umstellungsfrist für die Netzspannungen auf 400 V und 230 V endete [5.8; 5.9]. Der fortdauernde Betrieb der i. Allg. langlebigen 380-V-Drehstrommaschinen kann nun in Zusammenhang mit ihren Schutzorganen zu Problemen führen. Deshalb ist der Einzelfall durch den Betreiber genau zu überprüfen. In der Regel sollte schon die Umstellung auf 400 V erfolgen. Im Fehlerfall empfiehlt sich an Stelle der Neubewicklung, die betroffene Maschine grundsätzlich durch einen Energiesparmotor (ESM) zu ersetzen (vgl. Abschnitt 10.5).

5.4.2 Asynchronmaschine mit Schleifringläufer

Der Ständeraufbau entspricht dem Kurzschlussläufer. Abweichend von der Konstruktion des Käfigläufers erhält der Schleifringläufer symmetrisch zum Ständer ebenfalls drei verteilte Wicklungen, die an einem Ende über Cu-Schleifringe nach außen geführt werden und auf der anderen Seite fest verschaltet sind (Bild 5.9). Im Normalbetrieb erfolgt ihre direkte Verbindung zum Stern extern. In den offenen Läuferkreis können zeitlich befristet Zusatzwiderstände zum verbesserten Anlauf, aber auch ein Umrichter eingeschaltet werden. Über diesen Stromrichter, der die Läuferfrequenz auf den Ständerwert transformiert, ist der Rotor mit dem gleichen Netz wie der Stator verbunden. Die Maschine wird doppelt gespeist betrieben.

Betriebsverhalten, Kennlinienfelder und Drehzahlstellverfahren sind mit dem Kurzschlussläufer vergleichbar (Tabelle 5.6). Die Frequenzsteuerung erfolgt bevorzugt durch einen Umrichter mit Stromzwischenkreis. Zusätzliche Möglichkeiten eröffnet die Doppeleinspeisung der Maschine. Die untersynchron arbeitende Stromrichterkaskade ($\Omega_{mech} < \Omega_s$) ist ständerseitig direkt mit dem Netz verbunden, die Verschaltung des Läufers mit dem gleichen Anschlusspunkt zur Rück- bzw. Einspeisung von Energie

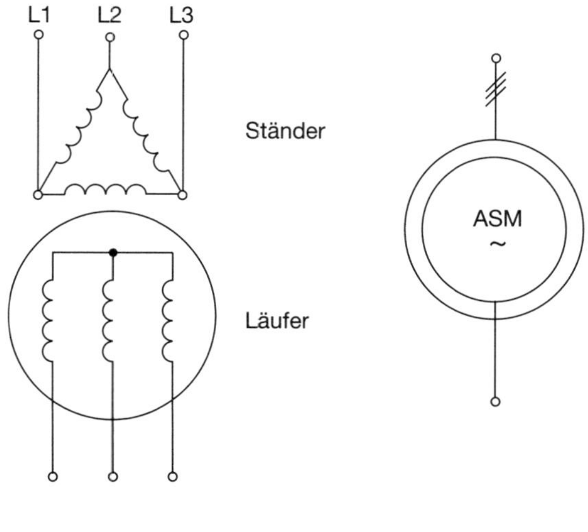

Bild 5.9
Prinzip der Asynchronmaschine mit Schleifringläufer

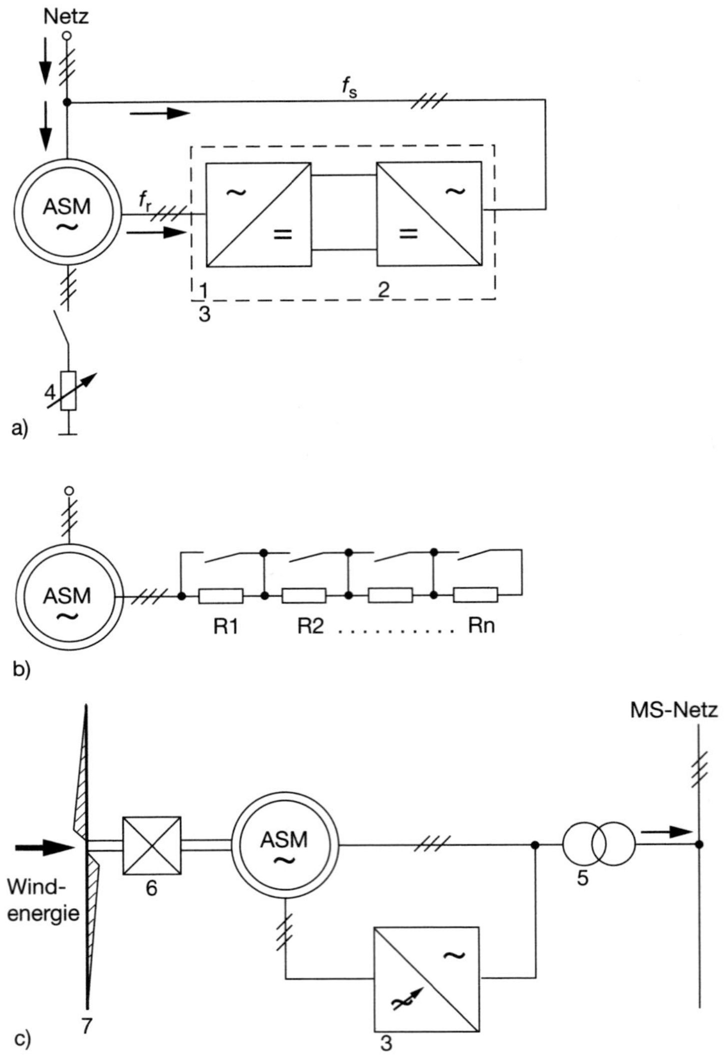

Bild 5.10 Schaltungen mit Schleifringläufer-Asynchronmaschinen, → Leistungsflussrichtung

a) Untersynchrone Stromrichterkaskade ($\Omega_{mech} < \Omega_s$)
   1 ungesteuerter Gleichrichter
   2 netzgelöschter Wechselrichter
   3 Umrichter
   4 stufig veränderbarer Anlasswiderstand

b) Anlassschaltung mit stufig, über eine Schützsteuerung veränderlichen Läuferzusatzwiderständen

c) Doppelt gespeister Asynchrongenerator mit Schleifringläufer für Windkraftanlagen
   5 Netztransformator
   6 Getriebe
   7 ein- oder mehrflügliger Rotor

übernimmt ein Umrichter mit Stromzwischenkreis (Bild 5.10a). Mit dieser Anordnung lässt sich die Drehzahl allerdings nur begrenzt verstellen (Tabelle 5.7). Anstelle des Umrichters kann für den Sanftanlauf ein stufig veränderbarer Zusatzwiderstand treten (Bild 5.10b). Ihn benötigt auch die Kaskade, da ihre Steuerung nicht vom Stillstand aus erfolgen kann. Mit der gleichphasigen Zusammenschaltung der Schleifringläuferwicklungen zweier oder auch mehrerer Maschinen erreicht man Winkelgleichlauf der beteiligten Motoren. Eine derartige Schaltung ist unter der Bezeichnung elektrische Welle bekannt [30, Teil 1; 5.18].

Die Schleifringläufermaschine verwendet man nur bei größeren Antriebsleistungen. Aktuell geht ihr Marktanteil zurück. Sie wird vom wirtschaftlicheren Kurzschlussläufermotor verdrängt, der zusammen mit spannungseinprägenden Umrichtern alle Wünsche erfüllt. Eine Renaissance erlebt die Schleifringläufermaschine in Gestalt des doppelt gespeisten Generators (Bild 5.10c). Bis zu höchsten Leistungen wird damit Wind- in Elektroenergie umgewandelt [5.10]. Kosteneffizienz, Betriebssicherheit und Wartungsarmut prädestinieren diese Lösung für die Installation an entlegenen Offshore-Standorten. Netzunabhängiger Inselbetrieb verbietet sich, weil der Generator die erforderliche Erregerblindleistung aus dem Netz bezieht.

Die Arbeitsweise der Asynchronmaschine mit Schleifringläufer im Stillstand ($s = 1$, $\Omega = 0$) gleicht dem Transformator. Der Ständer fungiert als Primärwicklung. Offene Schleifringe bedeuten Leerlauf, unmittelbar verbundene Läuferwicklungen Kurzschluss an der Sekundärwicklung, dem Läuferkreis. Bei angeschaltetem Widerstand errechnet sich die anliegende Spannung nach dem Übersetzungsverhältnis [15].

5.4.3 Synchronmaschine

Die Konstruktion des Ständers gleicht dem Kurzschlussläufer. Seine dreiphasige, wechselstromdurchflossene Ankerwicklung baut das Drehfeld auf, dessen Winkelgeschwindigkeit sich nach Gl. 5.11 berechnet. Im Läufer ist die Erregerwicklung unter gebracht. Maschinen mit Permanentmagneten (PM) setzen sich wegen verschiedener Vorzüge (vgl. Abschnitt 5.8) gegenüber Asynchronmaschinen durch.

Aufbau

Bei der Innenpolmaschine (Bild 5.11) besitzt der im Vergleich zur Asynchronmaschine mit Kurzschlussläufer aufwendigere Läufer entweder ausgeprägte Pole (Schenkelpolrad) oder einen rotationssymmetrischen Vollpolläufer. Die Wicklungen des Rotors sind in jedem Fall gleichstromdurchflossen, sie werden über Schleifringe versorgt. An ihre Stelle können Permanentmagnete treten. Wie bei der Gleichstrommaschine entsteht ein Gleichfeld. Ruht das Gleichstromerregersystem und rotiert die Ankerwicklung, in der eine Spannung induziert wird, liegt eine weniger bevorzugte Außenpolmaschine vor. Der radiale Schnitt durch die Eisenkörper gleicht der Gleichstrommaschine in Bild 5.1a.

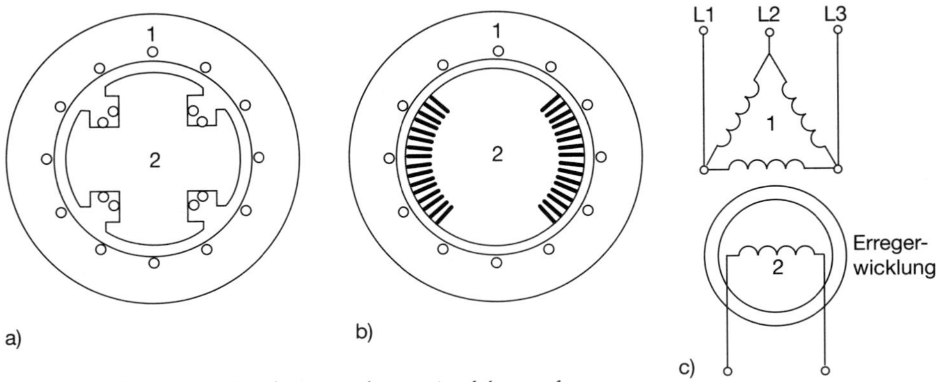

Bild 5.11 Drehstrom-Synchronmaschine – Ausführungsformen
a) Innenpolmaschine mit Schenkelpolrad
1 Ständer mit verteilter dreisträngiger Wicklung
2 Läufer mit konzentrierter Erregerwicklung ($z_p = 2$)
b) Innenpolmaschine mit Vollpolrad
1 wie a)
2 Läufer mit verteilter Erregerwicklung ($z_p = 1$)
c) Prinzipschaltbild
1 Ständerwicklung
2 Erregerwicklung (Polrad)

Stationäres Übertragungsverhalten

Damit sich ein gleichmäßiges Drehmoment bildet, muss das Gleichfeld der Erregerwicklung ebenfalls synchron als Drehfeld umlaufen. Dieser Zustand stellt sich nur ein, wenn der Rotor mit der Winkelgeschwindigkeit des Ständerdrehfeldes rotiert. Deshalb bildet die Ω-M-Kennlinie eine Parallele zur Abszisse. Weitere wichtige Merkmale enthält Tabelle 5.9. Auf die Vergrößerung der Last reagiert der Motor somit nicht durch eine Drehzahlabsenkung, sondern mit der Vergrößerung des Polradwinkels δ (Gl. 5.27). Das ist der Winkel zwischen der Ständerspannung und der von dem Feld des Polrades in der gleichen Wicklung induzierten Polradspannung. Beträgt die Phasenlage 90 °el, entwickelt die Maschine ihr größtes Drehmoment, das Kippmoment M_{kipp}. Jenseits dieses Betrages wird die Synchronmaschine instabil. Sie fällt außer Tritt und geht in den Stillstand über. Der Maximalwert hängt sowohl von der Ständerspannung als auch vom Erregerstrom ab. Über den Erregerfeldstrom lässt sich zusätzlich der cos ϕ und damit die Aufnahme oder Lieferung von Blindleistung regulieren, was sich vorteilhaft in Industrienetzen auswirkt. Die komplizierte Abhängigkeit des Ankerstroms kann – ähnlich wie bei der Asynchronmaschine mit Stromverdrängungsläufer – übersichtlich nur aus seinen Ortskurven ermittelt werden [15; 16; 5.4].

Drehzahlverstellung

Die bestehenden Möglichkeiten liefert ebenfalls die Interpretation der Beziehungen für den stationären Betrieb. Nach Gl. 5.11 sind geeignete Stellgrößen die Polpaarzahl sowie die Frequenz der Ständerspannung. Polumschaltung scheidet aus. Bei der verbleiben-

Tabelle 5.9 Zum Betriebsverhalten der Drehstrom-Synchronmaschinen (in Vollpolausführung)

Kennlinie	Gleichung	Darstellung
$I_s = f(M)$	$I_s \sim f(M \cdot I_{err})$	Der komplizierte Zusammenhang wird aus den Ortskurven ermittelt und als V-Kurven dargestellt.
$\Omega = f(M)$ synchrone Kennlinie	$\Omega_0 = \text{const.}$ (Gl. 5.26) $\frac{M}{M_{kipp}} = \sin\partial$ (Gl. 5.27) $M_{kipp} = \frac{3kU_s}{\Omega_0} I_{err}$ (Gl. 5.28)	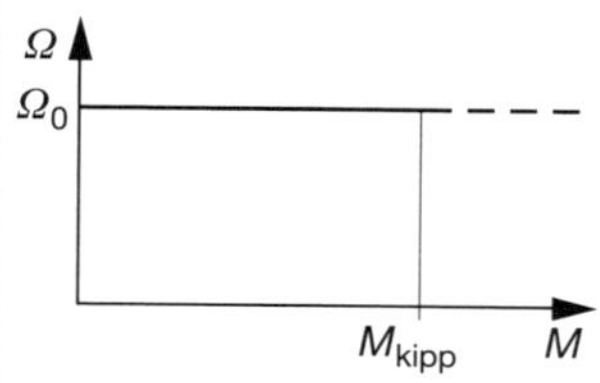

den Frequenzsteuerung werden analog zur Asynchronmaschine Ständerfrequenz und -spannung gemeinsam so gesteuert, dass sich ihr Quotient und damit der Luftspaltfluss nicht verändert (vgl. Gl. 5.23). Das entstehende Kennlinienfeld aus parallel verschobenen Geraden zeigt Bild 5.12.

Größere Umdrehungsgeschwindigkeiten als der Nennwert stellen sich bei Feldschwächung ein. Dieser Vorgang gleicht der Asynchronmaschine (Abschnitt 5.4.1). Mit Hilfe elektronischer Mittel ist er durch verstärkte Ankerrückwirkung auch bei permanenterregten (PM-)Maschinen wirtschaftlich umsetzbar [27].

Anlaufen und Bremsen

Ohne Hilfsmittel kann die an das starre 50-Hz-Netz angeschlossene Synchronmaschine nicht anlaufen. Zu den Anlasshilfen zählt einmal der asynchrone Anwurfmotor, der in die Nähe der synchronen Drehzahl fährt. Wegen des deutlich geringeren Aufwandes

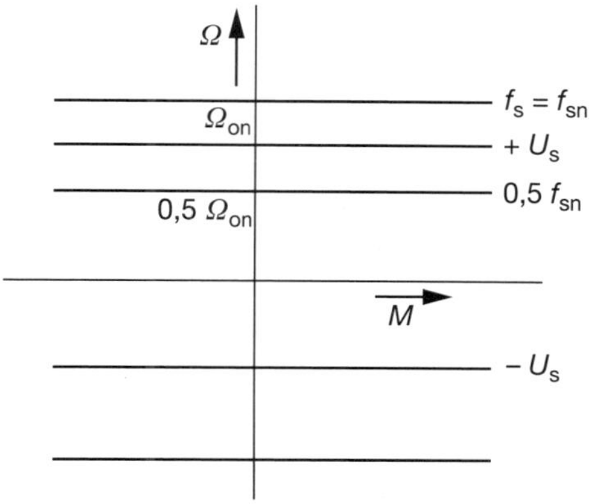

Bild 5.12
Frequenzsteuerung der Drehstrom-Synchronmaschine

ist der in den Polschuhen untergebrachte Anlaufkäfig verbreitet. Durch seine Anwesenheit entwickelt sich während des Hochlaufs ein asynchrones Moment. Erreicht man die Nähe der synchronen Drehzahl, wird bei beiden Verfahren die Erregerspannung zugeschaltet, und die Maschine zieht sich selbsttätig in den Synchronismus. Automatisch löst sich das Problem bei der frequenzgesteuerten Maschine, bei der das Anlaufen einfach durch Frequenzsteigerung erfolgt.

Zum Bremsen der am Netz arbeitenden Maschine bieten sich an:

- bei treibendem Moment (–*M*) der generatorische Betrieb,
- bei vorhandenem Anlaufkäfig die Gegenstrombremsung (Abschnitt 5.4.1) und die der Gleichstrombremsung bei der Asynchronmaschine entsprechende drehzahlabhängige Widerstandsbremsung, bei der die erregte, vom Netz getrennte Maschine generatorisch auf Widerstände speist.

Dynamisches Übertragungsverhalten

Auch in diesem Punkt sind die Verhältnisse gegenüber der Gleichstrommaschine weitaus komplizierter. Das für die Asynchronmaschine Gesagte gilt vollständig, so dass ebenfalls auf die spezielle Literatur verwiesen wird [24; 27].

Aktuelle Ausführungen

Synchronmotoren werden im gesamten Leistungsbereich eingesetzt (Tabelle 5.4). Bei Maschinen kleiner Leistungen (ab Watt-Bereich) handelt sich um PM-Ausführungen mit Kurzschlusskäfig für den asynchronen Selbstanlauf (z. B. [1.49], Typ Siemosyn). Derartige Bauformen eignen sich für Gruppenantriebe mit hohen Forderungen an belastungsunabhängige und synchrone, frequenzproportionale Drehzahlen. Stabile Drehzahlverhältnisse zwischen verschiedenen Motoren stellen sich ohne zusätzlichen elektronischen Aufwand ein.

Wegen der Innovationen beim Material für Permanentmagnete (z. B. Seltene-Erden-Magnete) dringt der PM-Motor im gesamten Drehzahlbereich zu größeren Leistungen vor [5.11]. Positive Ergebnisse mit wassergekühlten Bahnmotoren liegen für eine Nennleistung von 500 kW vor [5.12]. Langsamläufer weitaus größerer Leistung bewähren sich für Schiffsantriebe und als getriebelose Alternative zur doppelt gespeisten Asynchronmaschine in Windmühlen [5.10]. Höchstleistungen (>10 MW, >5000...7000 min^{-1}) benötigen Pumpen, Gebläse für Windkanäle, Verdichter, Extruder u. Ä. PM-Motoren höchster Drehzahl werden als High-Speed-Motoren bezeichnet [5.13; 5.14]. Sowohl für größere Leistungen (z. B. [1.49; 5.15] als auch für den unteren Bereich (z. B. [5.16]) stehen derartige Schnellläufer bereit. Für solche Maschinen bildet die neue Technologie des geregelten Magnetlagers [5.14; 5.17; 5.35] eine günstige Alternative zum konventionellen, etwa mit einem Gemisch aus Druckluft und Öl geschmierten Lager [1.28]. Verlustarme, magnetische Lagerung unter Nutzung von Supraleitern unterstützen die breite Einführung hochtouriger Hochleistungsmaschinen. Besonders die umrichtergestützte Frequenzsteuerung hat zur Verbreitung dieses Maschinentyps beigetragen. Unter der Bezeichnung Elektronikmotor oder bürstenloser Gleichstrommotor für kleinere Leistungen bzw. Stromrichtermotor für große Leistungen eroberte die Synchronmaschine die Industrie (Abschnitt 9.2).

5.5 Sonderkonstruktionen

Sonderkonstruktionen nutzen den konventionellen Entstehungsmechanismus für das elektrodynamische Moment sowie den klassischen, rotationssymmetrischen Aufbau mit radialem bzw. zylindrischem Luftspalt (Ausnahme: Linearmotor mit ebenem Luftspalt). Spezielle Anforderungen an die Bewegung, an das Erreichen einer bestimmten Position, aber auch ungewöhnliche Einsatzbedingungen veranlassten zweckdienliche Änderungen an den beschriebenen Standardausführungen der drei fundamentalen Maschinenprinzipien. Verschiedene Lösungen (z. B. Getriebe-, Direkt-, Stellmotoren) zeigen trotz unterschiedlicher Bezeichnung und Konstruktion eine große gemeinsame Schnittmenge hinsichtlich der zu erfüllenden Aufgaben (z. B. hohes Drehmoment bei großer Dynamik zum Positionieren). Alle Typen sind meist umrichterfest.

5.5.1 Getriebemotor

Technisch und wirtschaftlich optimale Drehzahlen für die Kombination Antrieb–Arbeitsmaschine sind mit üblichen, kostengünstig verfügbaren Standardmotoren oft nicht unmittelbar zu erreichen. Bestimmte Anwendungen – etwa beim Positionieren – benötigen Drehzahlen (10... >160 min^{-1}), die weit unterhalb der natürlichen Motordrehzahlen liegen (z. B. 1500 min^{-1} einer 4-poligen ASM). Die Reduktion des zu hohen Wertes gelingt mit einem Getriebe. Besonders der Schweranlauf mit hohem Momentenbedarf zwingt zur mechanischen Untersetzung, da sich damit gleichzeitig das bereitgestellte Drehmoment steigert ($M_{max} \geq 100\,000$ Nm).

Um die mechanische Kombination Motor–Getriebe zu optimieren, bieten sich zwei Lösungen an. An die kurzfristig lieferbare Standardmaschine wird ein Getriebe montiert. Die dazwischen geschaltete Kupplung trennt die beiden Komponenten, so dass sich im Störungsfall der Motor (trocken) abbauen lässt. Der defekte Motor kann schnell ersetzt werden. Als oft günstigere Variante empfiehlt sich der Getriebemotor [5.19]. Beide Komponenten kommen mechanisch verbunden vom gleichen Lieferanten. Neben der einheitlichen Zuständigkeit für Wartung und Mängelbeseitigung ergeben sich aus der Integration weitere Vorzüge wie

- um ca. 30 % kürzere Gesamtlänge gegenüber dem Standardmotor,
- verringerter Platzbedarf,
- höherer Wirkungsgrad,
- verbesserter Unfallschutz,
- niedrigere Montagekosten.

In den Getriebemotoren arbeiten eigenbelüftete Asynchron- oder Synchronmaschinen der Wärmeklasse F in einer Schutzart bis IP 55 und höher. Optional werden sie für großen Stellbereich mit Fremdlüfter, mit Brems- und Haltesystem (Bremsmotor), mit Resolver oder Inkrementalgeber für hochgenaue Positionieraufgaben geliefert. Die Maschinen stehen für Momente zwischen 20 Nm...8000 Nm und in einem Leistungsbereich von 0,06 kW bis 75 kW zur Verfügung. Der Anteil der eingesetzten Getriebebauform an der Gesamtzahl aller installierten Motoren schwankt branchenabhängig.

Ist er in der Automobilindustrie etwa mit ≤75 % sehr hoch, verwendet die Chemie deutlich weniger Getriebemotoren (<12 %).

Als elektronisches Getriebe übernimmt der über Umrichter frequenzgesteuerte Motor die Drehzahluntersetzung. Sofern gleichzeitig das Moment für die Arbeitsmaschine zu erhöhen ist, bleibt das klassische mechanische Getriebe allerdings unverzichtbar.

5.5.2 Direktmotor

Im Unterschied zum Getriebemotor kommt der Direktmotor immer ohne Getriebe aus. Die unmittelbar konstruktive, mechanisch steife und übersetzungsfreie Verbindung von Motor und Arbeitsmaschine führt zu günstigen, lagerärmeren Lösungen. Der Motor kann Platz sparend – z.T. inklusive Stellglied und Informationselektronik – unmittelbar in die Arbeitsmaschine integriert werden. Gleichzeitig mit der Genauigkeit steigt dadurch die Dynamik des Antriebs, da weniger Massen zu beschleunigen sind. Darüber hinaus bieten kompakte Direktlösungen dem Anwender Kostenvorteile wegen Verschleißarmut bzw. verlängerter Lebensdauer sowie niedrigeren Wartungsaufwendungen. Außerdem sinkt infolge der verbesserten Laufruhe (Schwingungsarmut) der Geräuschpegel. Als Motortyp bewähren sich Asynchron- und permanenterregte Synchronmaschine im gesamten Leistungs- und Drehzahlbereich.

Stellvertretend für kleinere Antriebsleistungen steht der Ventilator nach Bild 5.13a [5.20]. Die Flügel des Radiallüfters sitzen direkt auf dem Rotor der Asynchronmaschine, der sich als Außenläufer um den Ständer dreht. Zur Raumeinschränkung gesellt sich eben die verlängerte Lebensdauer durch bessere Kühlung und Entlastung der Lager. Die thermische Ausnutzung des Motors wächst. Die Eigenkühlung profitiert von der geförderten Luft. Insgesamt sinkt die Leistungsaufnahme, die Energieeffizienz steigt.

Vergleichbar kompakte Lösungen existieren für ähnliche Anwendungen mit bürstenlosen Gleichstrommaschinen bzw. in Verbindung mit permanenterregten Synchron-

a)

Bild 5.13
Motoren für Direkt- und maschinenraumlose Antriebe
a) Außenläufer für einen Radiallüfter [5.50]

b)

Bild 5.13 *(Fortsetzung)*

b) Getriebeloser, asynchroner Direktaufzugsmotor für Frequenzsteuerung mit Bremse und Umrichterschaltschrank (im Hintergrund) [5.24]

c) Maschinenraumloser Aufzugsantrieb mit frequenzsteuerbarer Asynchronmaschine und intern verborgenem Planetengetriebe [5.24]

1 Seilscheibe am Motor

2 Rückseite des Motors

c) 2 1

motoren. Besitzen die Direktantriebsmotoren eine Hohlwelle zum Durchführen von Kabeln, Schläuchen usw., ergeben sich zusätzliche Freiräume für die mechanische Maschinenkonstruktion [5.16; 5.20; 5.21].

Auch Anwendungen größerer Leistung setzen Direktmotoren ein [5.22]. Oft handelt es sich um vielpolige Langsamläufer, die ein sehr hohes Drehmoment erzeugen und wegen der hohen thermischen Ausnutzung häufig über eine Wasserkühlung verfügen [5.23]. Derartige Torque-Motoren [5.40; 5.42] entwickeln maximale Drehmomente von mehr als 8000 Nm (Nennwert ca. 50%) bei Drehzahlen bis zu 650 min^{-1}. Moderne Aufzüge beispielsweise zeichnen sich durch die konstruktive Vereinigung der langsam laufenden, permanenterregten Synchronmaschine mit der Seiltrommel aus Bild 5.13b [5.24; 5.43]. Ein gesonderter Betriebsraum kann entfallen. Als Konsequenz der angestiegenen Laufruhe des Antriebs arbeitet der Fahrstuhl ruckfrei und kontaktiert eine Haltestelle extrem zielgenau. Selbst für Grenzleistungen (<20 MW, <300 min^{-1}) zum Antreiben von Schiffsschrauben eignen sich synchrone Direktmotoren. Angeordnet außerhalb des Rumpfes im kühlenden Wasser bewegen sie von einer drehbaren Gondel aus die Schiffsschrauben. Somit kann diese Antriebseinheit gleichzeitig die Funktion des Steuerruders übernehmen.

Zum Direktantrieb werden Direktmotoren grundsätzlich mit Frequenzumrichtern komplettiert. Sie übernehmen die Steuerung von Drehzahl und Moment.

5.5.3 Linearmotor

Der Linearmotor formt die elektrische Energie in eine translatorische Arbeit und Bewegung [14; 22; 5.25]. Ohne Getriebe ist er gleichfalls als Direktantrieb geeignet. Physikalisch lässt sich seine Wirkungsweise aus dem rotierenden Drehstrommotor ableiten. Dazu werden Ständer und Rotor aufgeschnitten, abgewickelt und gestreckt. Der weiterhin mit Drehstrom gespeiste Stator (Primärteil) erinnert an die Gestalt eines Kammes, der die Wicklung trägt. Als Induktor entwickelt er kein Drehfeld mehr, sondern ein Wanderfeld, das in Analogie zu Gl. 5.11 die Geschwindigkeit v_s erreicht:

$$v_s = 2\tau_p f_s \qquad \text{(Gl. 5.29)}$$

τ_p Polteilung

f_s Netzfrequenz.

Der «Rotor», besser als Sekundärteil (Konduktor) bezeichnet, ist eine massive Schiene (mit oder ohne aufgeklebten Permanentmagneten). Linearmotoren können wie rotierende Maschinen generatorisch Energie in das Netz zurückspeisen. Die Umkehr der Bewegungsrichtung erfordert in Entsprechung zum rotativen System das Vertauschen von zwei Phasen.

Bei der Bauart Synchronmaschine entspricht v_s der Bewegungsgeschwindigkeit $v_{syn/mech}$ des meist beweglichen Primärteils. Das langgestreckte Sekundärteil trägt die Permanentmagneten. Handelt es sich um eine asynchrone Ausprägung, treibt die vom Wanderfeld induzierte Spannung im ferromagnetischen Konduktor einen Strom. In beiden Fällen bildet sich in Wechselwirkung des Sekundärteils mit dem Wanderfeld die treibende magnetische Kraft analog zur rotierenden Maschine.

Auch im asynchronen Betrieb tritt zwischen Wanderfeld- v_s und Bewegungsgeschwindigkeit $v_{asyn/mech}$ des Linearmotors ein Schlupf s auf. Somit ist $v_{asyn/mech} < v_s$ und beträgt

$$v_{asyn/mech} = (1 - s)\, 2\tau_p \qquad \text{(Gl. 5.30)}$$

Durch Umstellung entsteht die zur Gl. 5.13 analoge Beziehung

$$s = \frac{v_s - v_{asyn/mech}}{v_s} \qquad \text{(Gl. 5.31)}$$

Aus den Gleichungen 5.29 und 5.30 geht hervor, dass die Geschwindigkeit (analog zu Drehzahl bzw. Winkelgeschwindigkeit) – in Verbindung mit der Ständerspannung – gleichfalls über die Netzfrequenz gesteuert werden kann.

Lineare Gleichstrommotoren besitzen keine Bedeutung mehr.

Technisch existieren zwei Varianten. **Kurzstatorsysteme** (Bild 5.14a) bestehen aus einem kurzen, mit der Wicklung versehenen beweglichen Primärteil. Der die Magneten enthaltende oder die Kurzschlussströme führende, feststehende, massive und kurze Läufer kann infolge seiner Modularität für längere Verfahrenswege zusammengefügt werden. Hauptanwendungsgebiet ist der Maschinenbau. Die gezeigte Konstruktion heißt Einzelkamm-Bauweise. Soll das Wanderfeld eine besonders starke Kraft erzeugen, lässt sich das Sekundärteil zwischen zwei symmetrisch aufgebauten, eine gleichartige Wicklung tragende Statoren zum Doppelkamm ausbauen. Wird aus Primär- und Sekundärteil gedanklich ein Rohr mit innenliegendem, massivem Stab gerundet, entsteht der Schubstangen- oder Solenoidmotor.

Transportsysteme bevorzugen **Langstatormotoren** (Bild 5.14b). Bei ihnen bewegt sich das kürzere Sekundärteil. Die spektakulärste Verwirklichung des synchronen Prinzips stellt der Transrapid dar [5.26; 5.45]. Die Wicklung nimmt der abschnittsweise mit Energie versorgte Fahrweg auf. Im Fahrzeug befinden sich stromgeregelte Elektromagneten, die für die Erregung sorgen und die berührungslose Führung des Fahrzeuges auf den Schienen mit Hilfe der Magnetschwebetechnologie sicherstellen. Bei anderen Transportanlagen bewegen sich Bänder, bei Spezialpumpen flüssiges Metall als Sekundärteil unter dem festen Stator.

Serienprodukte erfüllen alle Forderungen hinsichtlich Dynamik und Anwendungsflexibilität für hohe Bearbeitungs-, Positionier- und Wiederholgenauigkeit bei Werkzeug- und Handhabungsmaschinen. Linearmotoren entwickeln Kräfte bis zu ca. 20 000 N bei Verfahrgeschwindigkeiten von über 400 m/min. Allerdings verlangt diese Stellqualität nach Wasserkühlung des gekapselten Betriebsmittels (IP 65). Die damit einhergehende hohe Beschleunigung erzeugt Schwingungen und Verformungen in der Maschine. Diesen Nachteil beseitigt eine spezielle Impulsentkopplung, die bis zu zweistelligen g-Werten die Ruckbelastung des Maschinenständers beherrscht [5.27]. Tabelle 5.10 fasst die Vorteile der Lineartechnologie zusammen. Einen industriell gefertigten Kurzständermotor zeigt Bild 5.14c [1.49].

a)

b)

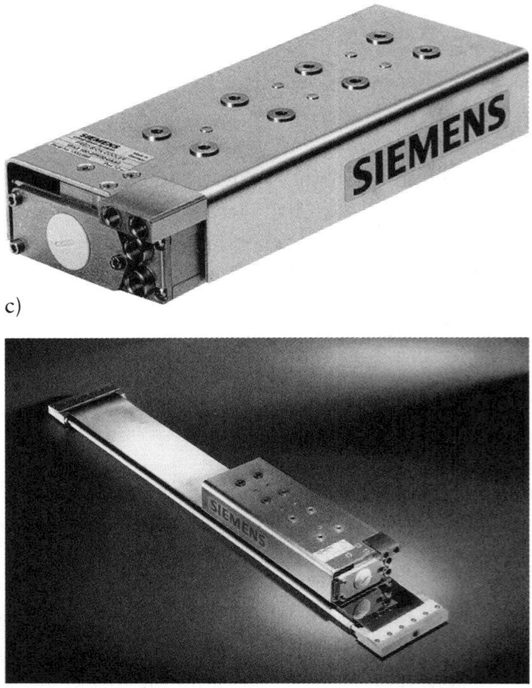

c)

Bild 5.14 Linearmotor
a) Kurzstatorprinzip
b) Langstatorprinzip (Kurzläufer)
c) Synchronlinearmotor 1FN3 ([1.49], www3.ad.siemens.de/billb/index.)
oben: Primärteil
unten: Komplettmotor

Tabelle 5.10 Eigenschaften von Linearmotoren in Kurzstatorausführung

- ❑ hohe Lebensdauer durch Verschleißfreiheit
- ❑ geringe Wartungskosten
- ❑ Steigerung der technologischen Produktivität bei Einbau
- ❑ niedrigere Betriebskosten über die Lebensdauer
- ❑ Schutzart IP 65
- ❑ hohe thermische Ausnutzung (Zwei-Kreis-Wasser- oder Luftkühlung)
- ❑ modulare Bauweise in Einheitsmaßen
- ❑ hohe Schubkräfte (>6000 Nm) bei einer Überlastbarkeit bis zum 3fachen des Nennwertes und Höchstgeschwindigkeiten von mehr als 400 m/min.

5.5.4 Stellmotor

Die Aufgabe dieser Positioniermaschinen im Servoantrieb unterscheidet sich von so genannten Bewegungsmotoren dadurch, dass sie mit der Last in kürzester Zeit und auf bestimmtem Wege eine definierte Lage zu erreichen und sie anschließend zu halten haben. Dazu wird dem Stellmotor mittels einer Regelung über den Strom möglichst verzögerungsarm das Drehmoment eingeprägt. Rotierende Stell- bzw. Servomotoren gibt es als Gleichstrommaschinen, als Asynchron- und PM-Synchronmaschinen. Die Gleichstromausführung wird nicht mehr eingesetzt. Das Ziel hohe Dynamik und extreme Genauigkeit erreichen solche Ausführungen bei großen Anlaufmomenten optimal durch besondere konstruktive Merkmale. Geringer Läuferdurchmesser, kompensiert durch größere Länge, sorgt für kleines Trägheitsmoment und damit für hohe Beschleunigungsfähigkeit. Gute Wärmeabfuhr selbst im Stillstand sowie Verlustarmut erlauben die geforderte Kurzzeitüberlastbarkeit. Mit besonders gleichförmiger Drehbewegung, über die Fähigkeit, minimale Winkelschritte auszuführen, wird eine hohe Genauigkeit in einem großen Geschwindigkeits- bzw. Drehzahlstellbereich erzielt. Da Strom- und Lageregelung eine Erfassung von Drehzahl und Position erfordern, ist die einfache Befestigungsmöglichkeit entsprechender Geber ein kennzeichnendes Merkmal. Kompakt und zuverlässig sind Stellmotoren auf Mehrachsanwendungen abgestimmt, bei denen mehrere Maschinen winkelsynchron gleichlaufen. Sie lassen sich wartungs- und aufwandsarm als Direktantriebsmotor mit der Arbeitsmaschine vereinigen. Typische Daten sind:

- ❑ Drehmomente bis 500 Nm,
- ❑ Drehzahlstellbereiche von 1:100 000 und mehr,
- ❑ Höchstdrehzahlen bis zu 20 000 min^{-1}.

Besonders günstige Eigenschaften besitzen Stellmotoren synchroner Bauart mit Permanenterregung. Ein Produktbeispiel ist in Bild 5.15 zu sehen [5.28; 5.42].

Bild 5.15
PM-Synchronstellmotoren
(Baureihe MCS [5.28])

5.5.5 Explosionsgeschützter Motor

In bestimmten Industriebranchen wie Chemie, Erdöl, Gas und Bergbau finden sich Arbeitsbereiche, in denen

- in einer explosiven Atmosphäre,
- durch die Existenz von Zündquellen (Funke oder zu hohe örtliche Erwärmung),
- über das Ausbreiten einer anderen Explosion

eine Detonation ausgelöst werden kann. Umgebungsbedingungen dieser Gefährlichkeit verlangen nach Motoren, die ein entsprechendes Risiko ausschalten. Von den bekannten sieben Zündschutzarten, die das Explodieren verhindern [2.70], werden vier auf elektrische Motoren angewendet (Tabelle 5.11) [2.63; 2.64]. Die genannten Eigen-

Tabelle 5.11 Schutzarten für explosionsgeschützte Motoren

EEx-p:	luftverdichtetes Gerät mit Überdruckkapselung (Fremdbelüftung des Motors durch Frischluft oder nicht explosives Gas) DIN EN 50 016
EEx-d:	druckfeste Kapselung (eine Explosion dringt nicht nach außen.) DIN EN 50 018
EEx-e:	erhöhte Sicherheit (bei Kurzschlussläufermotoren, nur sie erzeugen wegen der fehlenden Bürsten betriebsmäßig keine Funken) DIN EN 50 019
Ex-n:	Funkenschutz (nicht funkend – non sparking; Unterbindung der Entzündung einer explosionsfähigen Atmosphäre infolge von Funken, Lichtbögen oder hoher Temperaturen) DIN EN 50 021
EEx-de:	Diese spezielle Kombination für Motoren vereinigt «d» für das Motorgehäuse und «e» für den Klemmenkasten.
Staubexplosionsschutz:	dust ignition proof (DIP nach IEC 61 241-1-1)
Zusätzliche Einteilungen:	
I:	Eignung für Schlagwetterschutz (Untertagebetrieb)
II:	übriger Ex-Schutz mit den Kapselungsgruppen A, B, C (speziell für EEx-d) A, B, C stehen für unterschiedliche große Luftspalte in Durchführungen, sie nehmen von A bis C ab. D. h., ein Motor der Gruppe IIC ist ebenfalls für IIA oder IIB geeignet.

Temperaturklassen [2.63]:
In Abhängigkeit von der zulässigen maximalen Oberflächentemperatur werden sechs Klassen festgeschrieben. Die Zündtemperatur des dazugehörigen explosionsfähigen Gemisches ist immer größer.

Klasse	**Oberflächentemperatur/°C**	**Zündtemperatur/°C**
T1	450	>450
T2	300	300...400
T3	200	200...300
T4	135	135...200
T5	100	100...135
T6	85	85...100

schaften erfüllen Gleichstrom- ebenso wie Drehstrommotoren, wobei letztere wegen des fehlenden, Funken erzeugenden Kommutators natürlich dominieren. Ex-geschützte Motoren sind Standardmaschinen mit einer zugeschnittenen Sicherheitshülle. Äußerlich unterscheiden sie sich nur unwesentlich von der Normalausführung.

Ex-geschützte Maschinen stehen im Leistungsbereich bis 1000 kW und mehr bei Drehzahlen zwischen 750 min^{-1} und 3000 min^{-1}, teilweise bereits in der Wirkungsgradklasse EFF1, zur Verfügung [1.49; 5.29; 5.30]. Der Besteller sollte dem Lieferanten zusätzlich zu den Daten der Last sehr genau die den Motor umgebende Atmosphäre hinsichtlich explosiver Stoffe, der Brandgefahr sowie leitender und nicht leitender Stäube beschreiben, damit der richtige Typ ausgewählt werden kann. Für die Wahl der Schutzart, für die korrekte Installation sowie für sachgemäße Nutzung und Wartung ist nämlich der Nutzer verantwortlich.

Motoren mit erhöhten Sicherheitseigenschaften müssen von einem zugelassenen Labor auf Konformität mit zutreffenden CENELEC-Normen und derzeit gültigen EU-(Ex)-Richtlinien geprüft werden. Ein zur Maschine gehöriges Zertifikat bestätigt die positiven Testergebnisse. Außerdem weist die Schutzart das Leistungsschild aus. Ab 30.6.03 dürfen nur noch Produkte mit CE-Kennzeichnung in Verkehr gebracht werden, die zur Richtlinie 94/9/EG ([2.66] Atex) mit z. T. neu definierten Ex-Zonen [2.65] konform sind. Die veränderte Gesetzeslage schlägt sich in der novellierten Betriebssicherheitsverordnung (BetrSichV) nieder [2.68] (vgl. Abschnitt 2.3.3).

5.5.6 Motoren für extreme Umgebungsbedingungen

Elektrische Motoren müssen oftmals wenigstens kurzzeitig außergewöhnliche Einsatzbedingungen hinsichtlich Temperatur, Wasser, Schock, Erdbeben, Druck, Staub, Sandsturm usw. verkraften. In Polarregionen beispielsweise treten Temperaturschwankungen zwischen –55 °C und +40 °C auf.

Herausragen **Brandgasmotoren**, die etwa Lüfter in Tunneln, Treppenhäusern, Flughäfen, Parkhäusern u. Ä. antreiben. Sie bleiben im Brandfall bei höchsten Umgebungstemperaturen funktionsfähig und halten dadurch Fluchtwege rauchfrei. Personenrettung und Brandbekämpfung werden erfolgreich möglich. Mit sehr beständigen Sonderisolationsmaterialien, speziellen Lagern und Schmierstoffen gelingt es, umrichterfeste, drehzahlsteuerbare Maschinen im Leistungsbereich <1 kW bis 500 kW und Höchstdrehzahlen von 3000 min^{-1} mit Feuerwiderstandsklassen F200...F600 (vgl. Abschnitt 2.3.2) zu bauen und erfolgreich zertifizieren zu lassen. Sie arbeiten bestimmungsgemäß bei Umgebungstemperaturen bis zu 400 °C durchaus mehr als 120 min, erst anschließend können sie ausfallen. Die ebenfalls energieökonomischen und umweltfreundlichen Brandgasmotoren stehen sowohl für Umrichterspeisung als für auch für Netzbetrieb bei Drehzahlen unter 750 min^{-1} in polumschaltbarer Ausführung zur Verfügung [1.49; 5.46–5.49].

Erwähnenswert sind in dieser Kategorie drehzahlsteuerbare **Unterwasser- und Tiefseemotoren**, z. B. [5.49]. Unter Druck gas- oder ölgefüllt, funktionieren sie als annähernd wartungsfreier, in die Pumpe integrierter Direktmotor zu Erdgas- oder Erdölförderung aus großen Tiefen. Leistungen bis 2000 kW werden erreicht. **Tauchpum-**

penmaschinen befinden sich zusammen mit der Hydraulik im verflüssigten Gas, weshalb die Umgebung Temperaturen von –50 °C erreichen kann. Auch diese Ausführung kommt nur mit sehr beständigen Materialien besonders an den Stellen aus, die unmittelbar mit dem zu fördernden Flüssiggas in Kontakt geraten.

5.6 Spezialbauformen

Spezialbauformen sind hier Gleichstrom-, Dreh- oder Wechselstrommotoren, die magnetisch und/oder elektrisch von der klassischen, rotativen und linearen Bauform abweichen. Sie besitzen entweder einen axialen, ebenen Luftspalt, der magnetische Widerstand bestimmt die Bildung des Momentes, oder die Maschine wird lediglich von einem Netz mit der Phasenzahl $m < 3$ gespeist. Der Wirkungsgrad dieser Sondermaschinen ist überwiegend niedrig, so dass wirtschaftlich lediglich kleinere Leistungen existieren. Sofern Kleinmotoren Stellaufgaben übernehmen und ihre Drehzahl zu verändern ist, werden sie ebenso durch Stromrichter gespeist.

5.6.1 Scheibenläufermotor

Der scheibenförmige Läufer rotiert in einem ebenen Luftspalt (Bild 5.16). Seine eisenlose Kunststoffscheibe enthält eine gedruckte Wicklung. Ihre radiale, großflächige Anordnung erleichtert die Wärmeabfuhr, so dass der Scheibenläufermotor kompatibel zum niedrigen Trägheitsmoment kurzzeitig hoch überlastbar ist. Magneten sind ebenso wie die Bürsten des Kommutators senkrecht zum Luftspalt angeordnet. Folglich wirkt das Ständerfeld in axialer Richtung. Die Flüsse von Erreger- und Ankerstrom stehen weiterhin senkrecht aufeinander. Scheibenläufermotoren können auf der Grundlage aller drei Grundprinzipien arbeiten [18; 28]. Applikationen, die hohe Beschleunigungen (niedriges Läuferträgheitsmoment) und kurze Motorbaulängen benötigen, können sich für diese Bauart entscheiden. Motoren bis 15 kW, Drehzahlen bis 6000 min^{-1}, Ankerspannungen <200 V bewähren sich im Werkzeugmaschinenbau, bei Robotern, Handhabungsmaschinen u. Ä.

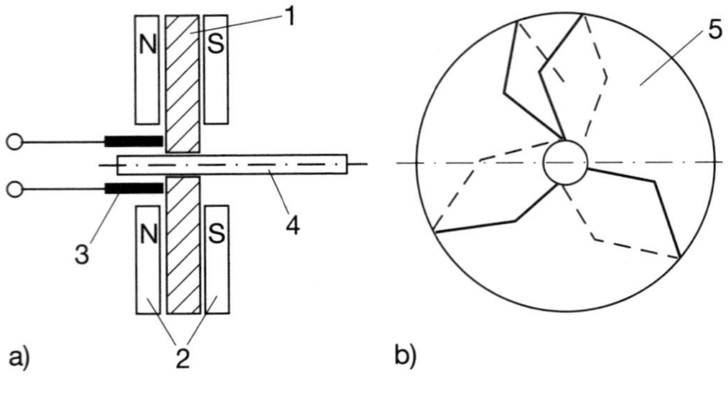

Bild 5.16
Gleichstrom-Scheibenläufermotor
a) Schnitt
1 Rotor (Scheibe) mit Wicklung
2 Stator
3 Bürsten
4 Welle
b) Läuferscheibe
5 Isolierstoffscheibe mit Windungen

Bild 5.17
Reluktanzmotor (Prinzipaufbau)
1 Stator
2 Rotor mit Aussparungen

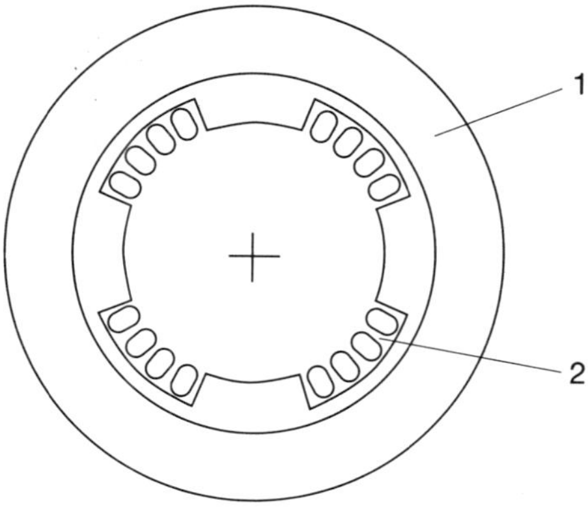

5.6.2 Reluktanzmotor

Der dreiphasige Reluktanzmotor entspricht einer Schenkelpol-Synchronmaschine, deren unerregter Läufer keine Wicklung trägt und eine zahnförmige Kontur besitzt (Bild 5.17) [15–17; 5.31; 5.39]. Zufolge dieser magnetischen Asymmetrie schwankt bei Rotation der magnetische Widerstand (Reluktanz, variable reluctance VR) des Ständerfeldes. Daraus bildet sich als Reaktion das Reluktanzmoment (vgl. Abschnitt 5.2). Dieser spezielle Innenpol-Synchronmotor entsteht aus einer einfachen Modifikation des Asynchronmotors mit Kurzschlussläufer, indem die Läuferoberfläche Aussparungen (Nuten) erhält. Kleiner und leichter, wird der VR-Motor besonders für kleine Leistungen (bis ca. 12 kW) zur robusten, preiswerten Alternative [5.32]. Die Anzahl der Polpaare von Ständer und Läufer stimmen überein. Zum Starten bekommt der Rotor entweder einen Kurzschlusskäfig, oder das massive Läufereisen übernimmt diese Aufgabe. Nach dem asynchronen Hochlauf zieht sich der Läufer in der Nähe der synchronen Drehzahl automatisch in den Synchronismus.

VR-Motoren lassen sich auch im Schrittbetrieb betreiben. Sie eignen sich für Mehrmotorenantriebe mit guten Gleichlaufeigenschaften etwa in der Textilindustrie oder für fördertechnische Anlagen. Erreichbare Drehzahlen liegen zwischen 1000 und 3000 min^{-1}. Fortschritte bei den eingesetzten Materialien erlauben den Bau größerer Motoren z. B. für den Antrieb von Elektrofahrzeugen [5.33; 5.34]. Grenzleistungen bis zu 5 MW sind bekannt geworden [5.41].

5.6.3 Schrittmotor

Eine andere Spezialbauform der Synchronmaschine trägt die Bezeichnung Schrittmotor (Bild 5.18). Der Aufbau seines Ständers mit überwiegend ausgeprägten Polen stimmt mit dem Synchronmotor überein [17; 30, T.1; 5.31]. Teile der mehrsträngigen, gleichmäßig verteilten Wicklung ($m \geq 2$) werden nacheinander so mit Stromimpulsen gespeist, dass sich das gebildete Magnetfeld schrittförmig dreht. Der Läufer, dessen Polzahl sehr groß sein kann, folgt dem sich gleichsam kontinuierlich bewegenden Drehfeld. Permanenterregt oder als weichmagnetisches Zahnrad nimmt er im Schritt-

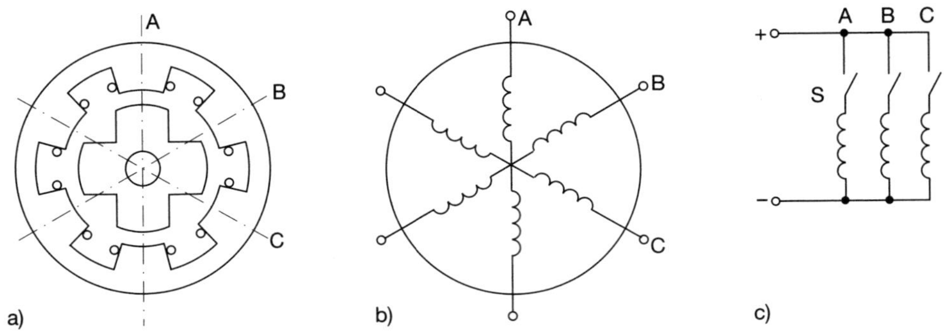

Bild 5.18 Schrittmotor
a) Reluktanzprinzip (dreisträngig m = 3)
b) Strangschaltung
c) Steuerschaltung (die Schalter S sind Transistoren o. Ä.)

betrieb die Stellung ein, in der sich ungleichnamige Pole gegenüberstehen oder der niedrigste magnetische Widerstand auftritt. Deswegen kennzeichnet die Maschine ein magnetisches Rastmoment. Unbelastet und nicht bestromt nimmt der Rotor eine Vorzugslage ein. Aus den elektrischen Impulsen, deren Frequenz die Motordrehzahl n bestimmt, entstehen fehlerfrei und unmittelbar mechanische Winkelschritte α_s höchster Genauigkeit.

$$\alpha_s = 6 \frac{n}{f_s} \qquad \text{(Gl. 5.32)}$$

Somit kann – nicht zuletzt wegen seiner langen Standzeiten und hohen Zuverlässigkeit – mit dem Schrittmotor ebenfalls ein wirtschaftlicher Direktantrieb aufgebaut werden. Weitere Anwendungsvorteile sind in Tabelle 5.12 zusammengestellt.

Die Anzahl der Maschinenstränge m, Ein- oder Mehrstatorbauweise (mehrere Ständer mit axial hintereinander angeordneten Wicklungssträngen sitzen dabei als Teilmaschinen auf der gemeinsamen Welle), Polpaarzahl, Art der Versorgung der Wicklungen mit unipolaren oder bipolaren Impulsen, gar mit Sinusströmen, sowie die Ansteuerschaltung (Stellglied) bestimmen die Anzahl der Schritte pro Umdrehung (Auflösung) und die Schrittgeschwindigkeit. Eine Verfeinerung der Auflösung ermöglichen Halb- und Mikroschrittbetrieb. Durch definiertes, befristetes Abschalten von

Tabelle 5.12 Eigenschaften von Schrittmotoren

- ❑ Elektronikkompatibilität (direkte Ansteuerbarkeit z. B. über eine SPS)
- ❑ Ausgeprägte Stabilität der Ω-M-Kennlinie (keine Lastabhängigkeit der Drehzahl)
- ❑ Extreme Positioniergenauigkeit (hohe Auflösung)
- ❑ Verzicht auf eine Betriebsbremse (großes Haltemoment)
- ❑ Verzicht auf Überlast- und Rutschkupplungen bei Blockierung des Motors
- ❑ Nutzbarkeit im Direktantrieb

Spulen, alternativ mit stufiger Verminderung oder Vergrößerung der Impulse, wird der Vollschritt (Gl. 5.32) unterteilt.

Schrittmotoren können gesteuert in einer offenen Kette ohne Messglieder betrieben werden. Der Verzicht auf Sensoren senkt die Störanfälligkeit deutlich. Betriebsverhalten, Wirkungsgrad und Ausfallverhalten des Systems verbessern sich, wenn die Rotorlage erfasst und im geschlossenen Regelkreis zurückgemeldet wird.

Neben Maschinen mit radialem Luftspalt existieren auch Schrittmotoren mit Scheibenläufer (axialer Luftspalt) und in linearer Bauform.

Besitzt die Maschine einen rotationssymmetrischen PM-Läufer, liegt eine konventionelle Synchronmaschine mit Vollpolläufer vor. Meist arbeitet dieser Rotor in einer offenen Steuerkette. Ist sein Läufer gezahnt sowie unerregt und besitzt der Ständer ausgeprägte Pole mit konzentrierten Wicklungen, heißt die Konstruktion Reluktanzschrittmotor. Im Aufbau und hinsichtlich der Momentenbildung entspricht er einer hochpoligen Schenkelpol-Synchronmaschine, gesteuerter Betrieb ist zulässig. Jede der mehrsträngigen Wicklungen führt nacheinander einen zeitlich begrenzten, impulsförmigen Strom. Durch das entstehende, schrittweise weitergeschaltete Drehfeld nimmt der Läufer relativ zur stromführenden Ständerwicklung – quasi kontinuierlich drehend – immer die magnetische Vorzugsposition ein, die ein minimaler magnetischer Widerstand kennzeichnet. Läuferzahn und Pol der stromführenden Wicklung stehen sich direkt gegenüber. Der Rotor bewegt sich definiert schrittweise digital und präzise. Unterscheidet sich die Läuferpolzahl von der des Ständers, übernimmt der Motor zusätzlich die Funktion eines Getriebes.

Koordiniert der am Rotor montierte Rotorlagegeber die Stromimpulsfolge in den Ständerwicklungen (mit Hall- oder optischen Sensoren) winkelrichtig und synchron zur Läuferstellung über einen selbst gesteuerten Wechselrichter, spricht man vom geschalteten Reluktanzmotor. Im Unterschied zu den erläuterten Alternativen PM- und Reluktanzschrittmotor liegt eine geschlossene Wirkungskette vor. Hinter der Bezeichnung Hybridschrittmotor verbirgt sich eine permanenterregte Gleichpolanordnung, gleichsam eine Kombination von PM- und Reluktanzläufer.

Das Serienprodukt Schrittmotor findet sich in feinmechanischen Geräten, in Werkzeugmaschinen, in der Montage- und Fügetechnologie oder anderen Anwendungen mit Anforderungen an höchste Positioniergenauigkeit. Nennmomente bis 2500 Nm bei Auflösungen bis 1000 Schritte pro Umdrehung und mehr können in Verbindung mit der z.T. aufwendigen Steuer- und Stelleinrichtung erzielt werden.

5.6.4 Hysteresemotor

Der Hysteresemotor zählt als Kleinstmotor zu den Synchronmaschinen [5.18; 5.36; 5.37]. Die permanenterregte Vollpolmaschine kann sowohl einen Innen- als auch einen Außenläufer besitzen. Wegen der verbreitet einphasigen Speisung besitzt der Ständer meist einen Spaltpol mit Kurzschlusswicklung oder eine Hilfsphase mit Kondensator. Beide sorgen für den Aufbau eines phasenverschobenen Flusses (Abschnitt 5.6.6). Der Rotor besteht aus einem hartmagnetischen Zylinder sowie einem Eisenkern. Sofern diese Röhre dick genug ist, kann das Rotorinnere ein nicht ferromagnetischer Werkstoff sein. Durch das Ständerdrehfeld entsteht in Verbindung mit der ausgeprägten Hysterese das drehzahlunabhängige Hysteresemoment (Abschnitt 5.2). Der asynchrone Anlauf entspricht dem Vorgang bei der Reluktanzmaschine.

Hysteresemotoren werden wegen des niedrigen Wirkungsgrades nur für kleine Leistungen angeboten (<600 W). Sie können mit sehr hohen Drehzahlen (>3000 min^{-1}) laufen und bewältigen als Außenläufer sehr große Trägheitsmomente (z. B. für Tonwiedergabegeräte, Drucker, Schreibmaschinen).

5.6.5 Transversalflussmotor

Die Magnetanordnung folgt dem Scheibenläuferprinzip, der magnetische Fluss verläuft nicht radial, sondern axial. Quasi werden die elektrischen Leiter nicht mehr um das magnetische Material gewickelt, stattdessen windet sich Eisen um Kupfer (Bild 5.19) [5.39–5.41]. Kleinste Polteilungen lassen sich verwirklichen. Die Anwendung dieser als Synchronmaschine mit Dauererregung oder nach dem Reluktanzprinzip arbeitenden Ausführung bringt für Spezialaufgaben Vorzüge (Tabelle 5.13).

Tabelle 5.13 Eigenschaften von Transversalflussmaschinen

❏ Hohe Ausnutzung (kleine Ohm'sche Verluste, hohe Kraftdichte, relativ geringes Gewicht)
❏ Kleine Polteilungen
❏ Innenläufer- und Außenläuferkonstruktion
❏ Hohes Halte- bzw. Stillstandsmonent
❏ Großer Feldschwächbereich
❏ Einsatz als «High Torque»-Direktmotor

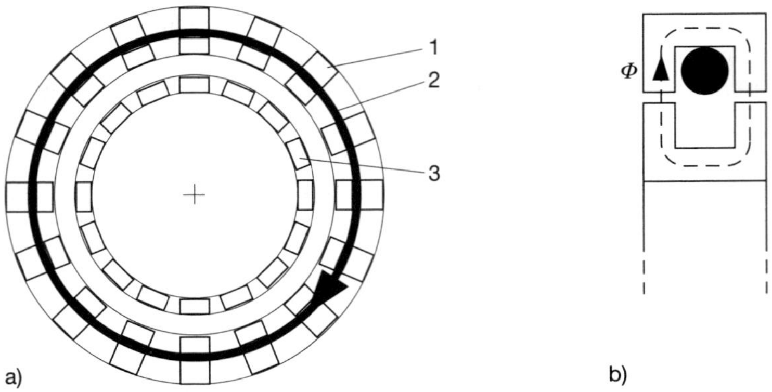

Bild 5.19 Transversalflussmaschine (Prinzip)
a) Querschnitt (Reluktanzprinzip)
1 Ständer
2 Erregerwicklung
3 Läufer
b) Maschinenelement

5.6.6 Einphasenmotor

Die bisher vorgestellten Maschinen erzeugen das Drehfeld mittels einer mindestens dreiphasigen Wicklung. Verfügt der Motor nur über eine einzige Phase, entsteht ein magnetisches Wechselfeld. Seine Richtung bleibt unverändert, nur der Momentanwert der Feldstärke variiert im Rhythmus der Frequenz der Speisespannung. Der zeitliche Verlauf der Schwankung folgt der Zeitfunktion der anliegenden Spannung, also z. B. der Sinusform. Im gleichen Rhythmus pulsiert das entstehende Moment. Die Bedingung der Gl. 5.1 ist nicht mehr zu erfüllen.

Bei der **einphasigen Asynchronmaschine mit Kurzschlussläufer** [15–18; 30, T.1; 5.18; 5.37] kann nur bei Drehzahlen >0 ein konstantes Moment entstehen, bei der Drehzahl Null ist das Moment null. Der Motor entwickelt kein Anlaufmoment und muss angeworfen werden. Zur Erklärung lässt sich die Einphasenmaschine gedanklich in zwei symmetrische Motoren mit spiegelgleichen Ω-M-Kennlinien zerlegen, deren unterschiedliche Drehrichtung von einem mit- und einem gegenlaufenden Drehfeld verursacht wird. Die Überlagerung beider Kurven zur vollständig symmetrischen Darstellung $\Omega = f(M)$ der realen Maschine geht durch den Nullpunkt des Koordinatensystems (Bild 5.20a), so dass bei Stillstand eben das Moment null ist und der Motor sich nur in Anwurfrichtung weiter bewegt.

Anlauffähig wird der aus einer Phase gespeiste Motor mit einer zweiphasigen Wicklung, deren Achsen einen räumlichen Winkel von 90° einschließen. Das Drehfeld entsteht, sofern in der zweiten Phase ein um ca. 90 °el verzögerter Strom fließt (Bild 5.20b). Die Verschiebung in der Hilfs- oder Anlaufphase besorgt ein Kondensator, der entweder nach abgeschlossenem Hochlauf mit der Wicklung abgeschaltet wird oder bei geeigneter Dimensionierung dauerhaft in Betrieb bleibt. Solche, auch Kondensatormotor genannte Maschinen treiben Elektrowerkzeuge, Haushaltsmaschinen, Lüfter u. Ä. bis zu Leistungen von ca. 2 kW an. Sind Servoaufgaben zu lösen, wechselt der massive Kurzschlussläufer zum Glockenläufer (Bild 5.20c). Die Kurzschlusswicklung bildet eine nichtmagnetische, drehbare Aluminiumglocke. Als magnetischer Rückschluss fungiert der stillstehende, massive Eisenkern. Diese Variante, die für Leistungen bis zu einigen 100 W verfügbar ist, heißt **Ferraris-Maschine.** Eine andere Möglichkeit, die Phasenlage des Stroms in der Hilfswicklung gegenüber der der Hauptwicklung um 90 °el zu drehen, bietet der **Spaltpolmotor** (Bild 5.20d). Ein Teil des Hauptpoles, der so genannte Spaltpol, trägt eine Kurzschlusswicklung. Den darin fließenden verschobenen Strom treibt die vom Wechselfeld des Hauptpoles induzierte Spannung an. Die erreichbaren Leistungen sind noch geringer (≈ 100 W).

Alle einphasigen Asynchronmaschinen laufen mit von den Standardmotoren bekannten Drehzahlen bei einer Versorgungsspannung von 230 V. Jeder Typ besitzt allerdings einen vergleichsweise niedrigen Wirkungsgrad. Die Verstellung der Drehzahl erfolgt mehrheitlich durch Spannungssteuerung mit einem Wechselstromsteller.

Einphasige Synchronmotoren unterscheiden sich durch den permanenterregten Läufer von Asynchronmaschinen [15–18; 30, T.1; 5.37]. Das Betriebsverhalten kommt dem einer Reluktanzmaschine nahe.

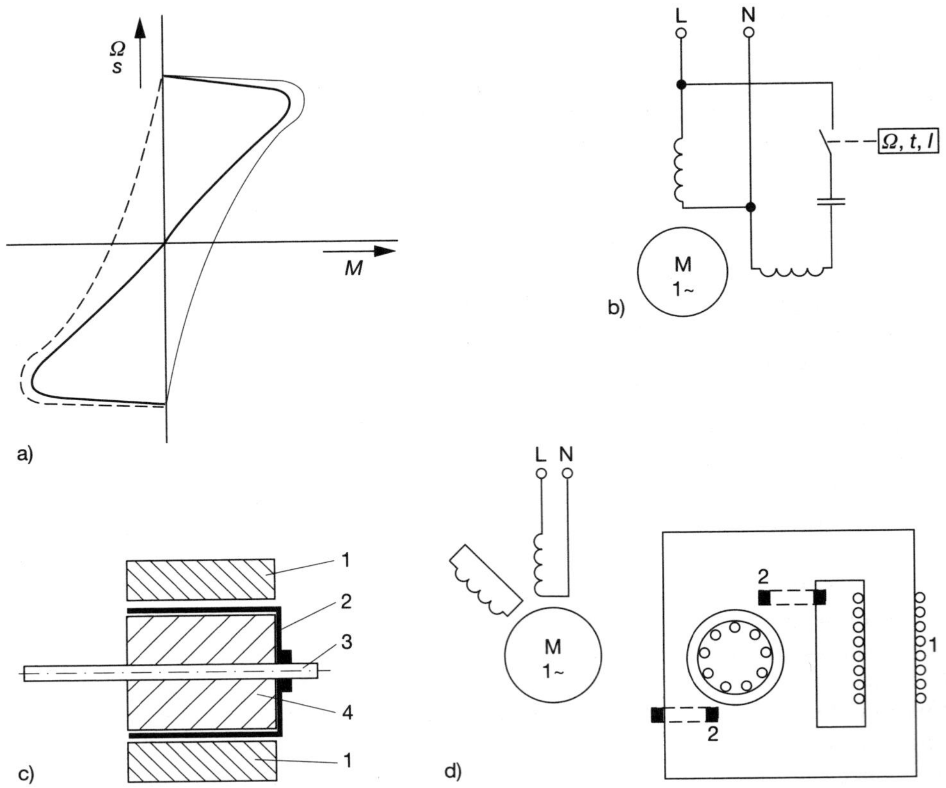

Bild 5.20 Einphasen-Asynchronmaschine

a) Ω-M-Kennlinie
—— Mitfeldmaschine - - - - - Gegenfeldmaschine —— resultierender realer Zweiphasenmotor

b) Prinzipschaltung Asynchronmaschine mit (ggf. abschaltbarer) Kondensator-Hilfsphase

c) Ferraris-Läufer
1 bewickelter Ständer
2 Aluminiumglocke
3 mechanische Welle
4 stillstehender, massiver Läufer

d) Prinzipschaltung und -aufbau Spaltpolmotor
1 Hauptwicklung
2 Spaltpolwicklung

Kann eine konstruktiv modifizierte Gleichstrom-Reihenschlussmaschine bei gleicher Spannung (≤230 V) alternativ von Wechsel- oder Gleichspannung gespeist werden, nennt sich das Ergebnis **Universalmotor.** Eine solche Kommutatormaschine findet sich bei Elektrowerkzeugen kleiner Leistung. Als Einphasen-Reihenschlussmotor großer Leistung für Bahnantriebe (≤1200 kW) besitzt er keine Bedeutung mehr.

5.7 Integralmotor

Der umrichterfeste Integralmotor ist ein vollständiges, autonom arbeitsfähiges Antriebssystem (s. Bild 4.1). Ein Motor inklusive Stromrichter-Stellglied und dazugehöriger Informationselektronik (Steuerung und Regelung) wurde zu einer funktionellen, kompakten Liefereinheit gefügt. Die elektronischen Komponenten sind im Motoranschlusskasten untergebracht oder an seiner Stelle aufgesetzt (vgl. Tabelle 12.2). Eine Montage auf der B-Seite hat sich bei Umrichtern nicht durchgesetzt [1.48]. Dieses Platz sparende Konzept eröffnet dem Anwender viele Annehmlichkeiten (Tabelle 5.14). Selbstkühlung und hohe Schutzart (≤ IP 66) erleichtern den Entwurf dezentraler Antriebslösungen. Optionen wie Busschnittstellen, Ansteuerung einer mechanischen Bremse oder ein integrierter Bremschopper, spezielle Netzeingangsfilter, PC-Anschluss und Klartextdisplay zur Bedienungsunterstützung erweitern den Applikationsspielraum.

Erste Integrationsversuche dieser Art bei stromrichtergespeisten Gleichstrommaschinen auf der B-Seite in den 60er-Jahren [1.24] führten nicht zum wirtschaftlichen Erfolg. Erst seit dem Durchbruch der leistungselektronikgespeisten, frequenzgesteuerten Asynchronmaschine bietet der Markt eine Vielzahl wettbewerbsfähiger Lösungen mit 2- oder 4-poligen Standardmaschinen und Getriebemotoren, Spannungen ≤500 V sowie Leistungen von mehr als 22 kW (Bild 5.21). Selbst bei hochdynamischen Synchronservomotoren und bürstenlosen Elektronikmotoren vergleichbarer Leistungsgröße werden Leistungs- und Informationselektronik unmittelbar in das Design zum Integralantrieb einbezogen [5.20; 5.28; 5.38].

Tabelle 5.14 Eigenschaften von Integralmotoren

- ❑ Direkter Netzanschluss
- ❑ Kurzschlussfest
- ❑ Selbstgekühlt
- ❑ Einsatz im Stand-alone-Betrieb oder im dezentralen System eines Netzwerkes
- ❑ Sehr gute elektromagnetische Verträglichkeit
- ❑ Geringer Montageaufwand (Keine Kabelverbindung zwischen Motor und Stellglied, für die Kombination zum Antrieb u. a.)
- ❑ Einschaltbereitschaft (Plug & Play, voreingestellte Lieferung)
- ❑ Schaltschranklose Vor-Ort-Installation
- ❑ Hohe Schutzart (≤IP 66)
- ❑ Zahlreiche Optionen (Netzeingangsfilter, integrierter Bremschopper, Busschnittstelle nach Wahl, PC-Anschluss, Bedientastatur mit Klartextdisplay u. a.)
- ❑ Vom Motor abgesetzte Montage des Umrichters z. T. möglich

a)

b)

Bild 5.21
Integralmotor (Kompakteinheit aus Energiesparmotor/Asynchronmaschine und Umrichter)
a) Baureihe COMBIMASTER 411 [1.49]
b) Umrichterbaureihe ACS 160 (mit Montagesätzen für den Zusammenbau mit Serienmotoren der Baureihen M2/3xxx geeignet [5.30])

5.8 Gleichstrommotor im Vergleich zum Drehstrommotor

Von Grenzdaten (s. Bild 4.4) abgesehen lässt sich jede Antriebsaufgabe mit jedem Motor erfüllen. In der Vergangenheit waren Gleichstrommaschinen das Mittel der Wahl. Inzwischen wird die Kommutatorausführung im gesamten Leistungsbereich von der Drehstromtechnik verdrängt. Trotz der Vorzüge des Gleichstrommotors, wie

- ❑ übersichtliches, hochwertiges Regelverhalten verbunden mit guter Laufruhe,
- ❑ großer Stellbereich,

ebneten die Hauptnachteile größere Komplexität und erhöhter Wartungsaufwand dem Drehstrommotor den Weg. Inzwischen wurden beide Mängel durch verbesserte Gleichstrommotoren und elegantere Feldstromrichter gemindert [5.3] (vgl. Abschnitt 5.3.2). Insgesamt bleibt der Drehstrommotor der Gleichstrommaschine überlegen. Deshalb überwiegt in der Industrie bei Neuanlagen der Drehstrommotor bzw. -antrieb. Ihre Vorzüge können Gleichstrommotoren ggf. noch bei Ersatzinvestitionen (Retrofit) ausspielen.

Der Marktanteil der Drehstromlösung wächst ständig (vgl. Abschnitt 4.4). Vom Synchronmotor wird der bestehende Vorsprung ausgebaut. Infolge der Fortschritte bei

Tabelle 5.15 Motoreigenschaften im Vergleich

Kriterium	**DC-Motor**	**AC-Motor asynchron**	**AC-Motor synchron permanenterregt**
Masse-Leistungs-Verhältnis/ Bauvolumen/Gewicht	+	+	++ (70%) [1]
Preis	–	++	+
Grenzleistung	–	+	++
Verschleiß	–	++	++
Wartungsaufwand	–	+	+
Überlastbarkeit (kurzzeitig)	++	+	++
Regelbarkeit/-aufwand	++	+	++
Schutzart	–	++	++
Platzbedarf (inkl. Stellglied)/Volumen	+	+	++
Drehmomentausnutzung	–	+	++
Wirkungsgrad	– (70–95 %)	+ (70–95 %	++ (<98 %)
Komplexität	–	+	+
Geräusch	+	–	–
EMV-Aufwand	+	–	–
Drehzahlstellbereich (*P* = const.)	+	+	+
Höchstdrehzahl	+	+	++
Spannungsbereich	–	++	++
Netzrückwirkungen/Oberschwingungen	+	++	++
Blindleistungsbedarf	–	+	+
Anschaffungs-/Betriebskosten	–	+	++
Montage/Inbetriebsetzung	–	++	+
Netzrückspeisung	+	+	+
Mehrmotorenkonzept	+	++	++
Integrationsfähigkeit (Integralmotor)	–	++	++
Verfügbarkeit/Zuverlässigkeit	–	+	++

Bewertungsskala:
+ positiv, weniger Aufwand
++ sehr positiv, viel weniger Aufwand
– negativ, höherer Aufwand.
[1] 100 % Asynchronmaschine.

den Permanentmagneten verbessert sich sein Leistungs-Masse-Verhältnis gegenüber asynchronen und Gleichstrommotoren [5.43]. Die Läuferverluste sinken, Wirkungsgrad sowie Zuverlässigkeit und Verfügbarkeit steigen. Der qualitative Vergleich der drei Lösungen in Tabelle 5.15 belegt die geschilderte Entwicklung; tendenziell gilt das gleichfalls für alle synchronen Spezialbauformen. Trotzdem sollte im Bereich großer und größter Leistungen und Momente die Entscheidung sorgfältig anhand der in [4.2–4.4] zusammengefassten Kriterien getroffen werden.

6 Arbeitsmaschinen und Übertragungsmechanismen

Der Vielzahl unterschiedlich ausgeführter Antriebssysteme ist die Grundstruktur nach Bild 4.1 gemeinsam. Diese Systematik rechtfertigt die Typisierung der Komponenten, oft aber auch eine Standardisierung (z. B. der Asynchronmotoren). Vergleichbares Vorgehen verlangt die Arbeitsmaschine, um verschiedenartige Bearbeitungs-, Verarbeitungs- oder Transportvorgänge nach einheitlichen Gesichtspunkten zu beschreiben und zu behandeln. Genaue Kenntnis des definitionsgemäß nicht zum Antrieb zählenden Lastmechanismus ist nämlich von Gewicht für die wirtschaftliche Dimensionierung der Motoren, zum Optimieren der Betriebskosten des Antriebssystems, also zum Erreichen der prognostizierten Energieeinsparung.

6.1 Typisierung der Arbeitsmaschinen

Interessierende Größen an der Arbeitsmaschine sind in Tabelle 6.1 zusammengestellt. Ihre Vielfalt lässt sich auf mehrere Grundtypen von Belastungskennlinien $\Omega_A = f(M_A)$ und Leistungsverläufe $\Omega_A = f(P_A)$ zurückführen. Das Widerstandsmoment M_A treibt von sich aus nicht an (I. Quadrant). Aktiv wie die durchziehende Last bei einem Kran wirkt es nur im IV. Quadranten.

Zu den fünf idealisierten Verhaltenstypen in Bild 6.1 gehören:

1. Durchziehende Last

$$M_A = k_0 \qquad \text{(Gl. 6.1)}$$

$$P_A = M_A\,\Omega_A = k_0\,\Omega_A \qquad \text{(Gl. 6.2)}$$

Als aktive Belastung überwindet M_A bei Kranen, Aufzügen, Fördermaschinen, Bahnen auf geneigten Strecken u. Ä. die Schwerkraft und bewegt den Motor gegen seine natürliche Drehrichtung.

2. (Trockene) Reibung

$$M_A = k_1 \operatorname{sign} \Omega_A \qquad \text{(Gl. 6.3)}$$

mit

$\omega > 0 \;\; m_W = k_1$

$\omega < 0 \;\; m_W = -\,k_1$

$$P_A = |k_1|\,\Omega_A \qquad \text{(Gl. 6.4)}$$

Tabelle 6.1 Kenngrößen von Arbeitsmaschinen

Rotierende Mechanismen	**Translatorische Mechanismen**
$\omega = f(t)$	$v = f(t)$
$\varphi = \int \omega(t)$	$x = \int v(t)$
Widerstandsmoment m_W	Widerstandskraft f_W
$m_W = f(\omega, t)$	$f_W = f(v, t)$
in bewegter Masse gespeicherte Energie	
$W_{kin} = J_A \frac{\omega^2}{2}$	$W_{kin} = m \frac{v^2}{2}$
dynamisches Moment	dynamische Kraft
$m_d = \frac{1}{\omega} \frac{dW_{kin}}{dt} = J_A \frac{d\omega}{dt}$	$f_d = m \frac{1}{v} \frac{dW_{kin}}{dt} = m \frac{dv}{dt}$
potenzielle Energie	
$W_{pot} = m_w \varphi$	$W_{pot} = f_w x$
Leistung	
$p = m \omega$	$p = f v$

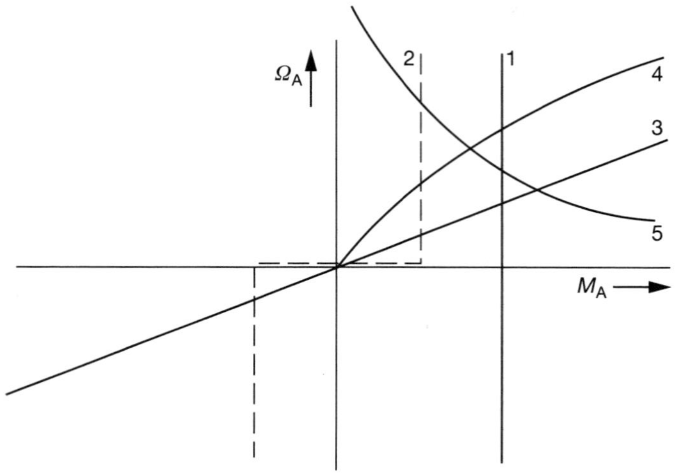

Bild 6.1
Drehzahl-Drehmoment-Kennlinien von Arbeitsmaschinen – Grundtypen
1 durchziehende Last
2 Reibungskennlinie (trockene Reibung)
3 Kalander
4 Lüfter
5 Wickler

Fließbänder, Fahrwerke von Baggern (mit niedrigen Drehzahlen), spanabhebende Werkzeugmaschinen, Hubkolbenpumpen, Kolbengebläse u. a. sind dadurch gekennzeichnet.

3. Kalander

$$M_A = k_2\ \Omega_A \qquad \text{(Gl. 6.5)}$$

$$P_A = k_2\ \Omega_A^2 \qquad \text{(Gl. 6.6)}$$

Die Kalandercharakteristik ist beim Glätten, Glänzen von Papier, Geweben, Folien u. Ä. zu beobachten sowie für eine als Generator arbeitende Maschine gültig, die elektrisch mit einem Festwiderstand belastet (R = const.) bzw. abgebremst wird.

4. Lüfter

$$M_A = k_3\ \Omega_A^2 \qquad \text{(Gl. 6.7)}$$

$$P_A = k_3\ \Omega_A^3 \qquad \text{(Gl. 6.8)}$$

Quadratische Abhängigkeit des Widerstandsmoments von der Drehzahl weisen Lüfter, Pumpen, Turboverdichter, Schiffsschrauben u. a. auf.

5. Wickler

$$M_A = k_4\ 1/\Omega_A \qquad \text{(Gl. 6.9)}$$

$$P_A = M_A\ \Omega_A = \text{const.} \qquad \text{(Gl. 6.10)}$$

Beim Aufwickeln von Material mit unveränderlicher Geschwindigkeit v = const. und konstanter Zugkraft F = const. entsteht der hyperbolische Kurvenverlauf.

Mit den Kennlinien lässt sich das stationäre Betriebsverhalten der Kombination Antrieb–Arbeitsmaschine beurteilen. Im Realfall können überlagerte Einflüsse zu Abweichungen von den gezeigten Verläufen führen. Der Arbeitspunkt AP stellt sich am Schnittpunkt der Ω-M-Kennlinien von Motor und Arbeitsmaschine ein. Stabil ist er, sofern sich für die Gradienten beider Kurven die Bedingung nach Bild 6.2 ergibt.

$$\frac{dM_A}{d\Omega_A} > \frac{dM_M}{d\Omega_M} \qquad \text{(Gl. 6.11)}$$

Aus dem Momentenüberschuss des Motors kann durch Integration der Bewegungsgleichung nach

$$T_H = \int_0^{\Omega} \frac{J}{m_b}\, d\omega = \int_0^{\Omega} \frac{J}{m_M(t,\omega) - m_A(t,\omega)}\, d\omega \qquad \text{(Gl. 6.12)}$$

die Hochlaufzeit T_H des Systems ermittelt werden. Näherungsweise gelingt die Berechnung mit der stufigen Annäherung der Kurve durch eine Treppe und anschließender Summation der Teilzeiten einzelner Abschnitte mit konstantem Beschleunigungsmoment m_b [5.18]. Das System läuft in angemessener Frist nur hoch, wenn das Motormoment bei jeder Drehzahl und in jedem Belastungszustand größer als das Widerstandsmoment der Arbeitsmaschine ist und der Momentenüberschuss nach Gl. 6.12 $\Delta m = m_b \gg 0$ ausreicht.

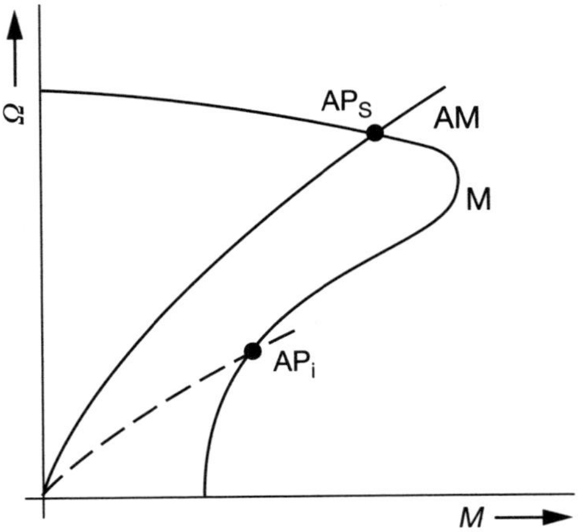

Bild 6.2
Stabiler Arbeitspunkt für die Kopplung von Antrieb und Arbeitsmaschine
AP_s Stabiler Arbeitspunkt
AP_i Instabiler Arbeitspunkt
M Motorkennlinie
AM Arbeitsmaschinenkennlinie

Getriebe und Kupplungen verbinden Motor und Arbeitsmaschine und übertragen mechanische Leistung. **Getriebe** passen den Motor hinsichtlich Drehmoment, Trägheitsmoment und Drehzahl an die Arbeitsmaschine an. Mit ihnen kann außerdem die rotative Bewegung in eine Translation und umgekehrt verändert werden. Ein Schaltgetriebe kehrt die Drehrichtung um. Als elektronisches Getriebe gleicht die stufenlose elektronische Verstellung die Drehzahlen zwar an, wird aber gleichzeitig eine Drehmomentanpassung gefordert, bleiben Getriebe unverzichtbar. Für die Umsetzung sind Übersetzungsverhältnis und Wirkungsgrad maßgebend. Die Maschinenelemente stehen in unterschiedlichen Bauformen wie Stirnrad-, Schnecken-, Ketten-, Reibrad-, Riemengetriebe u. a. ein- und mehrstufig für einen großen Drehzahl- und Leistungsbereich zur Verfügung (40 min^{-1} bei Fördermaschinen bis >40 000 min^{-1} für Schleifspindelantriebe). Steuerbare und nicht verstellbare **Kupplungen** übernehmen das Zu- und Abschalten der Arbeitsmaschine bei laufendem Motor. Als Anlasshilfe bei Schweranlauf, Überlastsicherung, Schwingungsdämpfer sowie als Einrichtung zum Drehzahlstellen und Reversieren verlor dieses Bauteil seine Bedeutung.

6.2 Anpassung und Bemessung von Motoren

Bemessungswerte für Leistung (inklusive Wirkungsgrad, Leistungsfaktor, Strom), für Drehzahl und das Moment (mit Anzugs- und Maximal-/Kippmoment) enthalten die Herstellerkataloge. Mit diesen Angaben kann der Standardmotor im Dauerbetrieb belastet werden. Mechanische Größen wie Abmessungen, Bauform (Achshöhe, Abmessungen), Trägheitsmoment finden sich in den gleichen Verzeichnissen. Die Drehzahl richtet sich nach der Arbeitsmaschine, aus Motorsicht werden Nennwerte in der Nähe von 1000 oder 1500 min^{-1} (z_p = 2 bzw. 3) bevorzugt. Innerhalb der Spannungsebene gelten für die Nennleistung nachstehende Orientierungswerte:

- ≤500 V bis ca. 500 kW
- 690 V bis 1000 kW
- 6 kV (MS) > 1 MW

Bei der Festlegung ist die örtliche Netzverfügbarkeit zu beachten.

Die Drehzahl-Drehmomenten-Kennlinien von Motor und Arbeitsmaschine sind hinsichtlich Arbeitspunkt und Momentenüberschuss anzupassen (vgl. Abschnitt 6.1). Um die Bemessungswerte von Leistung und Moment auszuwählen sowie die Stabilitätsbedingung zu erfüllen, muss das Verhalten des Arbeitsmechanismus stationär (Kennlinie) und dynamisch (Zeitfunktion) möglichst genau bekannt sein. Häufig schwanken – im Unterschied zur Katalogangabe für Dauerbetrieb (S1) – Widerstandsmoment und Drehzahl. Analog dazu ändern sich Motorstrom und -moment sowie die Verluste. Nur die möglichst genaue Kenntnis der Zeitfunktion der Motorbelastung garantiert die optimale thermische Auslastung (Einhalten der zulässigen Wicklungstemperatur). Abweichungen von der gleichmäßigen Drehzahl durch häufige Schaltvorgänge (Beschleunigen, Bremsen, Reversieren) erzeugen zusätzliche Wärme, so dass ggf. ein Motor größerer Leistung vorzusehen ist. Andere Betriebsarten, die sich durch eine Überlastung kurzer Dauer auszeichnen (Kurzzeitbetrieb S2), benötigen dagegen einen Motor kleinerer Baugröße.

Die Zeitfunktionen eignen sich nicht unmittelbar, den Motor zu dimensionieren. Deshalb werden sie auf einen Effektivwert zurückgeführt, der einer gleich bleibenden Ersatzlast entspricht [20]. Statisch ist der Motor richtig gewählt, wenn die Bedingung

$$M_{\mathrm{Aeff}} \leq M_{\mathrm{M\,Bem}} \qquad \text{(Gl. 6.13)}$$

eingehalten wird. Darüber hinaus muss sichergestellt werden, dass selbst eine kurzzeitig auftretende, kaum zur Erwärmung beitragende Höchstbelastung durch die Arbeitsmaschine kleiner als das maximal zulässige Motormoment (Kippmoment, Grenzmoment bei der Gleichstrommaschine) ist.

$$m_{\mathrm{Amax}} < M_{\mathrm{M\,max}} \qquad \text{(Gl. 6.14)}$$

Mit dieser Prozedur wird der variable Belastungs- und Drehzahlverlauf grundsätzlich auf eine konstante Bürde (Dauerbetrieb) zurückgeführt. Das der Wechsellast entsprechende effektive Moment erwärmt den Motor während einer normierten Betriebszeit auf die gleiche Temperatur, so dass die Auswahl eines S1-Motors gemäß Katalog zulässig wird.

Die antriebstechnische Realität kennt vielfältige Belastungsverläufe, die auf eine Reihe grundlegender Verhaltensmuster reduziert werden können. Sie sind in [6.1] als Betriebsarten definiert. Die Festlegung erleichtert die optimale Motorbemessung bzw. -auswahl, sofern der tatsächliche Verlauf an eine genormte Betriebsart angenähert wird. Tabelle 6.2 beschreibt oft praktizierte Betriebsarten aus den Standardfällen S1...S10 [5.18; 5.19].

Um eine kostenwirksame Fehlbemessung zu umgehen, ist es vorteilhaft bzw. notwendig, dem Hersteller den tatsächlichen Belastungs- und Drehzahlverlauf sowie andere Bedingungen möglichst genau zu beschreiben, im günstigsten Fall die daraus ab-

Tabelle 6.2 Wichtige Nennbetriebsarten von elektrischen Maschinen

Kurzzeichen	**Bezeichnung**	**Zeitverläufe**	**Anwendungsbeispiele**
S1	Dauerbetrieb $t_B > (3...4)\,\tau$	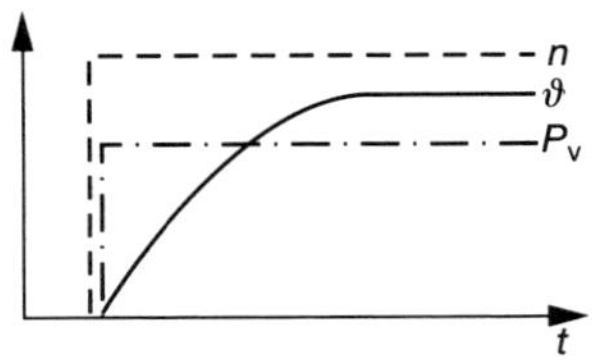	Lüfter, Pumpen
S2	Kurzzeitbetrieb $t_B < (3...4)\,\tau$ $t_P > (3...4)\,\tau$ t_B = 0,5/1/3/5/10/30/60/90 min	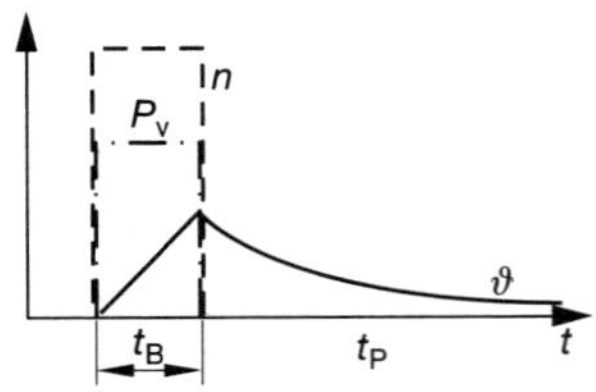	Haushaltsgeräte, Bahnen
S3	Aussetzbetrieb $t_B < (3...4)\,\tau$ $t_P < (3...4)\,\tau$ $ED = \frac{t_B}{t_B + t_P}$ ED = 15/20/40/60 %	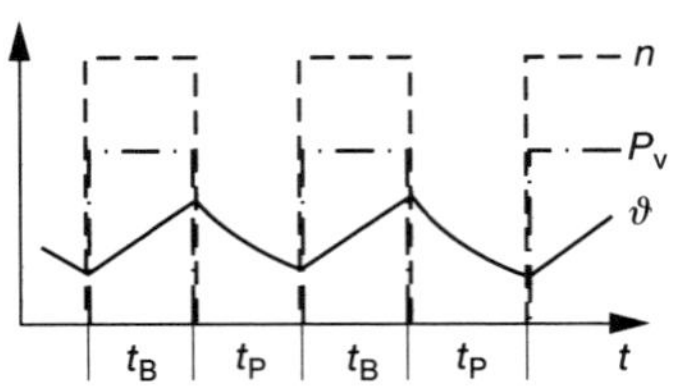	Krane, Mechanische Bremsung
S5	Aussetzbetrieb mit Anlauf und Bremsung $t_B < (3...4)\,\tau$ $t_P < (3...4)\,\tau$ wie S3	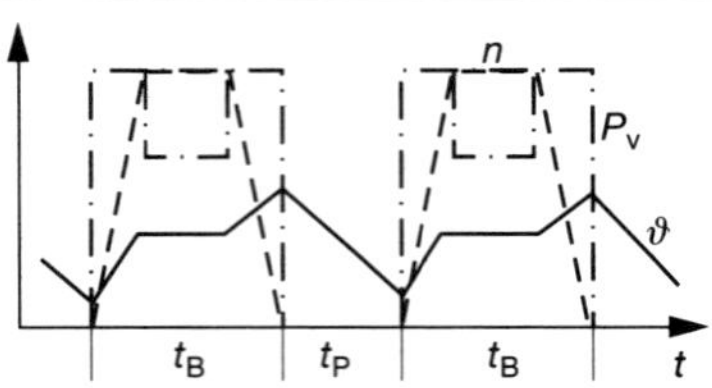	Krane, Elektrische Bremsung

τ thermische Motorzeitkonstante.

geleitete Betriebsart als Basis für die Bemessung anzugeben. Deswegen muss sich der Besteller intensiv mit der Arbeitsmaschine auseinandersetzen. Führt die Abweichung von dieser Empfehlung zur Unterdimensionierung (Überlastung), verkürzt sich die Lebensdauer des Maschine. Unterlastung dagegen bedeutet eine teure Anschaffung, kann sogar zu höheren Betriebskosten während der Lebensdauer führen. In Bild 6.3 ist die empfohlene Vorgehensweise mit den wichtigen Bestellerangaben zusammengefasst.

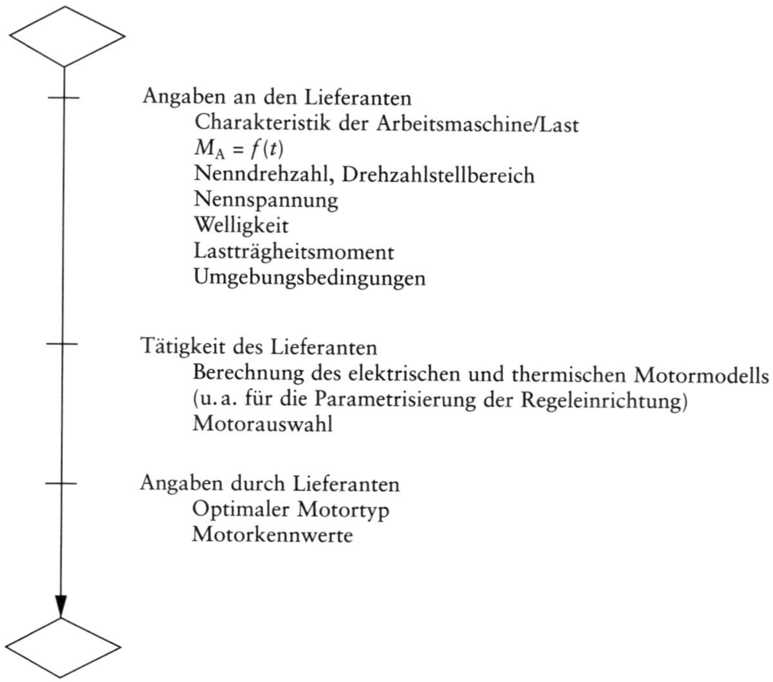

Bild 6.3 Zur antriebsgerechten Auswahl von Motoren

7 Stellglieder und Steuerungs-/Regelungseinrichtungen

Diese Systembestandteile des Antriebssystems (Bild 4.1) bestimmen sein statisches und dynamisches Übertragungsverhalten (Genauigkeit, Schnelligkeit) sowie die Wirtschaftlichkeit (Wirkungsgrad, Energierückspeisung, Netzrückwirkungen, EMV). Funktionelle Eigenschaften verantwortet fast vollständig die Software der Informationselektronik als eigentliches Alleinstellungsmerkmal des Lieferanten. Gleichartige elektronische Komponenten finden sich in unterbrechungsfreien Stromversorgungen (USV/USP) wieder [11.1; 11.2].

7.1 Bauelemente

Stellglieder sowie Steuerungs-/Regelungseinrichtungen bestehen aus leistungs- und informationselektronischen Silizium-Halbleitern. Die Situation, dass der Antrieb mehr als die «funktionelle Summe» seiner Bestandteile ist, geht ausschließlich auf das Konto dieser Bauelemente. Die Fortschritte in der Antriebstechnik ranken sich um die Erfolge bei Miniaturisierung, Integrationsgrad, Energieniveau und Leistungsdichte, Verarbeitungsgeschwindigkeit, Verlustarmut, Ausfall- und Temperaturverhalten sowie EMV-Verträglichkeit, Herstellkosten und Ausbeute. Mit diesen in jeder Hinsicht extrem verbesserten Merkmalen wandelte sich der Antrieb vom Kraftpaket zum wirtschaftlichen, intelligenten «Denkzeug» [1.1] und bestätigt alle Prognosen der Vergangenheit. Das 1964 von G. E. Moore formulierte exponentielle Wachstumsgesetz der Schaltfunktion/Chip besitzt weiterhin Gültigkeit [1.2; 1.5]. In der Leistungselektronik wurde es im übertragenen Sinn sogar übertroffen [7.1].

Steuerbare wie nicht steuerbare Leistungsbauelemente (Ventile) schalten den gesamten Strom- und Spannungsbereich zuverlässig und wirtschaftlich. Ihre technischen Daten beeinflusst nachhaltig der physikalische Ansteuermechanismus. Erst jetzt konnten deshalb bereits lange bekannte Arbeitsprinzipien praktisch umgesetzt werden. Energieelektronische Halbleiter lassen sich (wie Motoren) natürlich oder mit fremden Mitteln wie Luft, Wasser oder Öl kühlen, um die intern entstehenden Verluste an die Umgebung abzuführen [31].

Speicher- und frei programmierbare Informationsbauelemente verwirklichen mit der notwendigen Geschwindigkeit fehlerfrei komplizierteste Steuer- und Regelalgorithmen. Mit den parallel dazu entwickelten Strategien zu Selbsterklärung, Selbsteinstellung, automatischer Anpassungsfähigkeit (adaptive Regelung) wurde der Antrieb stetig

Tabelle 7.1 Si-Bauelemente in der Antriebstechnik

a) Übersicht

Leistungsbauelemente	Leistungsdaten[1]	Informationselektronische Bauelemente
Dioden		
Leistungsdioden	>12 000 kVA	Mikroprozessoren (µP)
Sonderbauformen:		Mikrocontroller (µC)
Vierschichtdiode (rückwärtssperrende Schaltdiode)		Signalprozessoren (DSP)
DIAC antiparallele Schaltdiode		Transputer Serial Controller Chip (SCC)
		Speicher (RAM, EEPROM, EPROM) optoelektronische Bauelemente
Thyristoren		
Thyristoren (für Netz- und Mittelfrequenzbetrieb)	>10 000 kVA, <250 Hz	
Sonderbauformen:		
GTO Gate turn off Thyristor (Abschaltthyristor)	>7000 kVA, 100 Hz...>1 kHz	
ASCR Asymmetrisch sperrender Thyristor		
RLT Rückwärtsleitender Thyristor (antiparallele Diode)		
MCT MOS-controlled Thyristor		
IGCT Integrated Gate-controlled Thyristor (Einsatz im MS-Bereich)		
FCT Field-controlled Thyristor		
TRIAC (Symistor) Wirkung zweier gegenparalleler Thyristoren		
Fotothyristor (mit optischer Zündung)		
Leistungsschalttransistoren		
LV (Low Voltage) -IGBT Insulated Gate Bipolar Transistor	5000 kVA, 1...20 kHz	
HV (High Voltage) -IGBT		
IEGT Injection Enhanced Gate Transistor		
MOS-FET Feldeffekt-Transistoren	>30 kVA, 2...>100 kHz	
Bipolare Transistoren	<500 kVA, < 100 kHz	

[1] Schaltleistung, Schaltfrequenz.

bedienungsfreundlicher. Die elektronische Ablösung der mechanischen «Königswelle» geht ausschließlich auf solche Halbleiter zurück. Sie ermöglichen eine alle Bedingungen erfüllende Echtzeitkommunikation zwischen nun dezentralisierten Komponenten.

Und dass hinsichtlich der Kenndaten noch kein Ende der Steigerung abzusehen ist, signalisieren beide Halbleiterkategorien [1.5; 1.6; 7.2; 12.8]. Eine Übersicht des aktuellen Standes zeigt Tabelle 7.1 [31; 32; 34]. Gemeinsam ist allen steuerbaren Leistungstypen, dass sie über eine Elektrode (Gate, Basis) eingeschaltet bzw. leitfähig, ver-

Tabelle 7.1 *(Fortsetzung)*

b) Anwendungen der wichtigsten Leistungshalbleiter

Leistungsbauelemente	**Anwendung**
Thyristoren	(Mittelspannungs-)Antriebe größter Leistung, HGÜ, Elektrolyse, induktive Erwärmung, Bahnstromversorgung, Blindleistungskompensatoren
GTO	(Mittelspannungs-)Antriebe größter Leistung, HGÜ, Elektrolyse, Bahnantriebe
ICGT	(Mittelspannungs-)Antriebe größter Leistung, Triebfahrzeuge, USV, induktive Erwärmung
IGBT	Antriebe, USV für Industrie und Gebäudetechnik, Bahnantriebe
FET	Telekommunikation, Stromversorgung, Hochfrequenz-Schweißen

schiedene Ausführungen (GTO, IGBT) über den gleichen Anschluss ausgeschaltet bzw. gesperrt werden können. Unterschiede zeigen sich im physikalischen Mechanismus der Ansteuerung, dem dafür erforderlichen Energiebedarf, der möglichen Schaltfrequenz sowie in der Strom- und Spannungstragfähigkeit, ebenfalls im Wechsel des Stroms zwischen den Ventilen (Kommutierung). Alle Merkmale beeinflussen sich gegenseitig. Das Verhalten der kostengünstigen Leistungsbauelemente kommt dem idealen Schalter sehr nahe. Der kurzschlussfeste IGBT ist gegenüber störenden Einflüssen besonders unempfindlich. Die Konsolidierung dieser Eigenschaften wird vom weiteren Verschieben der Strom- und Spannungsgrenzen in Richtung größerer Werte begleitet. Darüber hinaus bilden Smart-Power-Bauelemente einen Entwicklungsschwerpunkt. Auf dem Trägermaterial solch «intelligenten» Leistungshalbleiters sind monolithisch integriert Sensoren, Schutzeinrichtungen u. Ä. platziert. Parallel dazu zeigen sich Fortschritte bei der hybriden Integration. Weil das Gehäuse bei dieser Lösung Verstärker- und Stromversorgungskomponenten aufnimmt, steigt die Zuverlässigkeit und die Ansteuerung vereinfacht sich. Informationselektronik und Leistungsteil werden unmittelbar kompatibel (Direktansteuerung). Bei den informationselektronischen Bauelementen prägt die Entwicklung die fortschreitende Miniaturisierung. Immer mehr zugeschnittene Schaltkreise erhöhen Leistungsfähigkeit, Nutzerfreundlichkeit und «Intelligenz» des Antriebs. Mit diesen Ergebnissen und Tendenzen verbessert sich stetig sein Preis-Leistungs-Verhältnis. Das Nutzbarmachen des Energiesparpotenzials wird nachhaltig unterstützt.

7.2 Stromrichter-Stellglieder

Das Stromrichter-Stellglied [7.3] steuert beim Antrieb (s. Bild 4.1) mit dem Motor als elektromechanischem Wandler den Energiefluss bzw. -austausch zwischen dem i. Allg. quasistarren Netz und der Arbeitsmaschine. Zusätzlich passt es die Spannung (Gleich-

oder Wechselspannung) der elektrischen Maschine an das verfügbare Netz an, in dem Wechsel- in Gleichspannung und umgekehrt umgeformt wird. Bis ca. 1000 kW werden die Stromrichter meist trafolos an das Industrienetz angeschlossen. Größere Leistungen mit höheren Motorspannungen (GS-Motoren: 600...800 V, DS-Motoren: >690 V) verfügen oft über einen eigenen Trafo, der direkt von einer Schwerpunktlaststation aus dem Mittelspannungsnetz versorgt wird (vgl. Abschnitt 2.2). Seit den 70er-Jahren werden nur noch Halbleiter-Stellglieder eingesetzt. Gasentladungsgefäße, Thyratrons, Magnetverstärker gehören zur Vergangenheit der Antriebstechnik (vgl. Abschnitt 1.5). Anders als elektrische Maschinen vertragen Stromrichter selbst kurzzeitige Überbeanspruchungen durch Strom und Spannungen nicht, mindestens aber wesentlich schlechter, da sie eine extrem geringe thermische Zeitkonstante besitzen und Überspannungen schnell die empfindliche Sperrschicht im Halbleiter-Bauelement zerstören können. Bei der Bemessung sollte deshalb immer der Worst case, also höchste Augenblickswerte von Strom und Spannung, berücksichtigt werden. Die Betriebskosten bleiben von dieser Grobdimensionierung unberührt. Stromrichter-Stellglieder arbeiten nämlich – wiederum im Gegensatz zu den Motoren – auch bei Teillast mit gutem Wirkungsgrad. Schutzeinrichtungen sind von großer Bedeutung für den zuverlässigen Betrieb. Sie müssen das Einhalten der Grenzwerte garantieren.

Unabhängig vom Umsatz an Wirkleistung verbraucht die Mehrzahl der Stromrichter wegen ihrer Arbeitsweise induktive Blindleistung und erzeugt am Ausgang wie am Eingang Oberschwingungen. Besonders leistungsfähige Schaltungen können den Phasenwinkel zwischen den Eingangsgrößen beliebig steuern und sogar kapazitive Blindleistung an das Netz liefern. Eingangs- und Ausgangsgrößen weichen mehr oder weniger ausgeprägt von der Sinusform bzw. von einer Gleichgröße ab. Immer bestehen sie aus einer Mischung der Grundwelle bzw. der Gleichgröße mit Oberschwingungen. Schaltung und Ansteuerverfahren bestimmen die Größe der Oberwellen. Sie beeinträchtigen den eigenen Verbraucher ebenso wie als Netzrückwirkung andere Netzkunden. Da Antriebe immer parallel mit unbekannten Lasten arbeiten, müssen die Rückwirkungen sowohl bekannt sein als auch hinsichtlich ihrer quantitativen Werte den Forderungen des Netzanbieters genügen. Energieversorgungsunternehmen (EVU) sorgen mit einschränkenden Vorgaben in den Technischen Anschlussbedingungen (TAB) für die Einhaltung von Grenzwerten (z.B. Schwankung ≤4 % des Nennwertes) sowie für eine zuverlässige Energiequalität am Anschlusspunkt NAP in Bild 7.8a (Spannungsschwankungen, Oberschwingungen, Anschlussleistung usw.). Berechnungsgrößen für die Netzrückwirkung enthält Tabelle 7.2. Oberschwingungen belasten lediglich das Netz und erzeugen Verluste, ohne sich am Transport von Wirkleistung zu beteiligen. Der von ihnen verursachte Spannungsfall an den Netzreaktanzen verzerrt die Netzspannung. Bestimmte Frequenzen können sogar Resonanzen auslösen und Überspannungen hervorrufen.

Eine Vielzahl von ein- und mehrphasigen, nicht steuerbaren und steuerbaren Schaltungen ist bekannt. Einphasige Stellglieder (mit wenigen Bauelementen) kommen noch selten zum Einsatz, da der Preis der Ventile keine Rolle mehr spielt. Zu diesen Sonderfällen zählt neben Elektrowerkzeugen der einphasig gespeiste Hochleistungs-Bahnantrieb. Alle dreiphasigen Ventilanordnungen basieren auf der Drehstrom-Brücken-

Tabelle 7.2 Kenngrößen der Netzrückwirkung eines Stromrichters

U, I	Effektivwerte der nichtsinusförmigen, verzerrten Größen
U_1, I_1	Effektivwerte der Grundschwingungen
$I_\sigma = \left(\sum\limits_{\nu}^{\infty} I_\nu^2\right)^{1/2}$	Effektivwert der Oberschwingungen
$g_1 = \frac{I_1}{I}$	Grundschwingungsgehalt des Stromes [1]
$g_\sigma = \frac{I_\sigma}{I}$	Oberschwingungsgehalt des Stromes [1]
$S = U_1 \cdot I_1 + U_1 \cdot I_\sigma$	Summe der Scheinleistung von Grund- und Oberschwingungen
$P_1 = U_1 \cdot I_1 \cos \varphi_1$	Wirkleistung der Grundschwingung
$Q_1 = U_1 \cdot I_1 \sin \varphi_1$	Blindleistung der Grundschwingung
$P = \sum\limits_{\nu=1}^{\infty} U_\nu \cdot I_\nu \cos \varphi_\nu$	Wirkleistung aller Schwingungen
$Q = \sum\limits_{\nu=1}^{\infty} U_\nu \cdot I_\nu \sin \varphi_\nu$	Blindleistung aller Schwingungen
$\cos \varphi_1 = \frac{P_1}{S_1}$	mit $S_1 = U_1 \cdot I_1$ Verschiebungsfaktor
$\lambda = \frac{P}{S}$	Leistungsfaktor

[1] Für Spannungen gelten entsprechende Beziehungen.

schaltung. Sie besteht aus sechs elektronischen Schaltern, von denen höchstens drei befristet und periodisch Strom führen, um einen geschlossenen Stromkreis zu erzeugen. Der Übergang des Stroms zwischen den Bauelementen, die Kommutierung, ist grundsätzlich von der Stromwendung der Gleichstrommaschine geläufig. Kurzzeitig führen alle am Stromwechsel beteiligten Ventile in einem Kurzschlusskreis Strom.

Die Stromübergabe von Bauelement zu Bauelement bzw. von einer Phase zur nächsten wird als natürliche oder **Netzkommutierung** bezeichnet, wenn diesen Vorgang die Phasenspannungen des Eingangsnetzes unterstützen. Derartige Schaltungen heißen netz- oder fremdgeführt, sie benötigen induktive Blindleistung und sind kurzschlussgefährdet (Wechselrichterkippen). Erzeugt sich der Stromrichter die Kommutierungsspannung an seinem Ausgang selber, indem er den Spannungsfall einer Drehstromlast benutzt, liegt **Lastkommutierung** vor. Bei der lastgeführten, der Netzführung vergleichbaren Betriebsart wird sofort deutlich, dass Leerlauf (kein Lastanschluss) unzulässig ist und Anfahrschwierigkeiten auftreten müssen. Auch diese Schaltung benötigt induktiven Blindstrom, allerdings von der Last. Alle Nachteile überwindet die **Zwangskommutierung.** Sie erfolgt blindstromfrei mit einer eigens zu diesem Zweck stromrichterintern in der Löscheinrichtung (Schaltung aus Kondensatoren, Dioden und Thyristoren) gebildeten Zusatzspannung. Können die elektronischen Schalter über die Steuerelektrode nicht nur ein-, sondern auch ausgeschaltet werden, entfällt sie. Solche Stromrichter sind selbstgeführt. Übrigens erfolgt bei der Gleichstrommaschine die

Stromwendung gleichfalls zwangskommutiert mittels des Spannungsfalls an den Kohlebürsten und der Wendepolspannung.

7.2.1 Stromrichter für Gleichstromantriebe

In diesem Bereich behaupten fremdgeführte, netzkommutierte Drehstrom-Brückenschaltungen mit Anschnittsteuerung das Feld (Bild 7.1). Als Gleichrichter formen sie Drehstrom in Gleichstrom um. Während des Wechselrichterbetriebes fließt der Strom in der gleichen Richtung gegen eine negative Spannung. Energie wird von der Gleichstromquelle in das Netz übertragen (Bild 7.1c). Die Belastungskennlinie in Bild 7.1d zeigt «Nebenschlussverhalten». Innere Widerstände von Netz und Stromrichter (Induktivitäten, Durchlass-Spannungsabfälle der Ventile, Ohm'sche Leitungswiderstände u. a.) sorgen für den laststromproportionalen Spannungsfall. Kleine Belastungsströme oder zu geringe Induktivität im Gleichstromkreis verursachen Lücken im Gleichstrom. Im Lückbereich ($I_d < 0{,}1\ I_{dNenn}$) fließt der Strom nicht kontinuierlich. Daher weicht das stationäre Übertragungsverhalten von der Darstellung Bild 7.1d ab (vgl. Bild 5.3a). In guter Näherung arbeitet der Stromrichter als verzögerungsfreies Proportionalglied. Korrekt wird sein dynamisches Übertragungsverhalten aber als diskontinuierliches Abtastglied beschrieben.

Um alle vier Quadranten des Kennlinienfeldes zu überstreichen, muss die gleiche Brücke antiparallel geschaltet werden. Der Stromfluss in beiden Richtungen bei unterschiedlicher Polarität der Ausgangsgleichspannung wird gewährleistet (Bild 7.2). Ein Kreisstrom fließt nicht. Umkehrstromrichter mit Kreisstrom und die H-Schaltung [34; 7.4] sind nicht mehr von Bedeutung. Die für Gleichstrommaschinen relevanten Stellglieder zeigt Bild 7.2, technische Daten enthält Tabelle 9.1.

Versorgt aus dem dreiphasigen Netz arbeiten die Geräte mit Anschnittsteuerung [31; [34]. Der Stromfluss setzt gegenüber dem Spannungsnulldurchgang verzögert ein (Bild 7.1b), so dass der Strom der Spannung nacheilt. Die Größe der Verzögerung, der Zündwinkel α, bestimmt die Ansteuereinrichtung des Stromrichters. Sie errechnet diesen Wert aus der Vorgabe der Regeleinrichtung. In Kombination mit der Abschnittsteuerung (das Fließen des Stroms wird vorzeitig – vor dem natürlichen Verlöschen im Ventil – unterbrochen) [34; 7.57] verbessern sich Leistungs- und Verschiebungsfaktor (Tabelle 7.2).

Oberschwingungen auf der Netzseite besitzen die Ordnungszahlen 5, 7, 11,..., auf der Gleichstromseite zählen sie die 6-, 12-, 18-, ...fache Frequenz. Bei geringer Last kann der Strom die erwähnten Lücken aufweisen. Sollte die Eigeninduktivität L_A des Motors im Ausnahmefall zum Glätten nicht ausreichen, muss die Welligkeit des Laststroms mit einer Zusatzinduktivität L_v gesenkt werden. Die negativen Begleiterscheinungen des Mischstroms,

- Wechselanteil im Moment (ist dem Ankerstrom-proportionalen Moment überlagert und führt zu Torsionsschwingungen),
- Reduktion von Leistung und Drehmoment wegen erhöhter Stromwärmeverluste sowie
- Beeinträchtigung der Kommutierung,

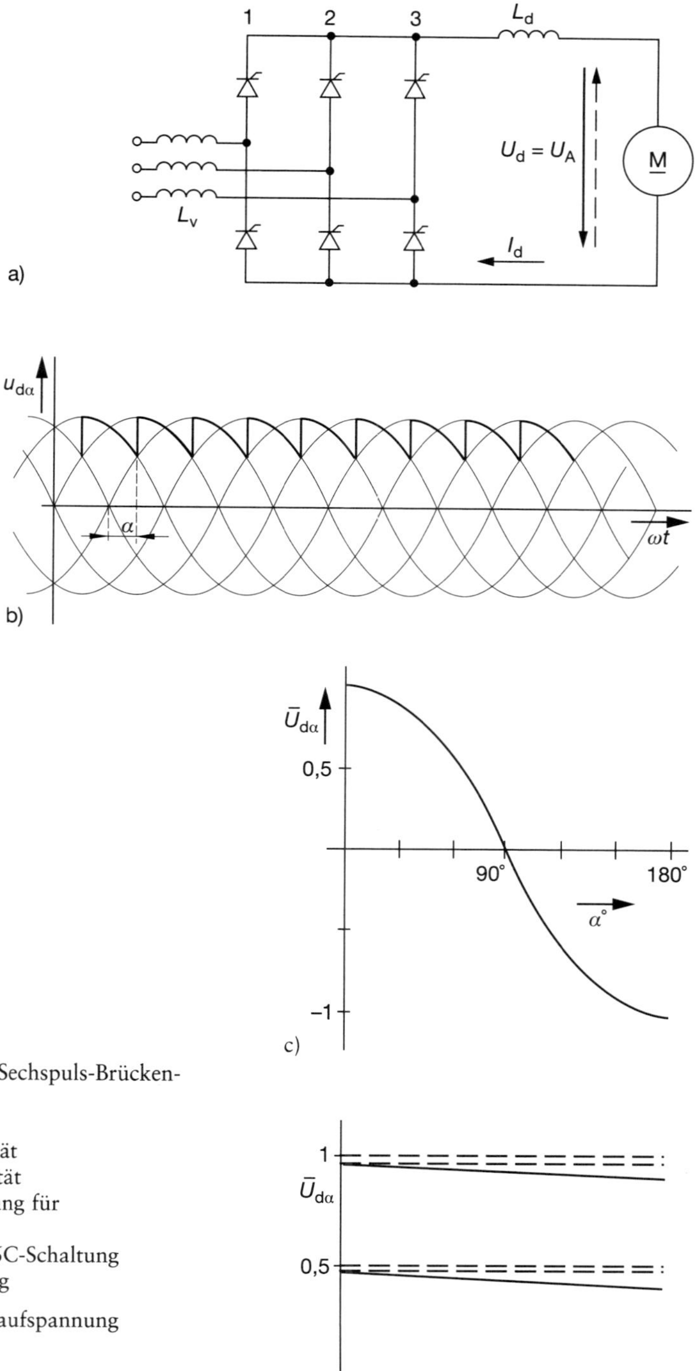

Bild 7.1 Vollgesteuerte Sechspuls-Brückenschaltung (B6C)

a) Schaltung
   L_v Vorschaltinduktivität
   L_d Glättungsinduktivität
b) Ausgangsgleichspannung für den Zündwinkel $\boldsymbol{\alpha}$
c) Steuerkennlinie der B6C-Schaltung mit Anschnittsteuerung
   $f_a = \frac{1}{6} f_T$ auf die Leerlaufspannung bezogener Wert
d) Belastungskennlinie

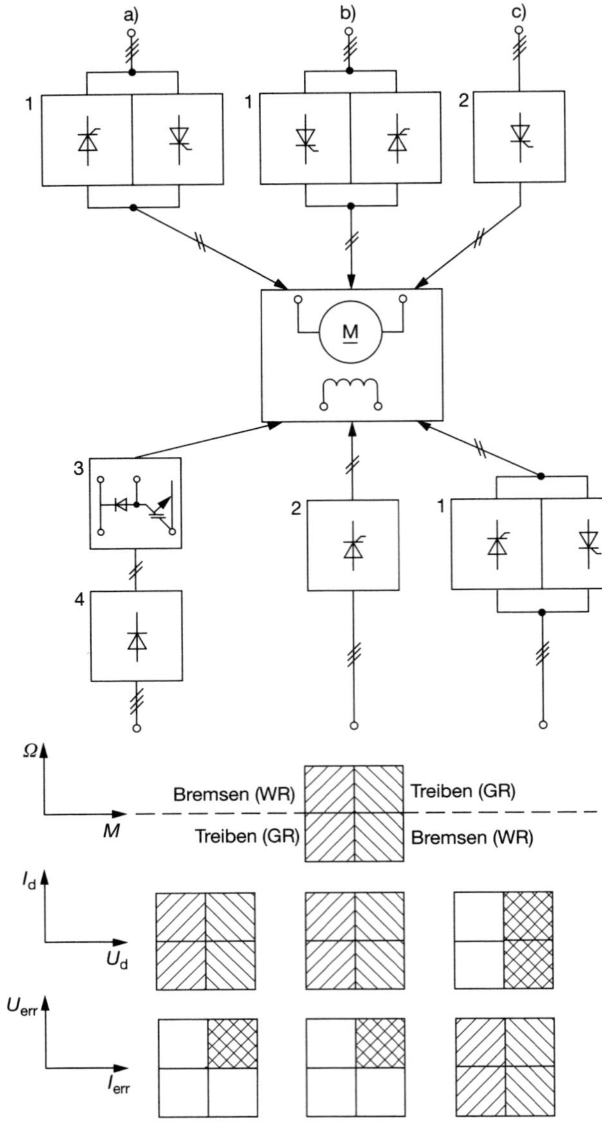

Bild 7.2
Stromrichter für die Speisung von Gleichstrommotoren mit Ankerspannungs- und Feldstromsteuerung und Momentenumkehr

1 (B6C)2I	a) Vier-Quadranten-Antrieb mit elektronischer Ankerspannungsumschaltung und Einrichtungs-Feldsteller mit IGBT
2 B6C	
3 Gleichstromsteller (mit IGBT)	b) Vier-Quadranten-Antrieb mit elektronischer Ankerspannungsumschaltung über einen kreisstromfreien Thyristor-Umkehrstromrichter
4 B6U	c) Vier-Quadranten-Antrieb mit elektronischer Feldstromumschaltung über einen kreisstromfreien Thyristor-Umkehrstromrichter

werden von modernen Motoren bei Einhaltung vorgegebener Welligkeitsgrenzen toleriert.

Da die Ventilkosten keine Rolle mehr spielen, bedient die Schaltung B6C den gesamten Leistungsbereich. Halbgesteuerte Schaltungen (B6H; verbesserter Leistungsfaktor, kein Wechselrichterbetrieb) und Anordnungen mit Freilaufdiode (B6F; verbesserter Leistungsfaktor, kein Wechselrichterbetrieb) werden nicht mehr eingesetzt. Wegen der hohen Strom- und Spannungstragfähigkeit der Bauelemente entfällt in der Mehrzahl aller Applikationen eine Leistungserweiterung durch Parallel- und/oder Reihenschaltung von Ventilen.

Stromrichter-Rückwirkungen (Tabelle 7.2) hängen nicht nur von der Schaltung und ihrer Ansteuerung ab, sondern auch vom Netzinnenwiderstand, von Kurzschlussreaktanz oder -leistung am Anschlusspunkt NAP (Bild 7.8a). Zu hoher, die Netzspannung verzerrender Oberschwingungsanteil kann beherrscht werden durch

- ❑ Vorschalten von Kommutierungsinduktivitäten,
- ❑ Erhöhung der Kurzschlussleistung des Netzes,
- ❑ Einsatz von Vier-Quadranten-Stellern,
- ❑ Filter am Eingang (Saugkreise),
- ❑ Einsatz von Stromrichtern höherer Pulszahl ($p \geq 12$).

Vorteilhaft wirkt, dass sich bei mehreren, parallel am Netz arbeitenden Stromrichtern mit unterschiedlicher Ausgangsspannung die Phasenlage der Oberschwingungsströme unterscheidet. Diese willkürliche Verschiebung trägt zu einer «statistischen Senkung» der Rückwirkung bei. Ein Antrieb arbeitet immer parallel mit anderen Verbrauchern. Ihre Teilströme summieren sich am NAP und erzeugen einen Spannungsfall an der Netzimpedanz. Zudem sind Antriebe wegen ihrer veränderlichen Belastung und der internen Schaltvorgänge Quellen von Spannungsschwankungen und Unsymmetrien. Unter Umständen muss der unvermeidliche, induktive Blindleistungsbedarf bei großen Leistungen bzw. bei vielen kleinen Antrieben kompensiert werden. Als Mittel der Wahl kommen in Betracht:

- ❑ Vier-Quadranten-Steller,
- ❑ statische Kompensatoren (verdrosselte Parallelkondensatoren) oder
- ❑ rotierende Synchronphasenschieber (s. Abschnitt 5.4.3).

Funkstörungen (hochfrequente Schwingungen) erzeugen die Schalt- und Kommutierungsvorgänge in den Ventilen. Die mit der Frequenz der Oberschwingungen erfolgende Ummagnetisierung aller Eisenkerne erzeugt zusätzlich Stromrichter- und Motorgeräusche. Beide Einflüsse sind auf das gesetzlich vorgeschriebene Maß zu reduzieren.

Neben der netzgelöschten Brückenschaltung kommen auch Gleichspannungssteller in Betracht. Dieser zwangsgelöschte, selbstgeführte Stromrichter (Bild 7.3a) wird aus einer Gleichspannungsquelle (Gleichrichter, Batterie, Gleichspannungsnetz einer Fahrleitung o. Ä.) gespeist. Gegenüber dem Eingang kann er die Ausgangspannung reduzieren (Tiefsetzsteller), aber auch über den Scheitelwert der Netzspannung hinaus erhöhen (Hochsetzsteller). In Brückenanordnung versorgt der Steller einen Reversierantrieb (Bild 7.3b). Die Kombination mit einer ungesteuerten Sechs-Puls-Brücke (Bild

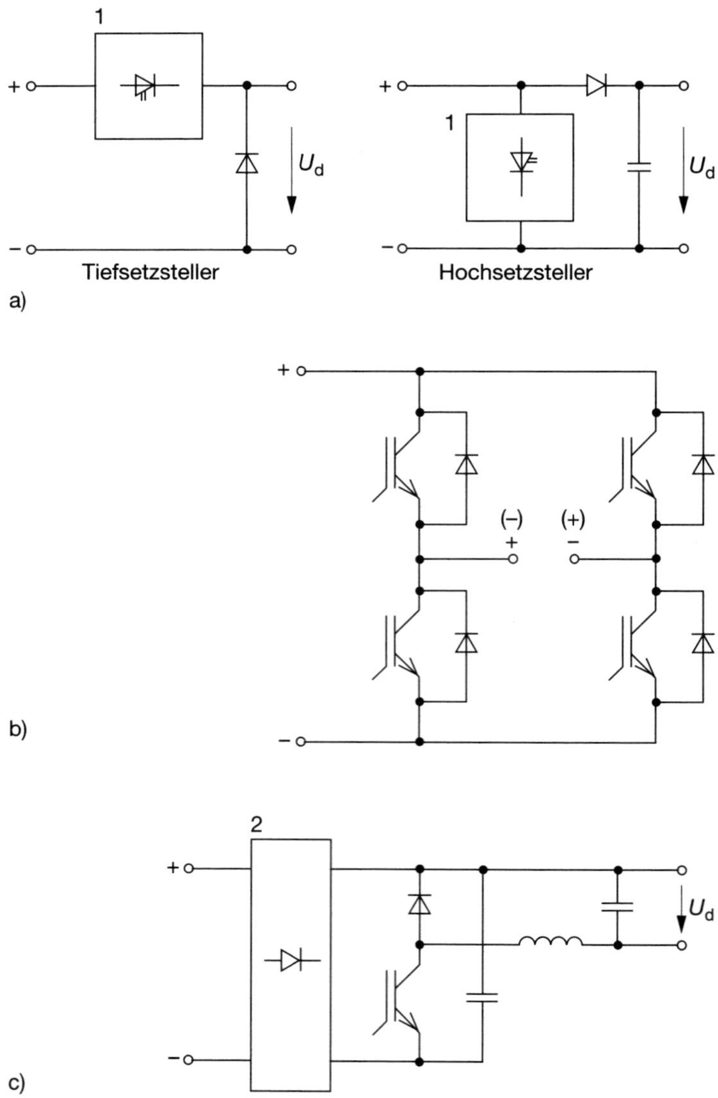

Bild 7.3 Zwangsgelöschte Gleichstromsteller
a) Tief- und Hochsetzsteller für Einrichtungsbetrieb
1 Thyristor mit Löscheinrichtung oder abschaltbares Bauelement
b) Steller für Umkehrbetrieb (mit IGBT)
c) Steller für Feldspeisung [5.3]
2 B6U

7.3c) bewährt sich für die Speisung der Feldwicklung des Motors, weil sie die Oberwellen reduziert [5.3; 9.1]. Eine oberschwingungsarme Feldspannung nämlich vermindert die Belastung der Bürsten während der Ankerstromwendung und erhöht ihre Standzeit.

Dass netzgelöschte Brücken und Gleichspannungs-Stellerschaltungen gleichfalls in Drehstrom-Antriebssystemen eine Funktion übernehmen können, beschreibt der nächste Abschnitt.

7.2.2 Stromrichter für Drehstromantriebe

Zur **Ständer-Spannungssteuerung** eignet sich der Drehstromsteller nach Bild 7.4. In jeder Phase befinden sich zwei gegenparallel angeordnete Ventile. Aus einem Netz konstanter Spannung und Frequenz entsteht durch Anschnittsteuerung eine kontinuierlich verstellbare, niedrigere Spannung gleicher Schwingungsdauer. Oft wird die Anordnung zur Gruppe netzkommutierter Schaltungen gezählt, da sie vergleichbare Netzrückwirkungen erzeugt. Im strengen Sinn funktioniert die Schaltung quasi kommutierungslos. Der kontaktlose Drehrichtungswechsel beim Motor benötigt fünf Wechselstromsteller (Bild 7.4), da zwei Phasen zu vertauschen sind. Die Hauptanwendung findet der Drehstromsteller als Softstarter, der für das schonende, kontinuierliche Anlaufen von Asynchronmaschinen sorgt (s. Abschnitt 11.4) und Stromspitzen im Netz vermeidet. Elektrowerkzeuge verwenden die einphasige Ausführung.

Wird die Drehzahl der Schleifringläufermaschine über die **Läuferspannung** gesteuert (USK), gelangt die Sechspuls-Brückenschaltung zum Einsatz. Über einen ungesteuerten Gleichrichter liefert der Läuferkreis seine Energie in einen Gleichstrom-Zwischenkreis. Die Rückspeisung in das Netz übernimmt der netzgeführte Wechselrichter (s. Bild 5.10a).

Die dominierende **Frequenzsteuerung** benötigt Umrichter. Mit und ohne Zwischenkreis erzeugen sie aus dem Industrienetz fester Frequenz und konstanter Spannung eine Spannungsquelle variabler Frequenz und Spannungsamplitude. Weil die Stromart erhalten bleibt, spricht man von Wechselgrößen-Umrichtern.

Bild 7.4
Drehstromsteller
Einrichtungsschaltung (Wechselstromsteller 1, 2, 3)
Umkehrschaltung (zuzüglich Steller 4, 5)

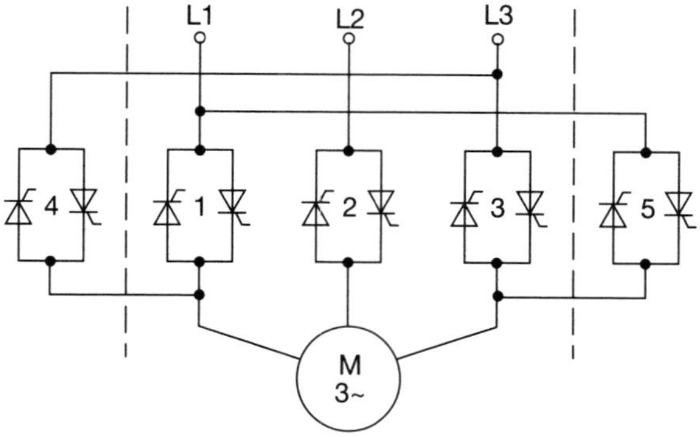

Tabelle 7.3 Umrichter mit Zwischenkreis zur Drehzahlverstellung von Drehstrommaschinen

Umrichter	**Schaltungsprinzip Bauelemente Pulsfrequenz/kHz**	**Stellprinzip**	**Spannungs-Strom-Verläufe**	
			Zwischenkreis	**Ausgang**
Mit Spannungs-zwischenkreis spannungs-geführt (*U*-Umrichter, VSI)	Bilder 7.5, 7.6 GTO 0,3...1 IGBT>1...<20	*U*/*f*-Verstellung, Feldorientierung Spannungsein-prägung	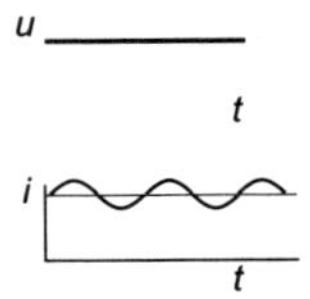	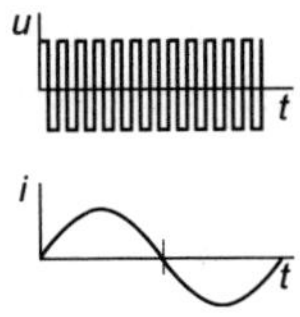
mit Strom-zwischenkreis (*I*-Umrichter, CSI)	Bild 7.5 Thyristoren, GTO $f_p = f_a$	Stromeinprägung	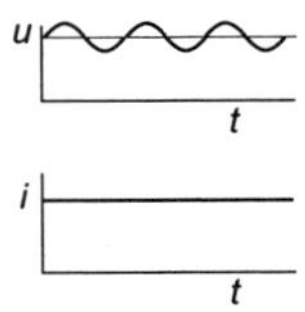	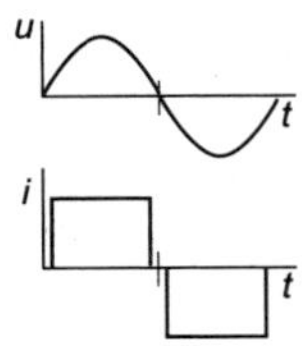

NSR Netzseitiger Stromrichter (Gleichrichter).
MSR Maschinenseitiger Stromrichter (Wechselrichter).

In Tabelle 7.3 sind typische Merkmale der zwei Umrichterkonzepte mit unterschiedlich aufgebauten Zwischenkreis (Bild 7.5b) wiedergegeben. Der Netzstromrichter NSR versorgt den Zwischenkreis mit Gleichspannung und -strom. Er entkoppelt die variable Ausgangsspannungsquelle vom starren Eingangsnetz. Der maschinenseitige Wechselrichter MSR verwandelt die Gleichgröße des Zwischenkreises zurück in eine Wechselspannung. Er besteht aus sechs, in Brückenschaltung angeordneten, elektronischen Schaltern (Bild 7.5a). Wegen der bestehenden Entkopplung zwischen Ein- und Ausgang können diese Ventile unabhängig von der Frequenz des Eingangsnetzes freizügig zu jedem beliebigen Zeitpunkt oder lastfrequenzbestimmt so geschaltet werden, dass am Ausgang abwechselnd das positive und negative Potenzial des Zwischenkreises anliegt. An den Motorklemmen entsteht eine mehrphasige, annähernd sinusförmige Spannung. Die beiden grundsätzlichen Steuerungsprinzipien zeigt Bild 7.5c. Fremdsteuerung heißt die unabhängige Vorgabe der Ausgangsfrequenz. Die Selbststeuerung leitet die Motordrehzahl immer von der Drehung bzw. Lage der Welle, des Läufers ab.

Umrichter mit Gleichspannungs-Zwischenkreis (VSI)

Den leerlaufsicheren, in der Regel auch kurzschluss- und erdschlussfesten *U*-Umrichter (Voltage Source Inverter, VSI) kennzeichnet im Zwischenkreis eine große Kapazität. Er prägt dem selbst gelöschten Wechselrichter (MSR) eine lastunabhängige Gleichspannung ein. Als «elektronisches Schwungrad» mit USV-Funktion hält die Kapazität im Falle einer Netzstörung für begrenzte Zeit die Motorspannung aufrecht. Für Ersatz und Verlängerung der zulässigen Ausfallzeit sorgt evtl. eine Pufferbatterie.

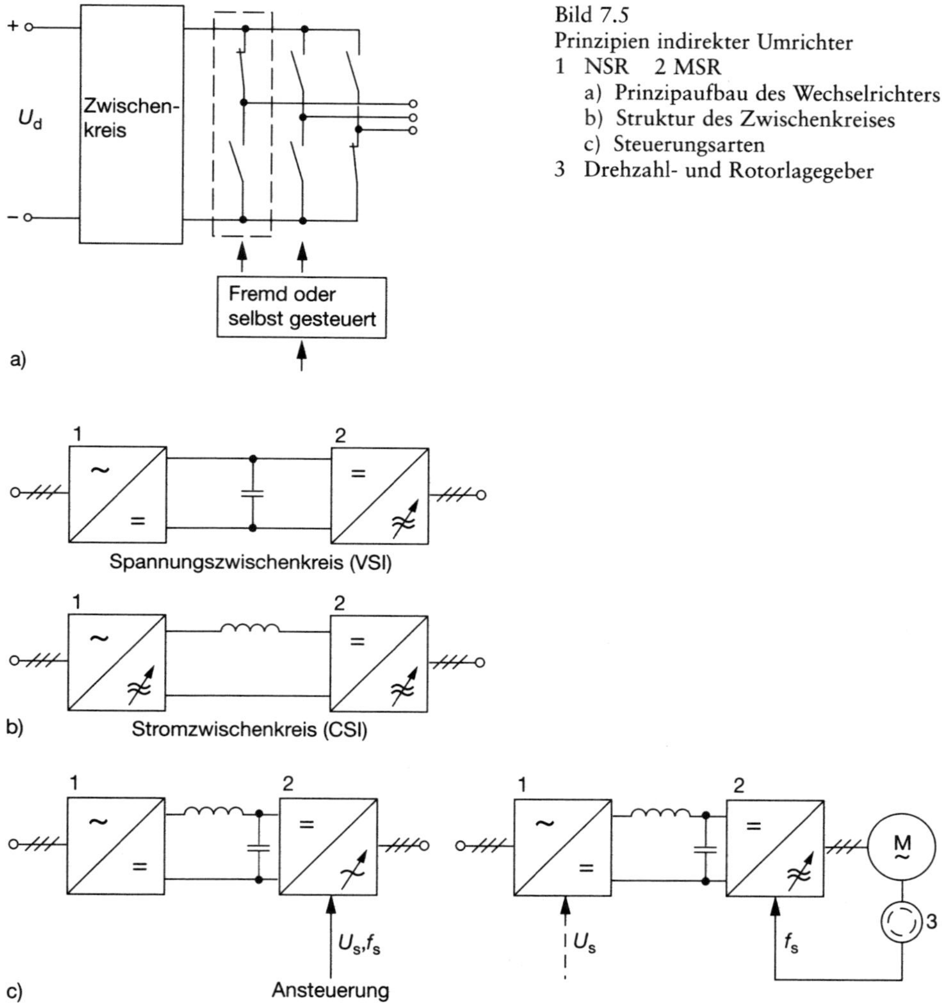

Bild 7.5
Prinzipien indirekter Umrichter
1 NSR 2 MSR
a) Prinzipaufbau des Wechselrichters
b) Struktur des Zwischenkreises
c) Steuerungsarten
3 Drehzahl- und Rotorlagegeber

Im motorischen Regelfall fließt die Energie vom ungesteuerten Netzstromrichter (B6) über den Zwischenkreis und den Wechselrichter (MSR) zur Maschine. Arbeitet die Maschine im Bremsbetrieb, wird die generatorische Energie gleichgerichtet in den Zwischenkreis gepumpt. Dort wird sie entweder in einem Bremswiderstand als Heizwärme vernichtet (Bild 7.6a) oder über eine antiparallele, als netzgelöschter Wechselrichter arbeitende Sechspulsbrücke in das Versorgungsnetz geliefert (Bild 7.6b). Natürlich steigt dadurch der Wirkungsgrad, gleichzeitig verschlechtert sich allerdings der Leistungsfaktor. Vor andauernder Unterspannung im Netz schützt ein Hochsetzsteller im Zwischenkreis (Bild 7.6c).

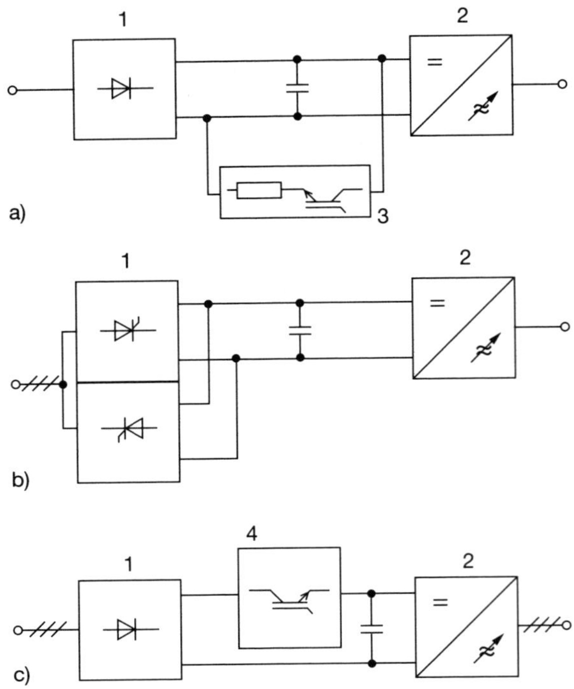

Bild 7.6
Varianten von Pulsumrichtern (VSI)
1 NSR
2 MSR
a) mit ungesteuertem NSR (B6U) und Bremschopper (pulsgesteuerter Widerstand (3)
b) mit NSR als Umkehrstromrichter (B6CB6) zur Energierückspeisung in das Netz
c) mit Hochsetzsteller (4) zum Beherrschen permanenter Unterspannung

Auf die zusätzlichen Aufwendungen zur Nutzung der Bremsenergie kann bei einem Mehrmotorenantrieb verzichtet werden, wenn die Wechselrichter von einer Gleichstrom-Sammelschiene versorgt werden [7.5]. Kontrolliert durch ein Managementsystem erfolgt ein Energieausgleich zwischen bremsenden und treibenden Motoren. Da der Netzstromrichter deshalb nicht die Summe aller Motorleistungen aufbringen muss, braucht er lediglich für die kleinere, tatsächlich vom Netz bezogene Leistung bemessen zu werden.

Frequenz und Amplitude der Ausgangsspannung des Umrichters sind zwischen null und Höchstwerten ($U_{max} = U_{s\,nenn}$, $f < 1$ kHz) kontinuierlich steuerbar. Allerdings weicht die Spannung von der Sinusform ab. Besonders hoch ist ihr Oberschwingungsanteil bei Umrichtern, die als MSR **getaktete oder Blockwechselrichter** benutzen. Sie sind für die Frequenzstellung zuständig. Die frequenzproportionale Ausgangsspannung folgt der Zwischenkreisspannung, die der steuerbare Netzstromrichter (B6C, cos $\varphi < 0{,}98$) oder seine ungesteuerte, blindleistungsarme Variante (B6U, cos $\varphi \approx 0{,}98$) mit nachgeordnetem Gleichspannungssteller verändert. Diese Version ist vollständig vom Umrichter mit **Pulswechselrichter** abgelöst (Bild 7.6a). Mittels Pulsweitenmodulation (PWM) oder mit der Ansteuerung nach bestimmten Pulsmustern werden die Ventile während einer Taktperiode vielmals gezündet und gelöscht (Pulsung). Trotz konstanter Zwischenkreisspannung gelingt dadurch die gemeinsame Verstellung von Frequenz und Spannung im Wechselrichter sowie eine sehr starke Annäherung der Ausgangsspannung an die Sinusform. Der niedrige Oberschwingungsanteil bzw. seine Begrenzung

Bild 7.7
Mehrpunkt-Wechselrichter
für höchste Leistungen
a) Dreipunkt-Wechselrichter

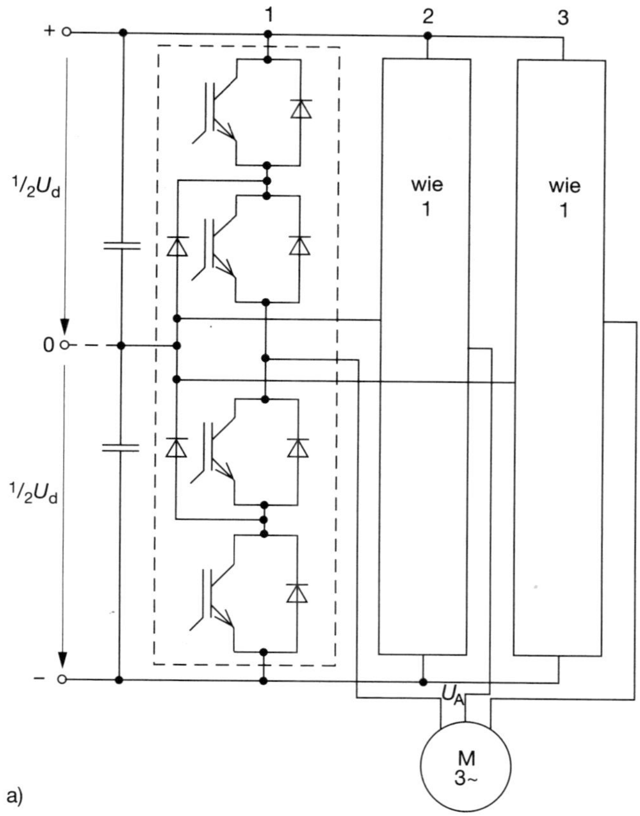

auf höhere Frequenzen mit geringen Amplituden verlangt eine möglichst hohe Pulsfrequenz (<20 kHz). Damit verbundene steile Spannungsimpulse (<500 V/µs) beanspruchen die Maschine zusätzlich (Abschnitt 5.4.1, Bild 5.8). Vorzüge wie höhere Motorauslastung, geringere Netzrückwirkungen sowie bessere Dynamik des Systems gleichen diesen Mangel aus. Pulsumrichter werden grundsätzlich mit abschaltbaren Bauelementen (IGBT, GTO) bestückt, Thyristoren sind ungeeignet.

Für den Mittelspannungsbereich bildet der **Mehrpunkt-Wechselrichter** bzw. die Multilevelschaltung (Bild 7.7) eine Alternative zum Pulswechselrichter [31; 34; 7.6–7.8]. Durch Reihenschaltung von Ventilen in Verbindung mit der Anzapfung des Potenzials 0 der Zwischenkreisspannung (Mehrpunkt-Wechselrichter) oder der Reihenschaltung von Zweistufeneinheiten über Kondensatoren (Multilevelschaltung) werden in jeder Halbwelle mehr als zwei Potenzialwerte erreicht (Bild 7.7c). Daraus resultieren Vorteile wie

- ❑ nahezu sinusförmige Ausgangsspannung trotz geringerer Pulszahl (Taktung),
- ❑ halbierte Spannungsbeanspruchung der Ventile bzw. Verdoppelbarkeit der Zwischenkreisspannung,

Bild 7.7
(Fortsetzung)
b) Vierpunkt-Wechselrichter
c) Ausgangsspannung von b) im Pulsbetrieb

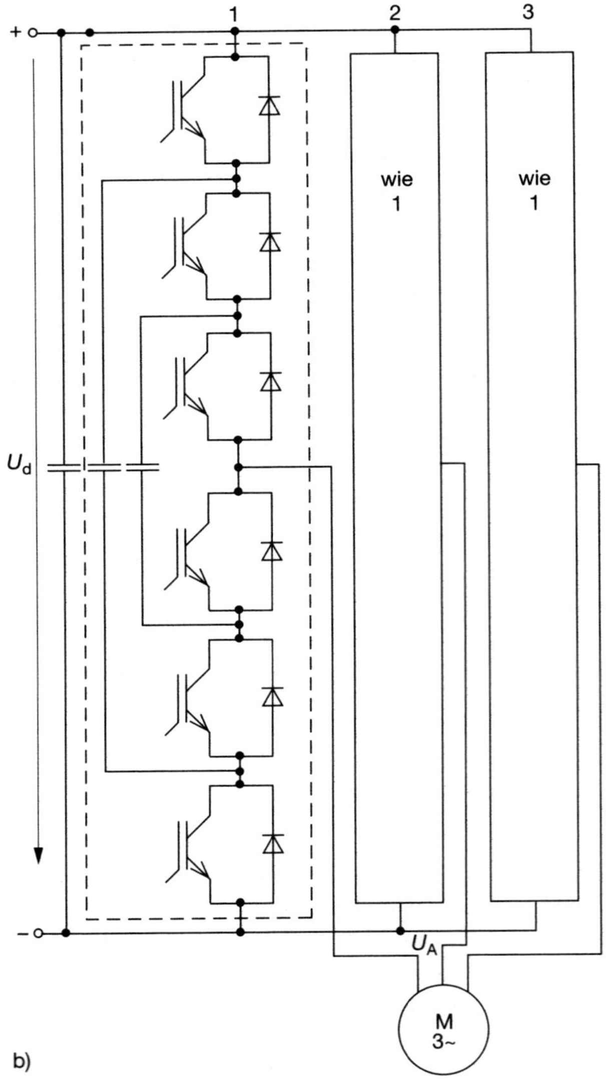

b)

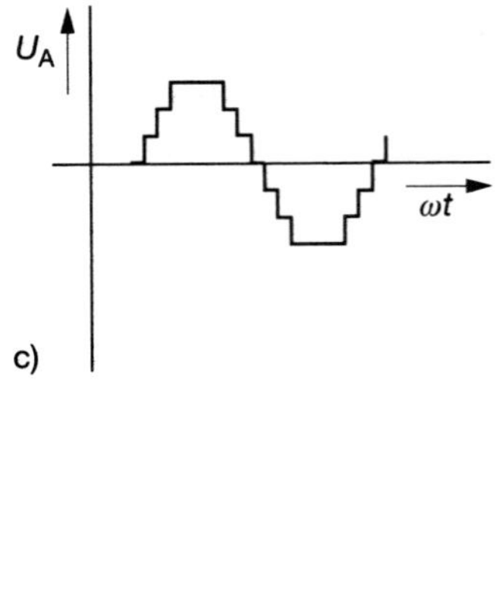

c)

- verminderte Belastung der Motorwicklungsisolation, da du/dt-Anstiege kleiner ausfallen,
- vorteilhafte Nutzung der bei MS-Antrieben ohnehin notwendigen Reihenschaltung.

Für Mehrpunktschaltungen eignen sich GTO, ICGT und MV-IGBT (Tabelle 7.1).

Die netzgeführten Netzstromrichter belasten den Netzanschlusspunkt NAP mit Blindleistung und Oberschwingungen. Ab einer bestimmten Leistung sind zusätzliche Maßnahmen zwingend. Treten an ihre Stelle hoch gepulste Standardwechselrichter (Bild 7.8b), die über Vorschaltinduktivitäten L_v mit dem Einspeisepunkt verbunden sind, lassen sich Netzrückwirkungen selbst gegenüber herkömmlichen, höherpulsigen Diodeneinspeisungen (≥12) erheblich reduzieren [34; 7.9–7.11]. In Verbindung mit den funktionell entscheidenden Induktivitäten und einer leistungsfähigen Steuereinheit sorgt der **Vierquadrantensteller** in allen Betriebsbereichen für nahezu sinusförmigen Strom. Unabhängig von der Motorleistung lässt sich die Blindleistung außerdem auf einen gewünschten kapazitiven oder induktiven Wert regeln. Der Leistungsfaktor wird freizügig einstellbar und optimierbar. Gleichzeitig erhöhen netzfreundliche NSR, die auch als gepulste Rückspeisung, Active Front End-Einheit AFE [7.10] oder Active Energy Management System [12.6] bezeichnet werden, die Anlagenverfügbarkeit. Bei Energierückspeisung ins Netz tritt selbst bei Netzausfall kein Wechselrichterkippen auf. Netzspannungseinbrüche sowie Spannungsschwankungen bis –35 % und mehr kompensiert der Steller infolge seiner Arbeitsweise als Hochsetzsteller. Selbsttätig sorgt er bei schwachen Netzen für unterbrechungsfreie Prozesse. Da er pulsfrequent (Taktfrequenz bis >10 kHz) hochdynamisch auf Steuerbefehle reagiert, kann der Stromrichter die Zwischenkreisspannung stabilisieren. Die Antriebsdynamik beeinträchtigende Schwankungen durch häufigen und schnellen Wechsel zwischen Treiben und Bremsen gehören der Vergangenheit an. Als Nebeneffekt trägt die schnelle Regelung der Zwischenkreisspannung nachhaltig zur Entkopplung der beiden Umrichterseiten bei, so dass die Kapazität des Kondensators reduziert werden kann [7.12]. Weil deshalb Elektrolytbauelemente durch kleinere, preiswertere Folienkondensatoren abgelöst werden können, sinken die Kosten, und die Lebensdauer des Antriebs verlängert sich. Selbstverständlich eignet sich dieser NSR als zentrale Einspeiseeinheit für an einer Gleichspannungsschiene betriebene Mehrmotorenantriebe. AFE schottet negative Einflüsse in beide Richtungen ab. Störwirkungen von problematischen Stromrichterlasten treten gar nicht erst auf, müssen somit auch nicht aufwendig auf der Netzseite kompensiert werden. Da bei konsequenter Anwendung des gepulsten Stellers mit Oberwellen bzw. Spannungseinbrüchen verseuchte Netze nicht existieren, richten sie bei sensiblen Verbrauchern auch keinen Schaden an.

Der gepulste Netzstromrichter kann wegen dieser Eigenschaften als aktiver Kompensator für andere Blindleistungsverbraucher eingesetzt werden (Bild 7.8c), so dass konventionelle Kompensationsanlagen entfallen. Erfasst er den aktuellen Stromverlauf digital mit sehr hoher Abtastrate und prägt den Oberschwingungsanteil um 180 °el phasenverschoben dem kontrollierten Netzanschluss wieder ein, addieren sich positive und negative Schwankungen zu null [7.53; 11.6].

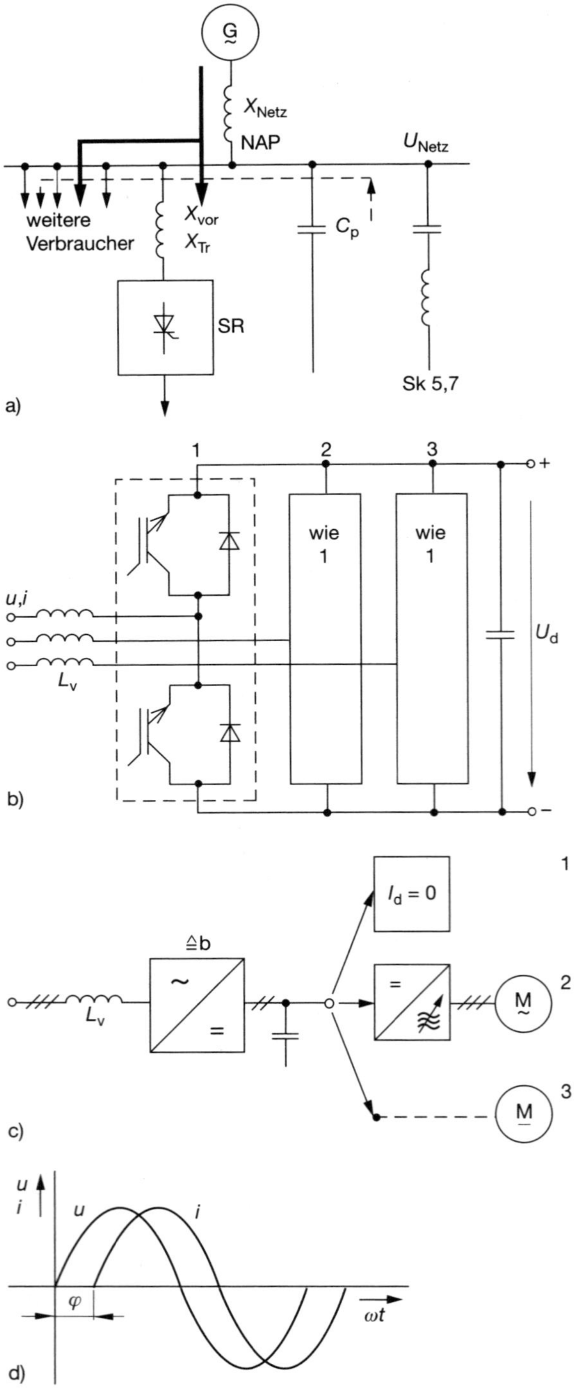

Bild 7.8
Kompensation von Blindleistung und Verminderung von Oberschwingungen

a) NAP Netzanschlusspunkt
 G Generator
 X_{Netz} Netzreaktanz
 X_{vor} Vorschaltreaktanz
 X_{Tr} Transformator
 C_P Parallelkondensator
 $Sk_{5,7}$ Saugkreise für die 5., 7., ... Oberschwingung
 U_{Netz} Netzspannung (ggf. verzerrt)
 → Wirkleistung
 → Blindleistung
b) Selbstgeführter Netzstromrichter (mit IGBT)
 L_v Vorschaltinduktivitäten
c) Anwendung des gepulsten NSR
 1 Blindstromrichter (aktiver Kondensator)
 2 NSR eines Umrichters
 3 Gleichrichter für einen Gleichstrommotor (ohne praktische Bedeutung)
d) Verlauf der NSR-Eingangsgrößen
 φ einstellbare Phasenverschiebung zwischen $u(t)$ und $i(t)$

Umrichter mit Gleichspannungs-Zwischenkreis stehen mit den verschiedenen NSR-Varianten im gesamten Leistungs- und Spannungsbereich bis zur Mittelspannung [7.14] für alle Anwendungen zur Verfügung (Tabelle 9.1). Natürlich verursacht der Umrichter mit gepulster Rückspeisung höhere Anschaffungskosten. Wegen seiner niedrigeren Betriebskosten amortisiert sich der Mehraufwand aber schnell.

Überschreiten die Umgebungsbedingungen (z. B. Temperatur, Aufstellungshöhe) die angegebenen Grenzen, sind die Bemessungswerte von Ausgangs- und Ausgangsstrom nach Vorgabe des Herstellers zu reduzieren. Zu dem gleichen Schritt zwingt ab einem bestimmten Wert die Steigerung von Takt- bzw. Pulsfrequenz (vgl. Abschnitt 13.2).

Umrichter mit Gleichstrom-Zwischenkreis (CSI)

Bei dieser Version prägt die große Induktivität des Zwischenkreises dem Wechselrichter (MSR) bzw. dem Motor einen Strom ein (Tabelle 7.3, Bild 7.9). Der *I*-Umrichter ist eine Stromquelle. Seine Ausgangsfrequenz verändert motorseitig ein Blockwechselrichter (ohne Blindstromdioden mit einfacher Phasen- oder Phasenfolgelöschung). Proportional dazu verstellt ein netzgeführter, anschnittgesteuerter Stromrichter die Spannung. Der Aufbau ist einfach, kostengünstige Netzthyristoren der Gleichrichtertechnik können verwendet werden. Im Leerlauf darf der Umrichter nicht arbeiten, weil der Kommutierungsstromkreis Stränge der Motorlast einbezieht. Als zusätzlicher Nachteil zeigt sich der große und zudem ausgangsfrequenzabhängige Verschiebungsfaktor ($\cos \varphi_1 \approx 0{,}2...0{,}95$). Um während der Bremsung Energie zurückzuspeisen, muss der netzseitige Stromrichter voll steuerbar sein und als Wechselrichter arbeiten. Damit ändert sich das Vorzeichen der Zwischenkreisspannung, nicht aber die Richtung des Stroms im Zwischenkreis. Obwohl Schaltungen mit reduzierten Netzrückwirkungen bekannt sind, abschaltbare Ventile in Grenzen Pulsbetrieb zulassen, besitzt der einfach strukturierte *I*-Umrichter nur noch akademische Bedeutung. Von Ausnahmen abgesehen ersetzt ihn in allen bisherigen Vorzugsanwendungen für große Leistungen wie Pumpen, Verdichter, Pressen, Förderanlagen u. Ä. wirtschaftlich und technisch der *U*-Umrichter.

Speist der Wechselrichter einen Synchronmotor, unterstützt die im Ständer induzierte Spannung die Kommutierung. Die in Bild 7.10 gezeigte Umrichterschaltung mit

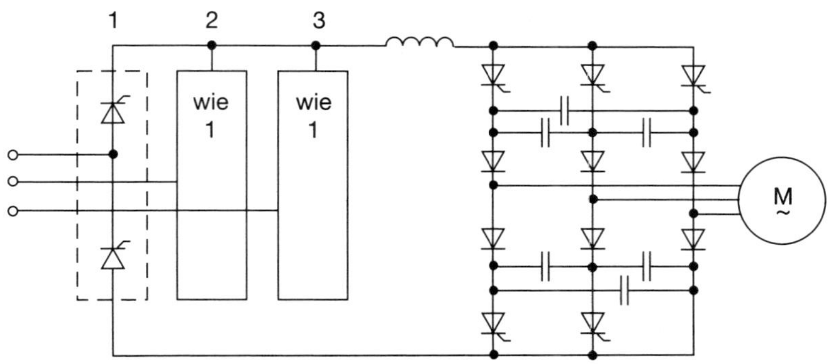

Bild 7.9 Umrichter mit Gleichstrom-Zwischenkreis (CSI, MSR mit Phasenfolgelöschung)

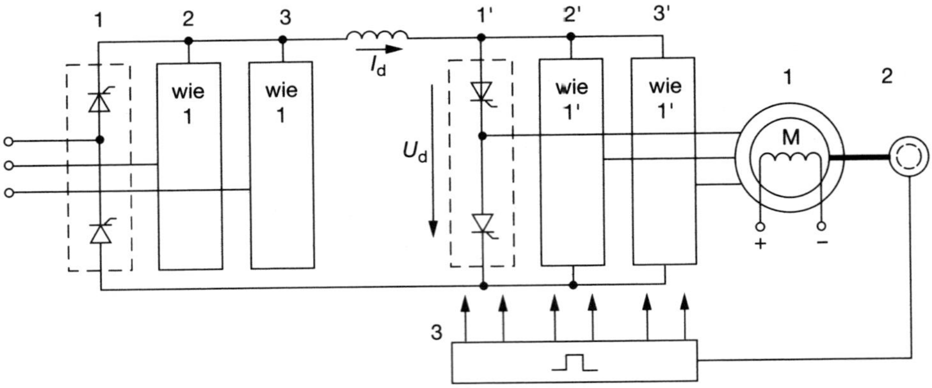

Bild 7.10 Umrichter mit last- bzw. maschinengeführtem, selbst gesteuertem Wechselrichter
1 Synchronmotor
2 Lagegeber
3 Ansteuereinrichtung

lastgeführtem Wechselrichter gleicht dem Leistungsteil des CSI (Tabelle 7.3, Bild 7.9) [31; 32]. Unterschiedlich ist die Methode der Ansteuerung. Damit das maximale Moment erzeugt wird (Gl. 5.1), die maßgebenden Flusskomponenten also einen rechten Winkel bilden, bestimmen optische oder magnetoelektrische Lagegeber (Hallsonden) in Abhängigkeit der Läuferstellung drehzahlsynchron die Zündimpulse für den Wechselrichter. Eine sensorlose Positionserfassung durch Berechnen der gewünschten Schaltzeitpunkte aus den gemessenen Größen Strom und Spannung ist ausführbar, sie senkt Kosten und Ausfälle [7.15]. Gepulste Schaltungen mit abschaltbaren Bauelementen auf beiden Umrichterseiten führen zu nahezu sinusförmigen Strömen im Motor wie im Netz. Gleichzeitig werden damit die Schwierigkeiten bei niedrigen Drehzahlen (keine ausreichende Größe des Maschinennetzes) beseitigt. Dieses seit den 30er-Jahren unter Nutzung von Thyratrons bekannte Prinzip ersetzt den Kommutator einer Gleichstrommaschine, sofern man die Innenpolsynchronmaschine als Gleichstrommaschine mit vertauschter Ständer- und Läuferwicklung begreift. Das Ergebnis – die kommutatorlose Gleichstrommaschine – heißt bei großen Leistungen Stromrichtermotor. Bei kleineren Einheiten spricht man von bürstenloser oder elektronisch kommutierter Maschine (Elektronikmotor).

Schwingkreiswechselrichter mit passiver Last fallen ebenfalls in diese Kategorie [31; 32]. Sie sind ohne Bedeutung für die Antriebstechnik.

Umrichter ohne Zwischenkreis (Direktumrichter)
Ein netzgeführter Wechselstrom-Umrichter verzichtet auf den Zwischenkreis mit teuren Speichern. Die einphasige Struktur entspricht einem Umkehrstromrichter (Bild 7.2) [24; 31; 34]. Um ein Drehstromsystem zu erzeugen, müssen drei dieser Anordnungen verwendet werden. Als Ausgangsspannung einer Phase ergibt sich eine aus mehreren Ausschnitten der Halbwellen der dreiphasigen Eingangsspannung zusam-

Bild 7.11
Umrichter ohne Zwischenkreis (Direktumrichter)
1 Schaltung (B6C)2I
(vgl. Bilder 7.1a und 7.2a)
2 Drehstrom-Sollwertgeber

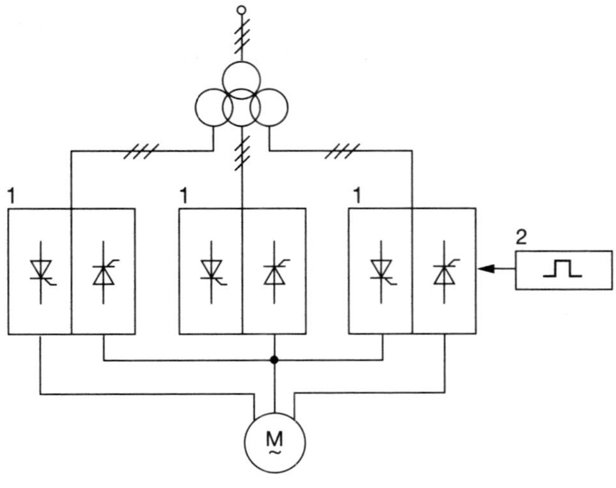

mengesetzte Kurve. Die daraus resultierende Einschränkung für diesen Hüllkurvenumrichter

$$f_A < f_{Netz} \qquad f_{Amax} = 30 \text{ Hz} \tag{Gl. 7.1}$$

mit unstetiger Verstellung der Ausgangsfrequenz überwindet die Anordnung Bild 7.11 [27]. Bei vergleichbarem Ventilaufwand, aber mit Transformatoranschluss, besteht die verbesserte Schaltung aus drei kreisstromfreien Umkehrstromrichtern für Gleichstromantriebe. Von einem Drehstrom-Sollwertgeber werden die Stromrichter so angesteuert, dass ihre drei Ausgangsspannungen um 120 °el versetzt der Sinusform folgen und zusammengeschaltet im Stern ein Drehstromsystem bilden. Energiefluss in beiden Richtungen erlaubt den Umkehrbetrieb des Motors. Bevorzugt werden Mittelspannungs-Synchronmaschinen größter Leistung von solchen Cyclokonvertern gespeist. Freilich besitzt ebenfalls der Direktumrichter nur noch geringe Bedeutung, weil indirekte Umrichter mit gepulstem NSR wegen des dadurch stark reduzierbaren Zwischenkreiskondensators wirtschaftlich einen Quasi-Direktumrichter nachbilden [7.12].

Umrichter schalten diskontinuierlich. Ihre zeitdiskrete, laufzeitbehaftete Arbeitsweise kann grob als verzögerungsfreies Proportionalglied angenähert werden. Die Belastungskennlinie wird von den verschiedenen Innenwiderständen beeinflusst. Dadurch entstehende Spannungsfälle gleicht die Regelung aus. Die Steuerkennlinie zeigt im einfachsten Fall der frequenzproportionalen Spannungssteuerung einen geradlinigen Anstieg:

$$U_s \sim f_a \tag{Gl. 7.2}$$

Für die Ausgangsfrequenz f_a gilt bei indirekten Umrichtern:

$$f_a = \frac{1}{6} f_T \tag{Gl. 7.3}$$

und bei direkten Konvertern:

$$f_a = f_T \tag{Gl. 7.4}$$

7.3 Steuerungs- und Regelungseinrichtungen (Informationsverarbeitung)

Der Informationen verarbeitende Teil des Antriebs (s. Bild 4.1) umfasst digitale, taktgesteuerte Einrichtungen

- zur koordinierten Vorgabe von Führungsgrößen (Sollwerten),
- zum Errechnen von Stellgrößen,
- zum Regeln und Steuern sowie zum Messen von Regel- und Zustandsgrößen,
- zum Vergleichen von Soll- und Istwerten in der Regeleinrichtung (Differenzsignalbildung),
- zum Verarbeiten von (auch nichtlinearen) Differenzialgleichungen,
- zum Ausgleichen von Induktivitäten und Nichtlinearitäten,
- zur Stromversorgung.

Um die Wirkung der Stellsignale zu überprüfen, werden beim Antrieb mehrheitlich **Regelungen** eingesetzt (Bild 7.12b). Dazu wird die Regelgröße gemessen und mit der Führungsgröße verglichen. Sofern keine Übereinstimmung besteht, führt die Differenz zur Korrektur der Stellgröße. Präzision der Messwerte sowie Auflösung der Regeleinrichtung bestimmen die Genauigkeit. Insgesamt muss die Elektronik das Profil nach Tabelle 7.4 erfüllen.

Zu den Regelgrößen des Bewegungsantriebs gehören Drehzahl, Strom und Drehmoment, aber auch technologische Kennwerte wie Druck, Durchfluss, Zug u. Ä. Bei Stellantrieben werden zusätzlich Drehwinkel, Lage und Geschwindigkeit beeinflusst. Größen wie Ströme, Spannungen, magnetische Flüsse bzw. ihre Wirk- und Blindanteile werden durch die Regeleinrichtung so gesteuert, dass sich Nichtlinearitäten und Verzögerungen der Arbeitsmaschine kompensieren. Um das gewünschte Ergebnis, z. B. Drehzahlverstellung in minimaler Zeit, zu erreichen, enthält die Regeleinrichtung ein tunlichst wirklichkeitsgetreues Abbild der Regelstrecke. Dazu werden die Parameter von Motor und Last sowie deren Änderungen selbsttätig ermittelt, um den notwendigen Verlauf der Stellgrößen bedarfsgerecht zu errechnen und der Motorlast einzuprägen. Zur Kontrolle müssen Strom, Spannung, Fluss, Drehzahl, Lage direkt gemessen (bei Drehzahl, Lage z. T. digital) oder teilweise mittelbar durch Berechnung aus dem implementierten Motormodell gewonnen werden. Ein in der Regeleinrichtung realisierter Beobachter (vor allem geeignet für den mechanischen Teil der Regelstrecke) liefert einen indirekten Messbeitrag. Erfolgt die Erfassung ausschließlich indirekt, liegt eine sensorlose Regelung vor [7.15].

Die Verarbeitungsstruktur, die diese Aufgabe befriedigend digital und mit der notwendigen Schnelligkeit erledigen kann, ist eine adaptive, möglichst selbst einstellende Zustandsregelung [20; 21; 29; 7.15; 7.16]. Sie arbeitet diskontinuierlich im Zeitbereich, wird bei Erfordernis redundant aufgebaut und verwirklicht ggf. stochastische Strategien. Bild 7.13a zeigt ihren grundsätzlichen Aufbau. Die geläufige Kaskadenregelung, die den Frequenzbereich benutzt, gehört in ihrer kontinuierlichen Form der analogen Vergangenheit an. Als diskontinuierlich arbeitende Abtastregelung lebt die übersichtliche Struktur mit unterlagerten Kreisen wegen ihrer guten Eigenschaften

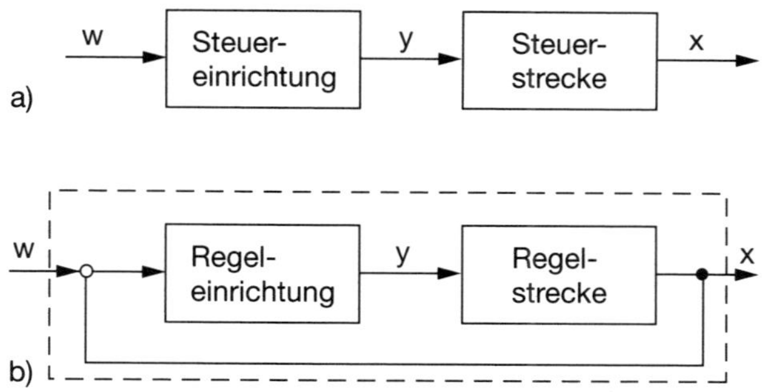

Bild 7.12 Grundstrukturen der Informationsverarbeitung
a) Steuerung (offener Wirkungskreis)
- ❑ einsetzbar, sofern kein unzulässiger Einfluss von Störgrößen auf die Steuergröße (i. Allg. Drehzahl, auch Lage)
- ❑ geringe Genauigkeit bei der Einstellung der Steuergröße
- ❑ Die Mehrheit der Antriebe wird gesteuert betrieben. Typische Beispiele: Binärsteuerung – z. B. Ablaufsteuerung, Ein/Aus; kontinuierliche Steuerung – Softstarter; Schrittsteuerung – Lagesteuerung einer offenen Kette, elektrischen Impulsen als Eingangsgröße sind Winkelinkremente als Ausgangsgröße eindeutig zugeordnet → hohe Genauigkeit.
- ❑ Genauigkeit und Übertragungsverhalten werden durch die natürliche Motor- und Lastkennlinie bestimmt.

b) Regelung (geschlossener Wirkungskreis)
- ❑ geschlossene Wirkungskette
- ❑ hochwertige Drehzahl- und/oder Lagesteuerungen, um Energie zu sparen und technologische Forderungen zu erfüllen
- ❑ Regelgröße folgt einer zeitveränderlichen Führungsgröße und ist von Störgrößen unabhängig.
- ❑ Genauigkeit und Dynamik sind abhängig von der Verstärkung des Kreises, der Genauigkeit der Messglieder, der Dynamik des Stellgliedes und der Einstellung der Regler.
- ❑ Robustheit gegenüber Parameteränderungen der Regelstrecke und Störgrößen hängt von der Struktur ab.
- ❑ Jede beliebige stationäre Übertragungskennlinie ist unabhängig von Motor und Last einstellbar.
- ❑ Mehrere Regelgrößen sind einzelnen Abschnitten der Regelstrecke zugeordnet und werden geregelt (Position/Lage, Drehzahl, Moment/Strom u. a. mechanische oder technologische Größen).
- ❑ Enthält sowohl kontinuierlich (Motor) als auch diskontinuierlich (Stromrichter, digitaler Regler) arbeitende Übertragungsglieder.
  Informationsverarbeitung überwiegend digital, kaum noch analog
  – – – – Mit diesem Block (black box) erscheint die Regelung ebenfalls als offenen Kette. Deshalb ist Steuerung der übergeordnete Begriff.

hinsichtlich der Reaktion auf große und kleine Signaländerungen in der Digitaltechnik weiter (Bild 7.13b) [21; 29]. Die getakteten Regelkreise werden quasikontinuierlich mit dem Abtastfrequenzgang optimiert. Zusammen mit der Regelung übernimmt die Informationsverarbeitung wichtige Steuerungs-, Überwachungs- und Schutzfunktionen, die bisher einer eigenständigen SPS vorbehalten waren. Darüber hinaus unterstützt sie Bedienung, Kommunikation sowie Inbetriebsetzung und Wartung, aber auch das Erreichen von Schutzzielen. Mikrorechnerbasierte Einrichtungen sind selbst über-

Tabelle 7.4 Anforderungsprofil für die Informationselektronik von Antriebssystemen. → Zunahme der Verarbeitungsgeschwindigkeit

Besonderheiten als «intelligente» prozessnahe Peripherie der Automatisierungsanlage	**Funktionelle Anforderungen**
Extreme Umgebungsbedingungen (z. B. –40 °C, mechanisch-dynamische Beanspruchung)	Bearbeitung stromrichternaher Funktionen wie Ansteuerung und Stromregelung
Höchste Verarbeitungsgeschwindigkeit (Taktzeiten <1 ms)	Hoher Wirkungsgrad durch verlustarme, hochpulsige Steuerverfahren für die Stellglieder
Maximale Störfestigkeit durch extreme Nähe zu leistungsstarken Geräten	Kopplungs- und Hierarchiefähigkeit (Buskommunikation auch innerhalb von Regelkreisen und zur Synchronisation verteilter Antriebe)
Platzbeschränkung, Unterbringung der Informationselektronik in unmittelbarer Stellgliednähe	Integrierte, aber unabhängige Überwachungs- und Schutzfunktionen (mit Fehlerspeicher, Tagebuchfunktion und Klartextanzeige)
Spezialperipherie (für besondere Messwerte und Ansteuerung)	Bearbeitung antriebsnaher Funktionen wie Regelung von Drehzahl, Position, Steuerungsaufgaben (selbst einstellend, adaptiv)
Höchste Zuverlässigkeit und Verfügbarkeit (bei beschränkter Hardware-Redundanz)	Maximale Wiederholgenauigkeit der Befehle
Autarke Betriebs- und Inbetriebsetzungsfähigkeit (mit Universalgeräten)	Internetkompatibilität
Realisierung moderner Steuerverfahren (Zustandsregelung, fehlertolerante, adaptive Verfahren, begrenzungsfreie Sollwertführung u. a.)	Ausführung von Service-Aufgaben wie Antriebsdiagnose, komfortable Bedienung und Anzeige (mit z. B. sprachlicher Anpassbarkeit an den konkreten Nutzer)
Höchste Reaktionsgeschwindigkeit der Schutzfunktion (<100 µs)	Niedriger Inbetriebsetzungsaufwand durch Online-Einstellung und Software-Parametrisierung (automatische Dokumentation aller Werte)
Niedriger Projektierungsaufwand (maximaler Firmware-Anteil, typisierte, modulare Hard- und Software)	Rechnergestützte Projektierung (mit einheitlicher Dokumentation für unterschiedliche Nutzergruppen)
Harmonisierte und modulare HW und SW für unterschiedliche Antriebe (typisiert, erweiterungsfähig)	
Integration prozessspezifischer Funktionen	
Sicherung der Elektro-Energie-Qualität EEQ durch minimale Netzrückwirkungen	

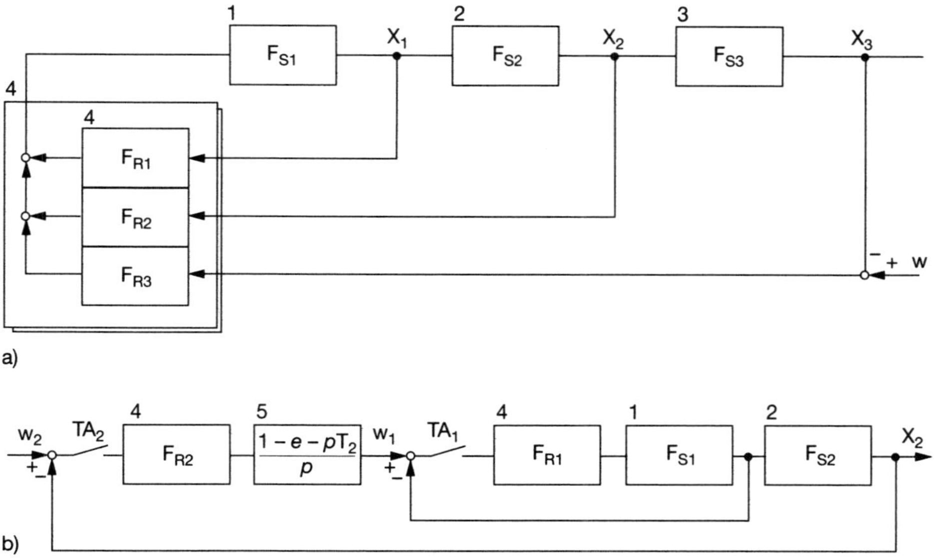

Bild 7.13 Prinzipien der Antriebsregelung
1, 2, 3 Teilregelstrecken
4 zugehörige zeitdiskrete Teilregler
a) Zustandsregelung
b) Quasikontinuierliche Abtastregelung mit Kaskadenstruktur (ohne TA und 5 entspricht das Signalflussbild der analogen, kontinuierlichen Regelung). Die zwei Regler arbeiten asynchron $T_1 \neq T_2$
5 Halteglied (Register) TA_1, TA_2 Taster mit der Tastzeit T_1, T_2 bei $T = \frac{1}{f_T}$ f_T Tastfrequenz

wachend. Sie können vor Störungen warnen und nehmen im Havariefall einen sicheren Zustand ein. Die Tagebuchfunktion (Langzeitspeicherung von Zuständen) erlaubt eine Ursachenanalyse, so dass die Wahrscheinlichkeit der Wiederholung des gleichen Defektes gegen null geht.

Für die programmgesteuerte, digitale Signalverarbeitung der Antriebsregelung stehen integrierte Schaltkreise mit sehr hoher Verarbeitungsgeschwindigkeit und Wortbreiten bis zu 32 bit zu günstigen Preisen bereit. Superschnelle Mikroprozessoren mit der Struktur von Signalprozessoren [7.17] (DSP, Digital Signal Processor), aber auch parallel arbeitende Transputer übernehmen die Bearbeitung von Differentialgleichungen, Multiplikationen und die Funktionengenerierung sowie von Regelungsaufgaben. Mikrocontroller realisieren schnelle Steuerungsoperationen. Ein für die Aufgabe zugeschnittener ASIC fasst auf seinem Chip Recheneinheit, Daten-, Programmspeicher, Bussteuerung sowie erforderliche E/A-Kanäle zusammen. Gewicht besitzen A/D-Wandler (inklusive Multiplexer), weil bestimmte, nur analog vorliegende Größen (z.B. Strom, Fluss) vor der Verarbeitung zu digitalisieren sind. Wortbreite und Rechenleistung der Bauelemente erlauben es, ohne Abstriche bei Dynamik und Genauigkeit unter Echtzeitbedingungen in einer höheren Sprache zu programmieren. Die Aufgabenvielfalt kann durch Fügen vorprogrammierter Softwaremodule mit immer der gleichen Hard-

Tabelle 7.5 Eigenschaften der Antriebssoftware

• Laufzeiteffiziente, programmgesteuerte, (quasi-)parallele Bearbeitung der Funktionen nach Tabelle 7.4
• Flexibles Erfüllen unterschiedlicher Zeitforderungen angepasst an die Zeitkonstanten der Regelstrecke und an das Zeitverhalten des Stromrichter-Stellgliedes
• Selbsttätige Änderung des Programmablaufs infolge interner und/oder externer Ereignisse (z. B. Störfälle)
• Anpassungsfähigkeit der Bedien- und Servicefunktionen an den Nutzer
• Selbst erklärende, komfortable Bedien-, Anzeige- und Servicefunktionen

ware beherrscht werden. Zum Implementieren einer gewünschten Funktion wurde die Spezialkenntnisse fordernde Programmierung quasi vom Parametrisieren abgelöst. Trotzdem werden die Bedingungen der Tabelle 7.5 eingehalten. Wegen kleiner Zeitkonstanten der Regelstrecke – dazu zählen vor allem die der Stromrichter – und zwecks Verwirklichung großer Stellbereiche müssen die Regel- und Steueralgorithmen einmal sehr genau mit hoher Auflösung (Wortbreite), zum anderen in kürzester Zeit bearbeitet werden. Neben derartigen rechentechnischen Maximalforderungen an Software und Hardware verlangt der Anwender extreme Zuverlässigkeit bei verlustarmer, miniaturisierter Ausführung. Die unmittelbare Nähe der Informationsverarbeitung zu größten Strömen und Spannungen sowie der Eingriff in z. T. gewaltige Energieströme bedingt eine maximale Störunempfindlichkeit. Auf mangelhafte EMV zurückzuführende Störungen und Ausfälle würden Vorzüge des «digitalen» Antriebs, wie

- ❑ nach wenigen Abtastschritten die Übereinstimmung von Führungs- und Regelgröße in kürzester Zeit zu erreichen (analoge, kontinuierliche Regler theoretisch erst nach unendlich langer Zeit),
- ❑ den Stellbereich bei zunehmender Genauigkeit zu vergrößern,
- ❑ Messeinrichtungen zu vereinfachen,
- ❑ Stellgrößen trotz interner Verkopplungen im Motor unabhängig zu verändern,

in Frage stellen.

In der Analogtechnik der Vergangenheit tragen kontinuierlich veränderliche Größen die Information. Bei den digitalen Systemen ist in Bündeln von Binärkomponenten (Wörter) der Informationsparameter verschlüsselt. Signale nehmen diskrete Werte an. Ihre Erfassung erfolgt gleichfalls diskontinuierlich. Die Verrechnung dieser Zeichen wird durch ein Taktsignal gesteuert. Auch die getaktete Verarbeitung wird zweckmäßig in innere und äußere Regelkreise sowie in Steuerungsaufgaben gegliedert. Stromregelung und Stromrichteransteuerung zählen zu stromrichternahen, inneren Regelschleifen höchster Geschwindigkeit. Mehr dem Antrieb zuzuordnende, äußere Regelkreise für Drehzahl, Lage usw. reagieren etwas langsamer. Verlängerte Zeiträume stehen gleichfalls für die Ausführung der Steuerungsaufgaben «intelligenter» Antriebe, dem Ersatz der SPS, zur Verfügung. Gleiches gilt für die Unterstützung von Bedienung und Inbetriebsetzung ebenso wie für die allgemeine Kommunikation. Den

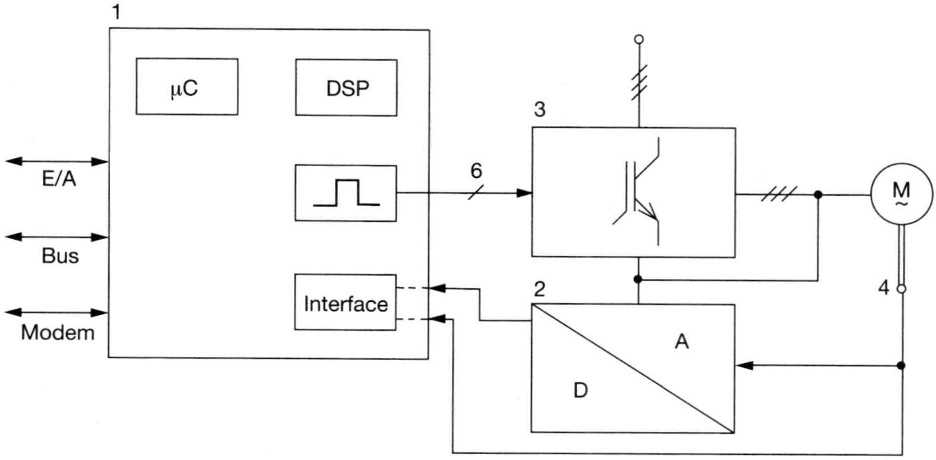

Bild 7.14 Spezialschaltkreise Vecon für den digital geregelten Drehstromantrieb
1 digitaler Schaltkreis (Mikrocontroller μC + Regelungsprozessor DSP + digitale Peripherie + Ansteuereinrichtung ⎍)
2 analoger Schaltkreis (A/D-Wandler mit Multiplexer, Vergleicher u.a.)
3 indirekter Umrichter
4 analoger oder digitaler Drehzahlgeber

stromrichternahen Aufgaben vergleichbare Ansprüche stellt der Datenaustausch dann, wenn über eine solche Verbindung ein Regelkreis zu schließen ist oder verteilte Antriebe über den Bus synchronisiert werden müssen. Analoge Strukturen werden hinsichtlich der Verarbeitungsgeschwindigkeit (Bearbeitungszeiten im μs-Bereich) übertroffen. Selbst im stationären Betrieb bei konstanter Last und gleich bleibender Drehzahl muss die Regeleinrichtung so arbeiten, weil Wechselgrößen mit hoher Abtastrate immer neu zu bestimmen und zu verarbeiten sind (Taktzeit <100 μs).

Mit dem aktuellen Angebot mikroelektronischer Schaltkreise (Standard-IC oder ASIC) sind die geschilderten Aufgaben ohne Einschränkung erfüllbar. Konzepte, bei denen aus wenigen Standardbauelementfunktionen und der antriebspezifischen Ansteuerung zugeschnittene ASIC-Schaltkreise entstehen, erledigen die Aufgaben nach Tabelle 7.5 optimal mit der geforderten Geschwindigkeit. Bild 7.14 zeigt den Prinzipaufbau eines derartigen Chips [7.17; 7.18]. Der kompatible Nachfolger dSMC 101 [7.19] berücksichtigt die Erfahrungen von Vecon-Entwicklung und -Applikation und ist noch flexibler einsetzbar.

Die digitale Regelung beherrscht mit großem rechentechnischen Aufwand die Antriebstechnik. Nichtlinearitäten und Parameterabhängigkeit erschweren die analytische Beschreibung vor allem der komplizierten Regelstrecke Drehstrommaschine. Konzepte auf Basis der unscharfen Fuzzy-Logik [7.20] versprechen für gleichartige, z.T. sogar verbesserte stationäre und dynamische Systemeigenschaften eine Vereinfachung der bekannten Strukturen [24; 7.21; 7.22].

Erfolgt keine Kontrolle des Ergebnisses durch Vergleich, liegt als offene Wirkungskette eine **Steuerung** vor (Bild 7.12a). Ihre Hauptanwendung Ein-/Ausschalten von Motoren fester Drehzahl kann mit deutlich geringerem Aufwand sowohl digital mittels der Mikroprozessortechnik (z.B. Softstarter mit Spannungsteuerung, Abschnitt 11.4) als auch binär konventionell mit Sicherung, Schütz, Relais oder sicherungslos mit Leistungsschaltern (z.B. Antriebe mit fester Drehzahl, sicherheitsgerichtete Antriebe, vgl. Abschnitte 12.6, 12.7) erfolgen.

7.4 Vernetzung/Kommunikation

Antriebssysteme verfügen über integrierte Interfaces, um mit ihrer engeren und weiteren Umgebung Informationen auszutauschen. Visuelle und ergonomische Schnittstellen (Anzeigen, Bedienfelder mit Tasten) – untergebracht direkt im Kompaktstromrichter und/oder in einer optional einsteckbaren, aber auch absetzbaren Bedieneinheit – benötigt der Bediener, der vor Ort unmittelbar mit dem System befasst ist. Modems erlauben aus der Ferne PC-gestützte Diagnose und Überwachung, aber auch Hilfe während der Inbetriebsetzung. Näher beleuchtet wird der Datenaustausch in der Aktor-Sensor- bzw. Prozessebene mit und ohne eine zentrale Leitwarte oder eine Steuerungsebene. Diese serielle Buskommunikation bewältigt Aufgaben wie

- Übertragen der Signale entsprechend Bild 4.1,
- Bedienung, Steuerung, Parametrisierung, Zustandsmeldung, Fehlerdiagnose mit -analyse,
- Aufruf bzw. zeitlich befristetes Einschalten projektspezifischer Programmabläufe,
- unmittelbare, horizontale Kommunikation von Antrieb zu Antrieb und von Antrieb zu Peripherie,
- verzögerungsfreies Übertragen von Soll-, Istwerten für Lage, Drehzahl, Moment u.a. zum Regeln und Synchronisieren über den Bus sowie von Steuerungs- und Statusinformationen,
- Unterstützung verteilter Antriebskonzepte,
- vertikale Kommunikation zu übergeordneten Anlagenteilen,
- Realisierung eines Energiemanagements.

In der Vergangenheit erforderte jedes Signal ein Leitungspaar. Eine solche parallele, Rangierverteiler, eine umfangreiche Dokumentation u.Ä. benötigende Verdrahtung ist aufwendig und unübersichtlich. Als technisch und wirtschaftlich bessere Alternative wird der serielle Feldbus (Field Bus), der bezüglich Reaktionszeit und Datenübertragung zwischen Antriebssystemen und anderen prozessnahen (Feld-) Geräten optimiert ist, an eine geeignete Schnittstelle angeschlossen [7.23]. Die Teilnehmer der Buskommunikation sind in einem Netzwerk verbunden. Für die Topologie (Tabelle 7.6) existieren die Verbindungsalternativen nach Bild 7.15. Als Übertragungsmedien stehen verdrillte Kupferleiter (≥ zwei Adern, Twisted Pair), Koaxialkabel oder Lichtwellenleiter (LWL), bei drahtloser Energieversorgung auch die Signalübertragung per Funk oder Infrarottechnik [7.24] bereit. Hybridkabel, die neben

Tabelle 7.6 Vorzüge der Feldbustechnologie

Allgemeine Eigenschaften	Spezielle Eigenschaften für Antriebssysteme
• Niedriger Verdrahtungsaufwand, einfaches Übertragungsmedium • Geringer Platzbedarf • Große Längenausdehnung bei flexibler Erweiterbarkeit • Hohe Zuverlässigkeit, sichere Datenübertragung • Ein- und Abschaltung von Teilnehmern während des laufenden Betriebes • Niedriger Dokumentationsaufwand • Geringer Projektierungsaufwand • Niedrige Kosten • Beherrschbarkeit von Sicherheitsanforderungen und Explosionsschutz • Realisierung erhöhter Umgebungsbeanspruchungen (weiter Einsatztemperaturbereich, Rüttelfestig- und Korrosionsfestigkeit) • Kurze Telegramme mit einfachen Protokollen	• Realisierung dezentraler Antriebssysteme • Bewegungsführung, Gleichlauf • Kommunikationsfähigkeit in Echtzeit • Querverkehr zwischen Antriebseinheiten (z.B. für Sollwertkaskaden), bidirektionaler Datenaustausch unter Umgehung der Leitzentrale • Übertragen von Leitinformationen, Sollwertvorgabe • Synchronisation (nach Takt, Winkel, Zeit, Lage) zum Schließen von Regelkreisen über den Bus (Jitter ≤1 ms) • Hohe Netto-Datenrate • Vervielfachung der Buszykluszeit für bestimmte Daten • Interrupt-Fähigkeit • Asynchrone Kommunikation mit Steuerung und Leitebene • Realisierung von Redundanzfunktionen zum Steigern der Ausfallsicherheit

der Information auch die Energie (Hilfsspannung und Netzversorgung) weiterleiten, wirken insbesondere in unzugänglichen Montagebereichen Kosten sparend und Ausfall senkend [7.25]. Die Datenübertragung (Zugriffsverfahren) kann auf verschiedene Weise organisiert und gesichert werden [7.23]. Die Lösung mit zwei Bussystemen – eines für Steuerungsaufgaben und die Kommunikation zwischen Steuerungs- und Antriebsebene, ein zweites hochwertigeres für die taktsynchrone Kommunikation zwischen den Antriebssystemen – wurde von der Ein-Bus-Struktur verdrängt (Bild 7.16). Weniger Hardware, weniger Verdrahtung, weniger Montage, geringerer Engineering-Aufwand, höhere Ausfallsicherheit sprechen für den gemeinsamen Bus.

Die angebotenen Feldbusse [7.50] zerfallen in zwei Kategorien. Firmenspezifische, proprietäre Systeme, deren Kern oft auf Standards zurückgeht (z.B. SERBAS auf Sercos [7.26]), sind im Anwendungsumfang beschränkt. Ihr Übertragungsprotokoll bleibt unbekannt, die Nutzung dem firmengebundenen «Ausnahmefall» vorbehalten. Voraussetzung für die Interoperabilität, also die Zusammenarbeit von Geräten unterschiedlicher Hersteller an einem Bus, ist der offene, durchgängige Feldbus. Auf der Grundlage allgemein zugänglicher Maßstäbe für Schnittstellen, Datenformate usw. (Open Control – Automatisierung im Feldbereich auf Basis offener Standards und auf der Grundlage des OSI-Referenzmodells [7.27]) erhält jeder potenzielle Nutzer Zugang zu allen Funktionen, so dass er Hard- und Software für die Busanschaltung gerätespezifisch verwirklichen und der Buskompatibilität sicher sein kann. Interessenten schließen sich in Nutzerorganisationen zusammen. Offene Konzepte lassen sich erfolgreich standardisieren. Der Anwender erhält eine langfristige Investitionssicherheit. Das belegt

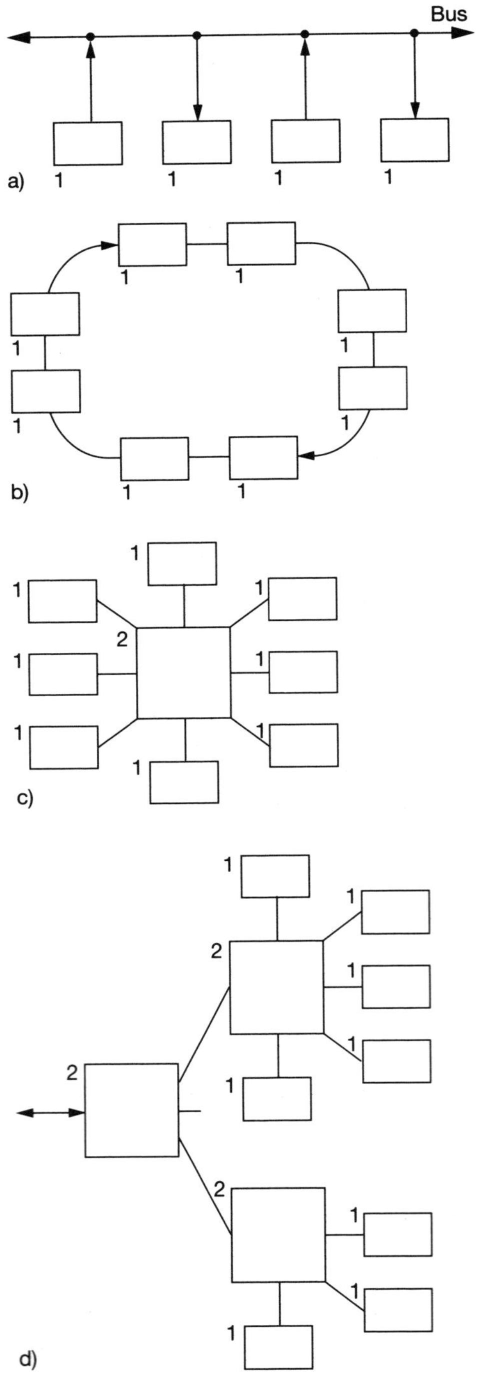

Bild 7.15
Feldbus-Netzwerke (Topologie)
1 Busteilnehmer
2 Systemverteiler
a) Linienstruktur (wechselweiser, bidirektionaler Teilnehmerzugang)
b) Ringstruktur (unidirektionaler Zugang)
c) Sternstruktur (bidirektionaler Zugang)
d) Baumstruktur (entsteht aus Sternen)

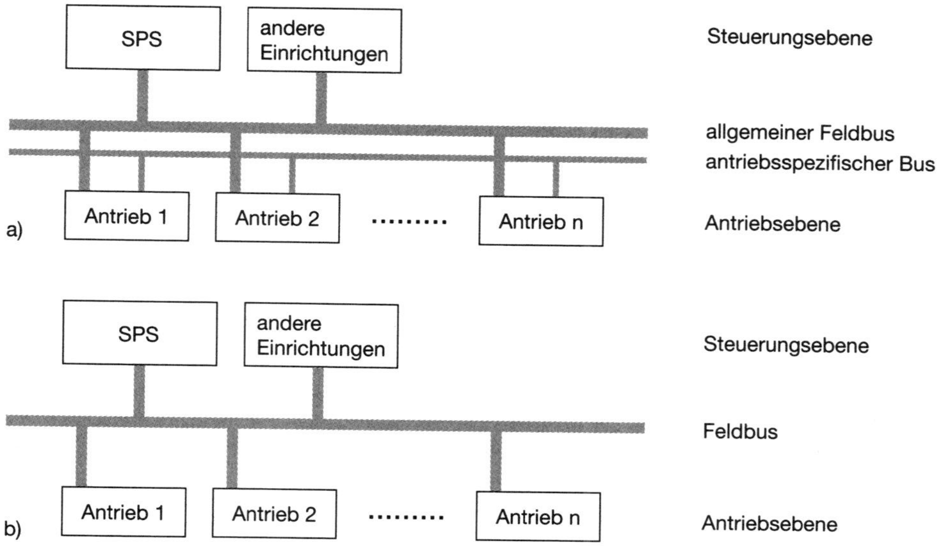

Bild 7.16 Busstrukturen für die Antriebstechnik
a) getrennte Busse
b) Ein-Bus-Lösung: übernimmt Steuerungs- und Kommunikationsaufgaben zwischen den Ebenen sowie Motion-control-Funktionen

der zum Jahrtausendwechsel verabschiedete internationale Feldbusstandard [7.28]. Acht international renommierte Systeme sind darin eingeschlossen. Trotzdem bleiben die Vielfalt der Möglichkeiten und der Wettbewerb der Systeme erhalten.

Für die Antriebstechnik bedeutsame offene Feldbusse sind in Tabelle 7.7 zusammengestellt [7.29]. Jedes System besitzt Vor- und Nachteile. Die endgültige Auswahl lässt sich nur in Kenntnis der speziellen Applikation treffen. Über die funktionellen Schnittstellen kann unabhängig vom konkreten Bus einheitlich mit dem Antrieb kommuniziert werden. Ein Ausführungsbeispiel liegt mit der ZVEI-Antriebsschnittstelle vor [7.30].

Feldbusanschaltungen – i. Allg. modular und auswechselbar aufgebaut – sind mit ihrer Hard- und Software in die digitale Informationselektronik integriert. Spezielle Chips (ASIC, SCC) nebst ihrer zugeschnittenen Firmware wickeln in Verbindung mit einheitlichen typisierten Steckverbindungen alle Aufgaben ab. Inzwischen erfüllen Feldbusse auch kommerziell und technisch die Bedingungen der Sicherheitstechnik [7.59] und des Explosionsschutzes [7.31]. Für den geschützten Datenverkehr in verteilten Antriebs- und Automatisierungsanlagen stehen offene Sicherheitsbusse entweder als Spezial- oder als zugeschnittenes Standardsystem bereit (Tabelle 7.7). In jedem Fall muss das Buskabel grundsätzlich geschützt verlegt werden.

Ethernet wurde als lokales Netzwerk LAN aus der vergleichsweise geringere Datenübertragungsgeschwindigkeiten verlangenden Büroautomatisierung bekannt. Seit vielen Jahren behauptet sich dieser Bus mit Erfolg in der Leittechnik der Automatisierung. Mit Industrial Ethernet liegt nun seine Feldbusversion unter Nutzung von Fast

Tabelle 7.7 «Offene» Feldbussysteme für Antriebstechnik

	Profibus-DP[1]	**Interbus-S**	**CAN**	**Industrial Ethernet**	**SERCOS**	**SafetyBus p**	**ASi**[3]
Klassifikation	←	Universalbus		→		Sicherheitsbus	
Norm	IEC 61 158 DIN 19 245, T.3 EN 50 170	IEC 61 158 DIN 19258	ISO 11 898	IEE 802.3 IEC 61158	DIN EN 61 491 IEC 61 461	Basis: CAN	
Topologie	Ring, Stern, Linie	Ring, Linie, Baum	Linie	Linie	Ring	Linie	Baum
Zugriffsverfahren	deterministisch Multi-Master	deterministisch	stochastisch	stochastisch	stochastisch	Multi-Master	Master-Slave
Nutzerorganisation	Profibusnutzer-Organisation e.V. (PNO) www.profibus.com	Interbus-S-Club Drivecom-Nutzergruppe www.drivecom.org	CiA[2] ODVA (DeviceNet)	IAONA[4]	Interessengemeinschaft Sercos Interface e.V. www.sercos.org	Safety-Bus-P-Club	ASI-Verein
Applikationsprofile (Protokolle)	PROFInet		CANopen DeviceNet	PROFInet EtherNet/IP u.a.			
Antriebstechnik	Profidrive	Drivecom					
Sicherheitsbus	Profisafe	Interbus-Safety	DeviceNet Safety				ASi Safety at Work
Übertragungs-Medium	←		verdrillte Zweidrahtleitung (Twisted Pair), LWL				→
Weiterführende Literatur	[7.36; 7.37] [7.38; 7.46] [7.51]	[7.42] [7.23] [7.62]	[7.39] [7.40] [7.47] [7.63]	[7.33] [7.48] [7.52] [7.64]	[7.43]	[7.44] [7.45]	[7.41] Sicherheitsmonitor

[1] DP Dezentrale Peripherie (decentralisated peripherals).
[2] Can in Automation e.V.
[3] Aktor-Sensor-Interface.
[4] Industrial Automation Open Networking Alliance Europa e.V.

Ethernet (Datenrate 100 Mbit/s) und dem TCP/IP-Protokoll vor [7.32; 7.33]. Antriebe können damit in Echtzeit mit allen Ebenen und Bestandteilen der Automatisierungsanlage kommunizieren. Die bisher durch verschiedene Datenübertragungssysteme gekennzeichnete hierarchische Struktur kommt mit einem einzigen Netz aus. Mit der nun durchgängigen Kommunikation vergrößert sich die Transparenz bei direkter Anbindung an die IT-Welt [7.58]. Vorhandene Ressourcen lassen sich optimal nutzen. Industrial Ethernet eröffnet gleichzeitig den Zugang der prozessnahen Antriebsebene zu Internet und Intranet [7.34]. Allerdings ist diese Feldbusvariante für die Übertragung von Daten mit sehr hoher Geschwindigkeit etwa in verteilten Antriebsstrukturen gegenwärtig noch nicht vollständig geeignet.

Nach [7.29; 7.60] wäre ein Buskonzept auf Basis IEEE 1394 für die Antriebstechnik geeigneter (Geschwindigkeit bis 400 Mbit/s, Ziel: 1,6 Gbit/s). Selbst Aufgaben im Bereich von µs, die dem Industrial Ethernet bisher verschlossen sind, werden von darauf basierenden, proprietären Systemen wie Firewire (Apple) oder i.Link (Sony) beherrscht. Anstrengungen zur Öffnung für die industrielle Applikation unternimmt die Arbeitsgruppe von Anbietern der Antriebstechnik 1394 Automation [7.56; 7.61].

Das OPC-Konzept (OLE for Process Control; OLE = Object Linking and Embedding) nach dem Client-Server-Modell überwindet die immer noch bestehende Vielfalt von Schnittstellen [7.29; 7.34; 7.35; 7.54]. Im Verein mit Ethernet sowie Windows-basierten Software-Werkzeugen verbessert OPC die vertikale Integration der Antriebe in die Automatisierungsanlage bis in die IT-Welt von Internet und Intranet. Lokal, firmenintern, gar weltweit stehen die gewünschten Informationen (Funktionen, Programme, Geräte- und Maschinendaten) zur Verfügung. Über Visualisierung und Bedienoberfläche kann auf Antriebsparameter zugegriffen werden. Zugleich vereinfacht diese Technologie die Nutzung technischer Engineering-Dienstleistungen (Inbetriebsetzung, Programmierung auf der Grundlage von Modulbibliotheken, Aktivieren hinterlegter Programmabläufe, Parametrisierung, Bedienung, Diagnose, Wartung u. Ä.) aus der Ferne. Die in der Be- und Verarbeitungsindustrie erwartete hohe Flexibilität der eingesetzten Maschinen zur Anpassung an rasch wechselnde Produktionsprogramme wird unterstützt. Eine derartig universale Schnittstelle als Instrument einer herstellerübergreifenden Interoperabilität der Antriebs- und Steuerungssoftware und -hardware wird in einem Server-PC konfiguriert (Kapitel 14).

7.5 Konstruktive Gestaltung und Kühlung

Alle vorgestellten Stellglieder inklusive Informations- und Bedienelektronik werden leistungsabhängig und unter Berücksichtigung des geplanten Einsatzes in verschiedenen Konstruktionsformen geliefert (vgl. Tabelle 12.2):

- ❑ Kompaktgerät zur technologienahen Montage ohne zusätzliches Gehäuse (Wand-, Flansch-, Standgerät, hohe Schutzart, bis mittlere Leistungen),
- ❑ Kompaktgerät zur motornahen Montage oder zur Befestigung am Motor (hohe Schutzart, bis mittlere Leistungen),

- kompaktes Schrankeinbaugerät (bis große Leistungen),
- modulares Schranksystem (für größte Leistungen).

Bis zu mittleren Leistungen wird Verlustwärme über natürliche Kühlung oder Zwangslüftung abgeleitet. Große und Grenzleistungen benutzen ausschließlich forcierte Belüftung, müssen aus Platzgründen oft auf Flüssigkeitskühlung (Wasser, Glykole) in Verbindung mit einem Zweikreiskühler (Kühlmittel-Luft-Wärmetauscher) zurückgreifen (vgl. Abschnitte 2.2.2.2, 10.3).

8 Netzeinspeisung

Die Einspeisung zählt funktionell nicht unmittelbar zum Antrieb (s. Bild 4.1), beeinflusst aber sein Betriebsverhalten. Vor jedem Antrieb befindet sich eine NS-Verteilung. Systeme kleinerer Leistung (Integral-, Kompakt-, Einbauausführungen) versorgt die Unterverteilung, sie besitzen in der Regel keine internen Schaltglieder. Überwiegend werden Antriebsysteme aus TN- oder TT-Netzen gespeist [8; 10; 43]. Wie bei Servo-Antrieben manchmal erforderlich, kann der Anschluss auch an ein IT-Netz mit Isolationsüberwachung erfolgen. In diesem Fall muss bei einem Isolationsfehler nicht sofort abgeschaltet werden. Da kein ungewollter Stillstand auftritt, wächst mit dieser Netzform die Verfügbarkeit des Antriebs. Größere Antriebseinheiten weisen zugehörige Schaltgeräte auf, die im Stromrichterschrank untergebracht sind (Bild 8.1). Der vollständigen Netztrennung dient der zur Verteilung gehörige Sicherungstrennschalter. Große und Grenzleistungen werden direkt von der Hauptverteilung versorgt oder – wie häufig bei MS-Systemen zu beobachten – aus einer Schwerpunklaststation.

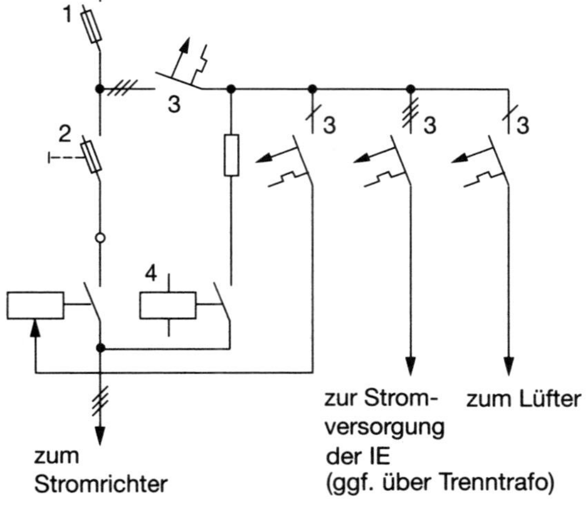

Bild 8.1
Netzeinspeisung eines Antriebs (Beispiel Umrichter)
1 Sicherungstrennschalter
2 Sicherungslasttrennschalter
3 Motorschutzschalter
4 Schütz für Vorladeschaltung
Bei Spannungen >400 V wird die Hilfsspannungsschiene von einem angeschlossenen Trafo versorgt, der über eine Schmelzsicherung geschützt wird.

Das Anschlussschema Bild 7.8a zeigt denkbare Verbraucher und Erzeuger (von Blindleistung). Da Stromrichter durch die Kommutierungsvorgänge periodische Spanungseinbrüche erzeugen (s. Abschnitt 7.2), sind ggf. Maßnahmen zum Begrenzen zu treffen. Die Tiefe der Absenkung am Anschlusspunkt NAP errechnet sich nach [8.1] zu

$$x = \frac{u_{\mathrm{NetzK}}}{u_{\mathrm{Netz}}} = \frac{X_{\mathrm{vor}}}{X_{\mathrm{Netz}} + X_{\mathrm{vor}}} \quad \text{(Gl. 8.1)}$$

bzw. aus

$$x = \frac{u_{\mathrm{vor}}}{p + u_{\mathrm{vor}}} \quad \text{(Gl. 8.2)}$$

mit

$$p = \frac{S_{\mathrm{n}}}{S_{\mathrm{NetzK}}} \quad \text{(Gl. 8.3)}$$

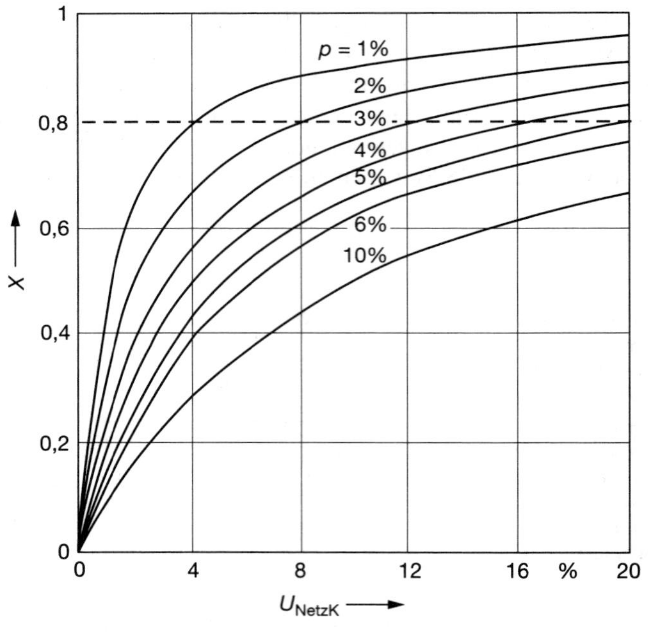

Bild 8.2 Spannungsabsenkung während der Kommutierung als Funktion der Vorschaltinduktivität [8.1]

$$u_{\mathrm{vor}} = \frac{I_{\mathrm{n}} X_{\mathrm{vor}}}{U_{\mathrm{Netz}}} \quad \text{(Gl. 8.4)}$$

– – – – – vertretbare Grenze.

Der Verlauf von Gl. 8.2 in Bild 8.2 verdeutlicht: Eine hohe Anschlussleistung p erfordert eine Vorschaltinduktivität, damit sich der Spannungseinbruch in Grenzen, z.B. auf 80 %, hält. Ihr Mindestwert ergibt sich aus

$$X_{\text{vorn min}} = \frac{x}{1-x} 2{,}86p \frac{U_N^2}{P_{SR}} \qquad \text{(Gl. 8.5)}$$

Zu großen Einbrüchen muss mit der Ankopplung über einen gesonderten Trafo begegnet werden. Parallele, motorische Verbraucher verbessern die Situation [24].

Geringer Netzinnenwiderstand mit $u_K \leq 4\,\%$ und kleine Netzinduktivität L_{Netz} bzw. -impedanz X_{Netz} führen beim Umrichter mit Spannungszwischenkreis (s. Bild 7.5) zu sehr kurzen Stromflusszeiten, aber hohen Amplituden beim Nachladen des Kondensators. Solche Spitzen verursachen gleichfalls Spannungseinbrüche, die andere Verbraucher als störend empfinden. Eine zusätzliche Vorschaltinduktivität L_{vor} wirkt auch hier positiv, indem sie die Stromflussdauer verlängert. Gleichzeitig sinkt der Stromhöchstwert, und die Potenzialabsenkung während der Nachladezeit vermindert sich.

Parallel arbeitende Gleichstromantriebe laufen in der Regel mit unterschiedlichen Drehzahlen. Wegen der sich daraus ableitenden variablen Stromrichteraussteuerung ist eine Überlagerung der Spannungseinbrüche ziemlich ausgeschlossen. Diesen statistischen Vorteil weisen Umrichterantriebe nicht auf. Netzsynchron addieren sich die Stromspitzen. Hinsichtlich der Netzbelastung müssen viele kleine Leistungen zu einer großen Ersatzlast zusammengefasst werden, für die die Zusatzdrossel auszulegen ist.

Da Stromrichterantriebe Blindleistung verbrauchen, sind bei großen Leistungen Parallelkondensatoren zu schalten. Die erwähnten Kommutierungseinbrüche können Schwingungen auslösen, die den Betrieb empfindlich stören. Abhilfe schafft die Reihenschaltung der Kapazität mit einer Induktivität zum Saugkreis (s. Bild 7.8a).

Die Versorgung von Drehstrommotoren fester Drehzahl ist Bestandteil der Unterverteilung (Bild 8.3).

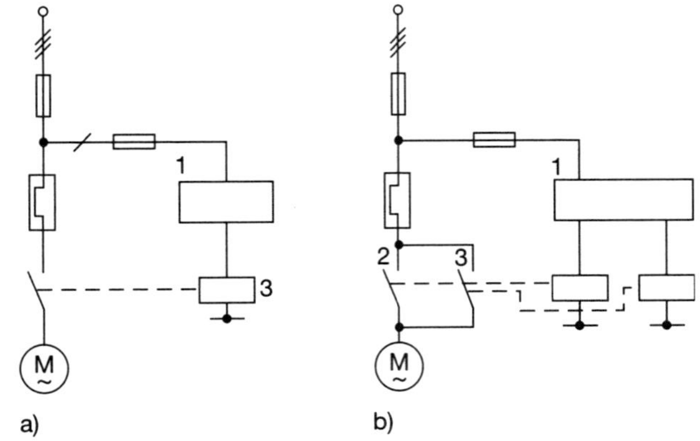

Bild 8.3
Netzanschluss von Antrieben mit fester Drehzahl
1 Informationselektronik
a) Einrichtungsantrieb
b) Zweirichtungsantrieb
2, 3 Schütze zum Tausch 2er-Phasen (Wendeschütz)

9 Übertragungsverhalten universaler Antriebssysteme

Bild 9.1 fasst die Bedeutung besitzenden Antriebssysteme zusammen. Wesentliche Unterschiede sind auf den Motor zurückzuführen. Gemeinsamkeiten finden sich im flexiblen und modularen Aufbau. Er eröffnet Projektanten und Anwendern eigene Gestaltungsverantwortung sowie individuellen Gestaltungsspielraum für die mit dem Antrieb zu bestückenden Maschine bzw. Anlage. Bei allen Versionen wird die Dauerüberlastung der leistungselektronischen Stellglieder durch die Stromregelung mit -begrenzung vermieden. Die gegenüber dem Motor erheblich geringere thermische Zeitkonstante der Halbleiter lässt ohne diese Maßnahmen und ohne Abschaltung nur kurzzeitig (≤60 s) oder impulsförmig erhöhte Stromwerte (≈ 2fache Bemessungswert) zu.

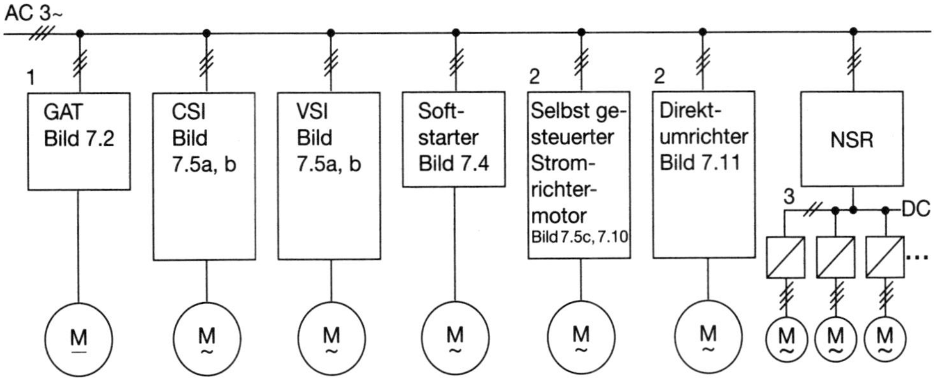

Bild 9.1 Bedeutsame Antriebssysteme – Übersicht
1 inklusive Erregerstromrichter
2 inklusive Erregerstromrichter bei Synchronmotoren
3 Gleichstromschiene des Zwischenkreises

9.1 Systeme mit Gleichstrommaschinen

Das typische Antriebssystem (Bild 9.2) besteht aus

- ❑ dem 3-phasigen Netzanschluss inklusive Vorschaltinduktivität und EMV-Filter,
- ❑ dem 6-pulsigen Stromrichter für den Ankerkreis (für 2-Quadranten- oder 4-Quadrantenbetrieb in kreisstromfreier Umkehrschaltung (s. Bild 7.2, stromlose Umschaltpause <1 ms),
- ❑ dem Feldstromrichter (s. Bild 7.3c),
- ❑ der zugehörigen digitalen oder analogen Informationselektronik für beide Stromkreise sowie der
- ❑ der Gleichstrom-Nebenschlussmaschine (ggf. mit zusätzlicher Ankerkreisinduktivität).

Meist entfällt der gesonderte Versorgungsanschluss für Erregerfeld und Informationselektronik. Diese Verbindung erfolgt bei modernen Kompaktgeräten geräteintern [5.3]. Als Folge der gemeinsamen Energieeinspeisung unterschiedlicher Funktionsgruppen sinken Verkabelungs- und Montageaufwendungen. Drei Eingangsklemmen stehen vier Anschlusspunkte am Ausgang gegenüber. Stromrichter sowie Ansteuer- und Regelelektronik als funktionell und räumlich integrierte Einheit lassen sich mit Maschinen unterschiedlicher Hersteller zum Antrieb komplettieren. Um alle Punkte des Betriebsdiagramms von Bild 5.3a zu erreichen, kann entweder ein Umkehrstromrichter im Ankerkreis, seltener eine gleichartige Ventilanordnung im Feldkreis eingesetzt werden (vgl. Bild 7.2). Bis zum Grunddrehzahlbetriebspunkt steigt im geregelten Betrieb die Leistung linear an. Anschließend sinkt das Drehmoment umgekehrt proportional zur Drehzahl, so dass die Leistung konstant bleibt. Einzelheiten zu den Nutzungsgrenzen enthält Abschnitt 5.3.2.

In den Stellgliedern von Anker- und Feldkreis kommen bevorzugt Netzthyristoren zum Einsatz. Sie schalten und verlöschen langsamer und sind deshalb kostengünstiger. In Kombination mit einer Diodenbrückenschaltung steuert der mit einem IGBT bestückte Feldsteller den Erregerstrom (s. Bilder 7.2, 7.3c). Für den Ausnahmefall zu geringer Ankerkreisinduktivität der Maschine, also zu großen Lückbereiches und zu hoher Ankerstromwelligkeit, berechnet sich die Zusatzdrossel L_d zu

$$L_d \geq \frac{f_W U_{di}}{w_W I_{dn}} - L_A \qquad \text{(Gl. 9.1)}$$

In der die Stromrichterverträglichkeit des Motors charakterisierenden Gl. 9.1 muss der Faktor f_W als Funktion von der Pulszahl p der gewählten Schaltung und des Steuerwinkels α z.B. [34] entnommen werden. Dieser Aufwand entfällt, sofern die Stromregelung adaptiv ist, sich somit an das veränderte Übertragungsverhalten der Strecke während des Lückens anpasst. Die zeitabhängige Überlastbarkeit der Stromrichter kann in Grenzen an die Lastzyklen der Motoren angeglichen werden (s. Abschnitt 6.2).

In der Informationsverarbeitung und Ansteuerelektronik kommen digitale Bauelemente zum Einsatz. Bestandsanlagen benutzen noch die analoge Verarbeitung mittels Operationsverstärkern, Multiplizierern und vergleichbaren Schaltkreisen. Beide Ver-

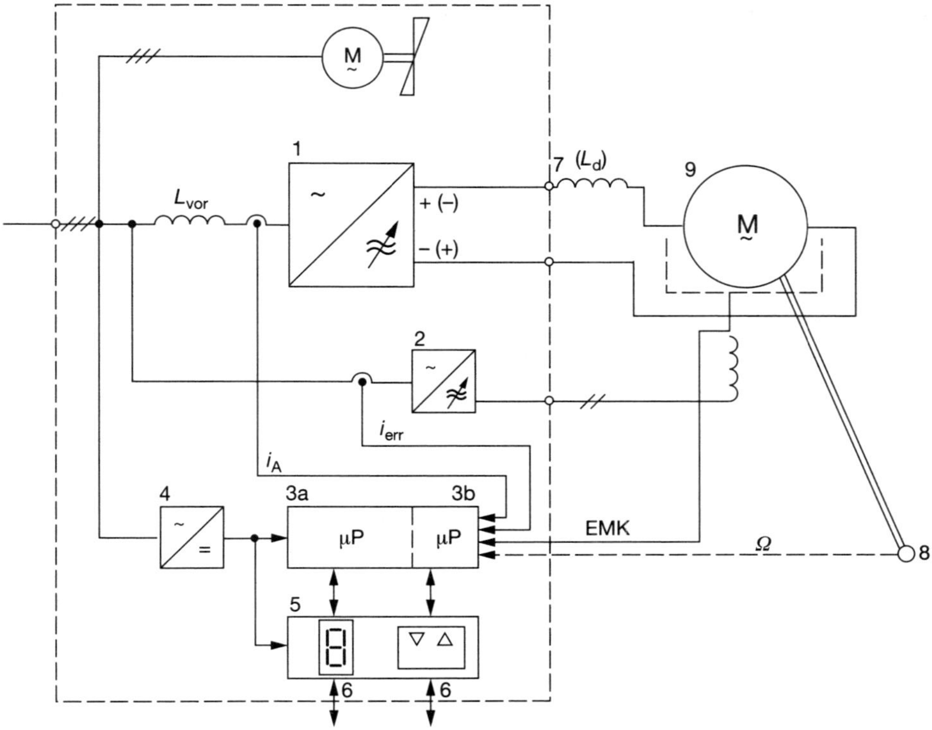

Bild 9.2 Antriebssystem mit Gleichstrommotor (Blockbild)
1 Ankerstromrichter (s. Bild 7.2)
2 Feldstromrichter (s. Bild 7.2)
3a Informationsverarbeitung Ankerstromrichter
3b Informationsverarbeitung Feldstromrichter
4 Stromversorgung
5 Anzeige- und Bedieneinheit
6 Schnittstellen/Interfaces
7 Zusatzinduktivität (Option)
8 Drehzahlmessgeber
9 Gs-Motor (inklusive Lüfter – Option)
– – – – Kompaktgerät mit drei Eingangs- und vier Ausgangsanschlüssen

sionen lösen über die Grundfunktionen hinaus technologische Aufgaben. Die digitale Variante enthält bereits die dazu erforderliche Software. Dem «analogen» Stromrichter – von einem zur Grundausstattung gehörigen Minimalumfang abgesehen – müssen die Funktionsbausteine als Hardwaremodule hinzugefügt werden. Technische Daten lieferbarer Systeme enthält Tabelle 9.1.

Antriebssysteme mit Gleichstrommaschinen werden ausnahmslos geregelt betrieben. Nach dem bewährten Prinzip unterlagerter Regelkreise (Kaskadenregelung) [20; 24] werden Strom bzw. Drehmoment, Drehzahl und zusätzliche Größen wie Lage, Winkel u.a. verstellt.

Tabelle 9.1 Technische Daten von Versorgungssystemen (Gleichrichter und Umrichter) für geregelte Gleichstrom- (GAT) und Drehstromantriebe (DAT) mit Asynchronmotor

	GAT		**DAT (mit Asynchronmotor)**
	analog	**digital**	
Bemessungsanschluss-spannung/V	3 AC 400	3 AC ≤ 830	3 AC ≤ 830
Frequnzstellbereich/Hz			0...≥ ± 300
Bemessungsgleich-spannung/V	485	≤1000	
Bemessungsgleich-strom I_{dn}/A [1]	...>500	<6000 (12 000)	
Bemessungsstrom/A [4]			>3000
Überlastbarkeit		≤2 × I_{dn} (S2, zeit- und pausen-abhängig)	≤1,5 (S2, zeit- und pausen-abhängig)
Bemessungsleistung/kW	...>250	...>1900	>5000 [3]
Leistungsfaktor cos φ	aussteuerungs-abhängig	aussteuerungs-abhängig	>0,93...0,95
Wirkungsgrad/% (bei Nennleistung)	>98	> 98	>97 [2]
Regelgenauigkeit Δn (bei Volllastsprung)			
Drehzahlmessung mit Tachogenerator	≤0,1% der Nenndrehzahl	≤0,1% der Nenn-drehzahl	0,01%
Drehzahlmessung mit Impulsgeber		≥0,005% der Nenndrehzahl	
Technologische Funktionen	eingebaut wie • Grenzwertmelder • Hochlaufgeber • Verzicht auf Drehzahlmess-glied durch U_A-Erfassung zahlreiche Hard-ware-Ergänzungen	integriert	integriert
Anbieter (Beispiele)	www.siemens.de (SIMOREG K)	www.siemens.de (SIMOREG DC Master) www.abb.com (DCS 400/500) [5.30] www.lenze.de	www.siemens.de (Combimaster, Micromaster) [1.49] www.abb.com (ACS 600/800) [5.30] www.lenze.com (8200, 9300) [5.28]

[1] Werte können in Abhängigkeit von den Umgebungsbedingungen (Temperatur, Aufstellungshöhe u. Ä.) reduziert werden.
[2] Bei Verwendung des gepulsten netzseitigen Stromrichters sinkt der Wert geringfügig um ca. 1 %.
[3] Mittelspannungsantriebe (Abschnitt 15.7) erreichen höhere Werte.
[4] Werte können in Abhängigkeit von den Umgebungsbedingungen (Temperatur, Aufstellungshöhe u. Ä.), der Puls- und Ausgangsfrequenzen reduziert werden.

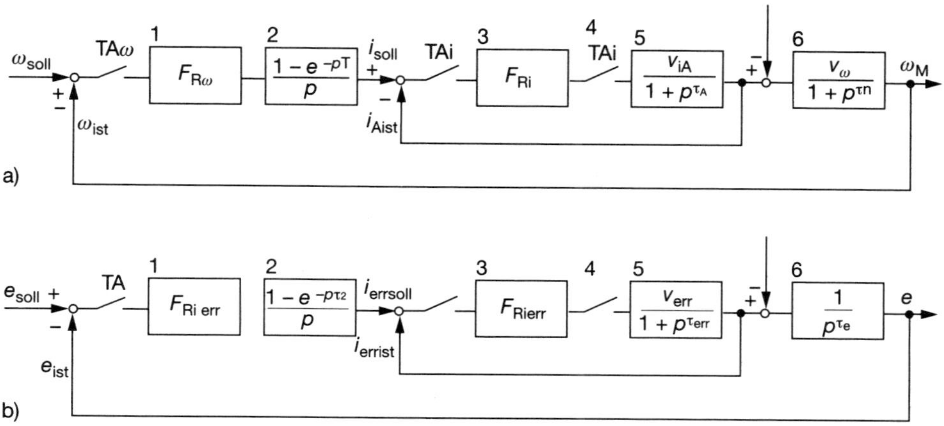

Bild 9.3 Signalflussplan des digital geregelten Gleichstromantriebs

a) Abtastregelung
   1 zeitdiskreter Drehzahlregler mit Taster TA_{ω} (Tastperiode T_{ω}) und Ausgangsbegrenzung
   2 Halteglied (Register)
   3 zeitdiskreter Stromregler mit Taster TA_{i} (Tastperiode T_{i})
   4 Stellglied (Abtastverhalten synchron zu 3)
   5 Stromregelstrecke
   6 Drehzahlregelstrecke (vgl. Bild 5.4a)

b) Hilfsregelkreis zur Feldschwächung
   1 zeitdiskreter EMK-Regler mit Taster TA (Tastperiode T) und Ausgangsbegrenzung
   2 Halteglied (Register)
   3 zeitdiskreter Stromregler mit Taster (Tastperiode T)
   4 Stellglied (Abtastverhalten synchron zu 3)
   5 Erregerstromregelstrecke
   6 EMK-Regelstrecke

Die vorteilhafte digitale Abtastregelung eines Antriebs (Bild 9.3) besteht aus kontinuierlich (Motor bzw. Regelstrecke) und diskontinuierlich arbeitenden Übertragungsgliedern. Übereinstimmung mit dem rein analogen Signalflussplan ist sofort gegeben, wenn sowohl die Taster TA_{ω} bzw. TA_{i} als auch das Halteglied 3 im gezeigten Bild entfallen. Diese Übertragungsglieder werden aber benötigt, um das Verhalten der diskontinuierlich arbeitenden, digitalen Regelkreiselemente zu beschreiben. Häufig darf das Gesamtsystem als quasikontinuierlich betrachtet werden, weil nämlich die Bedingung

$$\frac{\omega}{\Omega_p} \le \frac{1}{6} \qquad \text{(Gl. 9.2)}$$

$$\Omega_p = \frac{2\pi}{T} \qquad \text{(Gl. 9.3)}$$

ω Signalfrequenz
Ω_p Puls-/Taktfrequenz
T Abtastperiode

erfüllt ist.

Der unterlagerten Stromregelung, die störgrößenunabhängig ein definiertes Drehmoment einprägt und durch die Begrenzung des Stroms (Beschränkung des vom Drehzahlregler vorgegebenen Stromsollwertes) Motor und Arbeitsmaschine schützt, ist die Drehzahlregelung überlagert. Insgesamt geht das natürliche Betriebsverhalten der Maschine (Nebenschlusskennlinie) verloren. Die Stromregelung arbeitet netzsynchron und vermeidet Instabilitäten. Asynchron wird die Drehzahl geregelt. Ein Zusatzregelkreis (Bild 9.3b) überstreicht den Feldschwächbereich. Liegt Ankerspannungsverstellung vor, steuert der EMK-Regler wegen e_{soll} = const. den Feldstromregler voll aus. In der Erregerwicklung fließt der Maximalstrom. Erreicht die induzierte EMK-Spannung e bei der entsprechenden Winkelgeschwindigkeit des Rotors ihren Höchstwert, schwächt die Regelung automatisch das Feld. Dadurch ändert sich der Übertragungsfaktor v_{iA} im Signalflussplan Bild 9.3a. Soll zusätzlich auch die Position der Antriebswelle eingestellt werden, kommt eine weitere, dem Drehzahlregelkreis übergeordnete Schleife hinzu. Ihr Ausgang liefert den Drehzahlsollwert.

Um das Übertragungsverhalten zu verbessern, werden im Regelkreis Korrektursignale zugeschaltet. Betrag und Zeitverhalten richten sich nach der Regelstrecke. Ausgehend von einer anwendungsneutralen Grundeinstellung passt sich das Zeitverhalten der Gesamtstruktur mit der adaptiven Regelung selbsttätig an veränderte Bedingungen der Regelstrecke an (variable Motorparameter durch Erwärmung, Lücken des Strome, Ansprechen der Schutzeinrichtung, Schwankung des Trägheitsmomentes, Elastizität der Last usw.) [21]. Solche Zusatzstrategien sind ebenso wie die Basisregelungen im Speicher der digitalen Elektronik abgelegt. Die Optimierung der Struktur, ihre Programmierung, entfällt, trotzdem ist sie robust gegenüber Parameteränderungen und Störgrößen. Die verbleibende Bemessungsoptimierung kommt einer Parametrisierung gleich. Lediglich leicht zugängliche Anfangswerte der Daten der Regelstrecke (Leistungsschildangaben, Netzanschlussbedingungen, Prozesskenngrößen usw.) werden eingegeben. Daraus ermittelt die Informationselektronik automatisch das Bestmaß der Reglereinstellungen mit dem Ergebnis, dass Führungsgrößen- (Drehzahl-Sollwertsprünge) und Störgrößenänderungen (Drehmomentensprünge) in kürzester Zeit bei minimalem Überschwingen der Regelgröße (optimales Führungsverhalten) bzw. mit geringster Kurzzeitabweichung vom eingestellten Wert (optimales Laststörverhalten) beherrscht werden. Um dieses Ziel zu erreichen, verfügt das Stellglied über eine ausreichende Regelreserve; bezogen auf die Motornennspannung muss der Stromrichter eine 5...10% höhere Spannung abgeben können.

Extern sind analoger Tachogenerator, Resolver oder inkrementaler Impulsgeber zum Erfassen des Drehzahl-Istwertes anzuschließen [34]. Die Ankupplung erfolgt torsionssteif und gleicht axiale Wellenbewegungen aus. Vom Generator abgesehen liefern die Sensoren mikroprozessorkompatible Signale und erfassen zusätzlich die Lage. Der Ankerstrom wird mittels einer internen, zwei- oder dreiphasigen Wechselstrommessung am Stromrichtereingang ermittelt. Ebenfalls innerhalb des Gerätes stehen die Istwerte von Feldstrom, Ankerspannung und/oder Motor-EMK einschließlich des Signals zur $I_A R_A$-Kompensation (Korrektursignal zur Störgrößenaufschaltung bei indirekter Drehzahlregelung) zur Verfügung. Jedes System verfügt über komfortable Anzeige- und Bedieneinheiten sowie als funktionelle Alternative die Anschaltmöglichkeit eines mit einem aufgabenbezogenen Softwarewerkzeug ausgerüsteten PCs. Die Sprache lässt sich auswählen. Ohne spezielle Kenntnisse zu Stromrichter, Motor und Software (Regelungsstruktur) erfolgt damit die «geführte», selbst erklärende Inbetriebsetzung (minimale Zeit 15 min [9.1]), Bedienung und Überwachung. Parameteränderungen, Fehler und Zustände können gemeldet, gespeichert und abgerufen, vorprogrammierte Softwaremodule für spezielle Applikationen (z. B. Umschalten zwischen Bedienarten, Tippbetrieb, Auswahl bestimmter Eingangssignale) zugewiesen werden. Unterschiedliche Feldbusadapter erlauben die Einbindung des Antriebs in ein vorgegebenes Automatisierungssystem. Integrierte Kontrollfunktionen wie Motor- und Kühleinrichtungsüberwachungen, Stromrichterschutz und -diagnose, Drehzahl-, Feldstrom-, Fehlerstromkontrollen, Selbsttest u. v. a. m. komplettieren diese Leistungsmerkmale.

9.2 Systeme mit Drehstrommaschinen

Antriebe werden sowohl mit Asynchron- als auch mit Synchronmaschinen ausgerüstet (s. Bild 9.1). Von der Kompliziertheit des Regelsystems mit einer mehrfach gekoppelten, nichtlinearen Mehrgrößenregelstrecke merkt der Anwender nichts.

Für das frequenzgesteuerte System mit **Kurzschlussläufer-Drehstrom-Asynchronmotor** zeigt Bild 9.4 die Hauptbestandteile:

- den 3-phasigen Netzanschlussanschluss (ggf. inklusive Vorschaltinduktivität und EMV-Filter),
- den 6-pulsigen netzseitigen, netzgelöschten oder gepulsten Stromrichter (NSR),
- den Zwischenkreis mit Kondensator (bei Bedarf mit einer Zusatzinduktivität),
- den 3-phasigen, gepulsten Wechselrichter (ggf. inklusive EMV-Filter am Ausgang),
- die zugehörige digitale Informationselektronik sowie
- den Asynchronmotor.

Unterschiede im Aufbau des Umrichters mit Gleichspannungs-Zwischenkreis ergeben sich durch den NSR (s. Bild 7.6). Ohne Rücklieferung der Bremsenergie in das speisende Netz bzw. bei ihrer Vernichtung in Wärme speist den Zwischenkreis ein Diodengleichrichter B6U (6-pulsig) oder B12U (12-pulsig). Im 4-Quadranten-Betrieb wird dem NSR eine vollgesteuerte Drehstrombrücke antiparallel geschaltet. Für die Rückspeisung sinusförmigen Netzstroms und für Regelung von Blindleistung bzw. Phasenlage der Netzgrößen steht der gepulste, netzseitige Stromrichter zur Verfügung (s. Abschnitt 7.2.2, Bild 7.8b). Darüber hinaus lassen sich die Wechselrichter und die von ihnen versorgten Motoren an einer von einem einzigen NSR größerer Leistung gespeisten Gleichspannungsschiene betreiben. In diesem Mehrmotorenantrieb tauschen die angeschlossenen Maschinen untereinander über die Schiene Energie aus. Um die Leistung des Antriebs zu erhöhen, sind NSR und MSR parallel zu schalten. Bezüglich der Wechselrichtersteuerung ist zwischen Fremd- und Selbststeuerung zu differenzieren (s. Bild 7.5c). Bei Fremdsteuerung wird die Ausgangsfrequenz des Wechselrichters, also die Ständerfrequenz der Maschine, von außen unabhängig vorgegeben. Zur Selbststeuerung muss von der Regeleinrichtung intern die motoreigene Läuferfrequenz gebildet werden,

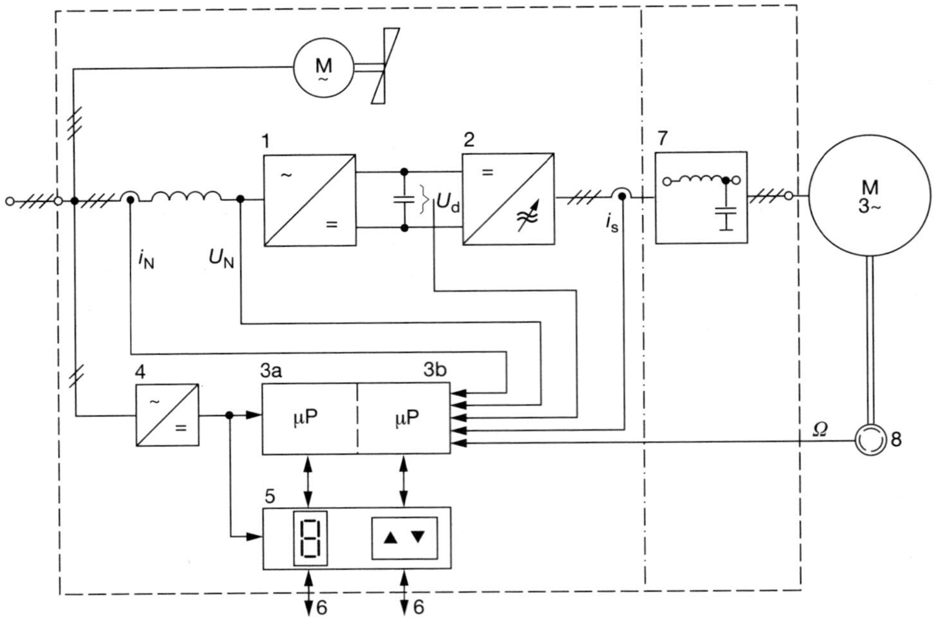

Bild 9.4 Frequenzgesteuertes Antriebssystem mit Kurzschlussläufer-Drehstrom-Asynchronmotor (Blockbild)
1 NSR (ggf. gepulst)
2 MSR
3a Informationsverarbeitung NSR
3b Informationsverarbeitung MSR
4 Stromversorgung
5 Anzeige- und Bedieneinheit
6 Schnittstellen/Interfaces
7 EMV-Filter (optional im Kompaktgerät enthalten)
8 Drehzahlmessgeber (Option)
– – – – Kompaktgerät mit je drei Eingangs- und Ausgangsanschlüssen

die mit der gemessenen mechanischen Drehzahl zur Ständerfrequenz verrechnet wird (s. Gl. 5.2). Von diesem Wert wird die Ausgangsfrequenz des Wechselrichters abgeleitet.

Den drei Eingangsklemmen zur Energieeinspeisung stehen bei der Kompaktausführung die gleiche Anzahl von Anschlusspunkten am Ausgang gegenüber, wobei die Informationselektronik ihre Energie meist nicht direkt vom Netz, sondern aus dem gepufferten Zwischenkreis bezieht. Umrichter sowie Ansteuer- und Regelelektronik als funktionell und räumlich integrierte Einheit lassen sich mit Serienmaschinen unterschiedlicher Hersteller zum Antrieb komplettieren. Auf die Ausführung mit Stromverdrängungsläufer kann verzichtet werden, da der asynchrone Anlauf von der bei null beginnenden Ständerfrequenz abgelöst wird. Außerdem erwärmen solche Käfige bei oberwellenhaltiger Umrichter-Ausgangsspannung die Maschine überdurchschnittlich. Während des Anlaufs muss das Netz nur Wirkstrom liefern. Den Blindanteil stellt der

Zwischenkreiskondensator bereit. Betriebsmäßig darf sich der Antrieb stark der Kippgrenze nähern, da die Schutzfunktion der Regelung (Begrenzung des Momentensollwertes) das Überschreiten des Kippmomentes sicher verhindert. Große Ständerfrequenz- bzw. Drehzahlsprünge werden zu Lasten der Dynamik beherrscht. Trotz des dafür geforderten hohen Beschleunigungsmomentes führt diese Beanspruchung wegen der geschilderten Sollwertbegrenzung nicht zum Kippen.

Prägt man nach dem Prinzip der Feldorientierung (vgl. Abschnitt 5.4.2) der Maschine den Ständerstrom ein, werden momenten- und flussbildende Stromkomponente parallel und unabhängig voneinander geregelt. Funktionell entsteht damit eine der Gleichstrommaschine vergleichbare, ja überlegenere, kippsichere Anordnung. Da ein Kommutator mit seinen Belastungsgrenzen setzenden Eigenschaften physisch gar nicht existiert, ist die Asynchronmaschine weitaus höher aus- und überlastbar. Ihrem Einsatz als Stellantrieb steht nichts mehr im Wege. Das Maximalmoment M_{max} bestimmt die Überdimensionierung des Umrichters.

Auch in diesem modernen Antrieb sind neben der Zustandsregelung das bewährte Unterlagerungsprinzip für Regelgrößen wie Strom bzw. Drehmoment, Drehzahl und ggf. zusätzliche Größen wie Lage, Winkel zu finden. Durch die Begrenzung interner Sollwerte übernimmt die Regelung wichtige Schutzaufgaben (wie erwähnt $m < M_{max} < M_{Kipp}$). Als digitale, zeitdiskrete Abtastregelung setzt sie sich aus kontinuierlich (Motor bzw. Regelstrecke) und diskontinuierlich arbeitenden Übertragungsgliedern zusammen. Allerdings ist die Synthese wegen dem mit einem nichtlinearen Differenzialgleichungssystem höherer Ordnung zu beschreibenden Verhalten der Asynchronmaschine im Vergleich zur Gleichstrommaschine überaus komplizierter. Die Rechnerimplementierung unter Nutzung von Matrizen- und Vektorrechnung führt zum Verlust an Anschaulichkeit. Dieser Mangel an Bildhaftigkeit bedeutet aber keinen Nachteil, da dem Anwender digitale Systeme als ohne Spezialkenntnisse zu bedienende «Black boxes» entgegentreten. Einen Eindruck der Komplexität für ein ausgewähltes Verfahren vermittelt Bild 9.5. Die Selbststeuerung geht von dem Steuerwinkel ∂_s aus. Er bildet die Rotorlage ab und wird für die interne Vektordrehung 7 eingesetzt.

Die verfügbaren Strategien zum Verbessern des Übertragungsverhaltens (Adaption, Selbsteinstellung, Korrektursignalaufschaltung, z. B. die Schlupfkompensation bei Fehlen des Drehzahlgebers) entsprechen den beim Gleichstromantrieb genannten Optionen. Auch beim Drehstromantrieb ist die robuste, optimale, selbst einstellende Struktur im Speicher enthalten, so dass lediglich eine Bemessungsoptimierung durch Parametrisierung unter Nutzung einfach zugänglicher Antriebsdaten verbleibt. In Abhängigkeit verfügbarer Messglieder erlaubt die implementierte Software den Aufruf verschiedener Regelverfahren zum Verändern von Ständerspannung und -frequenz. Die Steuerung der beiden Größen gehorcht prinzipiell dem etwa linearen Anstieg des Bildes 9.6. In den Bereichen I, III ist der exakte Kurvenverlauf nachhaltig vom gewählten Steuerverfahren

- frequenzproportionale Spannungsstellung (*U*/*f*-Steuerung) mit Drehmomentbegrenzung [26; 34] mit fremdgesteuertem Umrichter (anspruchslose Antriebe mit bevorzugt stationärem Betrieb),

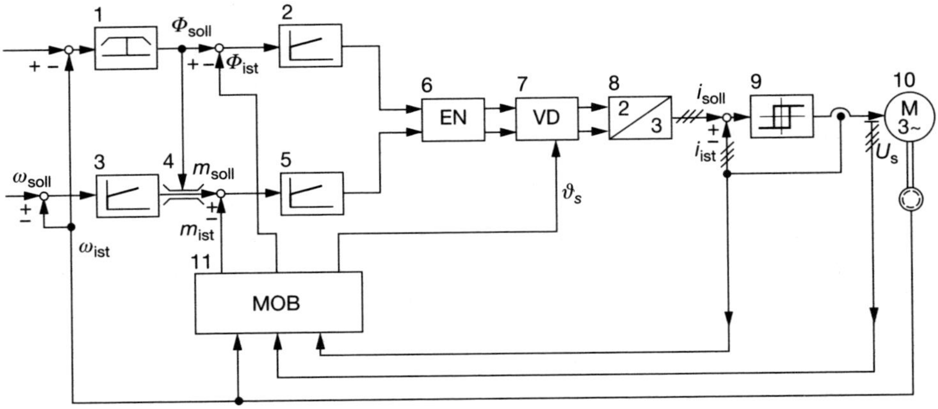

Bild 9.5 Vereinfachter Signalflussplan für den digital geregelten Drehstromantrieb mit Feldorientierung nach Bild 9.4

1 Funktionsgeber zur Feldschwächung
2 Flussregler
3 Drehzahlregler
4 Begrenzung
5 Drehmomentregler
6 Entkopplungsnetzwerk
7 Vektordreher
8 Koordinatenwandler (komplexe Werte in die Phasenströme)
9 Zweipunktregler mit PWR
10 Motor mit Last
11 Maschinenmodell, Beobachter o. Ä.

- last- und schlupfabhängige Einprägung des Ständerstroms mit fremdgesteuertem Umrichter [28],
- dynamische Flusskonstanz mit feldorientierter Regelung und selbst gesteuertem Umrichter (anspruchsvolle, hochdynamische Antriebe) [27],
- dynamische Flusskonstanz mit direkter Selbstregelung (anspruchsvolle, hochdynamische Antriebe) [24; 9.2]

abhängig. Gegenüber dem Gleichstromantrieb verkürzen sich die Übergangszeiten (<1 ms), da wegen des Pulswechselrichter-Stellgliedes die Totzeiten abnehmen. Vergleichbar gute Ergebnisse liefert die Regelung auf der Basis von Fuzzy-Strukturen [7.21; 7.22].

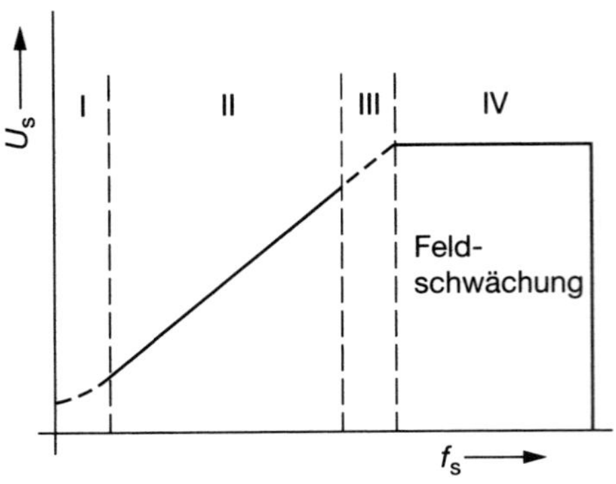

Bild 9.6
Stellkennlinie $U_s = f(f_s)$

Hinsichtlich der Geber gilt die Feststellung in Abschnitt 9.1 [34]. Vom Generator abgesehen liefern die Geber mikroprozessorkompatible Signale und erfassen zusätzlich die Lage. Ständerströme und -spannungen werden mittels einer internen zwei- oder dreiphasigen Wechselgrößenmessung erfasst. Die direkte Flussmessung mit im Maschinenluftspalt untergebrachten Hall-Sonden entfällt in der Regel zugunsten der indirekten Ermittlung durch Berechnung aus dem Motormodell (Flussrechner). Im Fall des sensorlosen Antriebs bestimmt die Regeleinrichtung die benötigten Istwerte unter Nutzung von internen Maschinenmodellen und Beobachtern selbstständig.

Das System verfügt gleichfalls über komfortable, zugeschnittene Klartext-Anzeige- und -Bedieneinheiten sowie als funktionelle Alternative die Anschaltmöglichkeit eines PCs mit einem aufgabenbezogenen Softwarewerkzeug. Die Sprache lässt sich auswählen. Ohne spezielle Kenntnisse über die Antriebskomponenten zu besitzen, lässt sich die Mehrheit der Systeme lediglich unter Nutzung allgemeiner Antriebsdaten selbst einstellen. Mit Unterstützung spezieller Menüs und Programme erfolgen die «geführte», selbst erklärende Inbetriebsetzung und Bedienung, können Service und Überwachung durchgeführt werden. Parameteränderungen, Zustände und Fehler berücksichtigt die adaptive Regelung. Zusätzlich lassen sich alle Daten melden, speichern und abrufen. Dazu gehört z. B. die selbsttätige Aufforderung des Umrichters zum vorbeugenden Lüftertausch auf der Grundlage seines internen Betriebsstundenzählers. Softwaremodule für spezielle Applikationen (z. B. Umschalten zwischen Bedienarten, Tippbetrieb, Auswahl bestimmter Eingangssignale) sowie interne Transientenspeicher- und Oszilloskop-Funktionen stehen zur Verfügung. Unterschiedliche Interface-Module erlauben die Einbindung des Antriebs in ein Automatisierungssystem mit vorgegebenem Feldbus. Integrierte Kontrollaufgaben wie Motorüberwachungen, Umrichter- und Kabelschutz sowie entsprechende Diagnose- und Selbsttests u. a. (vgl. Abschnitt 9.1) komplettieren die beschriebenen Leistungsmerkmale. Fähigkeiten, wie

- ❑ Synchronisieren/Fangen – begrenzter Netzausfall oder Unterspannung führen dazu, dass Motor und Last ihre kinetische Energie in den Zwischenkreis speisen. Dadurch arbeitet der Umrichter so lange normal, bis die Gleichspannung einen vorgegebenen Wert, z. B. 60 % des Nennwertes, unterschreitet. Kehrt das Netz zurück, synchronisiert die Fangschaltung die Istdrehzahl mit der Wechselrichterfrequenz;
- ❑ kinetische Stützung – weitere Kondensatoren im Zwischenkreis stellen für den Fall der Netzstörung kurzzeitig Zusatzenergie bereit,
- ❑ Blockierschutz,
- ❑ Hochlauf- und Bremsintegrator,
- ❑ Gleichstrombremsen durch befristetes Anlegen einer Gleichspannung an die Motorwicklungen,
- ❑ Economy-Betrieb – Verlustreduzierung bei niedriger Last durch Senken des Magnetisierungsstroms,

werden angeboten.

Insgesamt geht durch die Regelung das natürliche Betriebsverhalten der Maschine (Nebenschlusskennlinie mit Kippmoment, vgl. Abschnitt 5.4) verloren. Um alle Punkte der Diagramme Bild 5.3b und 5.7b zu erreichen, muss der Umrichter Energie in das

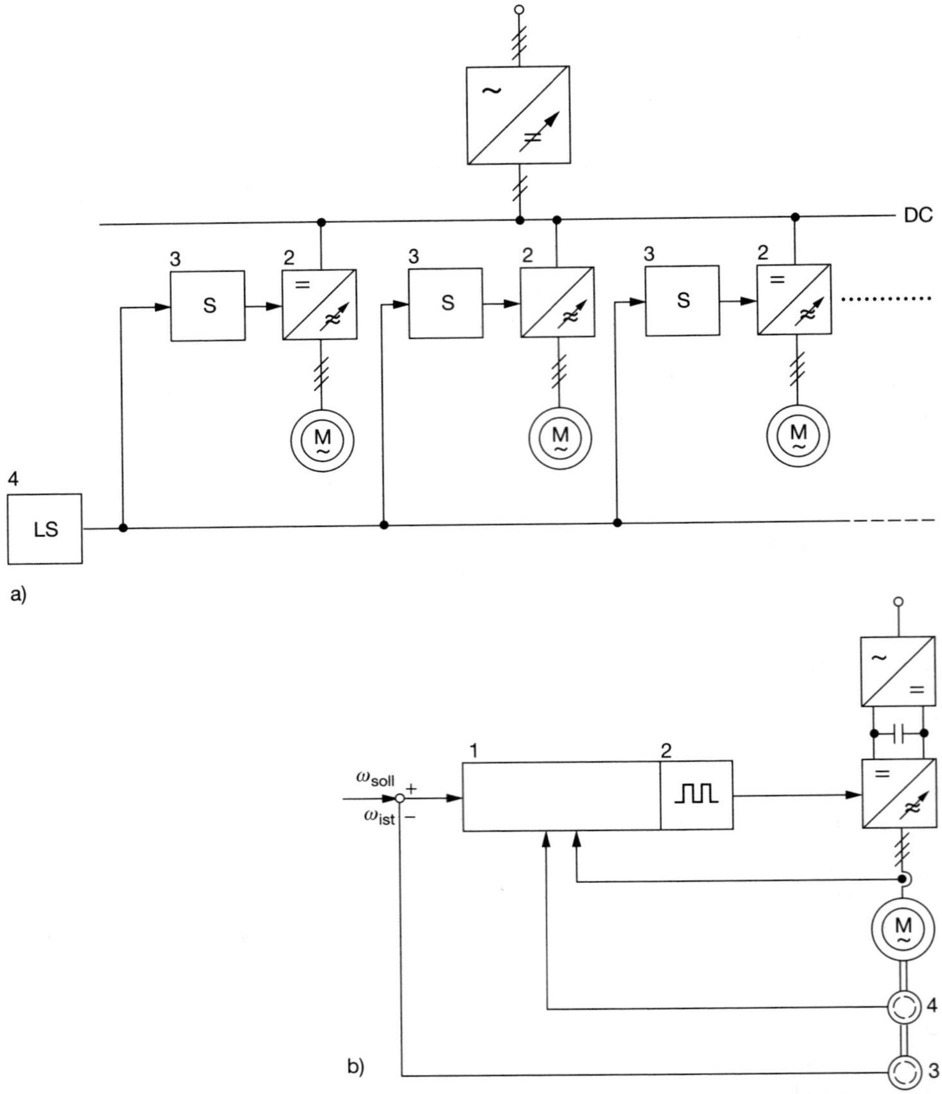

Bild 9.7 Frequenzgesteuerte Antriebe mit Synchronmotoren
a) Fremdsteuerung (für Gruppenantriebe)
  1 gemeinsamer NSR
  2 Einzelwechselrichter
  3 Synchronisiersteuerung (mit Getriebefunktion durch Teilung/Vervielfachung des zentralen Sollwertes LS)
  4 Leitsollwert
b) Feldorientiert betriebener Antrieb mit permanenterregtem Synchronmotor (Selbststeuerung)
  1 Informationsverarbeitung
  2 Ansteuereinrichtung
  3 Drehzahlgeber
  4 Polradlagegeber

Netz zurückspeisen können. Bis zum Eckbetriebspunkt $\Omega_s/\Omega_{sn} = 1$ steigt die Leistung linear. Anschließend sinkt das Drehmoment umgekehrt proportional zur Drehzahl, so dass die Leistung konstant bleibt. Insgesamt unterliegen die Grenzkurven vergleichbaren Einflüssen wie beim Gleichstromantrieb (Ausnahme: Kommutator; s. Bild 5.3). Im NSR kommen Dioden, Netzthyristoren oder IGBT, im maschinenseitigen Pulswechselrichter ausschließlich IGBT zum Einsatz. Mikroelektronische Bauelemente übernehmen die digitale Informationsverarbeitung sowie die Aufgaben der ventilnahen Ansteuerelektronik. Technologische Zusatzaufgaben können mit in der Software standardmäßig enthaltenen Modulen erledigt werden. Von lieferbaren Systemen erreichte technische Daten enthält die Tabelle 9.1 [9.4; 9.5]. Auf Basis der universellen Geräte stehen zugeschnittene Applikationen für Klima, Lüftung, Getriebemotoreinsatz, Schiffsanwendungen u. a. bereit.

Antriebe mit **Synchronmotoren** lassen sich fremd und selbst steuern (Bild 7.5c). Die fremdgesteuerte Version eignet sich sowohl für Einzelantriebe (mit Drehzahlmessung) als auch zum Speisen paralleler Maschinen kleinerer Leistung (mehrmotoriger Gruppenantrieb mit PM- oder Reluktanzmotoren, Bild 9.7a). Wegen ihrer synchronen Bauart stimmt die Drehzahl aller Motoren überein. Der Betrieb am quasi starren Netz ruft Einschränkungen hervor, die Maschinen neigen nämlich bei Überlast zur Instabilität (Polradpendelung und Kippen). Sowohl in dieser Hinsicht sowie bezüglich des deutlich verbesserten dynamischen Verhaltens ist die Selbststeuerung (Bild 9.7b) überlegen. Die Taktung des Wechselrichters, die Größe seiner Ausgangsfrequenz, wird mit einem Polradlagegeber von der Drehung des Läufers (mit magnetischer Vorzugsrichtung) so abgeleitet, dass der Winkel zwischen Polrad- bzw. Erreger- und Ständerfeld 90 °el beträgt. Betriebsverhalten und Funktionseinheiten der Kombination Umrichter–Motor entsprechen funktionell der Gleichstrommaschine. Den mechanischen Stromwender ersetzt der Wechselrichter als ein elektronischer Kommutator, im Vergleich zur Gleichstrommaschine sind Ständer (Erregersystem) und Anker vertauscht. Für dieses Funktionsprinzip stehen Bezeichnungen wie

- ❑ bürstenloser Motor,
- ❑ elektronisch kommutierter Motor (EK-Motor),
- ❑ Elektronikmotor.

Der Begriff Stromrichtermotor, bevorzugt für große Antriebsleistungen reserviert, wurde historisch mit dem Einsatz des inzwischen kaum noch praktizierten, lastgeführten *I*-Umrichters (vgl. Abschnitt 7.2.2) geprägt. Bei Synchronmaschinenantrieben hat sich der Umrichter mit Spannungszwischenkreis durchgesetzt. Die feldorientierte Steuerung mit Ständerstromeinprägung in Bild 9.7b eignet sich im gesamten Leistungsbereich sowohl für leistungsstarke Bewegungs- als auch für Stellantriebe. Allerdings benötigt sie zusätzlich einen Positionsgeber für die Läuferstellung, der gleichzeitig als Messgeber für die Lageregelung herangezogen wird. Dem Drehzahlregelkreis sind Momenten- und Ständerstromregelung unterlagert. Sollte die Maschine sehr großer Leistung elektrisch erregt sein, wird der Antrieb um einen Erregerstromregelkreis komplettiert. Das Belastungsdiagramm einer feldorientierten Synchronmaschine gleicht qualitativ Bild 5.3b. Den Feldschwächbereich nutzen PM-Maschinen durch Verstärkung der Ankerrückwirkung in den Motoren, elektrisch erregte Maschinen durch Reduzierung der Spannung am Erregerkreis [27]. Hinsichtlich Leistungsbauelementen, Aufbau der Informationselektronik, einzusetzender Messgeber und Regelstrategien, Anzeige- und -Bedieneinheiten, Inbetriebsetzung, Bedienung, Service und Überwachung u. a. besitzen die diesbezüglichen Eigenschaften des Asynchronmotorantriebs Gültigkeit. Im Vergleich zum asynchronen Antrieb (Bilder 9.4, 9.5) ist die Informationsverarbeitungsstruktur übersichtlicher. Daten ausgeführter Systeme entsprechen weitgehend denen der Tabelle 9.1.

Tabelle 9.2 Vergleich Gleichstromantrieb – Drehstromantrieb

	GAT	DAT	
		Asynchronmaschine	**Synchronmaschine**
Technische Kriterien			
Anzahl der Betriebsquadranten	3	3	3
Mehrmotorenantrieb	2	2	3
Maschinenaus-/-überlastung/Kippverhalten	2	3	3
Dynamik	2	3	3
Wirkungsgrad	2	3	3 [5]
Blindleistungsbedarf	1	2/3	3
Schutzart	1	3	3
Netzrückwirkung	2 [1]	1/3 [2]	1/3 [2]
EMV [4]	3	3	3
Einsatzmöglichkeit für große Leistungen bei höchsten Drehzahlen (High-speed-Antriebe)		2	3
Einsatzmöglichkeit für Direktantrieb	1	3	3
Einsatzmöglichkeit als Stellantrieb	1	2	3 [3]
Wirtschaftliche Kriterien			
Handling	3	3	3
Zuverlässigkeit/Verfügbarkeit	2	3	3
Neu- oder Retrofitanlage	2	3	3
Investitionskosten/Preis	3	2	2
Betriebskosten	2	3	3
Inbetriebnahmekosten	2	3	3
Betriebserfahrung	3	2	1
Einhaltung von Vorschriften	3	3	3
Geringe Ansprüche an Personalqualifikation	3	3	3

[1] Statistische Verbesserung bei gleichzeitig am Netz arbeitenden Antrieben.
[2] Addition der Rückwirkungen (1); praktische Rückwirkungsfreiheit mit gepulstem NSR (3).
[3] Gegenüber den Alternativen: im Läufer kaum abzuführende Verluste, kleineres Schwungmoment, höhere Überlastbarkeit, kleinere Abmessungen, geringere Masse → bessere Motorausnutzung [10.7; 27; 30].
[4] EMV ist bei GAT zwar leichter zu erzeugen, aber auch bei DAT anforderungsgerecht gelöst.
[5] Besonders bei PM-Maschinen hoch, da im Läufer keine nennenswerten Verluste auftreten und keine Schleifringe existieren.
Bewertung der Eigenschaften zwischen 1...3

9.3 Systemvergleich

Beim Gleichstromantrieb sind Energieumformung sowie Steuerung und Regelung gegenüber der Drehstrommaschine einfacher und übersichtlicher. Infolge der Leistungsfähigkeit der energieelektronischen Bauelemente (Wirkungsgrad, Stromtragfähigkeit und Spannungsfestigkeit, Schaltereigenschaften u.a.) und mikroelektronischen Schaltkreise (Auflösung, Genauigkeit, Rechengeschwindigkeit) treten diese Vorzüge zurück. Die Entscheidung wird von den günstigeren Eigenschaften der Drehstrommaschine, wie

- Preisvorteile,
- Robustheit,
- niedrigere Wartungsaufwendungen,
- höhere Grenzwerte von Leistung und Drehzahl,
- Einsatz in gefährlicher Umgebung (Explosionsgefahr u. a.),

bestimmt. Der Gleichstromantrieb hat an Bedeutung stark eingebüßt, sein Einsatzschwerpunkt sind Retrofit-Anlagen. Neuinvestitionen bevorzugen Drehstromantriebe. Ausschließlich werden sie bei Positionieraufgaben angewendet. Wichtige Eigenschaften sind in Tabelle 9.2 im Vergleich bewertet [4.2–4.4].

10 Ansätze zu Kostensenkung und Energieeinsparung

Energieoptimal arbeitende Antriebe senken die Betriebskosten der Gesamtanlage. Dieses Potenzial mit Hilfe der nachstehenden Ansatzpunkte vollständig auszuschöpfen, fällt auch in die Verantwortung des Betreibers.

10.1 Beanspruchung von Antriebssystemen und ihrer Umgebung, Wirkung

Die Kenntnis vermeidbarer bzw. beherrschbarer Beanspruchungen für Antriebssystem, speisendes Netz, auch der Arbeitsmaschine und ihrer Wirkung bilden den Ausgangspunkt, um Antriebe wirtschaftlich einzusetzen (Tabelle 10.1).

10.2 Systemoptimierung

Aufbauend auf die Kenntnisse der Tabelle 10.1 wird der existierende Antrieb untersucht oder eine neue Anlage entworfen. Das Ziel,

- niedrigste energetische Verluste,
- maximaler Gesamtwirkungsgrad,
- optimierte Beanspruchung für höchste Ausfallsicherheit,

wird mit einer systematischen Situations- oder Problemanalyse gemäß Bild 10.1 erreicht [20; 1.30; 1.31]. Das Ergebnis – die vollständige und genaue Aufgabenstellung, ggf. komplettiert um nicht erfüllbare und/oder optionale Positionen – nähert sich der günstigsten Lösung, vermeidet zu hohe oder zu geringe Forderungen an bestimmte Eigenschaften bzw. Parameter. Um diese Absicht umzusetzen, sind die Verbindungen des Antriebs mit seiner Umgebung zu untersuchen [20] (s. Bild 4.1).

Den Bewegungsablauf als **mechanische Schnittstelle** zur Arbeitsmaschine (s. Tabelle 4.2) kennzeichnen Größen wie Drehzahl, Geschwindigkeit, Widerstandsmoment und -kraft. Forderungen an ihre statischen Kennwerte wie Genauigkeit und Konstanz sowie Kenntnisse der dynamischen Bewegungs- (ω, $v = f(t)$) und Belastungsvorgänge ($m_w, f_w = f(\omega, t)$) beeinflussen die Dimensionierung des Antriebs (vgl. Abschnitt 6.2). Wichtig zu wissen ist, ob es sich um ein System mit veränderlicher Drehzahl bzw.

Tabelle 10.1 Beanspruchungen und ihre Wirkungen

Beanspruchungsart	**Wirkung/Maßnahmen**
Über-, Unterspannung, Blitz	Zerstörung/Überlastung der Elektronik → Ausfall → Produktionsausfall
Oberwellen aus dem Netz und vom Stromrichterstellglied	erhöhte Verluste und thermische Motorbeanspruchung → Pendelmomente → zusätzliche Wicklungserwärmung, erhöhte Beanspruchung der mechanischen Übertragungselemente (Wellen, Getriebe u. a.) vorzeitige Ermüdung → Überlastung → Zerstörung → Ausfall → verschlechterte Produktqualität GAT: niederfrequente Oberwellen → Pendelmomente DAT: höherfrequente Oberschwingungen → Spannungsüberhöhungen an den Motorklemmen, Isolationsschäden der Wicklungen infolge hoher Gradienten du/dt (kapazitiver Strom) → magnetische Geräusche (Pegelansieg bis 15 dB bei VSI gegenüber Netzbetrieb) Wellenspannungen → Lagerströme → Lagerausfälle → Produktionsstörungen/-ausfälle
Fehlangepasste/r Arbeitsmaschine bzw. Prozess	thermische Über-/Unterlastung des Motors
– Unterlastung des Motors	erhöhte Energieverluste, schlechter Teilwirkungsgrad
– nicht vorhergesehene, häufig wechselnde Beschleunigungs- und Bremsvorgänge	Überdimensionierung von Stellglied, Motor und Netz
– Einsatz mechanischer Stellmethoden (Drosselventile, Dralleinrichtungen usw.) zur Mengenreduzierung	erhöhter Gesamtenergieverbrauch, Fehlanpassung, vorzeitige Alterung bzw. plötzliche Zerstörung des Motors
Rückwirkung des Stromrichterstellgliedes	Störung des Betriebsverhaltens anderer Verbraucher durch Spannungseinbrüche, Blindleistungsbedarf → erhöhte Netzbelastung, erhöhte Oberwelligkeit; Wahl des geeigneten Stellgliedes, Blindleistungskompensation
Umgebungsverträglichkeit	Maßnahmen
– Umgebungstemperatur	Überschreiten des zugelassenen Bereiches führt zur erhöhten Arbeitstemperatur → verschlechterte Zuverlässigkeit → Ausfall → Produktionsausfall
– klimatische Einsatzbeanspruchung	
gemäßigt	keine
kalt/Temperaturwechsel	Heizung (Betauung)
trockenwarm	Kühlung
feuchtwarm	Klimatisierung
– mechanische Einsatzbeanspruchung	
Schutz vor Fremdkörpern (feste Körper, Staub, Wasser)	Unterschreiten der vorhandenen Kriech- und Luftstrecken → Kurzschluss → Ausfall geeignete Schutzart, Einhalten der zugelassenen Umgebungsbedingungen

Tabelle 10.1 *(Fortsetzung)*

Beanspruchungsart	**Wirkung/Maßnahmen**
Elektromagnetische Verträglichkeit (EMV/EMC) (Eigen-, Fremdstörfestigkeit, Störemission)	Störung vom System und der Umgebung Zusatzerwärmung (selten) Funktionsstörungen (z. B. Störung der IE durch Motor oder LE) Störungen durch andere Systeme, Störung der Umgebung (Funkempfang, -sendung, andere Einrichtungen, gesundheitliche Schäden) Einhaltung der zutreffenden Vorschriften (vgl. Abschnitt 13.2)
Beanspruchung des speisenden Netzes	Oberwellenbelastung, Blindleistung, erhöhte Energiebereitstellung → Überdimensionierung des Anschlusses, Kostensteigerung

Geschwindigkeit handelt oder ob konstante Bewegung vorliegt, die sich nur kurzzeitig während Anlauf und Bremsen verändert. Einfluss üben darüber hinaus aus:

- die elastische oder starre Verbindung mit der Arbeitsmaschine,
- die Anzahl der Antriebsstellen in einer Anlage bzw. Arbeitsmaschine und ihre funktionelle Hierarchie (Existenz eines Führungsantriebs),
- die Kopplung der Antriebe untereinander (mechanisch, elektrisch, technologisch etwa über das vom Antrieb transportierte Material – z. B. in Gestalt von Blech, Flüssigkeit).

Die **elektrische Schnittstelle** zum Netz beeinflussen sowohl Leistungsteil als auch Informationselektronik. Geprägt wird sie

- vom Anschlusspunkt NAP (vgl. Bild 7.8a),
- von der Qualität der am NAP bereitgestellten Elektroenergie mit Kenngrößen der Spannung wie Bemessungswert, Netzform und Erdung, Nennwert, oberer und unterer Grenzwert (Toleranz), Kurzschlussspannung (statischer und dynamischer Spannungsfall am NS-Netz), periodische Spannungseinbrüche durch Kommutierungsvorgänge,
- von der (in Deutschland allgemein hohen) Sicherheit gegenüber Unterbrechungen und Ausfällen (Versorgungszuverlässigkeit),
- durch die Richtung des Energieflusses (Ein- oder Mehrquadrantenantrieb).

Die **Bedienschnittstelle** gewährleistet die Inbetriebsetzung, die Steuer-/Eingriffsmöglichkeiten (betriebsmäßig in der Warte, manuell Vorort, Nothalt u. a.) sowie die Überwachung (Meldung von Betriebszuständen, Störungen, Betriebs- und Produktionsdaten, Statistik, Tagebuch u. Ä.).

Um unangenehme, kostenwirksame Störungen zu vermeiden, müssen die **Umgebungsbedingungen** am Aufstellungsort genau bekannt sein. Dazu zählen

- elektromagnetische Einflüsse (Nähe anderer Verbraucher als Sender oder empfindlicher Empfänger, elektrostatische Entladungen),

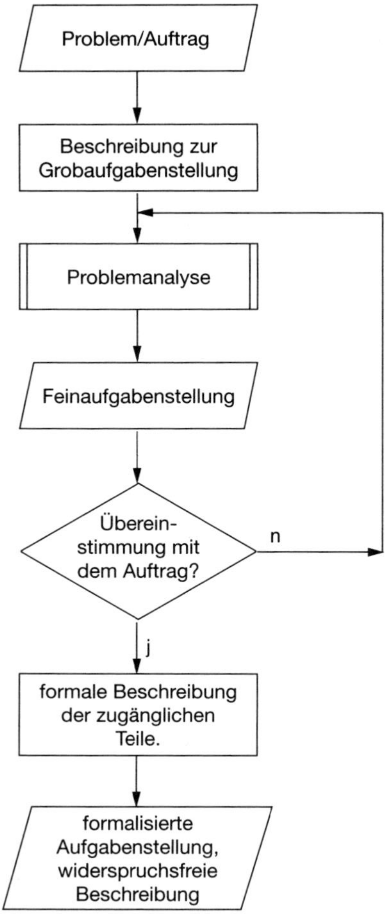

Bild 10.1
Problemanalyse zur Systemoptimierung

- ❑ klimatische Bedingungen für Montage und Betrieb (Umgebungs- und Lagertemperatur, Lager-, Transportbedingungen, Höhe über N.N., Feuchte o. Ä.),
- ❑ Aufstellungsbedingungen (mechanische Schwingungen, Stöße).

Außerdem sind die **Sicherheitsziele** zu definieren:

- ❑ Schutz gegen von außen kommende und nach außen wirkende Störungen (Überspannungen, Lärm, Funkstörungen, Störfelder, Abweichungen der Versorgungsspannung u. a.),
- ❑ Schutz gegen innere Störungen (Ausfälle, Übertemperatur, Überwachung der Kühlung, Überströme, Verriegelungen, Explosionsschutz, Brandschutz u. a.),
- ❑ Sicherheitsanforderungen (Abschaltbedingungen im Fall einer Störung, Sicherheit von Personen und Sachen, Erhalten der Funktionsfähigkeit unter bestimmten Bedingungen, Erleichterung der Instandhaltung u. a.).

Von der Kenntnis aller Bedingungen hängt der tatsächliche Aufbau des Antriebs ab. Sie bestimmen das Steuerungs- und/oder Regelungskonzept sowie zusammen mit der Bedienphilosophie die Einbindung in ein automatisiertes Anlagensystem. Das Beherrschen der Schnittstellen trägt zur Verlustoptimierung bei.

10.3 Erwärmung und Kühlung des Antriebs

In allen Komponenten des automatisierten Antriebs entstehen Verlustleistungen (Tabelle 10.2), die die eingesetzten Geräte, aber auch die Umgebung erwärmen. Solche schädlichen Wirkleistungen müssen abgeführt werden, um unzulässige Temperaturerhöhungen zu vermeiden. Überhitzungen infolge fehlerhafter Dimensionierung oder durch unerlaubte Belastungen können u.U. zum Brand mit allen seinen Folgen hinsichtlich Personenschäden und Produktionsausfall führen. Selbst wenn dieser Worst case nicht eintritt, sinkt mit einer Temperaturerhöhung die Zuverlässigkeit (Lebensdauer) nach der empirischen Regel von MONTSINGER. Das Gesetz lautet: Bei Erhöhung der Betriebstemperatur von elektronischen Bauelementen um ca. 8 bis 10 K wird ihre Lebensdauer um ungefähr 50% niedriger. Bild 10.2 demonstriert am Beispiel von Elektrolytkondensatoren und integrierten Schaltkreisen diese Erscheinung. Danach können diese wichtigen Bausteine im Spannungszwischenkreis des Umrichters und in der Informationselektronik des Antriebs bei erhöhter Temperatur frühzeitig ausfallen und das System empfindlich stören [10.1]. Einen vergleichbar großen Einfluss besitzt die Temperatur auf Schutzelemente. Sie arbeiten nämlich, wie z.B. Motorschutzschalter, nur bis zu der zugelassenen, von der Außentemperatur beeinflussten Innentemperaturgrenze

$$\vartheta_{\text{innen}} = \vartheta_{\text{außen}} - \Delta\vartheta \qquad \text{(Gl. 10.1)}$$

$$\Delta\vartheta \leq 20\ \text{K (üblicher Bereich)}$$

korrekt.

Antriebe bzw. ihre Komponenten sind geeignet zu kühlen, um die vorgeschriebene Höchsttemperatur nicht zu überschreiten. Die dazu in der Regel erforderlichen Zusatzeinrichtungen sorgen für den störungsfreien Betrieb des einzelnen Antriebs bzw. der ganzen Fertigungsanlage. Bemessung, Kühlmittel und Betriebssicherheit beeinflussen entscheidend den wirtschaftlichen Einsatz von Antrieben. Die optimale Anpassung senkt den Energieeigenbedarf und verbessert den Gesamtwirkungsgrad.

Kühlen heißt, die Wärme von dem Entstehungsort (höherer Temperatur) an die Umgebung mit niedrigerer Temperatur zu übertragen. Drei Wege stehen zur Verfügung:

- ❑ Leitung (Transport der Wärmeenergie innerhalb eines oder mehrerer Körper in Abhängigkeit ihrer Wärmeleitfähigkeit, ohne das Material zu bewegen; gut geeignet sind Kupfer und Aluminium, schlechte Eigenschaften zeigen Beton, Glas, Mineralfasern, Luft, Wasser; Kontaktstellen zwischen verschiedenen Körpern wie der Übergang vom Ventil zum Kühlkörper müssen schlüssig sein und unter hohem Druck stehen);

Tabelle 10.2 Verlustleistungen im automatisierten Antrieb

Ort des Verluste	Art der Verluste
Netzeinspeisung (Geräte, Zuleitungen)	Ohm'sche Verluste
Stellglied	Sperr-, Blockier-, Steuer-, Schaltverluste, Durchlassverluste (überwiegen) in den Leistungsbauelementen (Tabelle 7.1), Ohm'sche Verluste in Induktivitäten und Filtereinrichtungen, Verluste durch Oberschwingungen
Informationselektronik	Ohm'sche und Schaltverluste
Motor	Ohm'sche Wicklungsverluste (in Ständer und Läufer), Eisen-, Reibungs- (Luft, Bürste), Lagerverluste, Zusatzverluste
Motorzuleitungen	Ohm'sche Verluste
Mechanik	Reibungsverluste
Schraubverbindungen	Ohm'sche Verluste
Interne Leitungen	Ohm'sche Verluste

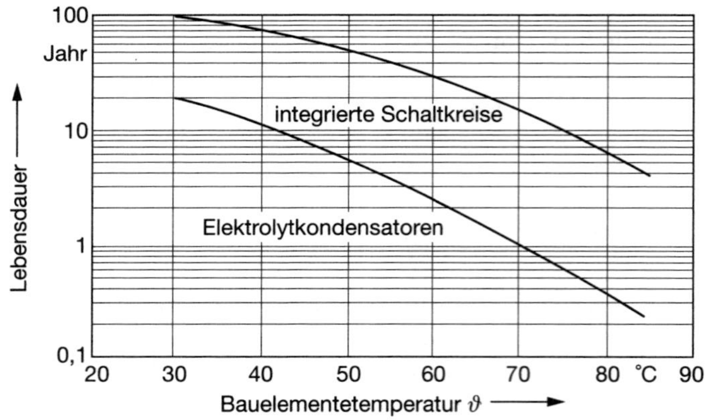

Bild 10.2 Temperaturabhängigkeit der mittleren Lebensdauer MTBF elektronischer Bauteile (Montsinger-Regel) [10.1; 10.2]

- Konvektion (Aufnahme der Wärmeenergie vom Festkörper durch das Kühlmittel infolge seines Kontaktes mit der erhitzten Oberfläche; Abtransport der Wärmeenergie mit der bewegten Materie, die Wärme strömt mit den Kühlmittelalternativen Luft, Wasser, Öl an die Umgebung);
- Strahlung (Übertragung durch elektromagnetische Wellen zu einem anderen Körper).

Tabelle 10.3 Eigenschaften von Kühlmittel für die Konvektion

Kühlmittel	**Dichte ρ** kg/m³	**spezifische Wärme c** Ws/m³ k	**spezifische Kühlleistung p_c** Ws/kg K	**Wärmeleitfähigkeit λ** W/mK
Luft	1,2	$1 \cdot 10^3$	$1{,}2 \cdot 10^3$	0,026 [2)]
Öl	860	$1{,}85 \cdot 10^3$	$1{,}59 \cdot 10^6$	0,13 [2)]
Wasser	998	$4{,}18 \cdot 10^3$	$4{,}17 \cdot 10^6$ [1)]	0,6 [2)]

[1)] Sinkt mit beigemischtem Frostschutzmittel auf ca. 84 %.
[2)] Vergleichswerte für Cu λ = 393 und für Alu λ = 221.

Praktische Bedeutung besitzen Wärmeleitung und -konvektion in Kombination. Ihre Wirksamkeit wird von den thermischen Materialeigenschaften beeinflusst, hängt darüber hinaus entscheidend an dem existierenden Temperaturgefälle. Dessen Größe sollte den in Gl. 10.1 genannten Richtwert von 20 K nicht wesentlich unterschreiten. Unterschiedliche Eigenschaften von Kühlmitteln sind in Tabelle 10.3 zusammengestellt.

Nach Tabelle 10.2 bildet sich an jeder Stelle des Antriebs Wärme. Trotz des hohen Wirkungsgrades erzeugen Stellglied und Maschine den maßgeblichen Anteil. Weil in der Informationselektronik geringste Verlustleistungen auf kleinstem Raum entstehen, muss selbst da intensiv gekühlt werden. Die Verlustenergie wird mittels Wärmeleitung an die Oberfläche der Kühlfläche oder des -körpers transportiert, um anschließend mit natürlicher oder erzwungener Konvektion an die Umgebung abgegeben zu werden. Bei direkter Kühlung nimmt das Kühlmittel die Wärme direkt auf. Eigenkühlung bzw. -konvektion nutzt die natürliche Luftbewegung durch Temperaturunterschiede aus. Fremdkühlung setzt auf Ventilatoren für forcierten Lufttransport. Indirekte Verfahren mit einem Wärmetauscher benutzen den Umweg eines Wärmeträgers, bevor die Verlustwärme an die Umgebung übergeht (Bild 10.3) [10.2]. Zur intensiven Luftkühlung von Stromrichter-Stellglied und Informationselektronik werden die kompakten Geräte

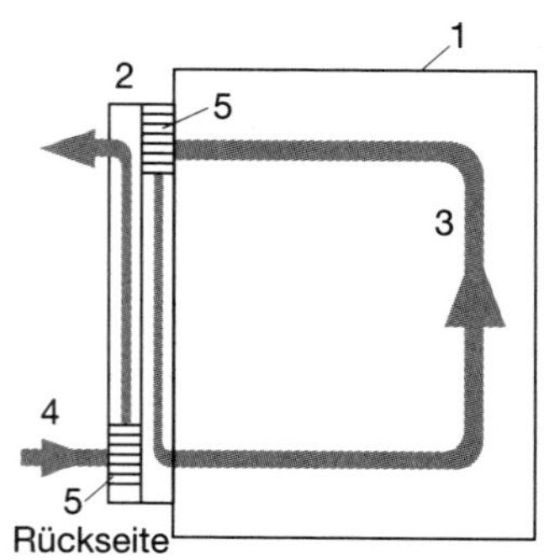

Bild 10.3
Zweikreis-Kühlsystem (Luft-Luft-Gegenstrom-Wärmetauscher-Prinzip)
1 Schrank (Querschnitt)
2 Kühler
3 interner Luftstrom
4 externer Luftstrom
5 Lüfter

bzw. die Ventile oder Ventilgruppen auf Kühlflächen oder -körpern mit großer Oberfläche montiert. Die Belastung des zugehörigen Schaltschrankes sinkt durch thermische Separation erheblich. Dazu erfolgt die Stromrichtermontage auf einem abgedichteten Rahmen so, dass sich der Kühlkörper außerhalb des Gefäßes befindet. Für kleinere Leistungen reicht die natürliche Lüftung. Einheiten größerer Leistung (Einbaugeräte, Schränke mit einem oder mehreren Stellglied/ern) werden mit Ventilatoren zur internen Zwangsumwälzung ausgerüstet. Die nächste Leistungsstufe fordert forcierte Zwangskühlung mit Dach- oder Filterlüftern, um die kältere Außenluft durch das Gefäß zu saugen bzw. zu blasen. Bei sehr großen Leistungen und/oder wegen beengter Platzverhältnisse in gedrängtem Aufbau kommen vom flüssigen Kühlmittel (Wasser, Glykol oder Öl) durchströmte Kühldosen zum Einsatz. Flüssigkeitskühlung (vgl. Bild 12.1b) fordert weniger Bauvolumen, so dass die Leistungsdichte steigen kann. Außerdem hat das damit verbundene Sinken der Sperrschichttemperaturen in den Leistungshableitern ein verbessertes Ausfallverhalten zur Folge (s. Kapitel 13). Höhere Schutzarten (≥IP54) werden mit dem erwähnten Zweikreissystem (Wärmetauscher Luft–Luft, Luft–Wasser) indirekt, bei speziellen Anwendungen mit thermoelektrischen Wärmepumpen (Peltierelemente) gekühlt. Ist die Temperaturdifferenz zur Umgebung deutlich geringer als die o.g. Empfehlung, gar null bzw. negativ, müssen nach dem Kühlschrankprinzip arbeitende Geräte aufgeboten werden. Alle Kühlvarianten sind so gestaltet, dass konstruktive Kompatibilität zum Gefäß besteht.

Bei den Motoren gelten für die Wärmeabfuhr gleichartige Gesichtspunkte. Natürliche Selbstlüftung bzw. -kühlung reicht für Motoren mit geringem Stellbereich. Die Luft streicht an die Oberfläche vergrößernden Rippen des Gehäuses vorbei. Intern übernimmt die Maschine die Luftbewegung. Maschinen mit großem Drehzahl-Stellbereich benötigen Zwangs- bzw. Fremdlüftung. Ein von der Maschinendrehzahl unbeeinflusster, mit konstanter Winkelgeschwindigkeit rotierender Ventilator sorgt für die Luftdurchströmung selbst bei Stillstand, aber vollem Moment. Neben luftgekühlten gibt es bei Großmaschinen auch wassergekühlte Ausführungen. Wärmetauscher kommen ebenfalls zum Einsatz.

In der Regel beeinflusst der Anwender wenig oder kaum die Kühlungsart. Seine Verantwortung besteht darin,

- ❑ die zugelassene Umgebungstemperatur einzuhalten (Garantiebedingung),
- ❑ den Antrieb regelmäßig zu warten, um die Entstehung von neuen Wärmequellen etwa durch höheren Kontaktwiderstand bei lockeren Schraubverbindungen in den Schränken zu vermeiden,
- ❑ die Funktionstüchtigkeit der Kühleinrichtungen durch die Routinekontrolle von Filtern, Lüftern, Kühlmitteln u.a. sicherzustellen.

Um bei Erfordernis der Gefahr Betauung entgegenzutreten, werden sowohl bei Motoren als auch in Stromrichtergefäße Heizeinrichtungen eingebaut, die bei niedrigen Temperaturen befristet eingeschaltet werden und ebenso wie Kühlaggregate der regelmäßigen Wartung bedürfen.

10.4 Wirkungsgrad

Der Wirkungsgrad bestimmt entscheidend die Wirtschaftlichkeit des Antriebs. Abhängig von der Belastung, sollte der von der Summe aller Verlustleistungen (Tabelle 10.2) beeinflusste Betrag

$$\eta_{\text{Antrieb}} = \frac{P_{\text{Nutz}}}{P_{\text{Nutz}} + \sum P_{\text{v}}} \qquad \text{(Gl. 10.2)}$$

in allen Arbeitspunkten möglichst groß sein, bestimmt er doch die Höhe der Betriebskosten. Der Gesamtwert η_{Antrieb} errechnet sich aus dem Produkt der Teilwirkungsgrade

$$\eta_{\text{Antrieb}} = \eta_{\text{Stellglied}} \times \eta_{\text{Motor}} \times (\eta_{\text{IE}} \times \eta_{\text{Trafo}} \times \eta_{\text{Netzeinsp}} \times \eta_{\text{Mechanik}}) \qquad \text{(Gl. 10.3)}$$

Der Stellglied-Wirkungsgrad $\eta_{\text{Stellglied}} = 0{,}95 - 0{,}99$ ist in erster Näherung konstant, da er von den stromunabhängigen Durchlassspannungen dominiert wird. Deshalb sollte der Stromrichter mit hoher Spannung betrieben werden, dann werden die Durchlasswerte gegenüber der Betriebsspannung sehr klein. Eine Überdimensionierung ist zu vermeiden, sie verursacht lediglich zusätzliche Investitionskosten.

Bei Motoren ist die Lastabhängigkeit der Nutzleistung gemäß Bild 10.4a ausgeprägt. Daher wäre die permanente Teillast also zu vermeiden, durch zu häufige Überlastung sinkt die Zuverlässigkeit. Auch energiewirtschaftliche Gründe empfehlen die möglichst genaue Kenntnis des zeitlichen Verlaufs der Belastung, um die Über- oder Unterdimensionierung der Maschine zu verhindern (vgl. Abschnitt 6.2). Gleichstrommaschinen >1 kW erreichen im Nennbetrieb Werte $\eta_{\text{Motor}} \geq 0{,}75 - 0{,}96$ (Bild 10.4b). Sinkt die Belastung unter 0,5 M_{nenn}, nimmt der Wirkungsgrad deutlich ab. Geringfügiger sinkt η bei Momenten $>M_{\text{nenn}}$. Drehstrommaschinen für Niederspannung zeichnen sich im gleichen Leistungsbereich überwiegend durch einen besseren Nutzeffekt aus, der Wirkungsgrad η_{Motor} liegt zwischen 0,77 und 0,98 (Bild 10.4b). Mittelspannungsmaschinen erreichen überwiegend geringfügig höhere Beträge. Trafo, Netzeinspeisung und Getriebe besitzen Wirkungsgrade $\eta > 0{,}9$. Meist bleiben sie unberücksichtigt, zumal diese Komponenten oft nicht vorhanden sind. Mit diesen Richtwerten errechnet sich der Antriebswirkungsgrad nach Gl. 10.3 zu $\eta_{\text{Antrieb}} = 0{,}67 - 0{,}97$. Aus dem Vergleich aller Bestandteile geht hervor, dass der Motor die verlustintensivste Komponente ist. Deshalb muss sein Wirkungsgrad vordringlich verbessert werden. Hauptziel der Bemühungen ist zuvorderst der Asynchronmotor. Der aussichtsreiche Ansatzpunkt «Motoranpassung» wird in den Abschnitten 11.1 und 11.2 näher beleuchtet. Optimierte Kabellängen und -querschnitte und/oder eine Prozessoptimierung können gleichfalls signifikant die Verluste abbauen.

10.5 Energiesparmotoren

Die elektrischen und magnetischen Verluste der Asynchronmaschine bestimmen ihren Wirkungsgrad (s. Gl. 5.8). Neben der Erwärmung von Maschine und Umgebung verkürzen sie die Lebensdauer und verursachen Betriebskosten. Ihr Anteil dominiert den

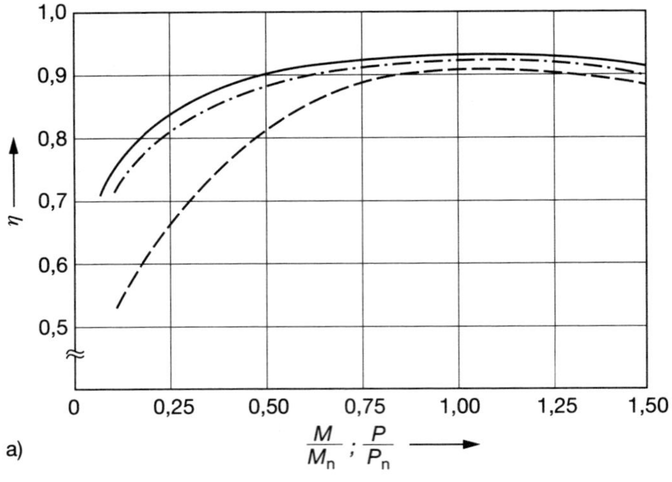

a)

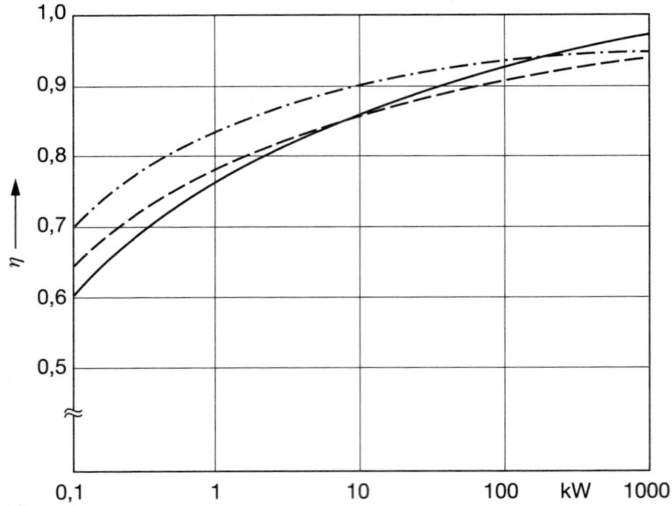

b)

Bild 10.4 Wirkungsgrade von Motoren (Orientierungswerte)
a) Belastungsabhängigkeit (Nennleistung ≤100 kW)
——— Kurzschlussläufermotor (EFF 3, ≈ Nenndrehzahl)
– – – – Gleichstrom-Nebenschlussmotor
–·–·– Umrichtergespeister Kurzschlussläufermotor (EFF 3, ≈ Nenndrehzahl)
b) Nennleistungsabhängigkeit
——— Kurzschlussläufermotor (Toleranz ≈ ±5 %, + höhere Drehzahlen, – niedrigere Drehzahlen)
– – – – Gleichstrom-Nebenschlussmotor (Toleranz ≈ ±3 %, + höhere Drehzahlen, – niedrigere Drehzahlen)
–·–·– 4-poliger Synchronmotor

Bild 10.5
Lebenszykluskosten von Asynchronmaschinen mit Kurzschlussläufer (≤90 kW, Lebensdauer ≥12 Jahre)
1 Kaufpreis (sinkt mit der Nennleistung; <3 %)
2 Kosten für Installation und Wartung (sinken mit der Nennleistung; <1 %)
3 Kosten für Elektroenergie (steigen mit der Nennleistung; >95 %)
Die Tendenz der Kostenentwicklung gilt ebenfalls bei Wachstum der Lebensdauer.

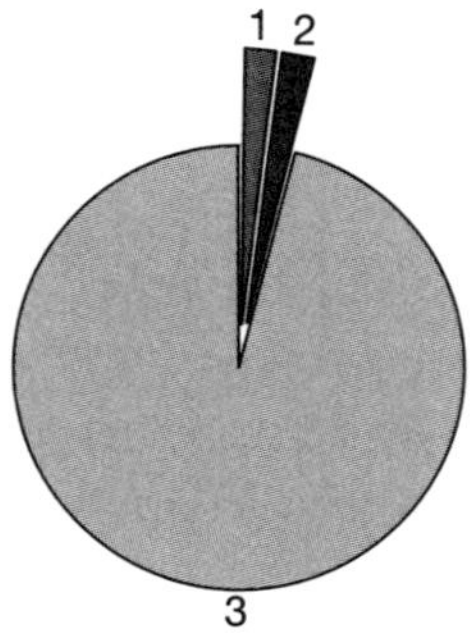

Lebenszyklus (Bild 10.5). Weil etwa 70 % der Verbrauchsenergie in einem Unternehmen auf das Betreiben von Elektromotoren entfällt, ergibt sich aus den die Betriebskosten bestimmenden, elektrischen und magnetischen Verlusten ein weiteres, sogar entscheidendes Einsparpotenzial. Als Ergebnis der Anstrengungen, den Leistungsausfall zu reduzieren, liegen Energiesparmotoren (ESM) vor. Sie machen diese Reserve mit

- ❑ höherem Wirkungsgrad (um bis zu 45 % geringere Verlustleistung, niedrigere Betriebskosten),
- ❑ verlängerter Lebensdauer von Wicklung und Lagerung (geringere thermische Ausnutzung),
- ❑ verbesserter Leistungsfähigkeit durch angestiegene Überlastreserve (z.B. um 15 % bei DB S1) und
- ❑ Schonung der Umwelt (Minderung des CO_2-Ausstoßes)

nutzbar [10.3–10. 5]. Das US-amerikanische Energy Policy Act (EPACT) schreibt für Motoren einen Mindestwirkungsgrad vor, um deren Energieverbrauch und damit die CO_2-Emmission bei der Stromzeugung zu senken. Nach dem von diesem Gesetz angestoßenen Übereinkommen zwischen der EU und dem Dachverband der europäischen Motorenhersteller CEMEP (Europeen Commitee of Manufactors of Electrical Machines and Power Electronics) müssen verlustärmere Motoren gebaut werden. Der Marktanteil verbesserter Typen für die allgemeine Nutzung sowie für Stellaufgaben erreichte zum 31.12.2003 vereinbarungsgemäß 50 %. Die Vergleichbarkeit der von den verschiedenen Produzenten erreichten Wirkungsgrade garantiert der Standard EN 60 034-2.

Betroffene Asynchronmaschinen werden in den drei Wirkungsgradklassen

- ❑ EFF 1: hocheffiziente Motoren (High Efficency),
- ❑ EFF 2: verbesserte Motoren (Improved Efficency),
- ❑ EFF 3: Standardmotoren

angeboten. Die Grenzkurven in Bild 10.6 markieren die Bereiche und verdeutlichen die Unterschiede. Unter Nachweis des damit erzielbaren Kostengewinns – für ausgewählte Beispiele unter Nutzung von [10.5] in Tabelle 10.4 dargestellt – kommt die Klasse EFF1 bereits ab 2000 Betriebsstunden pro Jahr als wirtschaftliche Alternative

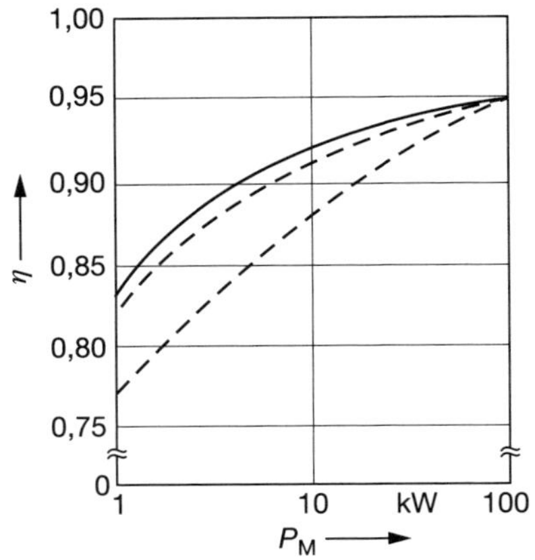

Bild 10.6
Wirkungsgradklassen von Asynchronmaschinen mit Kurzschlussläufer nach CEMEP; Bereichsgrenzen
—— EFF 1($z_p = 2$) – – – EFF 2($z_p = 2$) –·–·– EFF 3
gültig für Motoren 1,1...90 kW

Tabelle 10.4 Energieeinsparung und Amortisationszeiten durch ESM (Richtwerte)

Motorklasse	**Verhältnis der Energieverluste (Bezugswert EFF3)**	**Mindestbetriebsdauer/h**	**Reduzierte Energiekosten (Volllast, Bezugswert EFF2)**	
			37 kW (2-polig)	**1,1 kW (4-polig)**
EFF1 EFF2	0,6 0,8	4000 2000	0,987	0,916

Die Amortisationszeit der Mehrkosten für den EFF1-Motor liegt in Abhängigkeit von der Betriebsdauer zwischen ein und zwei Jahren, häufig erreicht sie nur wenige Monate.

Tabelle 10.5 Reduzierung der Einzelverluste bei ESM

Ort der Maßnahme	**Maßnahme**	**Wirkung**
Ständer	verbesserte Blechqualität vergrößertes Blechpaket größerer Drahtquerschnitt (geringerer Widerstand)	verringerte Eisenverluste bessere Wärmeabfuhr reduzierte Cu-Verluste
Läufer	wie Ständer größere Nuten	verringerte Eisenverluste reduzierte Cu-Verluste in den Nuten
	optimierte Lager und Lüfter verbesserte Schmiermittel	verringerte Reibungsverluste vergrößerte Lebensdauer reduzierter Wartungsaufwand

Bild 10.7
Querschnitt durch einen Energiesparmotor [1.49]
1 mechanische Welle mit Keil
2 Ständerwicklung (verlängert)
3 Ständer (Stator, verlängert)
4 Lüfterrad zur Selbstbelüftung
5 Anschlusskasten

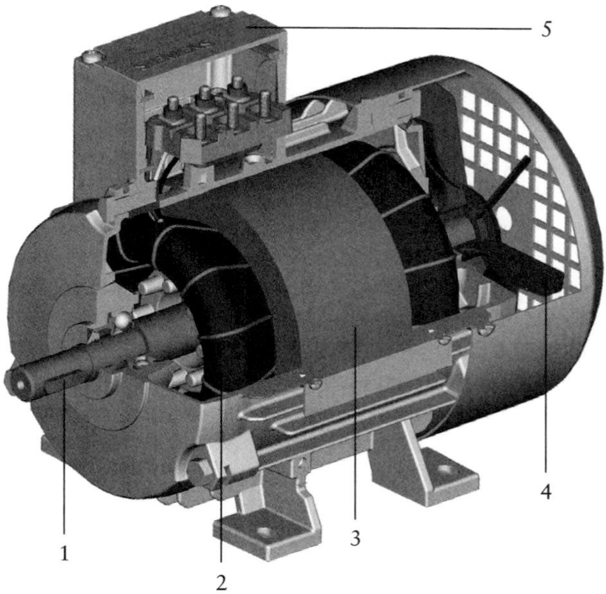

in Betracht. Kürzeren Betriebsdauern, z. B. als Stellmotor, genügt die Wirkungsgradklasse EFF 2. Bei einer Reparatur ist also grundsätzlich zu prüfen, ob der Verzicht auf die Fehlerbehebung zugunsten der Neuanschaffung eines ESM wirtschaftliche Vorteile während der zusätzlich verlängerten Lebensdauer bringt. Verantwortlich für diesen Effekt zeichnen der erhöhte Einsatz von Aktivmaterial (Fe, Cu, Al), verbesserte Materialqualitäten sowie eine rechnerunterstützte Optimierung des gesamten Produktes (Tabelle 10.5). Zwar werden ESM dadurch etwas teurer und gegenüber Standardtypen länger (Bild 10.7), da die Investitionskosten aber nur wenige % der Gesamtzyklus-Kosten betragen (Bild 10.5), stellt wohl der erhöhte Anschaffungswert kein Hindernis dar. Seine durchschnittliche Amortisationszeit (vgl. Gl. 1.2) beträgt oft weniger als ein Jahr.

10.6 Drehzahlvariable, gesteuerte oder geregelte Antriebe

Technologische Prozesse erfordern überwiegend veränderliche Arbeitsgeschwindigkeiten bzw. Drehzahlen bei periodischen Lastspielen. Noch zu oft werden diese Bedingungen durch mechanische Einrichtungen mit schlechtem Wirkungsgrad erfüllt. Eine drastische Verbesserung der Energieeffizienz verspricht der Einsatz von Antrieben, deren Drehzahl oder Drehmoment mit Hilfe eines Stromrichters elektronisch gesteuert oder geregelt wird. Deshalb stellt der Tausch von Antrieben fester Drehzahl und mechanischen Verstelleinrichtungen gegen Systeme mit elektronisch veränderbarer Winkelgeschwindigkeit einen nächsten, wichtigen Ansatz zur Energieeinsparung dar. Nicht allein der klassische Wirkungsgrad beschreibt die Energieeffizienz von Belastungszyklen am Arbeitspunkt. Gleichermaßen als wichtige Gütekennziffer dient der Quotient der Mittelwerte über die Periodendauer T des Lastspiels

$$\varepsilon = \frac{\int_0^T p_{\mathrm{Nutzmech}}\,\mathrm{d}t}{\int_0^T p_{\mathrm{elein}}\,\mathrm{d}t} \qquad \text{(Gl. 10.4)}$$

Beschleunigungs- und Verzögerungsvorgänge sowie wechselnde Belastungen mindern danach die energetische Qualität eines Bewegungsablaufs. Energieverluste führen nicht nur zur Erwärmung und zum Verschleiß in mechanischen Teilen; vielfach begrenzen sie die möglichen Arbeitsgeschwindigkeiten des Prozesses. Die von ε erreichten Werte liegen gegenwärtig zwischen 3% (Papiermaschinen) und 70 %. Antriebe, die aus begrenzten Ressourcen wie Batterien, Solarzellen oder Brennstoffzellen gespeist werden, zwingen regelrecht zur hocheffektiven Energieausnutzung.

Mit der elektronischen Drehzahlverstellung lassen sich im Vergleich zu konventionellen Methoden 20 bis 70 % der Energiekosten einsparen. Die endgültige Struktur ist vor allem bei großen Leistungen hinsichtlich

- ❑ der Art des Antriebs (GAT oder DAT),
- ❑ des Stellverfahrens,
- ❑ Steuerung oder Regelung,
- ❑ der eingesetzten Steuerungs-/Regelungsstrategie

zu optimieren, um das Maximum der Wirtschaftlichkeit eines Antriebs mit wechselnden Beschleunigungs- und Bremsvorgängen, mit veränderlicher Fördermenge o. Ä. zu erzielen.

Ab ca. 1 kW (bis zu dieser Größe kann der Motor unmittelbar zugeschaltet werden) ist zu untersuchen, ob an die Stelle konventioneller Zusatzeinrichtungen (Anlass-, Vorschaltwiderstände, Vorschaltinduktivitäten, Anlass-Trafo, Stern-Dreieck-Schützschaltung, Kupplungen u. a.) für den Hochlauf elektronisch verstellbare Systeme in Frage kommen. In älteren, technisch überholten Anlaufgeräten, aber auch in den Maschinen, treten während des Anlaufs beträchtliche Verluste auf. Außerdem müsste beim direkten Zuschalten ohne Hilfseinrichtungen der Netzanschluss nach dem nur kurzzeitig fließenden Einschaltstrom überdimensioniert werden. Solche wirtschaftlichen Nachteile zeigen über Stromrichter (Softstarter) sanft anlaufende Motoren nicht.

In drehzahlvariablen Systemen ersetzt der Gleichstromrichter den Anlasswiderstand, der Frequenzumrichter steigert während des Hochlaufvorgangs die Frequenz kontinuierlich. Beide speisen beim Bremsen die frei werdende kinetische Energie ins Netz zurück. Die thermisch geringere Motorbelastung und schließlich die Vermeidung von Stromspitzen verlängern die Lebensdauer des stromrichterfesten Motors.

10.7 Dezentrale Antriebslösungen

Zu Energie- und Kostenentlastung trägt die Dezentralisierung von Antrieben bei. Verteilte Antriebe bedeuten den Verzicht auf den ungünstigen Zentralantrieb mit mechanischer Leitwelle und den Ersatz mechanischer Übertragungseinrichtungen durch elektronische Mittel wie etwa das elektronische Getriebe (Bild 10.8) [10.7]. Gleichzeitig wird die optimale Steuerung der Einzellösungen und deren bestmögliche Einbindung in ein Gesamtsystem, z. B. zum Realisieren eines Energiemanagementsystems, unterstützt. Fordert eine Technologie beispielsweise aus der Be- und Verarbeitungsindustrie eine hohe, sogar energieoptimale Flexibilität der eingesetzten Maschinen zum Anpassen an rasch wechselnde Produktionsprogramme, kann dieses Ziel ausschließlich mit aufgegliederten Lösungen erreicht werden. Zu diesem Zweck lassen sich vollständige, im Antrieb hinterlegte Abläufe anwendungsabhängig aufrufen. Die «per Mausklick» aktivierbare, dezentrale Intelligenz übernimmt Aufgaben, die über die klassische Antriebsbestimmung, die Maschinendrehzahl optimal zu regeln und das Drehmoment im gewünschten Maße bereitzustellen, weit hinausgehen (Beispiel:

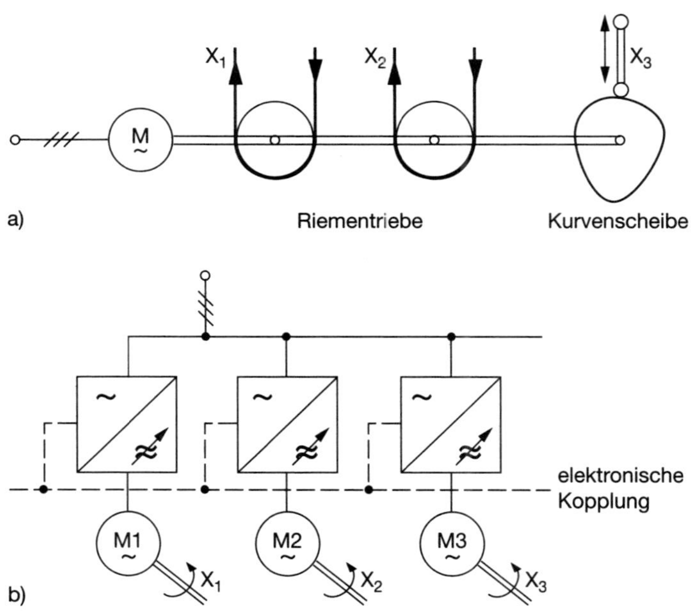

Bild 10.8 Ersatz des Zentralantriebs durch verteilte, elektronisch gekoppelte Systeme
a) Einmotoriger Zentralantrieb: Die angetriebene, Gleichlauf erzwingende Leitwelle (Königswelle) übergibt mittels mechanischer Zusatzeinrichtungen die Energie den verschiedenen Anwendungspunkten.
b) Mehrmotorenantrieb: Bei den verteilten, umrichtergespeisten Drehstromantrieben, die elektronisch gekoppelt für Gleichlauf sorgen (elektronische Welle) und die Aufgabe mechanischer Übertragungsglieder (z. B. Getriebe) elektronisch verwirklichen, gleichen die Spitzenlast die Zwischenkreiskondensatoren aus (elektronisches Schwungrad).

fliegende Schere). Die Bewegungssteuerung mit umrichtergespeistem Einzelantrieb ersetzt Getriebe, Gestänge, Kurvenscheiben u.a. Um den Gleichlauf (Drehzahl-Gleichlauf – asynchroner Gleichlauf; Winkelgleichlauf – synchroner Gleichlauf) zwischen den Bewegungen der autarken Einzelantriebe herzustellen und weitere Koordinationsaufgaben zu erfüllen, muss ein Führungsantrieb (Master) und/oder eine übergeordnete Steuerung Vorgaben liefern. Höchste Genauigkeiten der Regelgrößen werden erreicht, sofern diese Daten und weitere Informationen zum Koordinieren synchron übertragen werden. Vernetzte, digitale Einzelantriebe, deren Software aus funktionsorientierten Bausteinen besteht, ebnen den Weg zur freizügigen Maschinenkonstruktion. Die bewährte Modultechnik mit Maschinenelementen wird auf Hard- und Software der prozessnahen Elektrotechnik ausgedehnt. Damit rückt die Verwirklichung der Vision der flexibel an veränderte Fertigungsbedingungen anpassbaren, energieoptimalen «Maschine aus dem Baukasten» einen großen Schritt näher [4.1].

10.8 Simulation

Vor allem bei Antrieben größerer Leistung, auch beim Mehrmotorensystem, erweist es sich als schwierig, das optimal strukturierte System zu finden. In der Vergangenheit half dabei das kostenintensive Experiment. Ohne Rücksicht auf die physikalische Realität (Spannungen, Ströme, Momente usw.) nehmen zu müssen, kann mit heute verfügbaren Mitteln die gewünschte Antriebsanlage aufgabengerecht mit allen Komponenten und peripheren Einrichtungen auf dem Rechner modelliert und schrittweise optimiert werden. Leistungsfähige, einfach zu handhabende Software-Werkzeuge stehen selbst für den Personalcomputer (PC) bereit [10.8; 10.9], um ein Antriebssystem aus bekannten Komponenten zu projektieren, mit zum Teil unbekannten Bestand-

Tabelle 10.6 Gründe für die Simulation, ihre Vorzüge [20]

- ❑ Erhöhung der Sicherheit des energieeffizienten Ergebnisses
- ❑ Überprüfung und Komplettierung der Aufgabenstellung (ggf. in Zusammenarbeit mit dem Besteller, vgl. Bild 10.1), Beseitigung unvermeidlicher Widersprüche
- ❑ Senkung von Bearbeitungszeiten und die damit verbundenen Kosten
- ❑ Verzicht auf teure Musterbauten und ihre Erprobungen hinsichtlich Funktion und EMV [10.6]
- ❑ Optimierung der Materialausnutzung
- ❑ Vermeidung kostenintensiver Überdimensionierungen
- ❑ Ermittlung des Systemverhaltens an zugelassenen Grenzen und von Reserven
- ❑ Kurzfristige, überprüfbare Realisierung von Änderungen
- ❑ Reduzierung des Inbetriebsetzungsaufwandes, Ersatz der Programmierung durch einfache Parametrisierung
- ❑ Erprobung neuer Verfahren
- ❑ Durchgängigkeit von Entwicklung bis Produktion

teilen zu entwickeln. Teilweise lässt sich das Ergebnis sogar in Echtzeit testen. Die Rechnersimulation erhöht kostenarm die Treffsicherheit für die richtige Lösung, so dass Fehlinvestitionen der Vergangenheit angehören [20]. Zusätzlich zu den weiteren Vorzügen in Tabelle 10.6 sinken Entwicklungs- und Projektierungszeiten sowie die an sie gebundenen Finanzierungskosten. Künftig zu erwartende Änderungen oder Erweiterungen können bereits berücksichtigt und softwaremäßig in der Informationsverarbeitung hinterlegt werden. Zu gegebener Zeit macht sie dann der Betreiber «scharf». Auch funktionell bedeutsame Ergänzungen nach Aufnahme des Dauerbetriebes können vor Ausführung so auf ihre Wirksamkeit getestet werden.

Zunehmend wird auch von der Simulation Durchgängigkeit erwartet. Alle Phasen vom Labor mit der Produktdefinition (Lasten-, Pflichtenheft) bis zur Produktion sollen mit den bereitstehenden Tools nahtlos ineinander greifen, um einmal gewonnene Ergebnisse weiter nutzen und die immer kürzeren Innovationszyklen bei gleichzeitiger Variantenvielfalt überhaupt beherrschen zu können [10.10]. Auch dafür gibt es geeignete Software-Werkzeuge (z. B. [10.11]).

11 Optimaler Einsatz von Antriebssystemen

Antriebe sind optimal eingesetzt, wenn die Ansätze zu Kostensenkung und Energieeinsparung umgesetzt werden und der technologische Prozess bzw. die Arbeitsmaschine im gewünschten Sinne arbeiten kann, die Bedingungen von Abschnitt 4.5 Realität geworden sind.

11.1 Auslegung von Antriebssystemen

Energetisch ist es zweckmäßig, den Motor unabhängig von seiner Betriebsart ständig mit seinen Nenndaten zu beanspruchen. Daher sollte das vom Motor verlangte effektive Drehmoment entsprechend Gl. 6.13 annähernd mit seinem Nennwert übereinstimmen.

$$M_{\mathrm{Aeff}} \approx M_{\mathrm{n}} \qquad \text{(Gl. 11.1)}$$

Diese Forderung gilt bei periodisch wechselnder Belastung ebenso (vgl. Kapitel 6), da Abweichungen vom Nennpunkt (Teillast) grundsätzlich erhöhte Verluste und verschlechterten Wirkungsgrad erzeugen (s. Bild 10.4a). Darüber hinaus muss das dynamische Überschreiten des maximal zulässigen, vom Maschinentyp abhängigen Motormoments (vgl. Gl. 6.14) definitiv verhindert werden. Für Asynchronmotoren wichtige Auslegungsgesichtspunkte fasst Tabelle 11.1 zusammen. Das energetische und das Betriebskostenoptimum stellen sich ein, sofern sich der Antrieb durch Merkmale der Tabelle 11.2 auszeichnet.

11.2 Belastungsbedingungen

Technische Betriebsmittel und Einrichtungen – dazu zählen eben Antriebssysteme – unterliegen durch ständigen Gebrauch dem steten Verschleiß. Werden im Betrieb die Bemessungsdaten überschritten, treten zusätzliche Gefährdungen ein (Tabelle 11.3), und die Abnutzung verstärkt sich. Die mit dem Verschleiß ohnehin verbundene Gefahr eines vorzeitigen Ausfalls nimmt überproportional zu. Außerdem sinkt die Energieeffizienz. Die Gefahr der Überlastung besteht, weil in Industrie und Gebäudetechnik durch die permanente Rationalisierung der technologischen Prozesse der Gesamtenergieverbrauch jährlich um ca. 2 bis 3 % zunimmt. Oft wird diese Situation nicht durch

Tabelle 11.1 Auslegungsgesichtspunkte von Asynchronmotoren

Nennspannung: möglichst hoch, in Abhängigkeit der Nennleistung ❏ 400 V: bis ca. 500 kW ❏ 690 V: bis 1000 kW ❏ bis 6 kV: >1 MW
Nenndrehzahl, Nennmoment Entsprechend der Anforderungen, bevorzugt n_n = 1000, 1500 min^{-1}
Einsatz von ESM
Anpassung der Kennlinien von Motor und Arbeitsmaschine ❏ Stillstand: Anzugsmoment $>m_W$ der Arbeitsmaschine ❏ angemessene Hochlaufzeit bis zum Erreichen eines stabilen Arbeitspunktes ❏ stabiler Arbeitspunkt (Dauerbetrieb S1 thermisch zulässig) Unterlastung verschlechtert Wirkungsgrad und Leistungsfaktor, Überlastung verkürzt die Lebensdauer und vermindert ebenfalls den Wirkungsgrad.
Kraftschlüssige Kraftübertragung zur Arbeitsmaschine (Getriebe o. a.)
Sicherung der günstigsten thermischen Auslastung durch Anpassung an die Art der Belastung/ Betriebsart (vgl. Abschnitt 6.2): Kenntnis $m_W(t)$, $m_b(J, t)$, $\Omega(t)$ Genaue Angabe der Betriebsart, die Anwendung der Standardfälle S1...S10 vermeidet die kostenwirksame Über- oder Unterdimensionierung.
Anpassung für den dynamischen Betrieb: ❏ maximales Moment der Arbeitsmaschine < maximales Motormoment ❏ Ziel: kurze Beschleunigungs- und Verzögerungszeiten GSNM: $M_{max}/M_n \geq 1{,}6...2{,}2$ (Stellmotoren bis 12) ASM : $M_{max}/M_n < M_{kipp}/M_n \geq 1{,}7$ Typische Forderungen: Stellmotoren $M_{max}/M_n = 4...10$ Walzwerksmotoren $M_{max}/M_n = 2{,}5...3$

Tabelle 11.2 Kennzeichen optimierter Antriebe

❏ Geeignete Antriebsstruktur bezüglich Stromrichter-Stellglied (Drehzahl-, Dremoment-Stellbereich), Motor (Drehstrom-, seltener Gleichstrommaschine) und Informationsverarbeitung (Genauigkeit, Steuerungs-, Regelverhalten, Laufruhe, Ausführung antriebsnaher Steuerungs- und Technologiefunktionen, Kommunikationsfähigkeit zum Aufbau dezentraler Strukturen und zur Einbindung in eine Automatisierungshierarchie) ❏ Motorauswahl unter Beachtung der Tabelle 11.1 ❏ Ausreichender Schutz ❏ Zulässige Einsatz-(Kühlung), Netzanschluss-(Kurzschlussleistung, Rückwirkungen) und EMV-Bedingungen

Tabelle 11.3 Abweichungen von den Bemessungsdaten

Ursache	Folge	Wirkung
Vergrößerung des eff. Moments der Arbeitsmaschine Anlagenauslastung	höhere Motor- und Stromrichterströme	erhöhte Verluste mit verschlechterter Energieeffizienz
Ersatz des Motors durch eine leistungsstärkere Baugröße	höhere Stromrichterströme verschlechterte Wärmeabfuhr	Überlastung der vorgeschalteten NS-Versorgung (Stromschienen, Anschlüsse, Schaltgeräte) thermische Überlastung von Stellgliedern und Schaltschränken
Erweiterung der Bestückung von Schaltschränken (Nutzung von Freiräumen)	Überlastung der Stromzuführung Wärmestau und Wärmestress	thermische Überlastung zunehmende Ausfall- und Brandgefahr (vgl. Abschnitt 13.3)
Veränderung der Einsatz-/Umgebungsbedingungen (höhere Umgebungstemperatur etwa durch benachbarte Wärmequellen, erhöhte Luftfeuchte, verschlechterte Netzanschlussbedingungen)	Übertemperatur höhere Verluste Überschreiten von Grenzerwärmungen	wie oben Beschädigung Isolierstoff Unterschreiten Kriech- und Luft- Strecken → Gefahr der Zündung eines Lichtbogens

Kapazitätserweiterung der installierten Systeme beherrscht, sondern mit einer Überbeanspruchung der Antriebe und den damit verbundenen negativen Begleiterscheinungen abgefangen. Deshalb müssen die projektierten Belastungsbedingungen während der Betriebsdauer eingehalten werden. Um Schäden zu verhüten, empfiehlt sich die vorschriftsmäßige Routinekontrolle (Wiederholungsprüfung gemäß [2.1] in festen Abständen ≤4 Jahre), um entstehende Schwachstellen frühzeitig zu erkennen und zu beheben.

11.3 Schutzmaßnahmen

Da neben Überbeanspruchungen äußere Störungen und innere Defekte nicht grundsätzlich auszuschließen sind, erfordert ein optimaler Einsatz Schutzmaßnahmen. Stromrichter sind vor allem durch erhöhte Eingangsspannung und wegen zu großen Stroms gefährdet. Infolge des in der Regel ausreichenden Selbstschutzes – Stromrichter sind meist kurzschluss- und begrenzt spannungsfest und gleichen Störungen im Kühlsystem durch automatische Leistungsreduzierung aus – ist von einem sicheren Betrieb auszugehen. Zerstörungen durch extreme Überspannungen vermeidet ein Mehrzonen-

Tabelle 11.4 Schutzaufgaben für Drehstrom-Asynchronmotoren

Schutzziel (Forderung an Lieferanten)	**Lösung**
Schutz gegen unzulässiges Berühren (direkt, indirekt)	Abdeckungen (auch mechanischer Teile); Schutzleiter, Potenzialausgleich; Einrichtungen zur Fehlerstromüberwachung (RCD, RCM bei umrichtergespeisten Maschinen u. a.)
Schutz gegen Eindringen von Fremdkörpern	Realisierung der ausreichenden IP-Schutzart [2.31] Abdichten von Öffnungen und Zuführungen (Lager, Klemmkästen u. Ä.)
Einhalten der zugelassenen Umgebungsbedingungen (Umgebungstemperatur, Aufstellungshöhe, Freiluftaufstellung, Umgebungseinflüsse wie Bergbau-/Untertageeinsatz, Explosions-, Brandgefahr u. a.)	richtige Wärmeklasse, i. Allg. F für umrichterfeste Motoren (Beachtung der Nachrüstung mit Umrichtern) ausreichende IP-Schutzart [2.31] Ex-Schutz: Sicherung der Zünschutzarten erhöhte Sicherheit Ex-e, druckfeste Kapselung EEX-d, Gas-Ex-Schutz EEX-n (vgl. Abschnitt 2.3.3) Einsatz von Brandgasmotoren (nach prEN 12 101 – 3)
Schutz gegen Überlastung (führt zu höheren Strömen und unzulässiger Erwärmung)	geeignete Bemessung (für gelegentliche und kurzzeitige Überlasten) stromabhängige Überstromauslöser (Schmelzsicherungen, Überstromrelais, Motorschutzschalter, Bimetallrelais u. a.) Thermistoren (Kaltleitertemperaturfühler PTC, vergrößern bei Temperaturanstieg den Wicklungswiderstand, sind in der Maschine eingebaut und werden von der Elektronik ausgewertet) elektronisches Motorschutzrelais (bildet thermische Motorcharakteristik nach, überwacht zusätzlich: Phasenausfall, Netzsymmetrie, Erdschluss, Überlast, Wiedereinschaltbereitschaft)
Schutz gegen Spannungsspitzen (infolge von Schaltspannungen durch Spulen, Spannungsüberhöhung durch vom Umrichter erzeugte Wanderwellen, vgl. Bild 5.8)	Wicklungsisolationsklasse F (umrichterfest) Umrichterausgangsfilter ab einer bestimmten Entfernung
Schutz der Lager von Motor und Getriebe	Beachtung der Wartungsvorschriften *Schutz unmöglich, gegenüber Störungen schutzlos*

Blitzschutzkonzept [2.36; 2.37]. Gegen permanente, unzulässige Unterspannungen und Netzausfälle schützt die unterbrechungsfreie Stromversorgung [11.1; 11.2]. Ihr Aufbau entspricht dem Umrichter mit Spannungszwischenkreis, lediglich der Kondensator wird von einem Akkumulator ersetzt. Seine Kapazität bestimmt die Dauer der Netzanomalie. Zerstörungen und Defekte der Informationsversorgung führen zum Ausfall des Antriebs. In der Regel geht das gestörte, sich selbst überwachende System in einen sicheren Zustand über. Obwohl Antriebssysteme höchst zuverlässig arbeiten (vgl. Abschnitt 13.1), müssen extreme Erwartungen an die Ausfallsicherheit der Informationselektronik mit fehlertoleranten, redundanten Systemen erfüllt werden [20].

Der Bediener ist gegen direktes und indirektes Berühren zu schützen. Fremdkörper dürfen nicht eindringen. Beide Schutzziele werden mit Gehäusen in ausreichender Schutzart bei Beachtung der Lüftungsbedingungen erreicht.

Als relativ fehleranfällig zeigt sich der Motor. Zusätzlich zu den in Stellglied und Informationseinrichtung implementierten Möglichkeiten muss er vor mechanischer Überlastung durch die Arbeitsmaschine, vor Unter- oder Überspannung (Einhalten der Normspannungen mit ihren Toleranzen nach DIN IEC 60 038), gegen zu große Schalthäufigkeit (fehlerhafte Betriebsart) bewahrt, gegen defekte Lüftung oder Kühlung sowie gegen Phasenausfall gesichert werden. Auch sind die vorgeschriebenen Umgebungs- und Kühlbedingungen zu kontrollieren, um die thermische Überbeanspruchung und vorzeitige Zerstörung der Maschine zu vermeiden. Da zunehmend verteilte elektrische Lösungen mechanische Maschinenelemente ablösen (vgl. Abschnitt 10.7), wächst die Anzahl der (Drehstrom-) Antriebe (kleinerer Leistung). Um Reparaturkosten und Produktionsausfälle infolge von Motorstörungen zu vermeiden, erhält der Motorschutz bei Planung, Installation und Betrieb einen erhöhten Stellenwert [11.3]. Wichtige Schutzaufgaben für Drehstrom-Asynchronmaschinen zeigt Tabelle 11.4. Sinngemäß gelten sie für andere Typen.

11.4 Sanftanlassen von Drehstrom-Asynchronmotoren

Zu den verbreiteten Betriebsarten zählt das Starten und Stoppen bzw. das Beschleunigen und Bremsen mit anschließender konstanter Drehzahl. Der Direktstart erzeugt

- einen hohen Anlaufstrom mit häufig unzulässiger Belastung des speisenden Netzes (Störung anderer Verbraucher durch Spannungseinbrüche),
- Stoßbelastung von Getrieben und von anderen Maschinenelementen, deren erhöhter Verschleiß die Lebensdauer verkürzt,
- willkürliche Prozessbedingungen, z. B. bei Transportbändern.

Deshalb wird er nur für kleine Leistungen praktiziert. Konventionelle Starteinrichtungen beseitigen die Probleme trotz des hohen Aufwandes nur unvollständig (vgl. Abschnitte 5.4.1, 10.6). Die technisch und ökonomisch bessere Alternative für Transporteinrichtungen, Heber, Dosiermaschinen, Verpackungsanlagen und andere Anwendungen in der gesamten Wirtschaft bietet der Softstarter, dessen Schaltungsprinzip auf dem Drehstromsteller nach Bild 7.4 beruht.

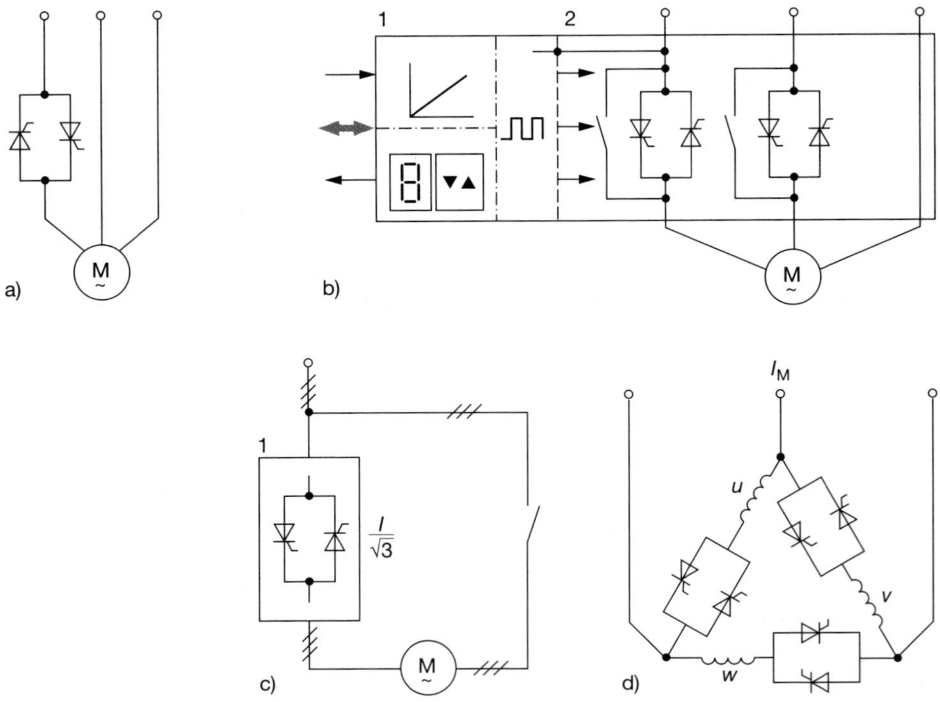

Bild 11.1 Stellerschaltungen für Softstarter
a) einphasige Schaltung
b) zweiphasige Schaltung mit integrierten Bypasskontakten (vollgesteuerte dreiphasige Lösungen sind ebenfalls üblich)
1 Bedien- und Ansteuereinrichtung
2 Leistungsteil
c) Delta-Schaltung
1 Softstarter wie b)
d) $\sqrt{3}$-Schaltung (die Anschlüsse der drei Phasen von Motor und Steller stehen zur Verschaltung getrennt zur Verfügung) *u*, *v*, *w* Motorwicklungen

Der Softstarter vermeidet Strom- bzw. Momentenspitzen mit ihren negativen elektrischen und mechanischen Begleiterscheinungen [34; 11.4; 11.10]. Geeignete Anordnungen zeigt Bild 11.1. Integrierte Bypasskontakte senken die Verlustleistung im Dauerbetrieb. Sie schließen die Thyristoren, die vielfach Dauerbetrieb S1 vertragen, kurz. In Delta- und $\sqrt{3}$-Schaltung muss der Starter nur für einen Teil des Motorstroms ($I_{\text{nenn}}/\sqrt{3}$) bemessen werden. Alle Schaltungsvarianten arbeiten mit Wirkungsgraden gegen 100 %. Ausgehend von einer geringen Einschaltspannung verstellen sie während des Hochlaufs kontinuierlich die Motorspannung durch Anschnittsteuerung. Die gültigen stationären Maschinenkennlinien entsprechen Bild 5.6a. Im gleichen Zuge mit der Spannung wachsen nach Bild 11.2 Drehmoment und Anlaufständerstrom stetig so, dass die Netzbelastung abnimmt und keine Umschaltspitzen mehr auftreten. Im schraffierten

Bild 11.2
Strom und Moment im Vergleich
——— Direktzuschaltung
- - - - Stern-Dreieck-Hochlauf
//////// Softstart
a) Stromverläufe
b) Momentenverläufe

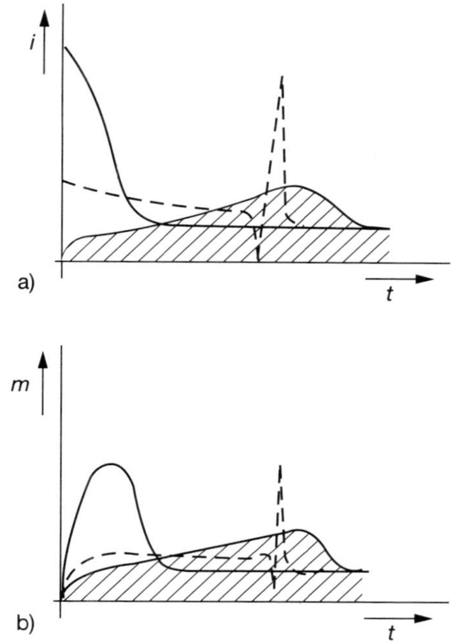

Bereich lassen sich Strom und Drehmoment flexibel und stufenlos nach vorgebbarem Zeitverlauf steuern. Einschwingvorgänge gehören der Vergangenheit an. Die Motoren werden netz- und lastschonend eingeschaltet. Zu den Optionen zählen:

- Spezial-Stopp für Pumpenantriebe zum Vermeiden von hydraulischen Druckstößen,
- integrierte Gleichstrombremsung,
- Soft-Stopp mit Steuerung zum Verkürzen und Verlängern der Bremszeit,
- individuell einstellbare Rampen für Anlauf und Bremsen,
- Strombegrenzung zum Senken von Installationskosten,
- Motor- und Sanftanlasser-Schutzfunktionen (Phasenausfall und -drehrichtung, Überlastung, Übertemperatur, elektronische Sicherung, Kurzschluss, innere Fehler u.a., z.B. [11.13]).

Mikroprozessorbasierte Informationsverarbeitungseinrichtungen solcher Steller sind meist kommunikationsfähig [11.11]. Die Motorstarter können somit in Automatisierungsanlagen integriert werden. Wie in Tabelle 11.5 ausgewiesen, sinken sowohl die Investitions- als auch die Betriebskosten. Zahlreiche Unternehmen bieten Softstarter für den gesamten Leistungs- und Niederspannungsbereich (>1500 kW, ≤690 V, ≥IP 20/21). Erschwerte Umgebungsbedingungen wie im Untertagebergbau und Mittelspannungsmaschinen können ebenfalls mit Softstartern bedient werden [11.5]. Je nach Leistung stehen die Geräte als Einbau- oder Schrankversion zur Verfügung. Bei großen Leistungen und Mittelspannungsgeräten (≤13,8 kV, ≤16 MW, ≤IP65) gehört die Netzeinspeisung mit Hauptschütz oder -schalter zum Geräteumfang. Die Auswahl erleichtert die Checkliste in Tabelle 11.6.

Tabelle 11.5 Kostensenkung durch Einsatz von Softstartern

Kostenart [1]	Stern-Dreieck	Softstarter	Bemerkungen
Investition	1	≥1	
Installation (Leitungen)	1	<0,7	
Montage	1	>0,7	kompakt, installationsfreundlich
Instandhaltung	1	≪1	kaum Verschleiß bei Motor und Mechanik (Welle) selbst bei häufigem Start/Stopp
Betrieb (Energie)	1	≪1	

[1] Basis: Stern-Dreieck.

Tabelle 11.6 Auswahlgesichtspunkte für Softstarter

- ❑ Motor-Bemessungsleistung
- ❑ Nennspannung, Nennstrom
- ❑ Schutzart
- ❑ Umgebungsbedingungen
- ❑ Anlaufstrom
- ❑ Länge des Anlaufvorganges (Einfluss des Trägheitsmomentes der Arbeitsmaschine/Last, erfordert ggf. größere Leistung als die Motorleistung)
- ❑ Anzahl der Anläufe/h und Stopps/h
- ❑ Softstarter- und Motorschutz, Strombegrenzung
- ❑ Gleichstrombremsen
- ❑ Schalthäufigkeit
- ❑ Pumpenauslauf (Verhindern des Wasserschlages)
- ❑ Losbrechmoment zum optimalen Start (bei Mühlen)
- ❑ Einstell- und Steuerfähigkeit, Bedien- und Anzeigeumfang, Vernetzbarkeit über Feldbus
- ❑ Bauvolumen
- ❑ Verschaltungsmöglichkeiten (Delta-, $\sqrt{3}$-Schaltung)

11.5 Beherrschen von Netzrückwirkungen

Der nicht-stationär arbeitende Stromrichterantrieb entnimmt dem Versorgungsnetz einen von der Sinusform abweichenden Strom. Neben der netzfrequenten Grundwelle enthält er Oberschwingungen. Ordnungszahl und Amplitude hängen von der Stromrichterschaltung ab. Weil nun die Einspeisung eine reale Spannungsquelle mit vorzugsweise induktivem Innenwiderstand und endlicher Kurzschlussleistung darstellt, verzerren die im Netz fließenden, oberschwingungsbehafteten Ströme die Netzspannung. Zusammen mit dem Stellglied und seinem Ansteuerverfahren sorgen sie außerdem für eine Phasenverschiebung zwischen Netzspannung und -strom. Diese als Netzrückwirkung bezeichneten Störungen beeinflussen andere Verbraucher negativ [39; 42]. Optimale Anwendung von Antrieben heißt somit ebenfalls, schädliche Einflüsse wie Spannungsänderungen (Verzerrungen, Einbrüche, Absenkungen, Unsymmetrien im Drehstromnetz), Oberschwingungsspannungen sowie die Blindleistungsbelastung durch Gegenmaßnahmen auf das erträgliche Maß zu reduzieren (vgl. Tabelle 10.1).

Stromrichter-Rückwirkungen als Teilgebiet der EMV [40] beeinflussen parallele Verbraucher mit

- ❑ Instabilitäten/Pendelungen bei anderen Antrieben,
- ❑ zusätzlicher Erwärmung von Betriebsmitteln (Motoren, Kondensatoren, Filtern u. a.),
- ❑ Fehlfunktionen in netzversorgten, informationselektronischen Einrichtungen,
- ❑ Helligkeitsschwankungen von Beleuchtungen.

Das gesamte Netz wird durch zusätzliche Übertragungsverluste, verschlechterten Leistungsfaktor, Fehlfunktionen von Schutzeinrichtungen u. a. beeinträchtigt. Nicht nur die ausgewählte Schaltung mit der dazugehörigen Ansteuerung, sondern auch der Innenwiderstand des Netzanschlusspunktes (s. Bild 7.8a) verantworten die Größe der Störungen.

Netzrückwirkungen lassen sich mit sehr hohem Aufwand fast vollständig unterbinden. Praktikabel ist das Einhalten von Grenzwerten, die in zahlreichen Vorschriften niedergelegt sind (z. B. [43; 11.8; 11.9]). Sie enthalten sowohl die vom Stromrichter selbst erzeugbaren Störungen (Störaussendung) als auch die zulässigen Anschlussbedingungen, unter denen die Funktionssicherheit des Antriebs garantiert sein muss (Störfestigkeit, z. B. Schwankung des Nennwertes der Netzspannung ≤4 %). Daraus leiten die EVU die Vorgaben für die Installateure in den technischen Anschlussbedingungen (TAB) ab [11.15].

Zu den bewährten Maßnahmen gegen Rückwirkungen gehören (s. Bild 7.8a):

- ❑ Erhöhung der Kurzschlussleistung,
- ❑ Vorschalten zusätzlicher Kommutierungsinduktivitäten,
- ❑ Einsatz von Stromrichtern höherer Pulszahl ($p \geq 12$),
- ❑ Filter am Netzeingang (Saugkreise),
- ❑ rotierende Phasenschieber (Synchronmaschinen),
- ❑ statische Blindleistungskompensatoren,
- ❑ aktive Kompensationsstromrichter für Blindleistung und Oberschwingungen [7.53; 11.6],
- ❑ Vier-Quadranten-Steller (vgl. Abschnitt 7.2.2, Bild 7.8b, c).

Mit diesen Alternativen werden die erlaubten Grenzwerte immer eingehalten. Den Nachweis hat der Lieferant zu führen. Wird die zugelassene HF-Störung überschritten (Frequenzen >20 MHz, infolge der Schalt- und Kommutierungsvorgänge) und/oder die erlaubte Geräuschemission des Antriebs (infolge der periodischen Ummagnetisierung seiner elektromagnetischen Komponenten), muss in aller Regel die interne Pulsfrequenz des Umrichters vermindert werden.

11.6 Wirtschaftlichkeit von geregelten oder gesteuerten Systemen

Ausgehend von den Ansatzpunkten des Kapitels 10, führt deren Umsetzung zur Ablösung des elektrischen Antriebs fester Drehzahl und mechanischer Verstellung der Umdrehungsgeschwindigkeit der Arbeitsmaschine durch die Ausführung mit elektronisch

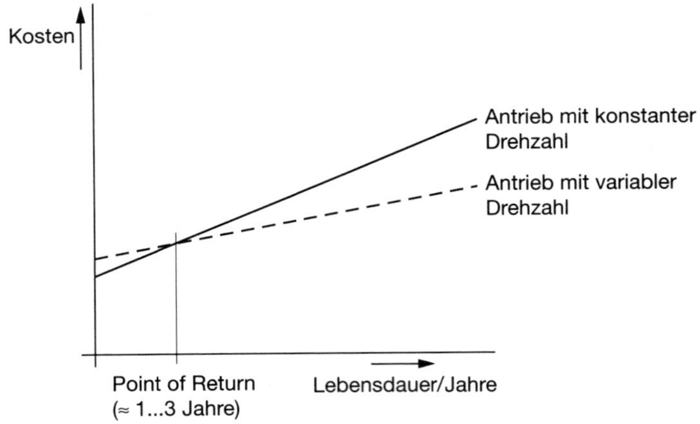

Bild 11.3 Qualitative Kostensenkung durch Ersatz des Antriebs mit Festdrehzahl

verstellbarer Drehzahl. Die erreichbare Kostensenkung ist erheblich (Bild 11.3) [1.11; 11.7]. Noch im Jahre 2003 kann der Pumpenantrieb als Demonstration der möglichen Energieeinsparung beeindrucken, obwohl bereits zum Ausgang der 70er-Jahre die Fa. Exxon unter der Bezeichnung **A**lternating **C**urrent **S**ynthesizer (ACS) den umrichtergespeisten, frequenzgestellten Antrieb mit Asynchronmotor vorstellte [11.12]. Seine Applizierung an einer Pumpe (Einsparung pro Aggregat bis zu 50 %) belegte die freisetzbare Primärenergie in Verbindung mit der Minderung der Schadstoffemission (Bild 11.4, vgl. Abschnitt 1.2; [1.9–1.12]). Antriebe tragen somit nachhaltig zur Umsetzung des Kyoto-Protokolls von 1997 sowie zur «Dekarbonisierung der Energieerzeugung» bei [11.14]. Hinter diesem Schlagwort verbirgt sich nichts weniger als die Senkung des

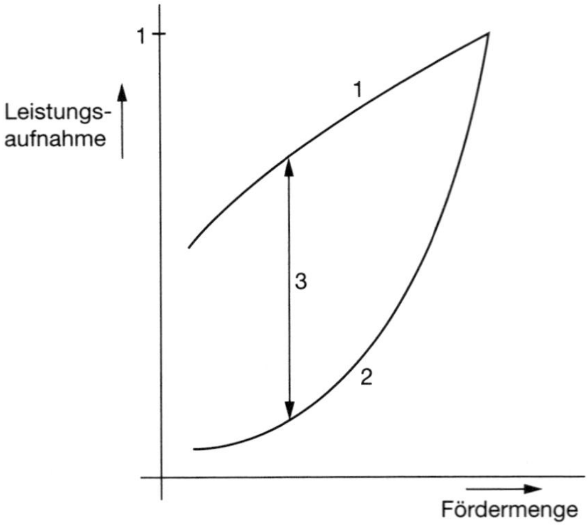

Bild 11.4
Energieeinsparung bei einem elektronisch stufenlos verstellbaren Pumpenantrieb
1 Steuerung über Drosselventil
2 Steuerung mit frequenzgesteuertem Umrichterantrieb
3 Energieeinsparung

Tabelle 11.7 Energieeinsparung bei Einsatz drehzahlgeregelter Antriebe – Beispiele [1.11]

Arbeitsmaschine	Antriebslösung		Energie-einsparung	Amortisa-tionszeit
	alt	neu		
Aufzug (≈6 kW)	Motor mit Polumschaltung	Spannungssteller mit Normalgetriebe	≈30 %	
		Umrichterantrieb mit Spezialgetriebe	≈70 %	
		Umrichterantrieb mit Rückspeisung	≈80 %	≈ 1,5 Jahre
Abwasserpumpe (≈6 kW)	Drosselregelung	Umrichterantrieb	≈50%	≈ 0,5 Jahre
Lüfter (≈7,5 kW)	mechanische Drosselung	Umrichterantrieb	≈35%	≈ 1 Jahr
Lüfter (≈7,5 kW)	Wirbelstrom-kupplung	Umrichterantrieb	≈35%	≈ 2 Jahre
Kohlemühle (710 kW)	Bypass	Umrichterantrieb	≈18...45%	≈ 2,5 Jahre

Tabelle 11.8 Barrieren gegen die Einführung energiesparender, leistungselektronischer Antriebslösungen

Barrieren	Ansätze zum Überwinden
❑ Beharrung auf bekannten Lösungen (psychologisch begründete Scheu) ❑ Überschätzung der Kompliziertheit neuer Lösungen ❑ Fehlende Gesamtkostenbetrachtung über längeren Einsatzzeitraum (Lebensdauer, TCO, vgl. Abschnitt 1.2) und unzureichende Zusammenarbeit von Investor (Maschinenbauer, Einkäufer: Beurteilungsmaßstab Beschaffungsbudget) und Endnutzer ❑ Standardkalkulationen sind nicht auf die tatsächliche Lebensdauer ausgelegt. ❑ Nachrangige Beurteilung der Betriebskosten ❑ Erhöhter Widerstand besonders bei Modernisierungen/Ersatzinvestitionen (Retrofit; Gefährdung der funktionierenden Altanlage durch neue, unbekannte Lösungen) ❑ Keine Berücksichtigung von Rückflussdauer der Investitionsmittel bzw. der Amortisationszeit	❑ Sensibilisierung des Endnutzers für Energieverbrauch und Ressourcenschonung, Beurteilung von Investitionen auch nach dem Energieverbrauch über ihre Lebensdauer, Erhöhung dsbzgl. Druckes auf den Maschinen- und Anlagenbauer ❑ Kalkulatorischer Einsatz der Amortisationszeit ❑ Ausweis von Energieverbrauch und Amortisationszeit bei Antrieb oder/und Endprodukt als eine der Hauptkennziffern

Verbrauchs fossiler, kohlenstoffhaltiger Brennstoffe. Mit diesem sich ggf. in Kombination mit Direktantrieben (vgl. Abschnitt 5.5.2) einstellbaren Nutzeffekt ergeben sich für den Anwender weitere Vorzüge. Steigender technologischer Komfort, fehlende Anlaufstromspitzen bei kleinerer Netzanschlussleistung, Geräuschminderung, geringerer mechanischer Verschleiß in Verbindung mit sparsameren Wartungsaufwendungen erhöhen Zuverlässigkeit und Lebensdauer von Antrieb und Arbeitsmaschine. Praktisch erprobte Anwendungen unterstreichen das sich bietende enorme Sparpotenzial (Tabelle 11.7). Noch augenfälliger wird es, tauscht man den Standardmotor gegen den Typ ESM (vgl. Abschnitt 10.5) aus. Investitionskosten amortisieren sich oft innerhalb weniger Monate, weil eben die Betriebsausgaben drastisch sinken. Trotz solcher, z.T. seit mehr als zwei Jahrzehnten bekannten Zahlen [1.9; 1.10] ist gegenüber modernen Lösungen weiterhin eine gewisse Distanz auszumachen. Energiesparende Techniken müssen vielfach weiterhin Hindernisse überwinden [1.11]. Bei vielen Neuanlagen führt die vordergründige Ersparnis bei der Anschaffung herkömmlicher, mechanischer Lösungen zur Fehlentscheidung mit langfristiger Wirkung. Neben Nichtwissen, psychologischer Scheu vor Unbekanntem scheint die Hauptursache der Auswahl der betriebswirtschaftlich schlechteren Alternative in der unterentwickelten ganzheitlichen Betrachtung von Neuanschaffungen zu liegen. Strukturelle Defizite trennen immer noch die Verantwortung für Anschaffung und Betrieb. Nicht nachvollziehbar ist, dass das Beharrungsvermögen in der Antriebstechnik weitaus größer zu sein scheint, als es in den 80ern beim Übergang von der verdrahtungsprogrammierten zur speicherprogrammierbaren Steuerung zu beobachten war. Den Ursachen sind in Tabelle 11.8 Möglichkeiten zum Überwinden dieser Zurückhaltung gegenübergestellt [1.11].

12 Antriebsarten

12.1 Einsatzempfehlungen

Bei Standardsystemen (vgl. Kapitel 9) muss zwischen Gleichstrom- oder Drehstromantrieb ausgewählt werden. Im Allgemeinen fällt die Entscheidung zugunsten der Drehstromvariante aus (vgl. Abschnitte 5.8, 9.3). Zwar ist die Regelstruktur beim Gleichstromantrieb einfacher und klarer, die leistungsfähige Informationsverarbeitung des Drehstromsystems verdeckt aber seine Kompliziertheit vollständig, so dass im Hinblick auf Funktionalität und Bedienerfreundlichkeit der Drehstromantrieb gleichgezogen hat. Vor allem bei rotierenden Bewegungsantrieben größerer Leistung sollten trotz des berechtigten Pauschalurteils zur Überlegenheit der Anlage mit Drehstrommotor Anlaufmoment, Überlastbarkeit, Leistungsgewicht und Einbauvolumen von Stellglied und Motor sowie die EMV einer zusätzlichen Prüfung unterzogen werden, da ihre projektbezogene Bewertung für die Gleichstromausführung sprechen könnte. Die anderen Antriebsarten dominiert die Drehstromtechnik.

12.2 Standardsysteme

Standardsysteme können entweder mit Serien-Gleichstrom- oder entsprechenden Drehstrommaschinen ausgerüstet sein. Wesentliche Eigenschaften des dominierenden Umrichterantriebs mit Drehstrom-Asynchronmotor und Kurzschlussläufer fasst Tabelle 12.1 zusammen. Die Bauform richtet sich nach der Leistung (Tabelle 12.2). Umrichterantriebe stehen in großer Vielfalt für den gesamten Leistungs- und Spannungsbereich am Markt zur Verfügung [9.4; 9.5; 12.1]. Derartige Familien kennzeichnen einheitlich aufgebaute Engineering-Werkzeuge zum Projektieren, Inbetriebsetzen und Bedienen. Ausgeführte Beispiele zeigt Bild 12.1.

12.3 Intelligente Antriebe (Servo-Antriebe)

Unter dem intelligenten Antrieb wird ein hochdynamisches System mit Drehstrommotor verstanden, dessen Funktionalität die herkömmliche Leistungsfähigkeit deutlich überschreitet [12.2]. Zusätzlich zu den klassischen Aufgaben der Bewegungssteuerung, Drehzahl, Drehmoment und Lage bzw. Winkel zu regeln, übernimmt das erst

Tabelle 12.1 Merkmale frequenzumrichtergespeister Standardantriebe mit Drehstrom-Asynchronmotor und Kurzschlussläufer

Eigenschaften	**Lösung**[1]
Schaltung	Umrichter mit Gleichspannungszwischenkreis (s. Bilder 7.5, 7.6)
Netzstromrichter	ungesteuerte Brückenschaltung (Regelfall ohne Energierückspeisung), 4-Quadranten-Steller (vgl. Abschnitt 7.2.2)
Kennwerte (vgl. auch Tabelle 9.1)	
Motorleistung/kW	0,08...5000 kW
Eingangsspannung U_E/V	230...690 ± 15 %
Ausgangsspannung/V	0...U_{Emax}
Drehzahlbereich/min^{-1}	0... ± 3000 min^{-1}
Umgebungsbedingungen	–10 °C – 50 °C IP 00 – IP 66 Luft-, Wasserkühlung
Stell-, Regelungsverfahren	*U*/*f*-Steuerung (Kennlinie linear oder quadratisch) adaptive, feldorientierte Vektorregelung/-steuerung (offen, geschlossen, sensorlos) von Fluss, Drehmoment, Spannung, Strom Drehzahl-, Lageregelung, Regelung technologischer Größen Synchronisierung mehrerer Antriebe
Regelungsparameter	
Anregelzeiten	Moment <5 ms, Drehzahl <0,5 ms
Statische Genauigkeit	0,005...0,01...0,1 %
Schutzeigenschaften	
Überlastfähigkeit	bis 200 % (dauernd oder zeitlich begrenzt mit anschließender Pause) Maximalmoment bei Drehzahl «0»
Anfahrmoment	bis 2 · M_n
Kipp-, Blockierschutz	vorhanden
Kurzschlussfestigkeit	vorhanden
Erdschluss-, Phasenausfallschutz	vorhanden
Überspannungsschutz	bis zu einem Höchstwert vorhanden
Übertemperaturschutz	vorhanden
EMV	hohe Störsicherheit (ggf. eingebaute Filter)
Befristeter Netzausfall, Unterspannung	Synchronisier-/Fangschaltung «kinetische» Stützung aus Zwischenkreiskondensator Wiedereinschaltautomatik
Blockierschutz	vorhanden
Messwertgeberanschluss	
Drehzahl/Lage	Impulsgeber, Tacho Option: Resolver, Inkrementalgeber, Encoder
Strom/Spannung	Ausnahme

Tabelle 12.1 *(Fortsetzung)*

Eigenschaften	Lösung[1]
Bremsung	
Hochlauf- und Bremsung	Sollwertintegrator, verschiedene Stoppmodi
Gleichstrombremsen	befristetes Anlegen einer Gleichspannung
Bremschopper	eingebaut (bis ca. 300 kW)
Energierückspeisung	netzgelöschte Antiparallelschaltung (B6CB6), selbst gelöschter, gepulster 4-Quadranten-Steller (Option, auch als Standard)
Automatisierungsfunktionen	
Bus-Interface	überwiegend: Profibus, Interbus, CANBus seltener: Sercos, ModBus, DeviceNet, Linkbus
Schnittstellen	RS 485, RS 232, RS 422 Binäre und analoge E/A
Integrierte Funktionen	Steuer-/Regelungsmodule, technologie-/kundenspezifische Makros u. a. Economy-Betrieb (Spannungsabsenkung bei niedriger Last)
Bedienung/MMI	
Display	LCD (digital, grafisch)
Anzeige	Klartext
Tastatur	Vier Tasten zur Bedienerführung, Funktionstasten
Bedieneinheit	integriert, absetzbar
Menü	übersichtliche Struktur, Qickmenü mit wichtigsten Parametern
Parameter	Vor-Ort- und Buszugang zu allen Werten
Umschaltbarkeit	Hand-/Automatik-, Vor-Ort-/Fernbedienung
Service-Unterstützung	
Programmieren	Parametrisieren bzw. Projektieren
Inbetriebsetzung	Selbsteinstellung aus den Motordaten, Menüführung
Diagnose	Fehlerspeicher Betriebsstundenzähler Transientenspeicher, Oszilloskopfunktion, PC-Anschluss Modem-Anschluss (Tele-Service)

[1] Auf Anfrage bessere Werte.

durch die Fortschritte der Informationselektronik realisierbare, auch als **Motion Control** bezeichnete Konzept zahlreiche Technologie- und nach [12.4] frei programmierbare Steuerungsaufgaben. Die digital geregelte Bewegungssteuerung wird durch diese Aufrüstung zum Automatisierungs-(Sub-)System in die Lage versetzt, Teilprozesse, oft sogar komplette Abläufe vollständig und autark auszuführen [10.7; 12.5]. Messen, Steuern, Regeln, Schalten sowie die horizontale und vertikale Kommunikation werden in einer gegenständlichen Einheit zusammengefasst. Die teure und aufwendige Zentralsteuerung (SPS) wird in kleine, dezentral unabhängig arbeitende Einheiten zerlegt, die frei verwendet werden können und Prozessaufgaben in Echtzeit prozess- und an-

Tabelle 12.2 Bauformen von Niederspannungsstromrichtern für Antriebe

Bauform	Leistung/kW	Spannung/V	Eigenschaften	Ausführungsbeispiele
Integral-Gerät[1] Motor und FU integriert (Schutzart bis IP 66)	0,12...22	≤ 500	einfach bis mittel	motec (Lenze; Getriebemotor) COMBIMASTER 411 (Siemens; Bild 5.21a) Integralmotor ACS 160 (ABB; Bild 5.21b)
Kompaktgeräte[1] Anreihung ohne Abstand (booksize), Schrank-, Wand-, Motormontage (Schutzart bis IP54)	bis ca. 400	≤ 500	alle Anforderungen	MICROMASTER 411 (Siemens) VCB VECTRON (VECTRON Elektronik) ACS 600/800 (ABB)
Einbaugeräte Chassis, IP 00/20	bis ca. 2300	≤ 690	mittel bis höchst	ACS 600/800 (ABB) SINAMICS G 110 (Siemens)
Schrankgeräte (Schutzart IP 20 – IP 54)	bis ca. 5000	≤ 690	höchst	ACS 600/800 (ABB; Bild 12.1a) VSI (transresch; Bild 12.1b) SINAMICS G 150 (Siemens)

[1] auch für Getriebemotoren.
I. Allg. liefern Hersteller alle Bauformen, die hinsichtlich Hardware, Software und Regelungskonzept kompatibel und somit kombinierbar sind.

triebsnah erfüllen. Das Auswerten von Näherungs-, Endschaltern, speziellen Gebern und anderen Signalen, die Ausführung von Bool'schen Operationen, Rechenfunktionen u.a. wird bei Verzicht auf den Umweg über die Zentrale unmittelbar in der gewünschten Dauer vor Ort ausgeführt. Die zeitkritische Kommunikation zwischen Antrieb–SPS entfällt, lediglich zeitlich unbedenkliche Statusinformationen sind mit der übergeordneten Ebene auszutauschen. Die konsequent verteilte Automatisierungs- oder Antriebsanlage lässt sich wirtschaftlich realisieren (vgl. Abschnitt 10.7, Bild 12.3).

Zum Arsenal technologischer Aufgaben zählen Klima-, Mengenregelungen mit PID-Reglern, Positionssteuerungen oder -regelungen mit unterschiedlichen Bewegungsprofilen, vor allem aber der verschleißfreie, elektronische Ersatz mechanischer Funktionen (vgl. Abschnitt 10.7, Bild 10.8). Denkt man in diesem Zusammenhang an ein Kaltwalzgerüst, an die «fliegende» Schere einer Konti-Straße o. Ä. – beide Anlagen wurden in den 70ern mit einem analogen Gleichstromantriebssystem ausgerüstet –, verdienen wohl bereits damalige Lösungen das Attribut intelligent.

Bild 12.1
Ausgeführte Stromrichter für Antriebe
a) Kompaktgeräte der Serie ACS 800 [9.3]
b) Schrankausführung (Prüfstand 800 kW mit Wasserkühlung [12.20])

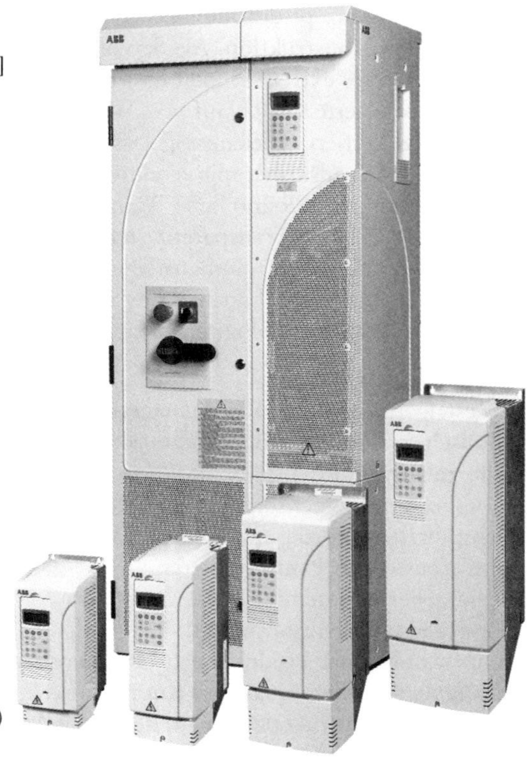

a)

b)

Mit dem Konzept der intelligenten Antriebe verwachsen Mechanik und Elektrik, Funktion mit Konstruktion. Als Servosysteme mit speziellen Motoren (vgl. Abschnitt 5.5.4) führen sie extrem schnell und fehlerarm Aufgaben höchster Präzision aus. Der taktsynchronisierte Gleichlauf von Wellen als Vorbedingung koordinierter Bewegungen wird garantiert. Gleichzeitig lassen sich Programmierung, Inbetriebsetzung und Diagnose aufwandsärmer mit vereinheitlichten Werkzeugen und Methoden durchführen. Integrierte Oszillographen-, Transientenrecorderfunktionen u.a. unterstützen bei dieser Tätigkeit. Die Transparenz steigt fast bis zur Unsichtbarkeit einzelner Schnittstellen. Getestete Programmbausteine können wieder verwendet werden. Mit diesem Schritt in Richtung mechatronisches System ([23]], s. Bild 4.1) verbinden sich für den Anwender in der technologischen Einrichtung

- hohe Flexibilität,
- gesteigerte Stell- und Regelgenauigkeit (z. B. durch automatisches Ermitteln des thermischen Abbildes von Leistungskomponenten zum selbsttätigen Korrigieren der Regelvorgänge),
- verbesserter Synchronlauf von Mehrmotorensystemen,
- verkürzte Projektierung (Einsatz von Fachsprachen wie STEP 7, Ersatz des Programmierens durch Parametrisieren,
- einfacherer Systemwechsel,
- geringere Investitionsmittel,
- aufwandsarmer Produktwechsel durch schnelle Änderung von Aufgaben- und Bewegungsprofilen (quasi per Knopfdruck),
- höhere Systemzuverlässigkeit, geringere Ausfallzeiten,
- geringere Investitions- und Wartungsaufwendungen,
- erhöhter Produktionsausstoß bei verbesserter Produktqualität,
- gestiegene Reproduzierbarkeit,
- Wiederverwendbarkeit von Anlagen- oder Maschinenteilen,
- kostengünstigere Erweiterungen und Teilmodernisierungen unabhängig von übergeordneten Automatisierungssystemen.

Neue komplexe und flexible Maschinenarchitekturen lassen sich verwirklichen, deren Qualität und Zuverlässigkeit mit der intelligenten Antriebstechnik einen sichtlichen Sprung machen werden [12.3]. Entwicklungs-, Anschaffungs- und Betriebskosten sinken trotz zunehmender Funktionalität beträchtlich. In Kombination mit diesen Eigenschaften unterstützt die hohe Modularität der intelligenten Antriebe eine optimierte Verarbeitungsmaschinen- und Anlagenkonzeption. Die in der Mechanik bewährte Strategie der Aufteilung eines Systems in austauschbare Komponenten dringt nun umfassend in Hard- und Software der Antriebstechnik ein. Für alle Beteiligten – Antriebslieferant, Maschinenbauer, Nutzer – ergeben sich aus dem All-in-one-Konzept «intelligenter Antrieb» wirtschaftliche und technische Vorteile, die nach [12.3] einer Win-win-win-Situation gleichkommt.

Um diesen leistungsfähigen Antrieb einfach und ohne Spezialkenntnisse programmieren und bedienen zu können, stehen dem Anwender anwenderfreundliche PC-gestützte Software-Werkzeuge bereit. Wie bisher die SPS wird der Umrichter nach der Vorgabe [12.4] programmiert. Über umfangreiche Bibliotheken von getesteten Funktionsbausteinen verfügt die spezielle Motion Control Software [12.21]. Sie werden verknüpft und lediglich parametrisiert. Aus dem PC heraus können Unterprogramme aufgerufen oder ausgewählte Achsen in einem verteilten System verfahren werden. Sowohl Online-Steuerung als auch Offline-Betrieb sind möglich. Alle Aufgaben lassen sich ebenfalls von der Leitwarte aus erledigen. Die gleiche Örtlichkeit erlaubt Fernfehlerdiagnose mit -analyse. Insgesamt ist der benötigte Schulungsaufwand gering.

Intelligente Antriebe dringen in alle Bereiche von Industrie und Wirtschaft vor und unterstreichen die Bedeutung der Information als Produktionsfaktor. Der durchgängige Informationsfluss vom Antrieb zur ERP-Ebene wird Realität und bedeutet einen nachhaltigen Schritt zur «Plant Intelligence» [15.16].

12.4 Sensorlose Low-Cost-Antriebe

Digitale Antriebsregelungen verarbeiten analoge Istwerte von Strömen, Spannungen o.a. Dazu tasten Analog-Digital-Wandler die Messgröße ab und weisen jedem Momentanwert eine vorzeichenbehaftete, digitale Zahl zu. Die Häufigkeit der Abtastung muss hoch sein, da sich diese Größen sehr schnell verändern (Welligkeit und Dynamik). Zusätzlich verlangt das System wegen des hohen Stellbereichs hochgenaue Werte, die mit einer hohen Auflösung des Signals (Wortbreiten ≥12 bit) zu erlangen sind. Deshalb ist eine derartige Schnittstelle in Verbindung mit den Gebern aufwendig und teuer.

Kostengünstige sensorlose Antriebe kommen ohne direkt gemessene analoge Größen aus [7.15]. An ihre Stelle treten leichter zu erfassende, binäre Zustandsgrößen des Stromrichter-Stellgliedes (Steuerwinkel bei Netzlöschung, Stromflussdauer, Überlappung sowie Ventilspannungen bei Selbstlöschung, Lagegeberimpulse). Ein der Informationsverarbeitung implementierter, binärer Beobachter errechnet aus diesen logischen Signalen Istwerte (Bild 12.2). Der konsequente Ersatz von Gerätekomponenten

Bild 12.2
Geberlose Antriebsregelung
1 Komparatoren für Stromflussdauer, Überlappung u.a.
2 binärer Beobachter
3 digitale Informationsverarbeitung

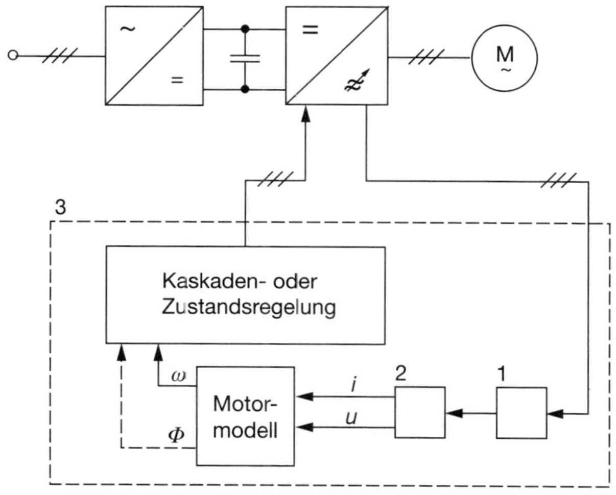

durch Software bringt allerdings z.T. subjektive Beeinträchtigungen, wie sie ein erhöhter Geräuschpegel bedeutet, außerdem kann der Stellbereich beschränkt werden.

Natürlich leidet unter der Vereinfachung die Genauigkeit. Da die Messgeberkosten weniger als proportional mit der Leistung wachsen, fallen sie insbesondere bei geringeren Leistungen ins Gewicht. Low-cost-Lösungen finden daher vor allem im unteren Bereich ihren Platz (vgl. Tabelle 12.2, Bauformen Integral und Kompakt, Qualität einfach bis mittel).

12.5 Verteilte Antriebe

Ein verteiltes System besteht aus mehreren Standard- und/oder Servo-Antrieben, die synchronisiert, takt- und winkelgetreu Bewegungs- und Stellaufgaben ausführen (Bild 12.3). Die Gesamtaufgabe wird in zu koordinierende Teilprozesse zerlegt. Mechanische Aufgaben werden aufgelöst und an Stelle des Zentralantriebs (z.B. einer Textilmaschine) von elektronisch verstellbaren, dezentralen Einzelmaschinen übernommen (s. Bild 10.8). Mit dieser Lösung verbindet sich die Abkehr von der zentralgesteuerten Anlagentopologie [7.25; 12.16; 12.17]. Die notwendige Koordination übernimmt ein ausgewählter Antrieb, der diese Aufgabe im Prozessverlauf durchaus an einen anderen Teilantrieb übergeben kann.

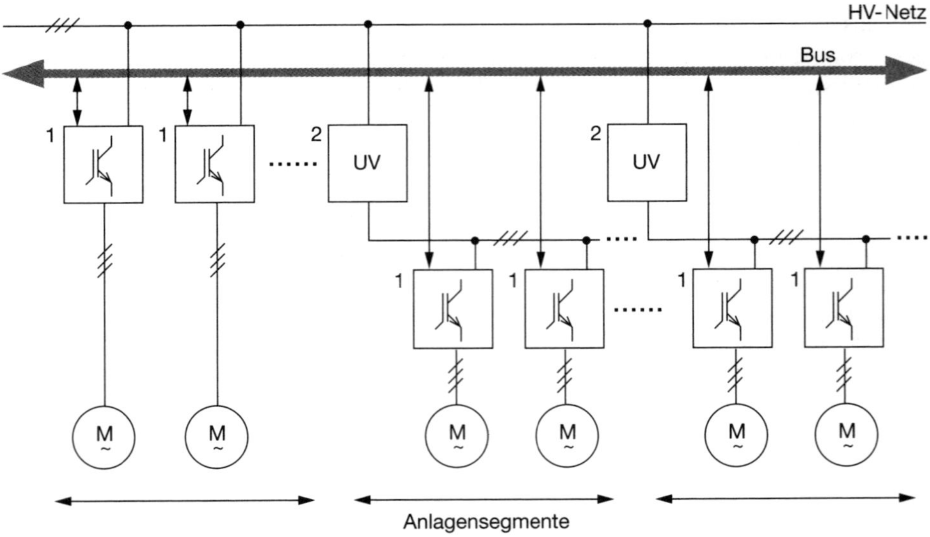

Bild 12.3 Dezentrale Anlagentopologie mit verteilten Antrieben
1 Umrichter
2 Unterverteiler

Die erforderliche Querkommunikation hoher Geschwindigkeit zwischen allen Beteiligten gewährleisten (bei Bedarf sichere) Feldbussysteme (vgl. Abschnitt 7.4, Tabelle 7.7) mit

- hoher Nettodatenrate,
- jitterfreier Synchronisierbarkeit (nach Winkel, Zeit, Lage, Takt),
- Interrupt-Fähigkeit,
- Vervielfachbarkeit der Buszykluszeiten für ausgewählte Daten sowie
- Redundanzfähigkeit.

Der Signalaustausch zur der Steuerungs- und Leitebene erfolgt in der Regel über den gleichen Bus asynchron. Insgesamt zeichnet diese Struktur hohe Flexibilität und große Dynamik bei gleichzeitig bester Ausfallsicherheit und Verfügbarkeit aus.

12.6 Gesteuerte Antriebe (Sanftstart-Antriebe)

Bei gesteuerten Antrieben liegt die offene Wirkungskette nach Bild 7.12a vor. Im unteren Leistungsbereich (<50 kW) angesiedelt, arbeiten sie mit einer oder mehreren Festdrehzahlen. Das von der Automatisierungsanlage oder manuell ausgeführte Steuern beschränkt sich auf Ein-/Ausschalten sowie Reversieren. Ist die Direktzuschaltung unzulässig, werden im Leistungskreis des Bildes 8.3 Vorschaltwiderstände, -induktivitäten oder Stern-Dreieck-Anlaufkombinationen untergebracht. Stufiges Drehzahländern wird gleichfalls durch den Einsatz polumschaltbarer Maschinen mit geeigneten Schützschaltungen erreicht. Als wirtschaftlichere Alternative hat sich der elektronische Sanftstart durchgesetzt (vgl. Abschnitt 11.4).

Die Energieversorgungseinrichtung übernimmt neben dem Schalten bzw. Steuern gleichzeitig den Schutz der Maschine. Zum Aufbau eines Verbraucherabzweiges, der sowohl in der Unterverteilung, aber auch schaltschranklos vor Ort (bis Schutzart IP 65) untergebracht sein kann, stehen modulare Systembaukästen mit den erforderlichen Geräten wie Leistungsschalter, -schütze, Motorschutzschalter, Hilfs- und Koppelschütze, Zeitrelais sowie mit Verbindungs- und Verdrahtungsbausteinen bereit (z.B. [12.14; 12.24]). Sowohl sicherungsbehaftete als auch sicherungslose Schaltungen (s. Bild 2.8) können projektiert werden. Als mechanisch und elektrisch bereits verbundene Verbraucherabzweige werden sie parallel angeboten. Integrierte oder Erweiterungsmodule zum Einbinden in Kommunikationssysteme stehen bereit, so dass unabhängig vom Installationsort die zentrale Steuerung und Überwachung gewährleistet wird. Mit der digitalen Schnittstelle wird die Internet-Anbindung der Motorstarterkombination vorbereitet [12.15].

Gesteuerte Antriebe überwiegen in ihrer Anzahl. Industrieanlagen wie Kraftwerke, Zementanlagen, Kühlbettsteuerungen von Konti-Straßen, aber auch einfachere, autarke Anwendungen bei Bohr- und Holzbearbeitungsmaschinen, Kompressoren u.Ä. benötigen ungeregelte Motoren, die im eingeschwungenen Zustand mit annähernd konstanter Drehzahl laufen.

12.7 Sicherheitsantriebe

Sicherheitsgerichtete Antriebe verhindern in Maschinen der Bearbeitungs-, Verpackungs-, Lebensmittel-, Kunststoff- und Gummiindustrie (Tabelle 12.3) während Inbetriebsetzung, Betrieb oder Störung Verletzungen oder Gesundheitsschäden des Bedienungspersonals sowie Anlagenschäden. Die diesbezüglich grundlegende Anforderung an die sichere Maschine definiert [12.10] mit: «Eine Maschine im Sinne dieser Verordnung ist eine Gesamtheit von miteinander verbundenen Teilen oder Vorrichtungen, von denen mindestens eines beweglich ist.» In Auslegung dieser Vorschrift bildet der isolierte Einzelantrieb, der Umrichter usw. zwar keine Maschine. Trotzdem muss er aber, um die Gefährdung zu minimieren, bestimmte Bedingungen erfüllen und in das Sicherheitskonzept der Maschine durch geeignete konstruktive und elektrische Lösungen integriert werden können. Antriebsstromkreise unterliegen demnach zusätzlich zur Niederspannungs- [2.10] der Maschinenrichtlinie [12.10] (s. Tabelle 13.1). Als Beurteilungsmaßstab dient das zutreffende, hierarchisch aufgebaute Normenwerk [12.11]. Seine Einhaltung belegen Typprüfungen. Aus dem Vorschriftenkatalog resultierende Schutzmaßnahmen schließen Unfallrisiken während der statistischen Lebensdauer der Maschine in allen Betriebssituationen aus. Vor Restgefahren ist in der Dokumentation unbedingt zu warnen.

Die Anforderungen an die funktionale Sicherheit von Antrieben dürfen seit 1998 nicht nur mit elektromechanischen Komponenten, sondern auch mit elektronischen, programmierbaren Betriebsmitteln erfüllt werden [12.12; 12.18]. Bei gleicher Zuverlässigkeit [12.19] steigt die Flexibilität der Projektierung von Sicherheitsstromkreisen.

Tabelle 12.3 Maschinen mit Sicherheitsantrieben

Maschinenart	**Ausführungsbeispiele**
Werkzeugmaschinen	Pressen Sägen Drehmaschinen Schleifmaschinen Bearbeitungszentren
Holzbearbeitung	Hobel Sägen
Verpackungsmaschinen	Füllmaschinen Verschließmaschinen Einschlagmaschinen
Nahrungsmittelmaschinen	Knetmaschinen Fleischereimaschinen Wölfe Backöfen Schneidmaschinen

Ausgenommen bleibt das Abschalten der Energiezufuhr, das weiterhin konventionelle Betriebsmittel fordert. Sicherheitsfunktionen, wie

- Handlungen im Notfall (Not-Aus: Stillsetzen, Ab-/Ausschalten u. a.),
- Wieder- und unerwarteten Anlauf verhindern,
- Positionsbegrenzung,
- gefährliche Geschwindigkeitsabweichung,
- Vorkehrungen gegen Anlauf bei Reparatur und Wartung,
- bewegliche Schutzeinrichtung überwachen,
- Einrichten,
- sichere Zweihand-Bedienung,
- Schutz vor elektrischem Schlag u. a.,

stehen in den Kategorien der Tabelle 12.4 bereit. Für jede Schutzaufgabe werden in jeder Klasse untersetzende Bedingungen spezifiziert und durch exemplarische Lösungen mit Beschreibungen unterstützt [12.13]. Umrichter-Antriebe erfüllen die Kategorie 1 (STOPP-Kategorie 1) unmittelbar mit der Anlaufsperre «Inverter Enable» [12.12]. Zusatzaufwendungen für Trenneinrichtungen vor oder nach dem Umrichter sowie für die Entladung des Zwischenkreiskondensators entfallen. Entsprechende Merkmale können Antriebe mit Softstartern erreichen.

Die Norm [12.18] erlaubt den Austausch sicherheitsrelevanter Signale wie Not-Aus-Befehle, Sicherheitspositionsmeldungen über Busse. Zu diesem Zweck werden verteilte Antriebssysteme und ihre E/A-Peripherie über Sicherheitsbussysteme (vgl. Abschnitt 7.4)

Tabelle 12.4 Anforderungen an sicherheitsgerichtete Antriebe und Steuerungen

Kategorie	**Anforderungen**	**Systemverhalten**
B Basis, muss von allen Kategorien erfüllt werden	Steuerung gemäß Stand der Technik, muss den zu erwartenden Einflüssen standhalten	Fehler kann zum Verlust der Sicherheitsfunktion führen Überwiegend durch die Auswahl von Bauteilen charakterisiert
1	Verwendung von sicherheitstechn. bewährten Bauteilen und Prinzipien	Höhere sicherheitsbezogene Zuverlässigkeit, Ausfall der Sicherheitsfunktion möglich
2	zusätzliche Prüfung der Sicherheitsfunktion in angemessenem Abstand	Ein aufgetretener Fehler wird erst bei der nächsten Prüfung erkannt
3	Einzelner Fehler darf nicht zum Verlust der Sicherheitsfunktion führen. Fehlererkennung	Die Sicherheitsfunktion bleibt beim Auftreten von einzelnen Fehlern immer erhalten (1-Fehler-Sicherheit)
4	Anforderung von 3 ist zu erfüllen; der Fehler muss vor oder bei der nächsten Aufforderung an die Sicherheitsfunktion erkannt werden. Fehlererkennung	Die Sicherheitsfunktion bleibt beim Auftreten von Fehlern immer erhalten. Fehler werden erkannt

untereinander, mit Sicherheitssteuerungen sowie mit sicherheitsrelevanten Feldgeräten (Lichtgitter, Scanner, Ventile u.Ä.) zuverlässig gekoppelt. Der erreichbare Zustand ist dem konventionell verdrahteter Geräte identisch und entspricht den Forderungen [12.10; 12.22]. Der einen unkontrollierbaren, verlustreichen Anlagenstillstand in der Prozesstechnik (z.B. Chemie) erzeugende Ausfall wird absolut vermieden. Implementierte, intelligente Zusatzfunktionen können in der Fertigungsindustrie die Wirkung des grundsätzlich zulässigen Sachschadens mildern, indem z.B. Verarbeitungsgeschwindigkeiten selbsttätig reduziert werden.

12.8 Mittelspannungsantriebe

In Antriebssystemen der Mittelspannung werden Drehstrommotoren asynchroner und synchroner Bauart eingesetzt. Umrichterstruktur, Übertragungsverhalten und Funktionalität des Antriebs unterscheiden sich nicht von der Niederspannungsausführung. Das Hauptunterscheidungsmerkmal liegt – abgesehen von der Nennspannung des Drehstrommotors – in Topologie und Spannungsniveau von Netz- und Maschinenstromrichter.

Beim MS-Antrieb (Bild 12.4) richtet sich die Zahl der Sekundärwicklungen des grundsätzlich vorhandenen Transformators nach der Pulszahl des Netzstromrichters. Die im Beispiel ausgewiesene 12-pulsige Anordnung kann durch eine 18- oder 24-pulsige, ungesteuerte oder halbgesteuerte Brücke ersetzt werden. Ist die unerwünschte Rückwirkung noch zu hoch, übernimmt die Netzkopplung der rückwirkungsfreie 4-Quadranten-Steller (vgl. Abschnitt 7.2.2). Wie in der Niederspannungstechnik kann der Netzstromrichter eine Gleichspannungsschiene speisen, an der mehrere Antriebe arbeiten. Im maschinenseitigen Wechselrichter kommt vorteilhaft die Mehrpunkt- bzw. Multilevelschaltung zum Einsatz [31; 7.7; 12.6] (vgl. Abschnitt 7.2.2). Als Leistungshalbleiter werden Dioden, Thyristoren, HV-IGBT, IGCT, IEGT verwendet (vgl. Abschnitt 7.1).

MS-Antriebe erzeugen Bemessungsleistungen von 6000 kW und mehr bei Maschinenspannungen bis 4,16 kV. Der Netzanschluss darf beliebige Werte zwischen 2,4 und 24 kV annehmen, die Spannung wird mit dem Trafo an den Umrichter angepasst. Am

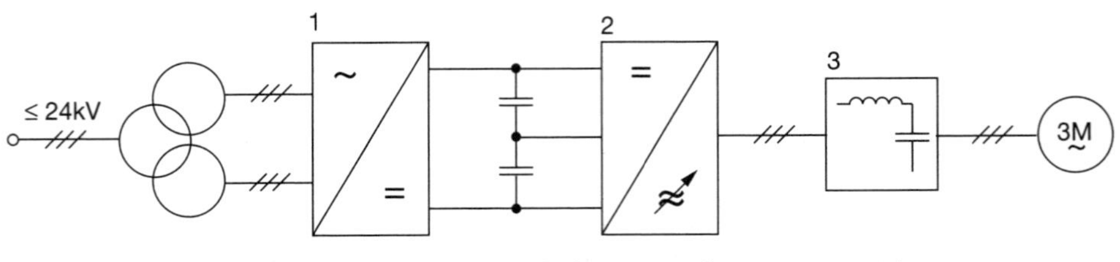

Bild 12.4 Umrichtergespeister, drehzahlveränderbarer Mittelspannungsantrieb
1 NSR: 12-pulsiger ungesteuerter oder halbgesteuerter Gleichrichter
2 MSR: Mehrpunktwechselrichter
3 Motorfilter

Markt eingeführte Systeme wie Symphony [12.6], ACS 1000 [12.7], TOSVERT™-650 W [12.8], SIMOVERT [7.14] sind luft- oder wassergekühlt und besitzen Schutzarten bis IP 54. Der Frequenzstellbereich des kurzschlussfesten Umrichters kann bis 250 Hz betragen. Wirkungsgrad ($\eta > 97\,\%$, Umrichter ohne Trafo) und cos φ (>0,95) gleichen den aus der Niederspannung geläufigen Werten. Angewendet werden solche Hochleistungssysteme in der gesamten Industrie. Bevorzugt sind Neuanlagen für Pumpen, Lüfter, Verdichter, Mühlen u. Ä. in Branchen wie Kraftwerkstechnik, Zement, Mineralöl, Wasserversorgung. Aber auch Ersatzinvestitionen (Retrofit) sind in hierfür interessant [12.9].

13 Spezielle Bewertungskriterien

Zu den wichtigen Bewertungskriterien gehören das Ausfallverhalten, die vorgeschriebenen Betriebsbedingungen sowie die elektromagnetische Verträglichkeit. Diese Einsatzmerkmale sind genau zu definieren, bei Projektierung, Installation und Inbetriebsetzung strikt zu berücksichtigen und im Laufe der Betriebszeit unbedingt einzuhalten. Die Übereinstimmung der Vorgaben mit der Realität bestimmen die Wirtschaftlichkeit, die Lebensdauer sowie die Umgebungsverträglichkeit des Antriebs.

13.1 Ausfallverhalten

Selbst wenn der Betreiber die Einsatz- und Belastungsbedingungen korrekt einhält, ist die Lebensdauer eines Antriebs begrenzt [2.34; 13.7]. Verschleiß- und Ermüdungserscheinungen, die bei den eingesetzten Bauteilen zu unterschiedlichen, nur statistisch bekannten Zeitpunkten auftreten, führen zum Ausfall. Das Ziel der Antriebstechnik, den fehlerfreien Zeitraum, seine Zuverlässigkeit möglichst groß zu machen, folgt aus ihrer zentralen Stellung in hochproduktiven Anlagen.

Grundlage jeder Zuverlässigkeitsaussage ist die empirisch bestimmte Ausfallrate λ. Ihr zeitlicher Verlauf in Bild 13.1 zeigt drei charakteristische Bereiche:

- Bereich I: Frühausfallphase als Folge von Material- und Fertigungsmängeln (durch Voraltern – burn in – eliminierbar),
- Bereich III: Spätausfallphase als Folge von Verschleiß und/oder Ermüdung (ausgeprägt bei mechanischen und elektromechanischen Bauteilen, die daher bei Beginn dieser Phase auszuwechseln sind; bei elektronischen Komponenten beginnt dieser Zeitabschnitt wesentlich später, sogar erst so spät, dass er praktisch keine Bedeutung besitzt),
- Bereich II: Nutzungsphase mit Zufallsausfällen.

In dem für die Praxis wesentlichen Intervall II mit λ = const. ($\lambda_{\text{Bauelement}} \approx 10^{-5} \ldots 10^{-9}$/h; $1 \cdot 10^{9} = 1$ fit; Beispiele: Leistungsbauelemente ≥50 fit, integrierte Schaltkreise ≥50... 200 fit) fallen technische Produkte regellos, d. h. zufällig, aus. Für die Zuverlässigkeit bzw. Überlebenswahrscheinlichkeit gilt:

$$R(t) = e^{-\lambda t} \,. \qquad \text{(Gl. 13.1)}$$

Die mittlere Lebenserwartung bzw. die mittlere ausfallfreie Zeit m ergibt sich zu

$$m = \text{MTBF} = 1/\lambda \qquad \text{(Gl. 13.2)}$$

MTBF mean time between failures (fehlerfreie Arbeitszeit)

Die Dauer des Ausfalls MTTR (mean time to repair) muss bei reparierbaren Einheiten zum Instandsetzen oder bei nicht reparierbaren Systemen zum Auswechseln (Ersatz) des defekten Teiles bekannt sein. Die Angaben addieren sich zur Gesamtbetriebszeit. Mit diesem Bezugswert errechnet sich aus der MTBF die Verfügbarkeit A (availability)

$$A = \frac{\text{MTBF}}{\text{MTBF} + \text{MTTR}} \cdot 100\,\% \qquad \text{(Gl. 13.3)}$$

und aus der MTTR die Nichtverfügbarkeit U (unavailability)

$$U = \frac{\text{MTTR}}{\text{MTBF} + \text{MTTR}} \cdot 100\,\% \qquad \text{(Gl. 13.4)}$$

Beide Werte ergänzen sich zu eins.

$$A + U = 1 \qquad \text{(Gl. 13.5)}$$

MTBF erreicht bei Stromrichtern bzw. Umrichtern für Antriebe Beträge von >50 000... 100 000 h. Die Verfügbarkeit A geht gegen 100 %, obwohl der ungünstige Fall der zuverlässigkeitstechnischen Reihenschaltung aller Bauteile und Bauelemente (Summation ihrer Ausfallraten λ) vorliegt. Für die Motoren wird als quantitative Größe häufig der von den Lagern bestimmte L10H-Wert mit ≥ 40 000 h angegeben. Er drückt aus, dass 10 % der Lager bzw. Maschinen einer Charge nach kürzerer Zeit ausfallen dürfen.

Praktisch arbeitet somit ein Antrieb in Bezug auf seine Hardware nach Bild 4.1 (ohne Mechanik) ausfallfrei, weil

- ausgesuchte, hochintegrierte, informations- und leistungselektronische Bauelemente eingesetzt werden (Bereitstellung nach Maßgabe US-amerikanischer MIL-Standards [3.1]),
- die Bauelemente gezielt unterlastet werden,
- Entwurf und Produktion computergestützt sind,
- Bemessung und Typprüfung einen Sicherheitsabstand zu den Angaben des Datenblattes aufweisen,
- in einer langen Erprobungsphase Vorseriengeräte unter Industriebedingungen und Volllast getestet werden,
- jedes Gerät vor Auslieferung ggf. unter Last mit Motor in Verbindung mit Stressbeanspruchungen (burn-in, Temperaturwechsel) dauergeprüft wird,
- die umfangreiche Stückprüfung jedes Gerät einschließt.

Der Kunde muss darauf achten, dass der Lieferant entsprechende Nachweise vorlegt. Diese hohe Ausfallsicherheit gilt zugleich für die den Antrieb komplettierende Software. Auch sie wird erst nach der langen Erprobungsphase, die zusammen mit der

Bild 13.1
Ausfallrate $\lambda(t)$ (qualitative «Badewannenkurve»)
——— Elektronik
- - - - - Elektromechanik

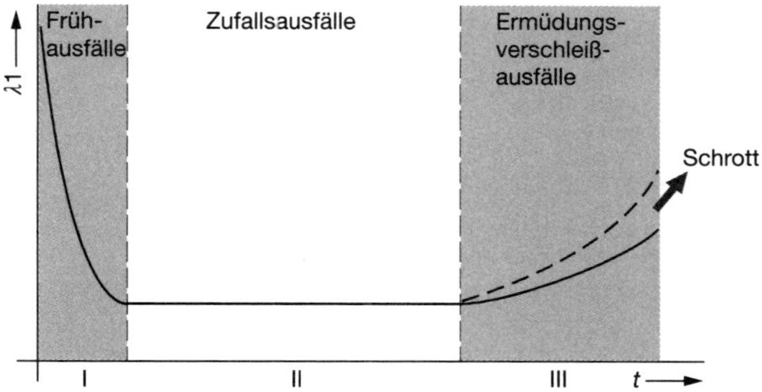

Hardware unter Feldbedingungen erfolgt, für den industriellen Einsatz freigegeben. Sollten die erreichten Werte trotzdem nicht zufrieden stellen (z. B. in sensiblen Technologien wie Bahn- und Kerntechnik), muss durch den Parallelbetrieb von Einheiten gleicher Funktionalität die ausfallfreie Zeit weiter gesteigert werden (Redundanz) [20; 29].

Die Zuverlässigkeit der Antriebstechnik bietet eine hohe Sicherheit gegen ausfallbedingte Folgeschäden an Personen und Material. Um dieses Niveau zu halten, muss jede unzulässige Übertemperatur vermieden werden. Ganz abgesehen davon, dass Überhitzungen durch Überlastung, Störung der Belüftung bzw. Kühlung u. a. zum Brand mit allen seinen Folgen hinsichtlich Personenschaden und Produktionsausfall [2.52; 13.1] führen können, sinken mit steigender Temperatur die Zuverlässigkeit der Bauelemente und die Genauigkeit von Schutzorganen (vgl. Abschnitt 10.3). Besonders empfindlich reagieren in dieser Hinsicht Elektrolytkondensatoren, Halbleiterbauelemente u. Ä. Diese Auswirkungen unterbleiben, wenn

- die Leistungsgrenzwerte in der Informationsverarbeitung korrekt parametrisiert werden,
- die kalkulierten Einsatzbedingungen (Netzspannung und ihre Toleranzen, Umgebungstemperaturbereich, klimatische Bedingungen, Aufstellungshöhe, Schwingungsbeanspruchung) eingehalten und überwacht werden,
- die Funktionstüchtigkeit von Lüftungs- und Kühleinrichtungen, von Heizkreisen sichergestellt und kontrolliert wird,
- die regelmäßige Kontrolle der zugrunde liegenden Belastungsbedingungen erfolgt und
- bei Bedarf eine Leistungsreduktion (derating) vorgenommen wird.

Eine regelmäßige Wartung des Antriebs ist deshalb zwingend (vgl. Abschnitte 2.6.3, 10.3). Filter, Lüftungseinrichtungen, Kühlmittel sowie die Betauungen verhindernde Heizeinrichtung gehören ebenso wie höhere Ströme tragende Schraubverbindungen zu periodischen Kontrollschwerpunkten [2.1]. Entsprechen nämlich die Anzugsdrehmomente nicht mehr der DIN [2.21], entsteht durch den damit verbundenen höheren Übergangswiderstand bei gleichem Strom ein gefährliches Wärmenest. Sollte mehr

Bild 13.2
Tendenz der Strom- bzw. Leistungsreduzierung für Stromrichter bei abweichenden Einsatzbedingungen (Degradation, derating)
——— ϑ_u
- - - - - f_p
– · – · – H

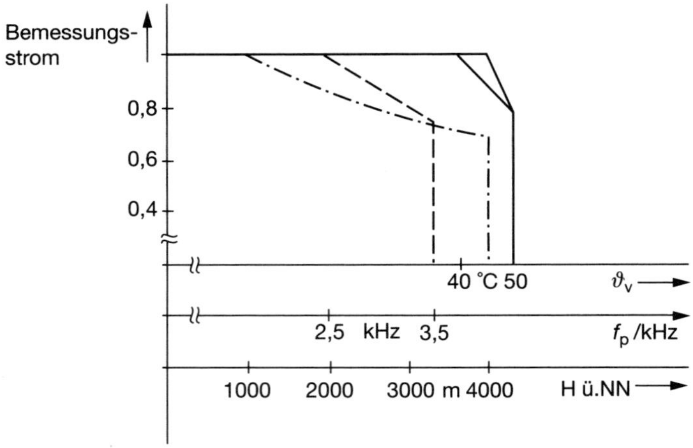

Wärme – in einem Schrank etwa – durch Ausnutzen von Platzreserven, der veränderten technologischen Situation, infolge höherer Anschlussspannung oder einer Änderung der Umgebungsbedingungen (höhere Raumtemperatur durch zusätzliche Anlagen, veränderte Sonneneinstrahlung o. Ä.) unvermeidbar sein, ist die Belastung des Stellgliedes unter Beachtung des in der Dokumentation angegebenen Degradationsfaktors (Bild 13.2) oder über die Reduzierung des Gleichzeitigkeitsfaktors im Schaltschrank zu senken.

13.2 Umgebungsverträglichkeit (EMV)

Zur Umwelt des Antriebs gehören elektrische und magnetische Felder. Seine Kompatibilität mit dieser Umgebung definiert sich über die elektromagnetische Verträglichkeit EMV (EMC, Electromagnetic Compatibility) [38; 43]. Darunter ist die Fähigkeit einer elektrischen Einrichtung – eines Bauelementes, einer Baugruppe, eines Gerätes, einer Anlage, eben eines Antriebs – zu verstehen, in ihrer elektromagnetischen Umgebung in beabsichtigter Weise zu funktionieren, ohne die Umwelt mit zahlreichen Einrichtungen und Personen durch elektromagnetische Aktionen über die erlaubten Grenzwerte hinaus unzulässig zu beeinträchtigen [13.2]. Im Gegensatz zur Auswirkung von Feldern auf Psyche und Gesundheit lässt sich der Einfluss auf die Funktion technischer Systeme quantitativ nachweisen.

EMV ist in der Antriebstechnik sehr wichtig. Auf engstem Raum arbeiten Bauelemente mit extrem unterschiedlichem Energieniveau (Mikroprozessoren mA, V; Leistungshalbleiter kA, kV, Schaltvorgänge mit $du/dt \approx 500/\mu s$). Das aggressive Industriemilieu kennzeichnet hohe Kurzschlussströme, von Oberschwingungen verseuchte Netze sowie eine dichte Belegung mit störwirksamen Betriebsmitteln. Unverträglichkeit geht immer mit direkten oder indirekten wirtschaftlichen Verlusten einher. Wirksame Schutzmaßnahmen zu implementieren, empfiehlt sich bereits bei Entwicklung und

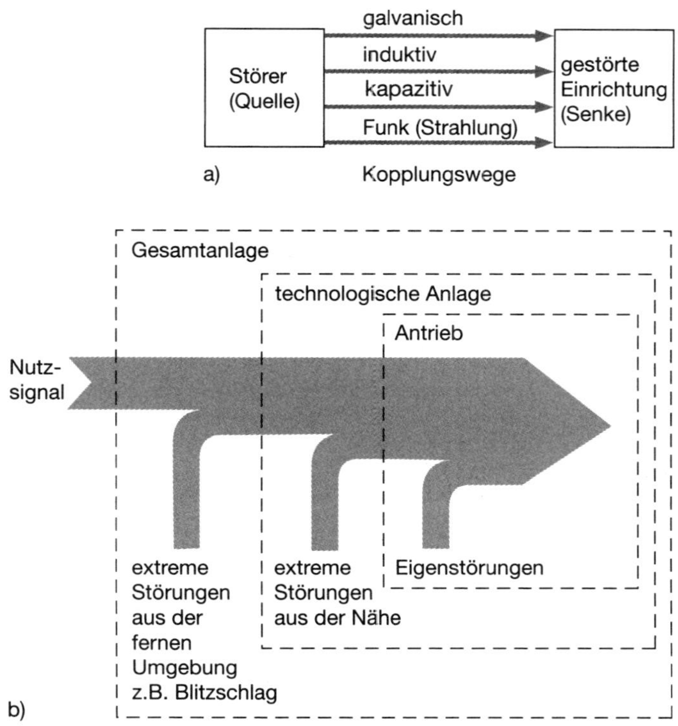

Bild 13.3 Zur EMV des Antriebssystems
a) Beeinflussungswege
Der Antrieb kann sowohl stören (Quelle) als auch gestört werden (Senke).
b) Störmöglichkeiten des Nutzsignals

Projektierung. Nachträgliche Korrekturen sind oft sehr teuer, im Einzelfall mit vertretbaren Mitteln überhaupt nicht realisierbar.

Ein Antrieb vermag sowohl elektromagnetische Störungen auszusenden als auch durch entsprechende Felder benachbarter Einrichtungen behindert zu werden. Die Wege der feld- und leitungsgebundenen, etwa gleichberechtigten Beeinflussungskanäle zeigt Bild 13.3a. In allen Komponenten können dadurch vorübergehende Funktionsstörungen, aber auch bleibende Schäden auftreten, weil sich das Nutzsignal erheblich verfälschen lässt (Bild 13.3b). Im quantitativen Maß der Funktionssicherheit Störfestigkeit bzw. Zerstörfestigkeit (vgl. Abschnitt 2.2.2.2) zeichnen sich Antriebssysteme – wie prozessnahe Automatisierungsgeräte überhaupt – durch Werte aus, die ihre bestimmungsgemäße Funktion in harten Industrieumgebungen garantieren. Als entscheidendes Qualitätsmerkmal wird die EMV vom Gesetzgeber hinsichtlich der Störaussendung gesichert (Tabelle 13.1) [2.13–2.15]. Die einzuhaltenden Grenzwerte finden sich in den einschlägigen Normen [43, Abschnitt 6.2.3; 13.8]. Ihre Beachtung gewährleistet, dass der Antrieb keine schädlichen Signale abgibt und zweckgebunden mit der angeschlossenen Arbeitsmaschine zusammenarbeitet.

Tabelle 13.1 Vorschriften/Gesetze für Antriebssysteme (gültig je nach Einsatzfall)

Europäische Richtlinie	**Deutsches Gesetz**	**CE-Kennzeichnungspflicht** (für Antriebe/Antriebs-komponenten) **EU-Konformitätserklärung**
Niederspannungs-richtlinie 73/23 EWG	Gerätesicherheitsgesetz (GSG), erste Verordnung über elektrische Betriebsmittel	X
Maschinenrichtlinie 89/392/EWG	Gerätesicherheitsgesetz (GSG), neunte Verordnung (Maschinenverordnung)	X (nur als Bestandteil der Maschine)
EMV-Richtlinie 89/366/EWG	Gesetz über die elektro-magnetische Verträglichkeit (EMVG) v. 9.11.1992	X
Explosionsrichtlinie ATEX 95 (94/4/EG)	GSG, 11. Verordnung (Explosionsschutzverordnung ExVO)	X

Die EMV bestimmen interne und externe Störquellen. Schützt sich das Antriebssystem gegen innere Vorgänge selbst, so muss das äußere Störklima bekannt sein und beherrscht werden. Zu diesem Umfeld gehören natürliche Einwirkungen wie Blitz, elektrostatische Entladungen von einer Person auf das Gehäuse sowie entsprechende Aufladungen (ESD). Künstliche Störer sind Stromkreise der Starkstromtechnik, Stromrichter, elektrische Maschinen, Leuchtstofflampen, Schaltnetzteile u.a. Sie erzeugen periodische Dauerstörungen. Liegen die elektromagnetischen Schwingungen im Funkbereich, heißen die dadurch erzeugten, unerwünschten Wirkungen Funkstörung. Zufällige Impulse (Bursts, Spikes), hervorgerufen durch das Abschalten von Transformatoren, Induktivitäten, durch Lastabwürfe, Ein- und Ausschalten von Leuchtstofflampen, durch Anlagen der Elektrotechnologie, Kontaktprellungen, vom Schalten leerlaufender Kabel und Leitungen usw. beeinträchtigen die sichere Funktion des Antriebs ebenfalls. Eine Kernexplosion ruft einen dem Blitzschlag vergleichbaren Impuls hervor (NEMP). EMV schließt den Schutz gegen unzulässige Berührungsspannungen, das Abwenden einer Gesundheitsgefährdung durch EM-Strahlung und als antriebsspezifischen Schwerpunkt die Begrenzung der Netzrückwirkungen sowie der Aussendung von Leistungsimpulsen unzulässiger Größe zum Motor ein. Da man Antriebe zunehmend fernsteuert, gehören Vorkehrungen zur Übertragungssicherheit solcher Kanäle sowie die Garantie der Abhörsicherheit elektrisch übermittelter Nachrichten und Daten dazu. Unterschiedliche Systeme müssen sicher und unbeeinflussbar zusammenarbeiten. Solche Verhältnisse verlangt vor allem die Steuerung und Überwachung von Antrieben über das Internet.

Ohne Belang für den Anwender sind systeminterne Vorgänge und der Schutz externer Steuerkanäle. Auftretende Probleme hat der Lieferant zu beseitigen. Um die Funktionssicherheit dauerhaft zu gewährleisten, müssen die in der Dokumentation vor-

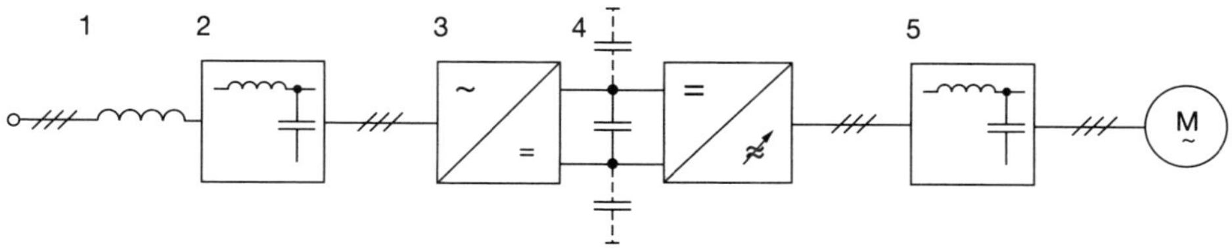

Bild 13.4 Entstörmaßnahmen im Leistungsteil
1 Netzinduktivität/-filter
2 Funkstörfilter
3 Umrichter
4 Y-Kondensator
5 Motorfilter

geschriebenen Montagemaßnahmen konsequent befolgt werden. Potenzialausgleich, Erdung, beid- oder einseitige Schirmung von Anschlusskabeln und -leitungen sowie ihre Einführungen in Gehäuse (Motor-, Netz-, Bremschopper- und Steuerleitungen), Überspannungsschutz gegen Blitze und Schaltüberspannungen, eine EMV-gerechte Anlagentopologie u.a. zählen zu diesen Maßregeln (vgl. Tabelle 2.12).

Von existenzieller Bedeutung sind die Vorschriften zum Einbau von Filtern (Bild 13.4). Drosseln am Stellgliedeingang vermindern die Netzrückwirkungen, der Eingangsstrom nähert sich der Sinusform. **Funkentstörfilter** (Grenzwertklasse A, B) reduzieren leitungsgebundene Störsignale im Funkbereich, die der Antrieb in das Netz einspeist (vgl. Abschnitt 2.2.2.2). Die Kombination beider Vorschaltglieder in einem Gehäuse trägt die Bezeichnung **Netzfilter** (Grenzwertklasse A, B). Siebglieder am Umrichterausgang unterdrücken Oberschwingungen, zudem verhindern sie Überbeanspruchungen der Wicklungsisolation (vgl. Bild 5.8). Allerdings erzeugen sie einen Spannungsfall (2 bis 3 % bei Nennstrom) und belasten den Umrichter mit ≤12 % des Motornennstroms. Ihre Installation ist bei längeren Motorzuleitungen (>10...20 m) sowie beim Einsatz nicht umrichterfester Maschinen angezeigt. Stören die von der Wechselrichter-Pulsfrequenz hervorgerufenen Zusatzgeräusche im Motor, sollte ein so genanntes **Sinusfilter** installiert werden, um störende Oberschwingungen auszusieben. Auch bei dieser Schaltung sind Spannungsfall und Zusatzbelastung zu beachten.

Um dem Lieferanten die Möglichkeit zu geben, den Antrieb passfähig zu den herrschenden Verhältnissen zu liefern, sind die Anforderungen wie der Einsatzort, die Beschreibung des Netzanschlusspunktes, die Entfernungen zwischen Stromrichter, Motor und Arbeitsmaschine genau zu formulieren. Hinsichtlich der Funkentstörung besitzt der Aufstellungsort besonderes Gewicht. Im zivilen Wohn-, Geschäfts-, Gewerbe-, Medizinbereich (erste Umgebung) nämlich muss mit Filtern Typ B die schärfere Entstörklasse B nach EN 50 081 T.1 erreicht werden. Industrieräume (zweite Umgebung) sind unkritischer. Die Grenzwerte der Funkstörspannungen liegen um 10 dB höher, so reichen Filter des Typs A nach EN 50 081 T.2.

13.3 Sicherheitsvorschriften und Qualitätssicherung

Aus den vorstehenden Bedingungen, dem Einhalten der Bestimmungen zum Errichten von Maschinen und Anlagen [12.18; 13.3; 13.6] sowie dem Beachten der antriebsbezogenen, spezifischen Inbetriebsetzungs-, Wartungs-, Servicevorschriften (vgl. Abschnitt 13.5) ergibt sich die unter staatlichem Schutz stehende elektrische Sicherheit von Bauteilen und Geräten der Antriebstechnik. Tabelle 13.1 führt die für alle Neuprodukte gültigen EU-Richtlinien auf, die grundlegende Sicherheitsanforderungen festlegen und Eingang in nationale Gesetze fanden. In ihrem Geltungsbereich ist die Kennung mit dem CE-Zeichen vorgesehen. Um die vorgeschriebene Konformitätserklärung zu erlangen, die die Übereinstimmung mit einer Richtlinie dokumentiert und zur Dokumentation gehört, kann der Hersteller den Nachweis eigenständig führen oder eine benannte, «notifizierte» Stelle einschalten (s. Bild 2.6). Das Bewertungsverfahren hängt von der zugrunde liegenden Richtlinie ab. Zugelassene Prüfstellen für die verschiedenen Vorschriften, die die Übereinstimmung der Antriebseigenschaften mit den normativen Anforderungen testen, sind beispielsweise unter www.baua.de/prax oder auf der sitemap der Umweltdatenbank zu finden. Unabhängige Hilfe zu nutzen, gebietet aus wirtschaftlichen Gründen wenigstens die EMV-Prüfung. Sie ist kompliziert und kommt ohne aufwendige Messtechnik bar einer wirklichkeitsnahen Simulation von Störklimaten nicht aus [10.6]. Die Konformitätserklärung bezieht sich immer auf eine bestimmte Richtlinie, technische Spezifikationen enthalten die darin ebenfalls zu benennenden europäischen und nationalen Industrienormen. Einen Leitfaden zur Zertifizierung mit dem zugehörigen Dokumentationsumfang stellt [2.19] dar. Werden die vorgenannten Richtlinien und Gesetze beachtet sowie die Herstellervorschriften bei Planung und Abwicklung sowie bei Betrieb von Antriebsprojekten eingehalten, sinkt zudem das Risiko für Hersteller und Betreiber, mit dem Produkthaftungsgesetz [2.16] zu kollidieren. Mit ihm sorgt der Gesetzgeber für den weitreichenden Schutz der Gefährdeten. Personenschäden oder Beschädigungen einer anderen Sache, die aus einer Störung oder einem Defekt eines Antriebs resultieren, müssen vom Hersteller des fehlerhaften Produktes ausgeglichen werden [13.4]. Da die Antriebstechnik sehr exportorientiert ist, macht die o.g. Vorschriftentreue Lieferungen in das im Hinblick auf das Produkthaftungsrisiko schwierige Exportland USA erheblich risikoärmer [13.5].

Damit alle bisher genannten Forderungen tatsächlich präzise umgesetzt werden, arbeitet auch die Antriebsfertigung unter der Regie eines Qualitätsmanagementsystems, gestützt auf die Norm DIN EN ISO 9001 (vgl. Abschnitt 2.6).

13.4 Dokumentation

Zum Antrieb gehört eine gut lesbare, verständliche Dokumentation. Nur mit ihr werden neben der umfangreichen Funktionalität die größere Kompliziertheit sowie die veränderten Tätigkeitsmerkmale und Arbeitsmittel beherrscht. Die verwendeten, z.T. formalisierten Beschreibungsmittel sorgen für die Verständigung der Partner. Neben

Tabelle 13.2 Bestandteile der Antriebsdokumentation

Kategorie	Beispiele[1]
Zeichnungs-/Unterlagenverzeichnis (Inhalt)	
Standarddokumentation (einsatzunabhängig)	Sicherheitshinweise, Angabe von Risiken gültige (Errichtungs-)Vorschriften verbale und formalisierte, grafische Beschreibung aller Komponenten, der Bedieneinrichtungen, der Anschlussmöglichkeiten externer Geräte, der Anwenderprogramme, interner Softwarewerkzeuge (Messgeräte usw.) Datenblatt, Schnittstellen Betriebsanleitung, Einsatzbedingungen Transport- und Lagerbedingungen Funktionspläne, Parameterlisten, Stromlaufpläne Konstruktionszeichnung Liste der Schutzfunktionen Bedienungs-/Betriebsanleitung Beschreibung des Qualitätssicherungssystems Softwarebeschreibung mit Applikationsbausteinen (Modulbibliothek) Datensicherungsmöglichkeiten Zusatzkomponenten (Filter, Sicherungen usw.)
Einsatzabhängige Dokumentation	Ausrüstungsliste, Belegungspläne mit aktueller Bauelemente- und Baugruppenbestückung notwendige Einschränkungen der Standarddokumentation, Revisionsunterlagen aktuelle Softwareversion, -beschreibung E/A-Liste Erweiterungs- und Änderungsmöglichkeiten
Prüfunterlagen/Zertifikate	Prüfergebnisse, -protokolle, -berichte (Typ-, Fertigungs-, Dauerprüfung mit Angabe evtl. Reparaturen) Bescheinigungen «zuständiger» Stellen Konformitätserklärung Typische Funktionsverläufe
Montagedokumentation	Aufstellungsplan Anschlusspläne Montagevorschrift
Inbetriebsetzungs-/Wartungs-/Servicedokumentation	Ersatzteil- und Zubehörliste Inbetriebsetzungsablauf mit -vorbereitung und -hinweisen Hinweise zu Diagnose und Fehlerbeseitigung Instandhaltungs- und Wartungshinweise Kontakt für den Störungsfall

[1] Der endgültige Umfang hängt von der für den Anwendungsfall zutreffenden Richtlinie ab.

verbalen Texten gehören dazu Funktionsschaltpläne, Signalflusspläne oder -graphen für regelungstechnische Vorgänge (s. Bilder 9.3, 9.5) oder topologische Darstellungen für steuerungstechnische Abläufe nach [12.4].

Unterlagen müssen sowohl den Ansprüchen von Montage, Inbetriebsetzung, Service und Wartung entsprechen, aber auch den Bedürfnissen des Betreibers genügen. Die grundlegenden Bestandteile nach Tabelle 13.2 stimmen in weiten Teilen mit der NS-Anlage (Tabelle 2.17) überein und sollten den Grundsätzen des Abschnitts 2.6.2 folgen.

Zwar klingen diese Prinzipien ziemlich selbstverständlich, doch gibt es bei der Ausführung der Dokumentation (Schwerpunkt Software) häufig Defizite. Die Gefahr der Missachtung der Vorgaben ist vor allem dann größer, wenn die Dokumentation als «notwendiges Übel» vom Entwickler angesehen und erstellt wird. Diesem Personenkreise fällt es oft schwer, sich in die Rolle des Anwenders zu versetzen. Vollständige Unterlagen reduzieren im Übrigen als passiver Sicherheitsgarant das Haftungsrisiko von Produzenten oder Lieferanten.

13.5 Inbetriebsetzung/Wartung/Service

Die für GAT und DAT vergleichbaren Strategien bestimmen in Verbindung mit dem notwendigen Aufwand als ein entscheidendes Qualitätsmerkmal den Gebrauchswert des Antriebs und beeinflussen erheblich seinen bestimmungsgemäßen, wirtschaftlichen Betrieb. Zwar muss geschultes Fachpersonal eingesetzt werden, Spezialkenntnisse werden aber für keine Aufgabe benötigt. Zur Verfügung stehen integrierte oder separate Bedieneinrichtungen mit Anzeigedisplay für Klartext und Tastatur oder ein externer PC mit spezieller Inbetriebsetzungs- und Servicesoftware sowie die entsprechende Dokumentation. Die softwaregestützte Technik macht den Antrieb zu einem menügeführten System. Bei allen Tätigkeiten sind die Errichtungsvorschriften [13.3; 13.6], Bestimmungen der Berufsgenossenschaft [2.1] und ESD-Vorschriften strikt zu beachten. Da in Antriebssystemen gefährlich hohe Spannungen betriebsmäßig und im Störungsfall auftreten sowie mechanische Teile rotieren, kann das Nichtbefolgen erhebliche Sachschäden und schwere Körperverletzungen – u. U. mit Todesfolge – nach sich ziehen.

Zur Vorbereitung der **Inbetriebsetzung** gehören die Kontrolle der Vollständigkeit der Dokumentation, Aufstellung und Montage sowie die EMV-gerechte Verkabelung. Bei der anschließenden, interaktiv geführten Inbetriebnahme auf der Grundlage eines formalisierten Ablaufs [1.30] und unter Beachtung der Sicherheitshinweise werden erledigt:

- Sichtprüfung (Übereinstimmung von Lieferung und Montage mit den Unterlagen, richtige Ausführung von Anschlüssen usw.),
- Messung von Isolationswiderständen (≥1000 Ω/V bei einer Prüfdauer ≥1 min),
- Justierung bzw. Kontrolle voreingestellter Parameter (Umrichterdaten, Wandlernennstrom, Steuerungs-/Regelungsart mit oder ohne Geber, Betriebsweise mit oder ohne Energierückspeisung u. a.),

- Einstellen von Grenzwerten,
- Festlegung der Steuerungsstruktur (Sollwertvorgabe über Tastatur, PC, aus der Warte, Zuordnung der Ein- und Ausgänge u. a.),
- Auswahl der Busschnittstelle,
- Setzen spezieller Parameter (Pulsfrequenz, Art der Stillsetzung, automatisches Wiedereinschalten, Schutzfunktionen u. a.),
- Bemessungsoptimierung der Regelung (Parametrisieren der Regler, Einstellen der Reglerausgangsbegrenzungen u. a.),
- Einstellen von Zusatzgrößen (z. B. für Netzstromrichter u. a.).

Reglerparameter errechnet das System i. Allg. mit einem internen Motormodell selbsttätig durch die Informationselektronik aus den über die Tastatur einzugebenden Leistungsschilddaten des Motors (Nennspannung, -strom, -drehzahl, -frequenz, cos φ). Alternativ liefern diese Daten, die dann auch eine Voreinstellung korrigieren können, automatische Tests im Stillstand oder während der Beschleunigung auf eine bestimmte Drehzahl. Gefundene Werte lassen sich im Zuge der Optimierung korrigieren. Die Anpassung an variable Regelstrecken-Kenngrößen (z. B. infolge Motorerwärmung, Trägheitsmomentschwankungen, Lückbetrieb des Stromrichters u. a.), an veränderte Maschinenparameter übernimmt eine adaptive Regelung [21; 29]. Ein Passwort kann den Systemzugang vor unerlaubten Zugriffen schützen. Sollte ohne Einwilligung doch manipuliert worden sein, ermöglicht manche Antriebssoftware in wenigen Schritten den vollständig hinterlegten Auslieferungs- oder Inbetriebsetzungszustand wieder herzustellen.

Als Hilfsmittel stehen häufig weitere, softwaregestützte Funktionen wie interner Fehlerspeicher, Transientenspeicher mit Oszilloskop-Funktion zum Aufzeichnen und grafischen Darstellen von analogen und binären Signalen, Modemanschluss für Tätigkeiten aus der Ferne, Betriebsstundenzähler bereit. Am Schluss nach dem Probebetrieb steht die revidierte Dokumentation. Sie spiegelt den endgültigen Zustand wider, in dem der Antrieb dem Betreiber übergeben wird. Alle aktuellen Daten sind in der Informationselektronik gespeichert.

Obwohl der Stell- und Regelungsteil des Antriebs meist als wartungsfrei bezeichnet wird, empfiehlt sich doch auf der Grundlage der Dokumentation eine regelmäßige Kontrolle. Einer präventiven **Wartung** (vgl. Abschnitte 2.6.3, 10.3), oft nur einer Sichtung, bedürfen Lüftungs- und Kühleinrichtungen (Filtereinsätze, Staubablagerungen auf Kühlkörpern, Leistungsbauelementen u. Ä.), wichtige Schraubverbindungen vor allem in Schrankanlagen, aber auch bestimmte Motorteile (Schleifringe, Lager, Lüfter usw.). Nach längerer Betriebszeit (>40 000...100 000 h) ist häufig das Auswechseln der Lüfter vorgeschrieben. Bei Lagern der Motoren erreicht die prophylaktische Grenze ca. 40 000 h. Diese Lebensdauer entspricht einem L10H-Wert.

Der **Service** übernimmt die Störungsbeseitigung. Zusätzlich zu den gleichfalls formalisierten Unterlagen für Diagnose, Fehlersuche, Fehlerbeseitigung und den Inbetriebsetzungshilfen enthält der Antrieb weitere für diese Aufgabe zugeschnittene PC-Serviceprogramme. Auf dem Display der Bedieneinrichtung erfolgt die Klartext-Fehlerausschrift. Die Zuordnung detaillierter Maßnahmen zum Beseitigen der Fehlerursachen ist anschließend in der Dokumentation nachzulesen. Beim Auswechseln defekter Bauelemente oder Baugruppen müssen die Sicherheitshinweise unbedingt beachtet werden. Gleiches gilt für spezifische, bauteilbezogene Demontage- und Montagehinweise. EMV-gerechte Anschlussverbindungen erhalten wieder den Urzustand. Im internen Fehlerspeicher mit sehr hohem Auflösungsvermögen stehen die letzten Defekte mit Datum und Uhrzeit in der richtigen zeitlichen Reihenfolge. Ältere Vorgänge werden bei begrenzter Kapazität überschrieben (Prinzip FiFo). In die Zuständigkeit des Service fällt die Versorgung mit Ersatzteilen, die Registratur von Betriebserfahrungen (Datenrückmeldung) sowie eine präventive Wartung.

14 Antriebstechnik und Internet

Die Technologie des World Wide Web beeinflusst mit seinen enormen Möglichkeiten auch die Antriebstechnik als einem wesentlichen Element der Fabrikautomatisierung. Fernsteuerung, -überwachung und Teleservice sowie die so genannten e-Technologien (vgl. Abschnitt 1.7) werden praktikabel.

Antriebe bzw. Gruppen von ihnen werden dazu an einen Web-Server (auf einem PC installierte Software) angeschlossen bzw. mit eigenem Web-Server ausgestattet. Seine Internet-Fähigkeit (web-enabled drive) macht den Antrieb ortsunabhängig, so dass er über einen ganz gewöhnlichen Web-Browser ansprechbar, bedienbar, diagnostizierbar, parametrisierbar wird. Damit weitet sich die vertikale Integration dezentralisierter Antriebe und ihrer Komponenten über die herkömmliche Anlagenstruktur (s. Bild 1.1) bis zur ERP-Ebene aus. Über Internet bzw. Intranet erfolgt ein firmen- oder weltweiter Zugriff auf Funktionen, Programme, Parameter und Daten von Antrieben und dadurch auf Maschinen der automatisierten Fabrik «Plant Intelligence» [15.16]). Mindestens mittelfristig wird der Kunde die Fertigung seines Auftrags selbst auslösen und den Bearbeitungsfortschritt verfolgen können. Ein umfassendes Kontroll- und Erfassungssystem inklusive statistischer Aufbereitung und grafischer Darstellung der Daten steht dann zur Verfügung. Für Systeme ohne Vor-Ort-Bedienung (Pumpstationen, Entwässerungsanlagen, Klimaanlagen, Lüfter u. Ä.) eignet sich diese Lösung ebenso bevorzugt wie für den Einsatz von Spezialisten aus der Ferne zu Statusabfrage, Diagnose und zur Störungsbeseitigung (Teleservice über Modem für WAP-Telefonie). Selbsttätig setzt das Gerät per e-Mail eine Situationsmeldung (Lüfterausfall, Übertemperatur, Filterverschmutzung o. Ä.) an eine im Speicher hinterlegte Adresse ab, um Wartungsarbeiten auszulösen. Auf diesem Wege kann auch ein präventiver Expertenrat eingeholt werden. Sogar einzelne, dezentral vom Antrieb angeordnete Peripheriegeräte (Sensoren) lassen sich kostengünstig mit Micro-Web-Server und Ethernet-Schnittstelle ausrüsten, um aus der Ferne parametrisiert werden zu können [14.1].

In vielen Bereichen sinken mit der Internet-Fähigkeit die Betriebskosten (TCO), begleitet von technischen Vorteilen. Lösungen für die berechtigten Sicherheitsbedenken der Anwender zeichnen sich ab und beflügeln die Vernetzung über das Internet. Gegen Gefahren durch Hacker und Viren, wider Industriespionage schützen Einmalpasswörter, Verschlüsselungen, Firewall-Mechanismen in Kombination mit die Blockierung vermeidenden Hardware- und Software-Ergänzungen u. a. [14.2–14.4].

Das geeignete Serverkonzept in Bild 14.1 ist quasi ein Softwarebus auf einem PC [7.34; 7.54]. Auf der Prozessseite greift eine Feldbuskarte mit OPC-Server ohne auf-

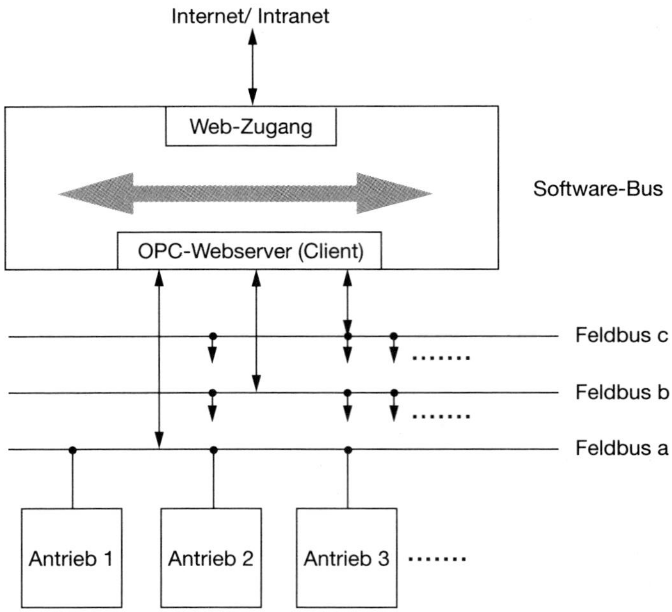

Bild 14.1 OPC-Drive-Server

wendige Treiberinstallation auf die angeschlossenen Antriebe und andere Feldgeräte zu. Die Verbindung des Client-Rechners auf der Netzseite übernimmt ein Web-Server, der über Browser das Internet ankoppelt. Vereinfacht ist das Konzept mit einem Gerätetreiber vergleichbar, der es erlaubt, das betreffende Peripheriegerät (z.B. einen Drucker) von allen PC-Programmen aus anzusprechen.

Der OPC-Server in der Ausführung Drive-Server ist ein Geräteserver, der ohne Aufwand die gewünschten Daten bereitstellt [5.28; 7.30; 7.34]. Gekennzeichnet durch eine funktionsorientierte Sicht auf Antriebe und die Kapselung der herstellerspezifischen Eigenschaften, erlaubt er den transparenten Zugriff auf Subsysteme.

Selbst bei einfachen Motorstarter-Kombinationen ist der direkte Internet-Zugriff inzwischen wirtschaftlich darstellbar [12.15].

15 Entwicklungstendenzen

Anstöße zu den vorausgesagten und eingetroffenen tiefgreifenden Veränderungen in Energie-, Antriebs- und Automatisierungstechnik lieferten zum einen Energie- und Mikroelektronik – ihre Entwicklungsschritte vor allem markierten die Leistungsfähigkeit dieser Technikfelder –, zum anderen neue Forderungen an Produktqualität, Effizienz der Fertigungseinrichtungen sowie hinsichtlich veränderter kommerzieller Bedingungen wie Kostendruck, globaler Wettbewerb u. Ä. [1.1–1.3; 15.2]. Da eine Verlangsamung der elektronischen Innovationsgeschwindigkeit nicht auszumachen ist [1.5; 1.6], wird sowohl die Automatisierung technischer Abläufe als auch technischer Tätigkeiten im Gleichschritt dazu ausgebaut werden. Dieser Trend drückt sich sowohl in der Zunahme verteilter Systeme steigender Komplexität als auch in ihrer immer einfacheren, selbst erklärenden Handhabbarkeit aus. Daraus, ebenso aus ihrer einschränkungslosen Offenheit gegenüber Komponenten unterschiedlicher Hersteller und infolge des durchgängigen Informationsflusses in flacheren Hierarchien folgen dezentrale Wertschöpfungseffekte in allen Industriebereichen. Der Anwendernutzen in Gestalt von Zeit- und Kosteneinsparungen beim Betrieb von zuverlässigeren Anlagen und Maschinen wächst weiter, unterstützt vom unaufhaltsamen Zusammenwachsen aller Segmente der Produktionsautomatisierung (Entwicklungs-, Fertigungs-, Fabrik-, Verfahrensautomation) zur industriellen Automatisierung in einer «intelligenten» Fabrik. Industrial IT oder Plant Intelligence beschreiben griffig das evolutionäre Geschehen in der Wirtschaft [15.16]. Hierzu tragen gleichfalls die erhöhte Flexibilität der Einrichtungen sowie die steigende Qualität der gefertigten Produkte bei. Die Vorbedingungen zum Ausnutzen von Energiesparpotenzialen verbessern sich. Überdies ist insgesamt damit zu rechnen, dass sich die bisherige teilweise Unvereinbarkeit der drei etwa gleichrangigen Ziele – Sicherheit und Zuverlässigkeit, Wirtschaftlichkeit, Umweltverträglichkeit – vollständig auflösen wird.

Bezüglich der Empfindlichkeit gegenüber Netzausfällen wirkt die Elektronik- bzw. Intelligenzzunahme nachteilig. Wegen der zunehmenden Ausfallkosten sind ggf. verstärkt unterbrechungsfreie Stromversorgungen zu installieren. Auf keinen Fall darf die Versorgungssicherheit zurückgehen.

Von diesem Trend sind zuvorderst Niederspannungs- und Antriebstechnik betroffen. Grundlegende Veränderungen lassen sich gegenwärtig auf diesen Feldern nicht erkennen. Innovationen betreffen wichtige Details, wozu zweifellos das Vordringen von Nanotechnologie und Mikrosystemtechnik gehört. Der damit verbundene weitere Miniaturisierungsschub sowie eine erhöhte Arbeitsgeschwindigkeit werden natürlich nicht etwa die Anregelzeit bei Antrieben um zusätzliche Mikrosekunden senken, sondern die Intelligenz der Systeme, ihre Projektierbarkeit, das Beherrschen der anwachsenden Variantenvielfalt (bis zur Losgröße 1) und die Handhabbarkeit inklusive Wartbarkeit [15.13] zum Vorteil des Nutzers drastisch verbessern. Getrieben von einer präziseren Analyse des Bedarfs und bedrängt vom globalen Wettbewerb, muss die Beantwortung der Fragen «Welche Funktionalität soll erreicht werden; welchen Preis ist der Kunde zu zahlen bereit; welche Technologie ist für dieses Ziel einsetzbar?» verstärkt in das Blickfeld treten. Solche eher asiatische Herangehensweise wird den europäischen Ansatz «Ansammeln von Wissen um des Wissens willen» [15.19] zunehmend verdrängen und zum steten Verkürzen der Entwicklungszeiten und -zyklen führen. Nur auf diese Weise steigt die notwendige Sicherheit, dass für Forschung und Entwicklung spendierte Steuermittel über ein verstärktes Steueraufkommen neuer Produkte zurückfließen.

In beiden Fachgebieten werden die e-Techniken vordringen. Mit der Internet-Fähigkeit der Geräte, Maschinen und Anlagen erweisen sich e-commerce und e-business – zwar später als bisher erwartet – zunehmend praktikabel. Der Kunde wird sich – in Grenzen ohne Unterstützung des Lieferanten – das gewünschte Produkt am PC konfigurieren, per Mausklick bestellen und den Fertigungsfortschritt bis zur Auslieferung überwachen. Gegenwärtig häufig für den Kunden unvorhersehbar auftretende Verzögerungen können nicht mehr überraschen. In Entwicklung befindliche Web-Services unterstützen die Ausbreitung des elektronischen Geschäftsverkehrs [15.8]. Mit ihrer Hilfe läuft beim Abwickeln eines Geschäftes der Datenaustausch zwischen Geschäftspartnern selbsttätig. In sich gekapselte, nutzerfreundliche Anwendungen organisieren z. B. die Interaktion zwischen dem Einkaufssystem des Bestellers und dem Verkaufssystem des Lieferanten, die Zahlungsabwicklung u. a. In diesen Bereich fällt gleichfalls CAE. Neue Versionen dieser Techniken wie Eplan 5.50 Racing [15.4] empfehlen sich mit Verbesserungen bei Handhabbarkeit, Flexibilität, Bildschirmansichten, Durchgängigkeit mit Schnittstellen zu Prozessschritten (Konstruktion, Projektierung mit Fachsprachen, Einkauf/Beschaffung usw.) und PPS-/ERP-Systemen wie SAP/R3, für individuelle Gestaltungsmöglichkeiten u. a. Im gleichen Maße sind wohl auch verbesserte und für alle Entwicklungsphasen durchgängig nutzbare Simulationstechniken zu erwarten.

Web-Services stärken künftig auf der Grundlage des OPC-Standards die Automatisierung mit Niederspannungs- und Antriebstechnik. Unter ihrer Assistenz wird der Datenverkehr optimiert und präzisiert. Die entstehende Netzwerkentlastung senkt den Aufwand für den Client [15.13].

Als Schwerpunkt in der Niederspannungstechnik zeichnet sich die Zunahme der Elektronifizierung ab. Nicht nur die Ausweitung der Gerätefunktionalität und -flexibilität ist damit verbunden, Einsatzvorteile hinsichtlich Raum- sowie Gewichtsersparnis, Bedienung mit LCD-Anzeige, Montagevereinfachung, Internationalität der Zulassungen steigern den Kundennutzen. Infolge der Integrierbarkeit ihrer Leittechnik in das Automatisierungssystem verbessern sich selbst für kleinere Unternehmen, die Betreiber kleinerer Anlagen die Möglichkeiten, selbstständig und effizient ein Energie-, Diagnose- und Wartungsmanagement zu gestalten. Neben derartigen Merkmalen rückt unter dem Eindruck der jüngsten Stromausfälle in den USA und Italien die lokale Blindleistungssteuerung verstärkt in das Blickfeld [11.6]. Vor allem leistungsfähigere und kostengünstigere Sensoren, z. B. zum Erfassen von Lichtbögen, Brandquellen u. a., erleichtern den Aufbau wirksamer, kommunikationsfähiger Schutzsysteme, so dass die Aufstellung der NSA noch weniger in elektrischen Betriebsräumen erfolgen muss und das Bedienen immer geringere Qualifikationsansprüche an das Personal stellt. Nachdrücklich sichtbar machen die veränderten Anforderungen die dezentralen, rückspeisefähigen Kleinstkraftwerke, die in der Umgebung von jedermann arbeiten sollen. Die Durchgängigkeit von Leit- und Schutztechnik trägt mit dazu bei, dass sich das Risiko des Versagens der Informationsverarbeitung – als Hauptursache des Blackouts in den USA – mindert [15.5].

Die Abgrenzung der NS-Technik von der Automatisierung verschwimmt auch deshalb, weil aus der engen Nachbarschaft zur Leistungstechnik keine EMV-Probleme erwachsen. Die Elektronik in der NS-Gerätetechnik wird wie im Pkw selbstverständlich werden. Mit zunehmender Preiswürdigkeit in Kombination mit komplexerer Funktionalität ist mittelfristig mit dem Generationswechsel bei Neuinstallationen zu rechnen [3.2]. Aus Sicherheitsgründen bleibt der elektromechanische Kontakt mit luftoffener Lichtbogenlöschung künftig bedeutsam [3.7].

Optische Netzwerke (LWL) werden künftig bei der Datenübertragung dominieren. Gegenüber Kupfer sind sie leichter und breitbandiger. LWL leisten extreme Bitraten, elektromagnetisch sind sie störsicher. Mehrere Datenströme können in einem LWL parallel unterwegs sein, verschiedene Busse lassen sich hierzu auf der gleichen Übertragungsstrecke generieren. Diese Tendenz kommt nicht nur in der NS-Technik zum Tragen. Da die verschleißfreie, softwaregestützte Elektronik immer mehr mechanische Funktionen ablöst, steigt die Anzahl miteinander kommunizierender, dezentral positionierter Antriebe. Einen Eindruck von der Weite sich bietender Möglichkeiten vermittelt das Automobil mit seinen vielen vernetzten Steuergeräten und Antrieben im Allgemeinen und dem zuverlässigen Ersatz der mechanischen Lenkung durch das elektronische, elektromotorangetriebene System (drive by wire) im Besonderen. Nicht zu vergessen ist die sich ausbreitende, drahtlose Datenübertragung per Funk- oder Infrarot-Technik – selbst von Sensoren aus.

Ethernet dringt weiter vor, um auch als Feldbus kostengünstig tatsächlich den «letzten» Antrieb, Schalter oder Sensor zu erreichen [15.23]. Als anlagenweit einheitliches Kommunikationsmedium wird es die sichere Übertragung (Safety-Bus) gewährleisten, die Anforderungen an Wartung und Diagnose erfüllen sowie die elektromechanischen Probleme wie die Vereinheitlichung des Steckeranschlusses lösen [15.24].

Trotz der unbestreitbaren Vorzüge des verteilten Konzepts bleiben künftig bei bestimmten Applikationen (Einzelmaschinen, kompakte Anlagen mit Platznot u. Ä.) zentrale Systeme unverzichtbar.

Der optische Signale übertragende Lichtwellenleiter aus Glas oder Kunststoff (LWL) erobert darüber hinaus die Systemträger von Hardware und Software. In Zukunft werden demzufolge Lichtsignalstrecken die konventionellen elektrischen Kupferverbindungen unterstützen. Aus der Vielschicht-Leiterplatte (Multi Layer) entsteht ein bis zu 60-lagiger Informationshighway. Seine Arbeitsgeschwindigkeit und Funktionalität werden zuverlässig und störsicher in noch nicht absehbarem Maße steigen können [15.18].

Auch bei den Maschinen zeichnen sich weitere Innovationen ab. Nicht nur durch schnelllaufende Synchronmaschinen mit Permanenterregung und aktiver magnetischer Lagerung [5.14–5.16], mit dem Ausbau des Direktantriebsprinzips [5.13; 5.22], gleichfalls mit dem Einsatz von Hochtemperatur-Supraleitern im verlustintensiven Wicklungsapparat und in Lagern von Maschinen größerer Leistung [15.1; 15.3] werden Verbesserungen wie

- Erhöhung des Leistungsgewichtes (größere Leistung bei gleicher Baugröße),
- Gewichts- und Volumenersparnis,
- Geräuschminderung,
- Wirkungsgradsteigerung,
- einfachere Fertigung durch erheblich größeren Luftspalt

erzielt. In der HTSL-Technologie steckt darüber hinaus Potenzial von Fortschritten für viele andere Komponenten und Anlagen der Niederspannungs- und Antriebstechnik, wie etwa Strombegrenzer und Schwungradspeicherantriebe, SMES [15.3]. Stellvertretend für die zu registrierenden partiellen Fortschritte bei den Maschinen-Sonderkonstruktionen stehen der Linearmotor mit Doppelläufer [15.14], der Kugelmotor [15.15] sowie die massearme Linearmaschine [15.25]. Beim Linearmotor verlängern zwei gegenläufig und unabhängig voneinander bewegliche Primärteile (Läufer) den Verfahrweg. Als Mehrkoordinaten-Direktantrieb bzw. als aktives Kugelgelenk realisiert die halbkugelförmige PM-Synchronmaschine eine Bewegung mit drei Freiheitsgraden.

Trotz der erzielten Erfolge bei netzrückwirkungsarmen Stromrichtern lassen erfolgreich getestete Prototypen so genannter hybrid-aktiver Filter weitere Vervollkommnungen vor allem bei großen Antriebsleistungen erwarten [11.6], mit denen die lokale Blindleistungskompensation nicht nur wegen der Verlustoptimierung als nachhaltigem Beitrag zur Klimavorsorge, sondern im oben erwähnten Sinne der Netzstabilisierung verstärkt genutzt werden kann.

Kompatibel zum skizzierten Trend breiten sich in der Energieelektronik Smart-Power-Bauelemente aus. Dass auf das gleiche Siliziumkristall informationselektronische Schaltungen oder Sensoren bevorzugt für Schutz-, Überwachungs-, Ansteueraufgaben u. Ä. monolithisch integriert werden, steigert die Zuverlässigkeit und senkt das Bauvolumen ebenso wie der Einsatz von GMR-Kopplern. An der Schnittstelle zwischen Informations- und Leistungselektronik können Optokoppler mit diesen magnetischen Bauelementen eine ernsthafte Konkurrenz bekommen. Folgt man [15.10], zeichnet sich diese Technologie durch höhere Bandbreite, kleinere Bauform, größere Störsicherheit und Temperaturstabilität aus. Partielle Fortschritte melden auch klassische Magnetfeldgeber nach dem Hall-Prinzip. Sie bieten sich insbesondere für die intelligente Bewegungssteuerung (Motion Control) an [15.17]. Gleiches gilt für Optosensoren [15.20] sowie Drehgeber [15.21]. Optische Geber verbessern das Verhalten von Sicherheitsantrieben. Drehgeber kultivieren das dynamische Übertragungsverhalten, indem sie ihre Torsionssteifigkeit erhöhen und axiale Wellenbewegungen ausgleichen. Zugleich unterbindet ihre Gestaltung Wellenströme (vgl. Abschnitt 5.4.1, Tabelle 5.8). Leistungsfähige Geber verfügen über einen direkten Feldbuszugang.

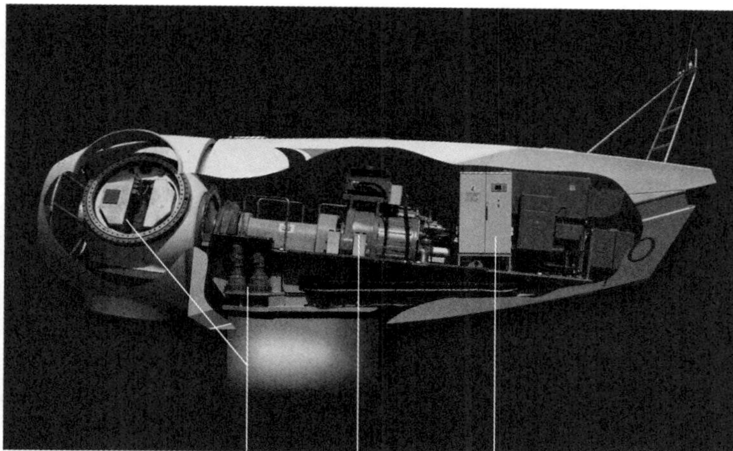

a)

b)

Bild 15.1 Energieerzeuger aus erneuerbaren Quellen [15.12]
a) Querschnitt durch den Windradkopf
1 Umrichterschrank
2 Asynchronmaschine (vgl. Bild 5.10c)
3 Stellantriebe
b) Windpark (Gamesa)

Bild 15.1 *(Fortsetzung)*
c) Unterwasserrotor – bewegt von der Gezeitenströmung (Marine Current Turbines, MCT; «auf den Kopf» gestelltes, im Wasser versenktes Windrad; zu Servicezwecken gleitet der bewegliche Doppelflügel am Turm an die Meeresoberfläche)

Erkennbare Grenzen bei der Rechenleistung können spezifische FPGA-Lösungen überwinden [15.11].

Die Umweltfreundlichkeit der Energieform elektrischer Strom führt zu immer neuen Applikationsfeldern in allen Wirtschaftsbereichen. Besonders profitieren die Anwender der Antriebstechnik davon. Als einem Hauptnutzer gebührt der Kraftwerkstechnik Aufmerksamkeit. Energiekonsens und Betriebsalter bestehender konventioneller Erzeuger, nicht zuletzt das EEG [15.9], das die Einführung von Wind- und Sonnenenergie beschleunigt, zwingen zu einer Erneuerung von etwa 50 % des am Netz befindlichen Kraftwerksparks in Deutschland [15.7]. Damit stehen unzählige Antriebe des gesamten Leistungsbereichs mit ihrem enormen Energiesparpotenzial zur Disposition. Die künftig veränderte, dezentralere Struktur der Versorgung mit schwankungsstarkem Anteil wird zu Überlegungen nach verstärktem Einsatz elektronisch verstellbarer Systeme drängen, um Netzstabilität und Versorgungssicherheit gewährleistende Regelfähigkeit der Kraftwerke einerseits auszubauen und andererseits eine den Netzbetreiber wettbewerbsfähig machende Kostensenkung zu erreichen.

Noch mehr Auftrieb bekommen NS- und Antriebstechnik durch den Vormarsch der Ausnutzung alternativer, erneuerbarer, sauberer Energiequellen ([15.9], s. oben) wie Wind, Gezeitenwechsel [15.6], Sonne (Photovoltaik, Solarthermie, Aufwind), Biomasse, Geothermie, Wasserkraft und Wasserstoff (Bild 15.1). Prognosen zufolge soll ihr Anteil von 5 % auf mehr als 12 % steigen [15.22]. Nicht nur, dass in der Regel für den Betrieb der diesbezüglichen Generatoren hochgenaue, kommunikationsfähige, fernbedienbare Stellantriebe (z. B. für die Anstellung der Flügel in Bild 15.1) benötigt werden, vor allem werden die Verbraucher die Art der Erzeugung berücksichtigen und sich durch besonders hohe Energieeffizienz und verbesserten Wirkungsgrad auszeichnen müssen [10.7; 12.17].

Die Sicherheitstechnik nimmt an Bedeutung zu. Einmal betrifft das die fehlerfreie Kommunikation aller Teilnehmer. Zum anderen muss ein Antrieb als sicherer Aktor gefährliche Bewegungen verlässlich unterbinden und die gestufte Integration von Sicherheitsmodulen kostenoptimal zulassen.

Mit der «Computerisierung» von Prozessen, Verfahren und Produkten erwächst der Sicherheit generell eine strategische Managementbedeutung, da Lücken nicht nur stören, sondern die Wettbewerbsfähigkeit eines ganzen Unternehmens gefährden. Äußeren Ausdruck findet diese Einsicht in dem beginnenden Einzug eines Chief Security Officer (CSO) in die Vorstandsetage.

Auch in der Niederspannungs- und Antriebstechnik steigt die Bedeutung der Software. Mit einem zu erwartenden Anteil an den Gesamtkosten z. T. von mehr als 50 % verbinden sich verbesserte Flexibilität und Produktivität. Auch die Zuverlässigkeit der technologischen Maschinen und Anlagen nimmt dadurch zu. Die höhere Komplexität der Programmtechnik wird sich nicht nur in umfangreicherer Funktionalität – der Antrieb beispielsweise wandelt sich immer mehr zur fehlertoleranten, selbst erklärenden Automatisierungsplattform mit vergrößertem Gebrauchswert –, sondern ebenfalls in einfacherer Handhabbarkeit äußern. Triviale Inbetriebsetzungsstrategien und verbreitete Bedienoberflächen verbergen bis zur Unkenntlichkeit den schwierigen Software-Aufbau und die innewohnenden Schnittstellen. Programmieren wird vollständig vom

Parametrisieren abgelöst werden. Schrittgleich stehen Hilfsmittel bereit, die den unerlaubten internen Zugriff verhindern und vollständig gegen den externen Virenangriff schützen. Letzteres erlangt höchste Priorität immer dann, wenn über das Internet mit den Anlagen operiert wird. Den Preis dafür zahlen die Anwender mit steigenden Aufwendungen für Pflege und Wartung der Programmtechnik, für die zudem ein extrem hoch qualifiziertes Personal bereitzustellen ist. Geeignete Arbeitsmittel stehen in Gestalt durchgängiger Engineering- und Inbetriebsetzungstools zur Verfügung. Zusammengefasst und verkürzt lässt sich für die Niederspannungs- und die Antriebstechnik der Ausblick in die Zukunft beschreiben mit

- dem Anstieg der Funktionalität und der Zuverlässigkeit,
- der Ausweitung von Dezentralisierung und Vernetzung bei verbesserter Netzwerkökonomie sowie
- der Zunahme der räumlichen und funktionellen Integration der Komponenten zum mechatronischen System.

Die immer kürzeren Innovationszyklen bei gleichzeitig steigender Lebensdauer bzw. Zuverlässigkeit fordern den Hersteller insofern heraus, dass er das Problem der Langzeitbevorratung der Reserveteile für seine Kunden lösen muss. Allein diese Situation zwingt zur Typisierung bzw. Standardisierung und zur angemessenen Kompatibilität der verschiedenen Hardware- und Softwaregenerationen. Der damit verbundene Fortgang der Entkopplung von Wirtschaftswachstum und Energiebedarf führt zu der von Kyoto [2.101] angestrebten gesünderen Umwelt.

Damit die skizzierte technische Evolution ihren vollen Nutzen für alle Beteiligten (Kunden, Hersteller wie Nutzer) entfaltet, muss sie unbedingt in ein technologisches und Managementsystem eingebettet sein, das ein Höchstmaß an Transparenz und Flexibilität von Produkten und Herstellungsverfahren, maximal motivierte Mitarbeiter sowie das Null-Fehler-Prinzip (Zero Defects) charakterisiert [15.19].

So tragen beide qualitativ und quantitativ wachsenden Technikfelder weiterhin zum intelligenten Energieverbrauch in einer gesünderen Umwelt bei.

Glossar

AC	Alternating Current (Wechselstrom)
ACS	Alternating Current Synthesizer
ACxx, DCxx	Gebrauchskategorien für Schütze [8–10]
Akku	Akkumulator (Sammler)
AQL-Wert	Accepted Quality Level (akzeptierte Lieferqualität)
ASIC	Application Specific Integrated Circuit (anwendungsorientierter → *IC* mit Logikschaltungen, Mikroprozessoren und Peripherie)
AST	Aufgabenstellung
ATEX	Atmosphères explosibles (frz.)
Best case	Günstigster Fall
CAE	Computer Aided Engineering
Cage Clamp®-Technik	Universelle Verbindungstechnik für alle Leiterarten. Die Quetschverbindung mittels einer Feder arbeitet dauerhaft wartungsfrei und zuverlässig unter härtester mechanischer Belastung und in aggressiver Umgebung
CE-Zeichen	CE Communautè Europèenne, Prüfzeichen der Europäischen Union
Claim-Management	Sicherstellung der Nachforderungen/Zusatzwünsche des Kunden als kostenpflichtige Zusatzleistung in Schriftform
Client-Server-Konzept	Organisationsform des Datenzugriffs; mehrere Rechner und/oder Programme (Clients) greifen auf eine gemeinsame Datenbasis (Server) zu
CSI	Current Source Inverter (Umrichter mit Stromzwischenkreis, induktivitätsgestützt)
DC	Direct Current (Gleichstrom)
Derating	Notwendige Leistungsabnahme/Unterlastung infolge Überschreitens von Umgebungstemperatur, Aufstellungshöhe u. Ä.

Desktop	Fensterorientierte Benutzeroberfläche eines Bediensystems oder eines Personalcomputers (PC; die Oberfläche von Windows heißt Desktop.)
DQS	Deutsche Gesellschaft zur Zertifizierung von Qualitätsmanagementsystemen
Drag-and-Drop	Einfache Programmiermethodik. Das Programmieren wird durch Aufrufen, Verschieben und Verbinden von typisierten Funktionsmodulen auf dem Bildschirm ersetzt.
DS	Drehstrom
DSP	Digital Signal Processor (digitaler Prozessor zum schnellen Verarbeiten numerischer Algorithmen)
E-Commerce	Elektronischer Geschäftsverkehr zum Abwickeln von Geschäftsprozessen (z. B. Handel, Bestellung usw.) per Internet oder über andere offene oder geschlossene Computernetze
Echtzeit	Definierte Antwort auf ein äußeres Ereignis bzw. Ausführung eines Befehls innerhalb einer bestimmten, sehr kurzen Zeit (z. B. Übertragung eines Sollwertes)
Echtzeitsystem	Real time system. Eng am Benutzer orientiertes Softwaresystem, das die Daten simultan zur Erzeugung verarbeitet und deterministische Antworten garantiert. Solche Reaktionsgeschwindigkeiten «in Echtzeit» richten sich nach dem Anwendersystem. So erfordern Antriebsregelungen Reaktionszeiten im µs-Bereich, Temperaturregelungen dagegen nur im Minutenbereich.
EEQ	Elektro-Energie-Qualität
EMV	Elektromagnetische Verträglichkeit (engl.: **EMC** Electromagnetic Compatibility)
ERP	Enterprise Resource Planning System
ESD	Electrostatic Sensitive Device
EVU	Energieversorgungsunternehmen (Synonym für Übertragungsnetz- und/oder Ortsnetzverteilerunternehmen)
FAQ	Frequently Asked Question (häufig gestellte Frage)
FIFO	Speicherprinzip First-in-First-out
Firewall	System aus Soft- und Hardware (Rechner) zum Sichern (bzw. Schutz) des Datenverkehrs zwischen einem privaten Netzwerk (Intranet) und dem öffentlichen Internet
Firmware	Software (Daten und Programme in Festwertspeichern) als fester Bestandteil des gelieferten Antriebs, Kunstwort als Wortspiel aus firm (fest, Firma) und Software

fit	Failure in time (Dimension der Ausfallrate λ in 10^{-9} Ausfällen/h)
FPGA	Field Programmable Gate Array (umprogrammierbarer Logikbaustein hoher Integration und Flexibilität für kurze Entwicklungszeiten und schnelle Verarbeitungsgeschwindigkeiten)
Fuzzy Logic	Unscharfe, mehrwertige Logik (die digitale Logik der Schaltalgebra besitzt die zwei Zustände 1, 0 bzw. L, H)
Gebrauchswertkategorie	Kennzeichnet den Verwendungszweck sowie die Beanspruchung von NS-Schaltgeräten. Besonders wichtig für Schütze und Leistungsschalter. Die Klassifizierung (A, B für Leistungsschalter; ACxx, DCxx) wird von der Anwendung bestimmt
GMR	Giant Magneto-Resistance (diese Technologie nutzt einen Dünnfilmwiderstand aus einer Metalllegierung hoher Spannungsfestigkeit; sein elektrischer Leitwert lässt sich durch ein veränderbares Magnetfeld proportional verändern)
GS	Gleichstrom
GTO	Gate turn off – Thyristor (Abschaltthyristor)
H_2	Wasserstoff; sauberer Energieträger
Hardware	Physischer Teil (→ *ICs*) der rechnergestützten Informationsverarbeitung (harte Ware) zum Bearbeiten und Speichern der → *Software*
Hartmagnet	Permanentmagnet, ersetzt Elektromagnete. Material kommt nicht unter den natürlichen Elementen vor. Dauermagnete bestehen aus ferromagnetischen Legierungen (z. B. FeNiCu, FeNiCuCo), ferromagnetischen Keramiken oder aus Selten-Erd-Magneten
HGÜ	Hochspannungsgleichstromübertragung
HTSL	Hochtemperatursupraleiter (Kupferoxid-Keramiken wie YbaCuO mit $T_c \leq 92$ K, (Bi, Pb) SrCaCuO mit $T_c \leq 110$ K)
HV	Hauptverteiler
Hysteresekurve/ -schleife	Grafischer, nichtlinearer Zusammenhang (Magnetisierungskurve) zwischen den elektromagnetischen Größen Feldstärke H bzw. Durchflutung Θ und Flussdichte B bzw. Fluss ϕ bei magnetischen Materialien; Auf- und Abmagnetisieren verläuft auf unterschiedlichen Wegen und umschließt die Hysteresefläche, sie ist bei → *weichmagnetischen Stoffen* klein, bei → *Hartmagneten* groß. Die Flächengröße ist ein Maß für die Verluste beim Ummagnetisieren. Hystereseschleifen werden auch in der Regelungstechnik realisiert und treten bei mechanischen Reibungsvorgängen auf.
IBS	Inbetriebsetzung
IC (IS)	Integrated Circuit (integrierter Schaltkreis)

IE	Informationselektronik
IEGT	Injection Enhanced Gate Transistor
IGBT	Insulated Gate Bipolar Transistor (Kombination von leistungslos ansteuerbarem Feldeffekttransistor und Bipolartransistor mit geringen Durchgangsverlusten)
IR	Infrarot
Jitter	Relativ kleine Veränderung der Periodendauer einer Impulsfolge; ergibt ein unruhiges Oszillographenbild und führt in einer Regelung zu Ungenauigkeiten
Kabel	Betriebsmittel hoher mechanischer Festigkeit zum Verteilen elektrischer Energie bzw. elektrischen Stroms. Das Leitermaterial ist Kupfer oder Aluminium. Die Isolation der Leiter besteht meist aus halogenfreiem Kunststoff, um bei auftretenden Bränden den Austritt von giftigem Chlor-Wasserstoff und Ruß zu vermeiden. Ihren Aufbau legen einschlägige Normen fest (z.B. IEC 60 050/DIN VDE 0289 Begriffe u.a.). Vorschriften bestimmen gleichfalls die Kennzeichnung sowie die Verlegung und den Schutz.
KUSA	Kurzschlussläufer-Sanftanlauf
KVP	Kontinuierlicher Verbesserungsprozess (der Qualität [15.19])
L10H-Wert	Lebensdauer einer Produktcharge (z.B. ≥ 40 000 h), von der 10 % nach kürzerer Zeit ausfallen dürfen
LAN	Local Area Network (Nahverkehrsnetz bzw. lokales Netz für ein → *Client-Server- Konzept* im Unterschied zum → *WAN*)
LCD	Liquid Crystal Display (Flüssigkristallanzeige; solche Anzeigen leuchten nicht selbst, sondern sie reflektieren das Umgebungslicht oder lassen es durchscheinen).
LE	Leistungselektronik
Leitungen	Betriebsmittel mit niedrigerer mechanischer Festigkeit zum Verteilen elektrischer Energie bzw. elektrischen Stroms. Festlegungen für → *Kabel* gelten sinngemäß für Leitungen.
LH	Lastenheft
LWL	Lichtwellenleiter
MIL STD	Military Standard (US-amerikanische Norm für besonders hohe Anforderungen). Anmerkung: Die Beachtung dieser Vorschriften legt **nicht** die militärische Verwendung (dual-use-products) nahe
MTBF	Mean time between failures (ausfallfreie Zeit)
MTTR	Mean time to repair (Ausfalldauer); wird bei reparierbaren Einheiten zum Instandsetzen oder bei nicht reparierbaren Systemen zum Auswechseln (Ersatz) des defekten Teiles benötigt

Namur	alt: Normenarbeitsgemeinschaft für Mess- und Regeltechnik in der chemischen Industrie; neu: Interessengemeinschaft Prozessleittechnik der chemischen und pharmazeutischen Industrie
NEMP	Nuclear Electromagnetic Pulse
NSA	Niederspannungsschaltanlage
NS-SK	Niederspannungs-Schaltgerätekombination
NTC	Negativer Temperaturkoeffizient
OLE	Object Linking and Embedding
OPC	OLE for Process Control
PDS	Power Drive System
PEHLA	Gesellschaft zur Prüfung elektrischer Hochleistungsapparate (Zusammenschluss von Hochleistungsprüffeldern)
Pg	Panzergewinde
PH	Pflichtenheft
Plant Intelligence	Software, mit der sich die Visualisierung zum leistungsfähigen Front-end-Gerät verändert. Produktionsprozesse werden damit transparenter und «per Mausclick» optimierungsfähig. Kennzeichnend ist die Fähigkeit zum Archivieren umfangreicher Datenmengen sowie zu ihrem Soll-Ist-Vergleich mit daraus abgeleiteten Aktionen.
PPS	Produktionsplanungssystem
Prospektiver Kurzschlussstrom	Ausschließlich durch die Elemente Netz, Transformator, Leitungen u.a. in seiner Größe beeinflusster «metallischer» Kurzschlussstrom, sein tatsächlicher Betrag wird durch die Impedanz der Fehlstelle abgesenkt
PTC	Positiver Temperaturkoeffizient
PWM	Pulsweitenmodulation
QMH	Qualitätsmanagement-Handbuch
QSS	Qualitätssicherungssystem
Qualität	Beschaffenheit des Erzeugnisses, um die definierten Anforderungen während einer bestimmtem Zeit zu erfüllen
RCD	Residual Current Protective Device (FI-Schutzschalter)
RCM	Residual Current Monitor
SCC	Serial Controler Chip; integrierter Schaltkreis (→ *IC*) für die serielle Busschnittstelle
Smart-Power-Bauelemente	Leistungshalbleiter mit auf ihrem Trägermaterial monolithisch integrierten Sensoren, Schutzeinrichtungen u.Ä.

SMES	Superconducting Magnetic Energy Storage
Software	Programm, mit dem eine rechnergestützte Informationsverarbeitung betrieben wird (weiche Ware)
SPS	Speicherprogrammierbare Steuerung
Teleservice	Technische Dienstleistungen für Installation, Parametrisierung, Diagnose, Wartung, Bedienung, Visualisierung von Prozesszuständen u. Ä. aus der Ferne
Thermoelektrischer Generator/ Peltier-Element	Halbleitergeräte, die unmittelbar aus Wärme elektrischen Strom (und umgekehrt) erzeugen. Die dazu gehörenden Peltier-Elemente dienen in Spezialfällen insbesondere in der Antriebstechnik als Wärmepumpe zum Kühlen. Ihr Wirkungsgrad ist im Vergleich zur Kompressor-Wärmepumpe niedriger.
TQM	Total Quality Management (umfassendes Qualitätsmanagementsystem)
Transputer	Mikroprozessor; werden mehrere solcher hochintegrierter → *ICs* miteinander verbunden, lassen sich Algorithmen nicht seriell, sondern parallel bearbeiten. Transputer sind eine Hardware-Voraussetzung für besonders schnelle → *Echtzeitsysteme* und Systeme der künstlichen Intelligenz (KI).
UPS	Uninterruptable Power Supply (→ *USV*)
USK	Untersynchrone Stromrichterkaskade
USV	Unterbrechungsfreie Stromversorgung (→ *UPS)*
UV	Unterverteiler
VG-Norm	Verteidigungsgerätenorm (für Produkte militärischer Systeme)
VSI	Voltage Source Inverter (Umrichter mit Spannungszwischenkreis, kondensatorgestützt)
WAN	Wide Area Network (Weitverkehrsnetz; die Teilnehmer nutzen wegen ihrer großen Entfernung für die Datenübertragung öffentliche Dienste)
Weichmagnet	Elektromagnet, wird von stromdurchflossenen Spulen magnetisiert. Dazu zählen die Ferromagnetika Eisen, Nickel, Kobalt.
Worst case	Ungünstigster Fall
WWW	World Wide Web
ZKSS	Zweikreiskühlsystem
Zuverlässigkeit	Beschaffenheit eines Produktes zum Erfüllen des Verwendungszweckes («Fitness to use»)

Formelzeichenverzeichnis

X	Effektiv-, Mittelwert
x	Momentan-, Augenblickswert
$\boldsymbol{X}$, $\boldsymbol{\chi}$	gerichtete Größe, Vektor

e	elektromotorische Kraft
f	Frequenz
F, f	Kraft
I	Strom
L	Induktivität
M, m	Drehmoment
N, n	Drehzahl, Umlauffrequenz
P, p	Wirkleistung
p, z_p	Polpaarzahl
R	Rückflussdauer, Reineinkommenszuwachs
S	Scheinleistung
t	Betriebszeit, Zeit
T	Tastzeit
T	Temperatur
U	Spannung
v	Geschwindigkeit
W	Energie
X	Reaktanz

Griechische Buchstaben

∂	Temperatur
Δ	Differenz
Ω, ω	Winkelgeschwindigkeit
Φ, φ	magnetischer Fluss
η	Wirkungsgrad
τ	Zeitkonstante
α	Drehwinkel, Winkelschritt, Zündwinkel
ε	Energieeffizienz
λ	Ausfallrate

Indizes

A	Anker-, Arbeitsmaschine
a	außen
Bem	Bemessungs-
e	Bemessungs-, Betriebs-
er	Erreger-
Grenz, G	Grenz-
i	innen
i	Isolation
imp	Impuls
kin	kinetisch
M, mech	mechanisch, Motor-
max	maximal
min	minimal
n	Nenn-, Bemessungs-
pot	potenziell
r	Rotor, Läufer
s	Stator, Ständer
v, vor	Verlust-, Vorschalt-
W	Widerstands-

Literatur- und Quellenverzeichnis

A Nachschlagewerke

PHILLIPPOW, E.: *Taschenbuch Elektrotechnik in 6 Bänden*. Berlin: VEB Verlag Technik, 1976.

BÖSE, W. (Hrsg): *Vieweg Handbuch Elektrotechnik*. Braunschweig, Wiesbaden: Friedr. Vieweg & Sohn Verlagsgesellschaft mbH, 1998.

BULKA, H. D.: *Lexikon PC & EDV*. Kaarst: bhv Verlag Bürohandels- und Verlagsgesellschaft mbH, 1999.

CZICHOS, H. (Hrsg): *Hütte – Die Grundlagen der Ingenieurwissenschaften*. 31., neubearbeitete und erweiterte Auflage. Heidelberg: Springer Verlag, 2000.

PHILLIPPOW, E.: *Grundlagen der Elektrotechnik*. 10., durchgesehene und ergänzte Auflage (BONFIG, K. W.; BECKER, W.-J.). Berlin: Verlag Technik, 2000.

WALDNER, P.: *Kompendium der Elektrotechnik & Elektronik*. 2. Auflage. Düsseldorf: Werner Verlag GmbH & Co. KG, 2000.

BEILZ, W.; GROTE K.-W. (Hrsg): *Dubbel – Taschenbuch für den Maschinenbau* (zwei Bände). 20., neubearbeitete und erweiterte Auflage. Heidelberg: Springer Verlag, 2001.

SCHIMPF, C.-A., u.a.: *Lexikon Computer und Informationstechnik*. Lexikon-Institut Bertelsmann (Hrsg). Gütersloh/München: Bertelsmann Lexikon Verlag GmbH, 2001.

FALK, K.: *Ein Lexikon für die Praxis*. Berlin und Offenbach: VDE-Verlag GmbH, 1997.

B Fachbücher

Grundlagen

[1] SCHÖNFELD, H.: *Die wissenschaftlichen Grundlagen der Elektrotechnik*. Berlin: Springer Verlag, 1960.

[2] LUNZE, K.: *Einführung in die Elektrotechnik*, Lehrbuch. Berlin: Verlag Technik, 1991.

[3] LUNZE, K.; WAGNER, E.: *Einführung in die Elektrotechnik*, Arbeitsbuch. Berlin: Verlag Technik, 1991.

[4] KÜPFMÜLLER, K.: *Einführung in die theoretische Elektrotechnik*. Berlin: Springer Verlag, 1990.

[5] KÜPFMÜLLER, K.; KOHN, G.: *Theoretische Elektrotechnik und Elektronik*. Berlin: Springer Verlag, 1993.

[6] MIERDEL, G.; WAGNER, S.: *Aufgaben zur theoretischen Elektrotechnik*. Berlin: VEB Verlag Technik, 1961.

[7] LEONHARDT, E.: *Grundlagen der Digitaltechnik*. München, Wien: Carl Hanser Verlag: 1976.

Niederspannungstechnik

[8] Siemens AG (Hrsg.): *Schalten, Schützen, Verteilen in Niederspannungsnetzen*. 4., wesentlich überarbeitete und erweiterte Auflage. Berlin/München: Siemens AG, 1997.

[9] GREMMEL, H. (Hrsg. für ABB): *Schaltanlagen* (ABB Taschenbuch). 10., neubearbeitete Auflage. Berlin: Cornelsen Verlag 1999.

[10] SEIP, G.G., Siemens AG (Hrsg.): *Elektrische Installationstechnik*. 4. Auflage. Erlangen/München: Publicis MCD Verlag, 2000.

[11] SCHLABBACH, J.: *Elektroenergieversorgung*. Berlin und Offenbach: VDE-Verlag GmbH, 1995.

Elektrische Maschinen

[12] KOVÁCS, K.P.; RACZ, I.: *Transiente Vorgänge in Wechselstrommaschinen* (2 Bände). Budapest: Verlag der ungarischen Akademie der Wissenschaften, 1959.

[13] MÜLLER, G.: *Theorie rotierender elektrischer Maschinen.* 4. unveränderte Auflage. Berlin: VEB Verlag Technik, 1977.

[14] LUDA, G.: *Drehstrom-Asynchron-Linearantriebe.* Würzburg: Vogel Buchverlag, 1981.

[15] MÜLLER, G.: *Elektrische Maschinen – Grundlagen, Aufbau und Wirkungsweise.* 7., bearbeitete Auflage. Berlin: VEB Verlag Technik, 1989.

[16] MÜLLER, G.: *Elektrische Maschinen Betriebsverhalten rotierender elektrischer Maschinen.* 2., durchgesehene Auflage. Berlin/Offenbach: VDE-Verlag GmbH, 1990.

[17] FISCHER, R.: *Elektrische Maschinen.* 9., überbearbeitete und erweiterte Auflage. München/ Wien: Carl Hanser Verlag, 1995.

[18] CONSTANTINESCU-SIMON, L., u.a.: *Elektrische Maschinen und Antriebssysteme.* Wiesbaden: Friedr. Vieweg & Sohn Verlagsgesellschaft mbH, 1999.

[19] KÜMMEL, E.: *Elektrische Antriebstechnik*, Teil 1 Elektrische Maschinen. Berlin/Offenbach: VDE-Verlag GmbH, 1986.

Antriebstechnik

[20] SCHÖNFELD, R.; HABIGER, E.: *Automatisierte Antriebe.* 3., stark bearbeitete Auflage. Berlin/ München: Verlag Technik, 1990.

[21] SCHÖNFELD, R.: *Steuerungen und Regelungen in der Elektrotechnik.* 1. Auflage. Berlin/München: Verlag Technik 1993.

[22] VOGEL, J., u.a.: *Elektrische Antriebstechnik.* 6., vollständig überarbeitete Auflage. Heidelberg: Hüthig Verlag, 1998.

[23] ISERMANN, R.: *Mechatronische Systeme – Grundlagen.* Berlin/Heidelberg: Springer-Verlag, 1999.

[24] SCHÖNFELD, R.: *Elektrische Antriebe.* Berlin/Heidelberg: Springer Verlag, 1995.

[25] BROSCH, P. F.: *Moderne Stromrichterantriebe.* 3., überarbeitete Auflage. Würzburg: Vogel Buchverlag, 1998.

[26] SEEFRIED, E.; MÜLLER, G.: *Frequenzgesteuerte Drehstrom-Asynchronantriebe.* 2., bearbeitete Auflage. Berlin/München: Verlag Technik, 1992.

[27] LEONHARD, W.: *Regelung elektrischer Antriebe.* 2., völlig überbearbeitete und erweiterte Auflage. Berlin/Heidelberg/New York: Springer Verlag, 2000.

[28] BROSCH, P. F.: *Moderne Stromrichterantriebe.* 3., überarbeitete Auflage. Würzburg: Vogel Buchverlag, 1998.

[29] SCHÖNFELD, R.: *Digitale Regelung elektrischer Antriebe.* Berlin/München: Verlag Technik, 1988.

[30] KÜMMEL, E.: *Elektrische Antriebstechnik*, Teil 3: Antriebsregelung. Berlin/Offenbach: VDE-Verlag GmbH, 1998 (T. 1 Elektrische Maschinen).

Leistungselektronik

[31] JÄGER, R.; STEIN, E.: *Leistungselektronik.* 5. Auflage. Berlin/Offenbach: VDE-Verlag GmbH, 2000.

[32] LAPPE, R.; CONRAD, H.; KRONBERG, M.: *Leistungselektronik.* 2. Auflage. Berlin: Verlag Technik, 1991.

[33] KÜMMEL, E.: *Elektrische Antriebstechnik*, Teil 2: Leistungsstellglieder. Berlin/Offenbach: VDE-Verlag GmbH, 1986.

[34] LAPPE, R. (Hrsg.): *Handbuch Leistungselektronik.* 5., stark bearbeitete Auflage. Berlin/ München: Verlag Technik, 1994.

[35] WASSERRAB, T.: *Schaltungslehre der Stromrichtertechnik.* Berlin: Springer Verlag, 1962.

[36] MÖLTGEN, G.: *Stromrichtertechnik.* Berlin: Siemens AG, 1983.

[37] HEUMANN, K.: *Grundlagen der Leistungselektronik.* 6. Auflage. Stuttgart: B. G. Teubner Verlag, 1996.

Elektromagnetische Verträglichkeit
[38] STOLL, A.: *Elektromagnetische Verträglichkeit.* Berlin: Elitera-Verlag, 1976.
[39] BÜCHNER, P.: *Stromrichter-Netzrückwirkungen und ihre Beherrschung.* Leipzig: VEB Deutscher Verlag, 1982.
[40] HABIGER, E. (Hrsg.): *Handbuch Elektromagnetische Verträglichkeit.* Berlin/Offenbach: VDE-Verlag GmbH, 1987.
[41] SCHWAB, A.: *Elektromagnetische Verträglichkeit.* 4. Auflage. Berlin: Springer Verlag, 1996.
[42] KLOSS, A.: *Oberschwingungen. Netzrückwirkungen der Leistungselektronik.* 2. Auflage. Berlin/Offenbach: VDE-Verlag GmbH, 1996.
[43] KOHLING, A. (Hrsg.): *EMV von Gebäuden, Anlagen und Geräten.* Berlin/Offenbach: VDE-Verlag GmbH, 1998.

C Zeitschriften u. a.

[0.1] GRÜNBERG, J.; WENKE, I.-G-: *Arbeitsmarkt Elektrotechnik Informationstechnik 2003.* 11. Auflage. Berlin und Offenbach: VDE-Verlag GmbH, 2003.
[0.2] CUBE, F. v.: *Lust an Leistung.* 2. Auflage. Zürich, München: Piper Verlag GmbH 1998.
[0.3] DUDDECK, H.; MITTELSTRASS, J. (Hrsg.): *Die Sprachlosigkeit der Ingenieure* (Ladenburger Diskurs der Gottlieb-Daimler-und-Karl-Benz-Stiftung). Opladen: Leske + Budrich, 1999.

[1.1] STEINBUCH, K.: Vom Werkzeug zum Denkzeug. *rtp 22 (1980)* H. 12, S. 430–436.
[1.2] FÄRBER, G.: Stand und Tendenzen der Mikroprozessor-Technologie. *rtp 21 (1979)* H. 4, S. 89–96.
[1.3] ZEMANEK, H.: Wird der Computer die Technik vermenschlichen? *Elektrotechnik und Maschinenbau 100 (1983)* H. 11, S. 448–458.
[1.4] WEIZSÄCKER, E. U. v., u.a.: *Faktor VIER. Doppelter Wohlstand – halbierter Naturverbrauch.* Der neue Bericht an den CLUB OF ROME. München: Droemersche Verlagsanstalt Th. Knaur Nachf., 1997.
[1.5] Keine Exponentialfunktion hält ewig, aber das Ende kann verzögert werden. *Markt & Technik (2003)* H. 12, S. 14–15.
[1.6] Alternativen zu Silizium haben fast keine Chance. *Markt & Technik (2003)* H. 12, S. 26–9.
[1.7] ENSTE, U.; HÜBNER, I.: Perspektiven der Leittechnik. *etz 124 (2003)* H. 1–2, S. 6–7.
[1.8] Hanns-Seidel-Stiftung e.V., VDE (Hrsg.): *Der Mensch und die Zukunftstechnologien.* Technologiepolitik für die nächste Generation. München, Frankfurt/Main: 2001.
[1.9] (Hrsg. ZVEI, FV Stromrichter): Energieeinsparung durch drehzahlveränderliche Antriebe. *etz 101 (1980)* H. 5, S. 282–284.
[1.10] DIEHL, R.: Rationelle Nutzung der Elektroenergie in der Antriebstechnik. *Stahl + Eisen 103 (1983)* H. 12, S. 593–598.
[1.11] *Energiesparen mit elektrischen Antrieben – Einsparpotentiale in Milliardenhöhe.* ZVEI Frankfurt am Main, Fachverband Elektrische Antriebe, August 1999.
[1.12] Internet steigert Stromverbrauch. *Spiegel (2003)* H. 5, S. 21.
[1.13] Financial Times Deutschland v. 21.1.2003 (www.ftd.de/ranking) und Pricewaterhouse-Coopers, Umfrage v. Nov. 2002 in 20 Ländern.
[1.14] PRINCE, D. C.: The inverter. *General Electric Rev. 28 (1925),* S. 676–681.
[1.15] WILLIS, C. W.: Harmonic commutation for thyratron inverters and rectifiers. *General Electric Rev. 35 (1932),* S. 632–638.
[1.16] ABRAHAM, L.; KOPPELMANN, F.: Die Zwangskommutierung, ein neuer Zweig der Stromrichtertechnik. *ETZ-A 87 (1966)* 18, S. 649–658.
[1.17] JÄGER, K. (Hrsg.): *Die Entwicklung der Starkstromtechnik in Deutschland Teil 2: Von 1890 bis 1920.* Berlin und Offenbach: VDE-Verlag GmbH, 1991.
[1.18] ANSCHÜTZ, H.: *Geschichte der Stromrichtertechnik mit Quecksilberdampfgefäßen.* Berlin und Offenbach: VDE-Verlag GmbH, 1985.

[1.19] Jäger, K. (Hrsg.): *Alles bewegt sich.* Beiträge zur Geschichte elektrischer Antriebe. Berlin und Offenbach: VDE-Verlag GmbH, 1998.

[1.20] Feldenkirchen, W. (Hrsg.): *150 Jahre Siemens.* Das Unternehmen von 1847 bis 1997. München: Siemens Forum, 1997.

[1.21] ABB AG (Hrsg.): *Spannungswechsel.* Das Buch zum 100-jährigen Jubiläum der deutschen ABB. Mannheim: ABB AG, 2000.

[1.22] Kloss, A.: *Auf den Spuren der Leistungselektronik.* Berlin und Offenbach: VDE-Verlag GmbH, 1990.

[1.23] Entwicklungsgeschichtlich bedeutsame Zeitschriften-Spezialausgaben:
AEG-Mitteilungen Leistungselektronik I, II 56 (1966) H. 6 und 7.
Siemens-Zeitschrift Motoren für elektrische Antriebe 40 (1966) Oktober.
VEM-Mitteilungen Energieelektronik, Ausgabe Februar 1967.
Brown-Boveri-Mitt. Umrichtertechnik 51 (1964) H. 8/9.
Brown-Boveri-Mitt. Antriebstechnik 54 (1967) H. 5/6.
BBC-Nachrichten 46 (1964) H. 12.
BBC-Nachrichten 48 (1968) H. 1.
EPE Journal 1 (1991) H. July.

[1.24] Sander, H.; Pietsch, O.: Der VEM-Kompaktmotor – ein wechselstromgespeister Antrieb mit Drehzahlregelung. *Elektrie 23 (1969)* H. 7, S. 300–301.

[1.25] Leonhard, W.: 30 Years Space Vectors, 20 Years Field Orientation, 10 Years Digital Signal Processing with Controlled AC-Drives, a Review. Part1 *EPE Journal 1 (1991)* July, p. 13–20; Part 2 *EPE Journal 1 (1991)* August, p. 89–102.

[1.26] Storm, H.F.: *Magnetic Amplifiers.* New York und London: Verlag John Wiley & Sons lnc. and Chapman and Hall, 1955.

[1.27] Bedford, B. D.; Hoft, R. G.: *Grundlagen der Umrichtertechnik.* New York: Verlag John Wiley & Sons lnc., 1964.

[1.28] Krause, J.: *Frequenzsteuerung eines asynchronen, hochtourigen Schleispindelantriebs.* XI. Internationales Wissenschaftliches Kolloquium Vortragsheft 2 Ilmenau: 1966, S. 57–65; Statischer Umrichter mit Gleichstromzwischenkreis zur Drehzahlsteuerung von Drehstrom-Asynchronmotoren über die Ständerfrequenz. *Elektrie 22 (1968)* H. 6, S. 239–24.

[1.29] Leonhard, A.: *Die selbsttätige Regelung in der Elektrotechnik.* Berlin: Verlag Julius Springer, 1949.

[1.30] Grubba, K. (Hrsg.): *VEM-Handbuch Prozeßsteuerungstechnik.* 2., durchgesehene Auflage Berlin: VEB Verlag Technik, 1988.

[1.31] Krause, J.: Entwurf und Realisierung von Prozeßsteuerungen. *Elektrie 34 (1989)* H. 7, S. 269–275, 278.

[1.32] Pikulitzki, G.: Energieverteilungen ohne Probleme selbst dimensionieren. *etz 121 (2000)* H. 15, S. 22–23.

[1.33] *SIMARIS deSign DEMO Musterversion.* Siemens AG Order No.: 2GP1801-0AA01-0Ya0. Erlangen: 06/2002.

[1.34] www. striebelundjohn.de.

[1.35] Goethe, J. W. von: *Der Versuch als Vermittler von Objekt und Subjekt – Essay.*

[1.36] Anbieterplattform zu e-learning: www.eLearning.de.

[1.37] Köhler-Frost, W. (Hrsg.): *E-Business realisieren.* Berlin: KS-Energy Verlag, 2000.

[1.38] Heinze, R.: E-Business wird zum Business. *etz 122 (2001)* H. 5, S. 48–50.

[1.39] Ullrich, T.: Konfigurationssysteme spielen zentrale Rolle im E-Business. *etz 121 (2000)* H. 7–8, S. 52.

[1.40] *Elektronischer Geschäftsverkehr · Electronic Business · Datenaustausch.* Frankfurt/Main: ZVEI 2001.

[1.41] Winzerling, W.: *E-Business-Technik.* Berlin und Offenbach: VDE-Verlag GmbH, 2002.

[1.42] *Technischer Katalog CompAC.* Mannheim: ABB Automation Products 16.3.2001; www.comp-ac.com/de/.

[1.43] www.jeanmüller.de.
[1.44] www.zvei.org/antriebe/lieferantenverzeichnis.
[1.45] Voss, G.: *Ausblick auf die Entwicklung des NS-Marktes und seines technischen Fortschritts.* VDE-Fachtagung für Niederspannungs-Schaltanlagen- und -Gerätetechnik, Mannheim, 1999.
[1.46] www.frost.com/prod/corpnews.nsf.
[1.47] Nefiodow, L. N.: *Der sechste Kondratieff.* 5. Auflage. St. Augustin: Rhein-Sieg-Verlag, 2001.
[1.48] www.abb.de; www.abb.com.
[1.49] www.siemens.de; www.siemens.com.
[1.50] *Elektrische Antriebe. Jahresbericht 2000.* Frankfurt/Main: ZVEI 2000.
[1.51] Tschischka, W.: Contracting – Zukunftsfeld für das Elektrohandwerk. *Elektropraktiker 53 (1999)* H. 6, S. 524–529.
[1.52] Elektromotoren und Stromrichter. Die elektrische Antriebstechnik in Deutschland. Frankfurt/Main: ZVEI 1998.
[1.53] Herrmann, C.: Ökobilanzen und ganzheitliche Bilanzierung in der Elektronik. *Elektronik 53 (2004)*, H. 2, S.46–54.
[1.54] Hurter, T.; Horak, P.: Schach mit Patenten. *Technology Review (deutsche Lizenzausgabe des M.I.T.-Magazins) (2004)* Juni, S. 20–33.

[2.1] Berufsgenossenschaft für Feinmechanik und Elektrotechnik (BGFE): *BGV A2 (VGB 4).* Unfallverhütungsvorschrift für elektrische Anlagen und Betriebsmittel v. 1.4.1979, aktualisierte Fassung 1998. Vgl. auch Gothsch, H.: *VGB 4 Elektrische Anlagen und Betriebsmittel.* 5. Auflage. Köln: BGFE, 1999.
[2.2] DIN EN 60 439 Teil 1 (VDE 0660 Teil 500; EN 60 439-1, IEC 60439-1: 1999 + Korrigendum 1993): *2000-08 Niederspannungs-Schaltgerätekombinationen. Typgeprüfte und partiell typgeprüfte Kombinationen. Teil 2: Besondere Anforderungen an Schienenverteiler 7/93.*
[2.3] Zentgraf, L.: *Niederspannungs-Schaltgerätekombinationen. Erläuterungen zu DIN EN 60 439 Teil 1 (VDE 0660 Teil 500): 1994-04.* VDE-Schriftenreihe Band 28. 2., komplett überarbeitete Auflage Berlin, Offenbach: VDE-Verlag 2000.
[2.4] ZVEH (Hrsg.*): Leitfaden zur Anwendung der DIN EN 60 439 Teil 1 (VDE 0660 Teil 500), Stand 6/2001.*
[2.5] DIN EN 60 445 (IEC 60 445): *1990 Kennzeichnung der Anschlüsse elektrischer Betriebsmittel und einiger bestimmter Leiter; Allgemeine Regeln für ein alphanumerisches Kennzeichnungssystem.*
[2.6] N.N.: Marktübersicht. *etz 124 (2003)* H. 23–24, S. 24–2.
[2.7] www.abb.de.com
[2.8] www.greiner-online.net; Schildknecht, J.: Schaltanlagen in Stecktechnik – kundengerecht und kostenoptimiert. *etz 124 (2003)* H. 23–24, S. 16.
[2.9] Mall, H.-G., u. a.: Richtig verdrosselt – gut geschützt. *etz 119 (1998)* H. 9–10, S. 20.
[2.10] *Niederspannungsrichtlinie 73/23/EWG.* Richtlinie des Rates vom 19. Februar 1973 zur Angleichung der Rechtsvorschriften der Mitgliedsstaaten betreffend elektrischer Betriebsmittel zur Verwendung innerhalb bestimmter Spannungsgrenzen; ABl. EG L 77 vom 26. 3. 1973.
[2.11] Barz, N.; Moritz D.: EG-Niederspannungsrichtlinie. *VDE-Schriftenreihe Band 69.* 2. Auflage. Berlin, Offenbach: VDE-Verlag 2001.
[2.12] Gesetz über technische Arbeitsmittel (Gerätesicherheitsgesetz GSG – Umsetzung der EG-Richtlinien in nationales Recht) mit 1. Verordnung zum GSG (1. GSGV – Verordnung über das Inverkehrbringen elektrischer Betriebsmittel zur Verwendung innerhalb bestimmter Spannungsgrenzen v. 11.Juni 1979, BGBl. I S. 629, in der Fassung vom 28.995, BGBl. I S. 1213.
[2.13] Richtlinie 89/336/EWG des Rates vom 3. Mai 1989 über die elektromagnetische Verträglichkeit; ABl. EG L 139 vom 23.5.1989, geändert durch die Richtlinie 91/263/EWG (ABl. EG L 128 vom 12.5.1992) und 92/31/EWG (ABl. EG L 220 vom 30.8.1993).

[2.14] EMV-Gesetz EMVG vom 9.11.92, in der 2. Novellierung vom 18.9.1998.
[2.15] GARVERT, D.: Die zweite Novelle des EMV-Gesetzes. *EMC Journal (1999)* H. 1, S. 58–60.
[2.16] Gesetz über die Haftung für fehlerhafte Produkte (Produkthaftungsgesetz ProdHaftG) v. 15. Dezember 1989 (BGBl. I S. 1478, letzte Änderung BGBl. I S. 1478; BGB Beck-Texte im dtv. 50. Auflage. München: dtv, 2002.
[2.17] ZVEI: *Technische Harmonisierung.* Sammlung der EG-Richtlinien nach der neuen Konzeption. Frankfurt/Main: 1993.
[2.18] *CE-Kennzeichnungsrichtlinie 93/68/EWG.*
[2.19] ZVEI: CE-Kennzeichnung. ZVEI-Mitt. 21/94.
[2.20] KIEFER, G.: *VDE 100 und die Praxis.* 10. Auflage. Berlin, Offenbach: VDE-Verlag 2001.
[2.21] DIN 43 673 T. 1 und 2: *Stromschienen-Bohrungen und Verschraubungen. Stromschienen mit Rechteckquerschnitt; T. 2: Stromschienen-Bohrungen und Verschraubungen. Stromschienen mit U-Querschnitt.*
[2.22] MÜLLER, D.: Schaltschränke für Nordamerika – der Weg zur UL-Listung. *etz 123 (2002)* H. 19, S. 32–33.
[2.23] DÖRFER, K.: Aktuelles über Stromschienenverschraubungen. *Elektrizitätswirtschaft 78 (1979)* H. 2, S. 34–37.
[2.24] Übertemperaturbestimmung in Schaltschränken. Aarau: *Elektrotechnik, 41 (1990)* H. 10, S. 47–54.
[2.25] VDE 0660 Teil 507: *Verfahren zur Ermittlung der Erwärmung von partiell typgeprüften Niederspannungs-Schaltgerätekombinationen.*
[2.26] DIN 40 200: *Nennwert, Grenzwert, Bemessungswert, Bemessungsdaten; Begriffe.*
[2.27] IEC/EN 60 947 – 1 *Low-voltage switchgear and controlgear* Part 1: General rules 1988 (Corrigendum 1992).
[2.28] KRAUSE, J.: Mikrorechner zur Steuerung und Regelung elektrischer Antriebe. *Elektrie 36 (1982)* H. 1, S. 20–21.
[2.29] *Systemschränke Schrankklimatisierung.* Katalog NV 21.3 1995, Siemens AG.
[2.30] Muster-Leitungsanlagen-Richtlinie (MLAR), März 2000.
[2.31] EN 60 529/IEC 60 529/DIN VDE 0470-1: *Schutzarten durch Gehäuse (IP-Code).*
[2.32] DIN 50 010: *Klimate und ihre technische Anwendung; Klimabegriffe.* T. 1: Allgemeine Klimabegriffe; T. 2: Physikalische Klimabegriffe.
[2.33] DIN VDE 0100 T. 720 *Errichten von Starkstromanlagen mit Nennspannungen bis 1000 V; Feuergefährdete Betriebsstätten.*
DIN VDE 0165 *Elektrische Betriebsmittel für gasexplosionsgefährdete Bereiche.*
DIN VDE 0170: *Elektrische Betriebsmittel für explosionsgefährdete Bereiche.*
DIN VDE 0101: *Starkstromanlgen mit Nennspannungen über 1 kV.*
DIN VDE 0166: *Errichten elektrischer Anlagen in durch explosionsgefährliche Stoffe gefährdeten Bereichen u.a.*
[2.34] SCHÄFER, E.: *Zuverlässigkeit von Mess- und Automatisierungseinrichtungen.* München/Wien: Verlag Hanser, 1984.
[2.35] FISCHER, X., u.a.: *Störfestigkeitsprüfungen.* München: Franzis-Verlag.
[2.36] HASSE, P.: *Überspannungsschutz von Niederspannungsanlagen – Einsatz elektronischer Geräte auch bei direkten Blitzeinschlägen.* 4., vollständig überbearbeitete und erweiterte Auflage. Köln: Verlag TÜV Rheinland 1998.
[2.37] HASSE, P.: *Optimierung von Blitz- und Überspannungsschutz für Gebäude und Anlagen.* BUILDING PERFORMANCE Internationaler Congress für Licht und Elektrotechnik, Klimatechnik und Gebäudeautomation, Forum 2 Frankfurt/Main 2000. Congressband.
[2.38] www.phoenixcontact.de.
[2.39] FRITZEMEIER, B.: Blitzstrom- und Überspannungsableiter in 400/690-V-Netzen. *etz 122 (2001)* H. 22, S. 34–35.
[2.40] VOSS, G.: NS-Schaltanlagen: Die Zukunft gehört der sicherungslosen Stromverteilung. *etz 119 (1998)* H. 3–4, S. 48–50.
[2.41] DIN VDE 0660 Teil 302: *Schaltgeräte; Thermischer Maschinenschutz für umlaufende elektrische Maschinen; Temperaturfühler und Auslösegeräte.* DIN VDE 0660 Teil 303:

Schaltgeräte; Thermischer Maschinenschutz für umlaufende elektrische Maschinen; Kaltleiter-Temperaturfühler und Auslösegeräte.
[2.42] GRAFE, V.; HARTUNG, K.-H.: I_S-Begrenzer – Kurzschlussströme sicher begrenzen. *Elektrizitätswirtschaft 96 (1997)* H. 14, S. 720–724.
[2.43] HOFHEINZ, W.: *Fehlerstrom-Überwachung in elektrischen Anlagen.* Berlin, Offenbach: VDE-Verlag 1998.
[2.44] *Mehr Sicherheit durch Fehlerstrom-Schutzschalter.* Siemens Bestell-Nr. E20001-P311-A17.
[2.45] Beiblatt 2 zu DIN EN 60 439-1 [2.2]. *Technischer Bericht: Verfahren für die Prüfung unter Störlichtbogenbedingungen*, Oktober 1997 und März 2001.
[2.46] BERND, G.: *Personen und Anlagenschutz in Niederspannungsschaltgerätekombinationen.* Frankfurt/Main: ZVEI.
[2.47] BOROS, F.; LANGER, T.: Sekundäre Störlichtbögen – Schutzsysteme in elektrischen Anlagen. *s+s report (1996)* H. 2, S. 20–23 (Sonderdruck aus der Fachpresse. Klöckner Moeller).
[2.48] SCHMIDT, W.-D.: *Sensorschaltungstechnik.* 2., überarbeitete und erweiterte Auflage. Würzburg: Vogel Buchverlag, 2002.
[2.49] KÖNEN, P.-L.: *Moderner Lichtbogenschutz.* Sonderdruck aus der Fachpresse. Klöckner Moeller.
[2.50] Empfehlung zur Störlichtbogenprüfung von Mittelspannungsanlagen/-felder PEHLA-Vorschrift Nr. 2/4.
[2.51] SCHMIDT, F.: *Brandschutz in der Elektroinstallation.* 2., bearbeitete Auflage. Berlin: Verlag Technik 1997.
[2.52] RÜBSAM, H. J.: *Einsatz von Kunststoffen in der Elektrotechnik.* Fachbericht. Meerbusch, September 1996.
[2.53] VdS 2025: *Richtlinien zur Schadensverhütung an Kabel- und Leitungsanlagen.* 09/94.
[2.54] DIN VDE 0304 Teil 3: *Thermische Eigenschaften von Isolierstoffen.* 09/85.
[2.55] DIN EN 61 082: *Dokumente der Elektrotechnik.*
[2.56] DIN 4102: *Brandverhalten von Baustoffen und Bauteilen.*
[2.57] IEC 61 641: *Enclosed low-voltage switchgear and controlgear assemblies – Guide for testing under conditions of arcing due an internal fault.* 1996-0.
[2.58] LEHNERTZ, A.; VOSS, G.: Brandversuche an einem Kunststoff-Schaltfeld. *etz 124 (2003)* H. 11–12, S. 24–28.
[2.59] GÜNAYDIN, F.: Lichtbogensicherheit von NS-Schaltanlagen. *building&automation 9 (2003)* H. 2, S. 24–25.
[2.60] LOHREY, H.: Schaltschrank-Erdung und Potenzialausgleich: Praxis-Tipps zur EMV-gerechten Installation. *building&automation 3 (2003)* H. 3, S. 36–38.
[2.61] BESSEI, H.; SCHLEHUBER, G.: Die Zukunft der Schmelzsicherungen. *etz 119 (1998)* H. 16, S. 56–57.
[2.62] BERGER, S. u. a.: Kurzschließer mit Treibladung für Störlichtbogenschutz. *etz 120 (1999)* H. 7–8, S. 82–84.
[2.63] DIN EN 50 014: *Explosionsschutz elektrischer Maschinen.*
[2.64] DIN VDE 0170/0171: *Elektrische Betriebsmittel für explosionsgefährdete Bereiche.*
[2.65] Ex-Arbeitsschutzrichtlinie 1999/92/EG (VDE 0165/1991 ist ungültig).
[2.66] Ex-Hersteller-Richtlinie 94/9/EG (ATEX 95).
[2.67] LUMME, R.: Schaltgeräte für den Ex-Schutz. *etz 124 (2003)* H. 9, S. 46–49.
[2.68] KARSTEN, H.; MEWES, R.: Die neue Betriebssicherheitsordnung. *Sicher ist Sicher (2000)* H. 7/8, S. 305–314.
[2.69] KÖNEN, P.-L.: Personen- und Anlagenschutz im Störlichtbogenfall. *building&automation 9 (2003)* H. 5, S. 26–29.
[2.70] PESTER, J.: *Explosionsschutz elektrischer Anlagen.* 1. Auflage. Berlin/Offenbach: Verlag Technik Berlin/VDE-Verlag GmbH, 1998.
[2.71] www.natus.de.
[2.72] www.abb.com/mns.
[2.73] www.siemens.com/sivacon.

[2.74] www.hensel-electric.de.
[2.75] www.rolf-janssen.de.
[2.76] Eitge, F.-J.: Aufwärtskompatibilität im Schaltanlagenbau. *etz 121 (2000)* H. 7–8, S. 16–17.
[2.77] Hensgen, F.: Auf der Gewinnerseite stehen. *industrie-service (2003)* H. 6, S. 12–13.
[2.78] *RIBOOK Handbuch*. Herborn: Rittal-Werk Rudolf-Loh GmbH & Co. 04/2003.
[2.79] www.elek.de.
[2.80] *Wichtige Daten für Schaltschrankexperten*. Herborn: Rittal-Werk Rudolf-Loh-GmbH & Co., 1998.
[2.81] www.sps-berlin.de.
[2.82] Ziegler, U.: Betriebserwärmung in isolierstoffgekapselten IP6-5-Schaltanlagen. *etz 123 (2002)* H. 17, S. 22–2 7.
[2.83] Garsztka, D.: Schienensysteme für die Stromversorgung in Industrie und Gebäuden. *Elektropraktiker 53 (1999)* H.12, S. 1117–1121.
[2.84] www.groupe-schneider.de.
[2.85] www.wieland.de.
[2.86] Stempfle, G.: *ECOFAST – Offene Systemlösung für schaltschranklose Dezentralisierung*. VDE-Kongress 2002. Fachtagungsberichte ITG/ETG Bd. 1. Berlin/Offenbach: VDE-Verlag 2002, S. 531–543.
[2.87] Nass, A.: Auswirkungen dezentraler Automatisierung auf die Energieversorgung. *etz 119 (2002)* H. 21, S. 36–41.
[2.88] Bruns, R.: Prozessleittechnik für Energiemanagement. *etz 119 (1998)* H. 11, S. 8–9.
[2.89] Last abwerfen – Kosten sparen. *EET 43 (1998)* H. 1, S. 28–29.
[2.90] Auer, E.: Energie- und Betriebsmanagement für Kliniken und Krankenhäuser. *etz 123 (2002)* H. 15, S. 16–19.
[2.91] Müller, A.; Ringel, W.: Sicherungsbehaftete Niederspannungs-Schaltgeräte für Energie-Management-Systeme. *Elektropraktiker 53 (1999)* H. 5, S. 422–427.
[2.92] N.N.: Niederspannungsschaltgeräte im Energiemanagement. *Technica 49 (2000)* H. 3/4, S. 17–18.
[2.93] DIN EN ISO 9000...9004: *Normen zum Qualitätsmanagement und zur Qualitätssicherung.*
[2.94] Rübsam, H.-J.: *Ständige, einflussstarke Veränderungen mit den Betriebsjahren auf Schaltanlagen und Verteiler durch Wärmestress und Strombelastung*. VDE-Fachtagung für Niederspannungs-Schaltanlagen- und -Gerätetechnik. Leipzig: Oktober 2001.
[2.95] Technische Prüfverordnungen der jeweiligen Bundesländer.
[2.96] Krüll, S.: Inspektion von Elektroanlagen durch Infrarot-Thermographie. *building & automation 9 (2003)* H. 5, S. 42–46.
[2.97] Grüschow, T.; Blase, K.-D.: Thermografie schützt vor Störungen und Verlusten. *Elektropraktiker 54 (2000)* H. 2, S. 124–127.
[2.98] www.IPH.de.
[2.99] Habering, R.: Höchstgeschwindigkeit mit hochflexiblen Leitungen. *Elektrotechnik Automation, 85 (2003)* H. 11, S. 21–24.
[2.100] Apäth, B.; Blase, F.: Kunststoff-Lichtwellenleiter für flexible Energiezuführungssysteme. *Elektrie, 47 (1993)* H. 10, S. 40–46.
[2.101] The Kyoto-Protocol, 11. December 1997. www.unfccc.int/resource/.
[2.102] Greefe, K., u.a.: Klimavorsorge mit Hilfe von Blindleistungskompensation. *etz 125 (2004)* H. 3, S. 24–30.
[2.103] Krause, J.: Strom aus der Steckdose – auch künftig. *etz 125 (2004)* H. 2, S. 69.
[2.104] VDE-Analyse 2003 «Stromversorgungsstörungen in den USA/Kanada, London, Schweden/Dänemark und Italien». Bestell-Nr. 9015 im VDE-Shop unter www.vde.com.
[2.105] Shokooh, S.; Khandelwal, T.: Ein Energiemanagementsystem nach industriellen Bedürfnissen. *etz 125 (2004)* S1, S. 64–66.
[2.106] Primus, I.-F.: Zertifizierte Baumodule und -komponenten für Schalthäuser und Umspannwerke. *Elektropraktiker 53 (1999)* H. 6, S. 550–553.

[3.1] *MIL STD* – Grundlage für besonders gehärtete Bauelemente im militärischen Bereich bzw. für Anwendungen mit hohen Sicherheits- und Ausfallanforderungen (deutsche VG-Normen, aber auch Entwicklungen in der Niederspannungs- und Antriebstechnik bauen darauf auf); Beispiele: 461, 462 – EMV, 105, 202 – Allgemeine Prüfpläne, 19500 – Allgemeine Prüfvorschrift für Halbleiter, 38510 – IC-Prüfung, C-25 – Ausfallraten für Kondensatoren).
[3.2] THARANG, G.: *Erfolge und Zukunft der Elektronik in Niederspannungs-Schaltgeräten.* VDE-Fachtagung für Niederspannungs-Schaltanlagen- und -Gerätetechnik. Mannheim: November 1999.
[3.3] THARANG, G.: Elektronik in Niederspannungs-Schaltgeräten. *Elektropraktiker 54 (2000)* H. 7, S. 592–596.
[3.4] LIPPERT, R.: Intelligenter Motorschutz – schnell montiert, Fehler schnell gefunden. *etz 122 (2001)* H. 23–24, S. 46–47.
[3.5] NEWBURY, K.: Voll auf Draht. Kommunikationsfähige Leistungsschalter verbessern Anlagenverfügbarkeit. *Elektrotechnik für die Automatisierung 79 (1997)* H. 7/8, S. 102–103.
[3.6] RAGALLER, M.: Motorschutz und Werkzeugüberwachung inklusive. *etz 123 (2002)* H. 23–24, S. 42–43.
[3.7] MICHAEL, R.: Entwicklung von Schaltgeräten für die Niederspannungs-Energietechnik. *Elektrotechnik und Informationstechnik 106 (1989)* H. 2, S. 55–62.
[3.8] FRIEDERISZIK, F.: Energieverteilung selbst verwalten. Durchgängiger Informationsfluss zwischen Schaltgräten in Energieverteilern und Automatisierungssystemen. Elektrotechnik. *Das Automatisierungsmagazin 85 (2003)* H. 4, S. 58–60.
[3.9] SCHRÜFER, E.: *Zuverlässigkeit von Mess- und Automatisierungseinrichtungen.* München/Wien: Verlag Hanser, 1984.
[3.10] GALL, K., u. a.: Konzeption von Niederspannungs-Schaltanlagen für die chemische Industrie. *atp (1993)* H. 4, S. 211–215.
[3.11] NEUTHARD, E.: *Leittechnik für Niederspannungs-Schaltanlagen als integraler Bestandteil der Stromversorgung.* VDE-Fachtagung für Niederspannungs-Schaltanlagen- und -Gerätetechnik. Mannheim: November 1999.
[3.12] GEEST, H.: Anbindung busfähiger Motorverteilungen über Ethernet mit TCP/IP. *etz 122 (2001)* H. 16, S. 12–15.
[3.13] WESTERHOLT, J.: Mit Intelligenz in der Feldebene Motorschutz und Steuerungen vereinfachen. *Elektrizitätswirtschaft 97 (1998)* H. 22, S. 38–41.
[3.14] HAIN, J.: Kommunikative Schaltanlagen. *etz 119 (1998)* H. 11, S. 20–21.
[3.15] REICHERT, R.; SPIELBERG, C.: *Schaltanlagenleittechnik.* VGB-Konferenz Elektrotechnik im Kraftwerk Essen 1998, Einzelbericht S. 1–59.
[3.16] LENKER, H.: Sammelschienensystem- und Bustechnik kombiniert. *etz 118 (1997)* H. 21, S. 34–35.
[3.17] GÖDDERTZ, J.: Die Verschmelzung. *Computer und Automation (2003)* H. 3, S. 28–31.
[3.18] SÖRGEL, N.: Verdrahtungsrevolution. Anschlusstechnik für Niederspannungsschaltgeräte. *Elektrische Energietechnik, 43 (1998)* H. 3, S. 28–29.
[3.19] FRICKE, E.: Vorteile elektronischer Schutzschalter in DC-24V-Anlagen. *etz 125 (2004)* S1, S. 104–107.

[4.1] HÜBNER, I.: Die Maschine aus dem Baukasten. *open automation 4 (2002)*H. 6, S. 36–42.
[4.2] *Gleichstromantriebe zeigen ihre Grenzen.* Frankfurt am Main: ZVEI, April 1998.
[4.3] *Gleichstrom- oder Drehstrom-Antriebstechnik?* ABB Automation Products Lampertheim GmbH.
[4.4] *Gleichstrom- oder Drehstromantrieb, Systemvergleich und Einscheidungshilfe.* Frankfurt am Main: ZVEI-Fachverband Elektrische Antriebe, 1990.
[4.5] SCHENK, W.; HARLAND, A.: Gleichstrom- oder Drehstromantrieb? Zwei Wege, ein Ziel. *Antriebstechnik 30 (1991)* H. 4, S. 63–68.
[4.6] KRAUSE, J.; NEUMANN, L.: Digitale Gerätssysteme für Regelung und Steuerung stromrichtergespeister, hochdynamischer Antriebe. *Elektrie 43 (1989)* H. 11, S. 404– 408.

[5.1] Zemlin, E.: *Grundzüge des Frequenzkennlinienverfahrens.* Reihe Automatisierungstechnik. Berlin: VEB Verlag Technik, 1965.
[5.2] *ABB-Katalog GS-Maschinen* u.a.
[5.3] Lipphardt, G.: Gleichstromantriebe behaupten sich in der Antriebstechnik. Berlin: *Elektropraktiker 55 (2001)* H. 6, S. 498–499.
[5.4] Pregla, R.: *Grundlagen der Elektrotechnik.* 5., vollständig neu bearbeitete Auflage. Heidelberg: Hüthig Verlag, 1998.
[5.5] Blaschke, F.: Das Prinzip der Feldorientierung. *Siemens-Z. 45 (1971)* H. 10, S. 757 – 760.
[5.6] Bunzel, E.; Grass, H.: Spannungsbeanspruchung von Asynchronmotoren im Umrichterbetrieb. *etz 114 (1993)* H. 7–8, S. 11–14.
[5.7] Stupin, P.: Beanspruchung und Auswahl von Drehstrom-Asynchronmotoren mit Umrichterspeisung. *Elektropraktiker 53 (1999)* H. 7, S. 622–625.
[5.8] Greiner, H.: Drehstrommotoren an der neuen Normspannung 400 V. *Elektropraktiker T. 1 57 (2003)* H. 2, S. 128–131, T. 2 H. 57 (2003).
[5.9] DIN IEC 60 038: *IEC-Normspannungen.*
[5.10] Bandeleben, M. v.: Der Prototyp der 4,5-MW-Anlage E-112 ist aufgestellt. *Erneuerbare Energien 12 (2002)* H. 12, S. 14.
[5.11] Kaufhold, M.; Jöckel, A.: Permanenterregte Großmaschinen: Potenziale in der Oberklasse. *etz 123 (2002)* H. 20, S. 8–13.
[5.12] Steimel, A.: Zukunftsweisende Bahntechnik. *etz 124 (2003)* H. 3–4, S. 8–9.
[5.13] Binder, A.: Technische Trends in der Antriebstechnik am Beispiel der Direktantriebe. *ETG-Mitgliederinformation (2002)* H. 1, S. 5.
[5.14] Binder, A.: *Hochtourige Antriebe mit Permanentmagnetmaschinen und aktiver Magnetlagerung.* Unveröffentlichtes Manuskript, Hrsg. VDMA.
[5.15] www.alstom.de.
[5.16] www.lust-tec.de.
[5.17] Candera, W.-R.: Magnetische Lagerungen mit Hochtemperatursupraleitern (HTSL). *ETG-Mitgliederinformation (2003)* H. 2, S. 2–3.
[5.18] Schönfeld, R. (redaktionelle Leitung): *Die Technik der elektrischen Antriebe.* 8., stark bearbeitete Auflage. Berlin: VEB Verlag Technik, 1986.
[5.19] Greiner, H.: *Schutzmaßnahmen bei Drehstromantrieben.* Heidelberg: Hüthig Verlag 1999.
[5.20] Lelkes, A.: *Vernetzte bürstenlose Lüftermotoren mit integriertem Umrichter.* VDE-Kongress 2002 Fachtagungsberichte ITG/ETG Bd. 1. Berlin/Offenbach: VDE Verlag 2002, S. 489–494.
[5.21] Power ohne Umwege. *IEE 48 (2003)* H. 4, S. 56–58.
[5.22] Jöckel, A., u.a.: *Getriebelose Antriebe für den ICE der nächsten Generation.* VDE-Kongress 2002 Fachtagungsberichte ITG/ETG Bd. 1. Berlin/Offenbach: VDE Verlag 2002, S. 433–439.
[5.23] Wollenberg, J.: *Direktantriebe in Werkzeug- und Produktionsmaschinen.* VDE-Kongress 2002 Fachtagungsberichte ITG/ETG Bd. 1. Berlin/Offenbach: VDE Verlag, 2002, S. 515-518.
[5.24] www.klose-antriebstechnik.de.
[5.25] Budig, P.-K.: *Drehstromlinearmotoren.* 3. Auflage. Berlin/Heidelberg: VEB Verlag Technik, 1982/Hüthig Verlag, 1983.
[5.26] Magnetschnellbahn Transrapid – Technik und System. Kassel: *THYSSEN TRANSRAPID SYSTEM GMBH, 10/96.*
[5.27] Stoiber, D.; Knorr, M.: Ruckfrei Dank der Impulsentkopplung 1 µm bei 30 g Beschleunigung. Sonderdruck aus *Werkstatt und Betrieb (2000)* H. 6.
[5.28] www.Lenze.com.
[5.29] www.baldor.com.
[5.30] www.abb.com.
[5.31] Rummich, E., u.a.: *Elektrische Schrittmotoren und -antriebe.* Ehningen: expert verlag, 1992.
[5.32] Gutt, H. J.: Reluktanzmotoren kleiner Leistung. *etz-Archiv 10 (1988)*, S. 345.

[5.33] WEH, H.: Zur Weiterentwicklung wechselrichtergespeister Reluktanzmaschinen für hohe Leistungsdichte und große Leistungen. *etz-Archiv 6 (1984)*, S. 133–143.
[5.34] KRAUSE, J.: Elektrotechnik verändert die Welt: VDE-Kongress 1998 in Stuttgart. Berlin: *Elektropraktiker 52 (1998)* H. 12, S. 1107–1109.
[5.35] MEINS, J.: *Elektromechanik*. Teubner-Studienbücher. Stuttgart: Verlag B. G. Teubner, 1997.
[5.36] RIESSLAND, E.: Wirkungsweise und Betriebsverhalten des Hysteresemotors. *Elektrie 16 (1962)* H. 4, S. 123–128.
[5.37] MOSZALA, H., u. a.: *Elektrische Kleinmotoren*. 2., völlig neu bearbeitete Auflage. Ehningen: expert verlag, 1993.
[5.38] CORD, TH.: *Innovative Steuerungs- und Antriebskonzepte für den Verpackungsmaschinenbau*. VDE-Kongress 2002 Fachtagungsberichte ITG/ETG Bd. 1. Berlin/Offenbach: VDE-Verlag, 2002, S. 535–538.
[5.39] www.maccon.de.
[5.40] CANDERS, W.-R., u. a.: *Technologien und Grenzen von High Torque Antrieben*. www.iem.ing.tubs.de, 1999.
[5.41] BERCHTEN, S.: *Kosten sparen – mit Direktantrieben in Transversalflusstechnik*. Landert-Motoren AG. www.landers.com.
[5.42] BROSCH, P. F.: Marktübersicht: Servoantriebe. *elektrotechnik (2003)* H. 1/2, S. 40–44.
[5.43] SATTLER, F.: Permanenterregte Drehstromotoren: Aufzug im Griff. *etz 121 (2000)* H. 5, S. 24–25.
[5.44] *Gleichstrom-Motoren*. Firmenschrift DA 12 Siemens, Mai 2001.
[5.45] HENNING, U., u. a.: Antriebsausrüstung des Transrapid. *Elektrische Bahnen 101 (2003)* H. 1/2, S. 81–90.
[5.46] SEEHASE. D.; TODT, B.: Rauch- und Wärmeabzug mit Lüftermotoren. Drehstrom-Asynchronmotoren. *Betriebstechnik aktuell 40 (1999)* H. 12, S. 32–33.
[5.47] STARK, M., u. a.: Brandgasmotoren für Umrichtereinsatz. *Antriebstechnik 41 (2002)* H. 8, S. 34–35.
[5.48] www.loher.de.
[5.49] www.vem-group.com.
[5.50] www.ebm-papst.de.
[5.51] Leitfaden Explosionsschutz Elektrische Maschinen. Frankfurt/Main: ZVEI Fachverband AUTOMATION/Elektrische Antriebe Januar 2002.

[6.1] DIN EN 60 034-1, VDE 530, T. 1: *Drehende elektrische Maschinen;* Teil 1: *Bemessung und Betriebsverhalten.*

[7.1] HABÖCK, A.: Anwendungsmöglichkeiten abschaltbarer Halbleiter. *Elektroniker (1989)* H. 4, S. 27–32.
[7.2] STILLMAN, H. M.: IGCTs – megawatt power switches for medium-voltage applications. *ABB Review (1997)* H. 3 (Reprint).
[7.3] Wichtige Stromrichternormen.
DIN 41 750, T. 1–6: *Begriffe für Stromrichter;* DIN VDE 0558: *Halbleiter-Stromrichter. Anforderungen und Prüfungen;* DIN IEC 971: *Halbleiter-Stromrichter*. Kennzeichnungssystem für Stromrichterschaltungen.
[7.4] MÄRZ, G.: Die Stromversorgung von Gleichstromantrieben. Automatisierung in Hütten- und Walzwerken. BBC (1966), S. 20–29 (Sonderdruck aus *BBC-Nachrichten (1966)* H. 1).
[7.5] DONAUBAUER, F.: *Die neue Generation der MultiDrive-Frequenzumrichter.* A&D Kompendium 2001, S. 250–252.
[7.6] PUTZ, U.; SCHULZ, W.: Mehrstufen-Wechselrichter in der Leistungselektronik. *ETG Mitgliederinformation Januar 2003*. S. 2.
[7.7] MEYNARD, T. A. u. a.: Multicell Converters: Basic Concepts and Industry Applications. *IEEE Transactions on Industrial Electronics 49 (2002)* 5th Oct, S. 955–963.
[7.8] KELLER, C.; JAKOB, R.: Topology and Balance Control of Medium Voltage Multilevel. Drives. *IEEE Transactions on Industrial Electronics 49 (2002)* 5th Oct, S. 963–967.

[7.9] DEPENBROK, M.: Einphasen-Stromrichter mit sinusförmigem Netzstrom und gut geglätteten Gleichgrößen. *etz-A 94 (1973)* H. 8, S. 466–471.

[7.10] REINHART, E.; RAUSCH, S.: Netzfreundliches, hochverfügbares Antriebssystem erhöht Produktionssicherheit. ep *SPEZIAL AUTOMATION Hannover-Messe 2001*, S. 17–18.

[7.11] KRAUSE, J.: Leistungselektronik stabilisiert Versorgungsnetz. *de Der Elektro- und Gebäudetechniker 77 (2002)* H. 10, S. 60–61.

[7.12] RAFFEL, H.; ORLIK, B.: *Der Quasi-Direktumrichter auf dem Prüfstand.* A&D Kompendium 2001, S. 253–255.

[7.13] STACH, T.: Kompakte Servo-Umrichter für koordinierte Mehrachsanwendungen. *etz 122 (2001)* H. 6, S. 6–7.

[7.14] REINHART, E.: *Transistoren erobern Mittelspannung.* A&D Kompendium 2001, S. 256–258.

[7.15] HOFER, K.: *Sensorlose Antriebsregelungen.* Düsseldorf: VDI-Verlag 1990.

[7.16] SCHÖNFELD, R.: *Digitale Regelung elektrischer Antriebe.* 1. Auflage. Berlin: Verlag Technik 1987.

[7.17] KIEL, E.; SCHUMACHER, W.: Der Servocontroller in einem Chip. *Elektronik 43 (1994)* H. 8, S. 48–60.

[7.18] KIEL, E.; SCHUMACHER, W.: *Der VeCon-Prozessor, Signalverarbeitung für Antriebe auf einem Chip.* Messe SPS/IPC/DRIVES 1994, Tagungsbericht Stuttgart: S. 533–539.

[7.19] *dSMC 101 Chip.* Der Unterschied zu Vecon. www.is.sci-worx.com.

[7.20] ZADEH, L. A.: *Fuzzy Sets.* Information and Control. 1965, S. 338.

[7.21] KRAUSE, M.; HOFMANN, W.: *Fuzzy-Control in der elektrischen Antriebstechnik.* Messe SPS/IPC/DRIVES 1993, Tagungsbericht Sindelfingen: S. 441–450.

[7.22] HOFMANN, W.; KRAUSE, M.; CIBULSKI, B.: Fuzzy-Regelung einer Asynchronmaschine mit Ständerflussorientierung. *VDI-Berichte Nr. 1113 (1994)* März, S. 161–170.

[7.23] Phoenix Contact (Hrsg.): *Grundkurs Feldbustechnik.* 3. Auflage. Würzburg: Vogel Buchverlag, 2000.

[7.24] KLEIGREWE, F.-J.: *Berührungslose Energieübertragung auf mobile Antriebseinheiten.* S. 501–507 in VDE-Kongress 2002 Fachtagungsberichte ITG/ETG Bd. 1. Berlin/Offenbach: VDE Verlag, 2002.

[7.25] ROTH-STIELOW, J.: *Dezentrale Systeme – Antrieb, Kommunikation, Intelligenz und Installation.* S. 525–529 in VDE-Kongress 2002 Fachtagungsberichte ITG/ETG Bd. 1. Berlin/Offenbach: VDE Verlag, 2002.

[7.26] MEIS, H.; TSCHAFTARY, TH.: *Vielachsenanwendungen mit synchronisierter Vernetzung und asynchroner Kopplung an die Leitebene.* S. 555–560 in VDE-Kongress 2002 Fachtagungs-Berichte ITG/ETG Bd. 1. Berlin/Offenbach: VDE-Verlag, 2002.

[7.27] ISO/IEC 7498-1: *Information Technology, Open Systems Interconnection, Basic Reference Model: The Basic Model.* Genf ISO: 1994.

[7.28] *Internationaler Feldbusstandard IEC 61 158.*

[7.29] POLLMEIER, S.: *Standards für vernetzte Antriebe in offenen Systemen.* S. 565–572 in VDE-Kongress 2002 Fachtagungsberichte ITG/ETG Bd. 1. Berlin/Offenbach: VDE Verlag, 2002.

[7.30] BLASS, H. W.: ZVEI erarbeitet generische Antriebsschnittstelle für Motion Control auf Steuerungsebene. *ZVEI-Mitt. (2002)* H. 16, S. 21.

[7.31] JOHANNSMEYER, U.: Explosionsschutz bei Feldbussystemen in der Prozessautomatisierung. *ep Spezial Automation Hannover-Messe 2001*, S. 24–26.

[7.32] AUBERG, H.-W.; SCHROTH, E.: Ethernet und OPC für offene Kommunkation. *etz 121 (2000)* H. 5, S. 18–12.

[7.33] *Industrial Ethernet. Produkte und Applikationen.* Praxis Profiline. Würzburg: Vogel Industrie Medien und IAONA Europe e.V. 2002.

[7.34] SCHNURBUSCH, W.: Antriebsregler kommunizieren via Web. *etz 121 (2000)* H. 23–24, S. 8–11.

[7.35] BANHOLZER, V.M.; KLEIN, R.: Intelligente Antriebe für modulare Maschinen. *etz 123 (2002)* H. 3–4, S. 6–9.

[7.36] MÖLLER-NEHRING, W.: *PROFIdrive – Antriebsschnittstelle für Produktions- und Werkzeugmaschinen.* S. 573–578 in VDE-Kongress 2002 Fachtagungsberichte ITG/ETG Bd. 1. Berlin/Offenbach: VDE Verlag, 2002.
[7.37] MÖLLER-NEHRING, W.: Integration elektrischer Antriebe. *Profibus Journal (2002)* H. 3+4, S. 4–6.
[7.38] HERMSDORF, R.; HEINZE, R.: Profisafe nimmt Fahrt auf: Policy und Zertifizierung dienen dem Anwender. *etz 123 (2003)* H. 6, S. 6–9.
[7.39] *CANopen.* Praxis Profiline. Würzburg: Vogel Industrie Medien and CiA, 2002.
[7.40] LAWRENZ, W.: *CAN: Controller Area Network.* Heidelberg: Hüthig Verlag, 2000.
[7.41] HÜBNER, I.: Maschinensicherheit mittels AS-Interface. *open automation 4* (2002) *H. 6, S. 51–53.*
[7.42] BENT, R.: Vernetzung an der Basis. FREES, W.: Feldbus unterstützt dezentrales Steuerungskonzept. TRÜMPLER, W.; DUNKER, R.: Antriebsregler sprechen dieselbe Sprache. Sonderdruck Elektronik plus aus *Automatisierungspraxis (1992)* H. 1: INTERBUS BASICS. Blomberg: INTERBUS Club Deutschland e.V., 2000.
[7.43] PRITSCHOW, G., u. a.: SERCOS interface – die standardisierte, digitale Kommunikationsschnittstelle. *Werkstatttechnik online 91 (2001)* H. 11, S. 665–671.
[7.44] *Pilz Safety Guide.* CD-R-Version 4.0.
[7.45] *SafetyBus p.* Praxis Profiline. Würzburg: Vogel Industrie Medien, 2003.
[7.46] HÜBNER, I.: Die Strategien der PNO. *open automation 4 (2002)* H. 6, S. 48–50.
[7.47] HÜBNER. I.: Sick, Omron und Rockwell Automation = Sicherheit^3. *open automation 4 (2002)* H. 6, S. 46–47.
[7.48] ECKENDONK, A. v.; HUHMANN, A.: Profinet: Definierte Installationstechnik. *etz 122 (2002)* H. 23–24, S. 6–9.
[7.49] BARTHEL, H.; STUPF, W.: Universaltalent bei dezentraler funktionaler Sicherheit. *Profibus Journal (2002)* H. 3+4, S. 12–14.
[7.50] Marktübersicht: *Feldbussysteme messen prüfen automatisieren* (2003) H. 1/2, S. 59–62.
[7.51] *Sicherheitsbus nimmt Fahrt auf. messen prüfen automatisieren* (2003) H. 3, S. 34–35.
[7.52] WILLEMS, K.-P.: PROFInet – die Lösung für die industrielle Automatisierung. *Profibus Journal (2001)* H. 1, S. 4–5.
[7.53] TEMPELMEIER, A.: Netzreinigung durch aktive Filter: Putzkolonne fürs Netz. *EET 43 (1998)* H. 2, S. 58–61.
[7.54] HEMDT, A. v.: OPC-Server verbindet LON und Microsoft-Welt. *etz 120 (1999)* H. 7–8, S. 42–44.
[7.55] APPUN, P.; LIENAU, W.: Der *Vierquadrantensteller bei induktivem und kapazitivem Betrieb. etz-Archiv 6 (1984)* H. 1, S. 3–8.
[7.56] www.wago.com.
[7.57] WURDEL, U.: Selbstgeführte Gleichrichter als netzrückwirkungsarme Stromrichter. *Elektrie 36 (1982)* H. 11, 482–483.
[7.58] Durchgängige Kommunikation: Ethernet schafft transparente Prozesse. *open automation 5 (2003)* H. 1–2, iaona-Sonderteil.
[7.59] Sicherheitsbussysteme. *SPS Magazin 15 (2002)* H. 10, S. 52–54.
[7.60] HEZEMAN, E.: Firewire – die Sercos-Alternative. *Computer und Automation (2002)* H. 12, S. 64–67.
[7.61] IEE 1394: Verein und Association planen Vereinigung. *open automation 5(2003)* H. 6, S. 68.
[7.62] HÜBNER, I.: Interbus Safety – die sichere Variante. *etz 124 (2003)* H. 23–24, S. 12–13.
[7.63] Der CANopen Safety Chip CSC01. *Elektronik* 53 (2004) H.2, S.42–44.
[7.64] BUCHWITZ, M.: Antriebe unter Kontrolle mit Ethernet. A&D Kompendium Automation & Drives *(2004)*, S. 189–191.

[8.1] KRAUSE, J.; WOLF, R.: Hilfseinrichtungen für die analoge Informationsverarbeitung von Thyristorstromrichterantrieben. *Elektrie 29 (1975)* H. 1, S. 32–34.

[9.1] ABB Automation Products GmbH: *Handbuch DCS 400*. 11/2000.
[9.2] Depenbrock, M.: Direkte Selbstregelung (DSR) für hochdynamische Drehfeldantriebe mit Stromrichterspeisung. *etz-Archiv 7 (1985)* H. 7, S. 211–218.
[9.3] ABB Automation Products GmbH: *ACS 600 Katalog 2001*; *ACS 800 Produktserie 2002.*
[9.4] Marktübersicht Frequenzumrichter. *Markt & Technik (2003)* H. 7, S. 48.
[9.5] Marktübersicht Frequenzumrichter. *etz 124 (2003)* H. 10, S. 16–21.

[10.1] Glashoff, B.: *Grundlagen der Schaltschrankklimatisierung.* VDE-Fachtagung für Niederspannungs-Schaltanlagen- und -Gerätetechnik 12./16. Oktober 2001. Fachtagungsbericht Leipzig: 2001.
[10.2] Styppa, H.: *Schaltschrank-Klimatisierung* – Grundlagen, Komponenten, Anwendungen. Landsberg/Lech: Verlag Moderne Industrie, 1992.
[10.3] Stengel, S.; Mölter, T.: Energiesparmotoren schonen die Umwelt und den Geldbeutel. *Elektropraktiker 53 (1999)* H. 11, S. 1014–1016.
[10.4] *Energiesparmotoren: Kosteneinsparung statt Regulierung.* 2. geänderte Auflage. Frankfurt/Main: ZVEI, 2001.
[10.5] Software-Werkzeug zum Ermitteln von Energieeinsparung sowie Amortisationszeit des Mehrpreises von Energiesparmotoren. www.ad.siemens.de/energiesparprogramm.
[10.6] Steinmetz, E. (Hrsg.): *Messtechnik – Simulation und Entwicklung im Bereich der Elektromagnetischen Verträglichkeit /EMV).* Essen: Vulkan-Verlag, 1993.
[10.7] Schönfeld, R.: Elektrische Antriebe im Systemverbund. *ep SPEZIAL AUTOMATION, Sonderheft zur Hannover-Messe 2001*, S. 10–12.
[10.8] *Matlab Users Guide.* The MattWorks, Inc., 1993.
[10.9] Heinemann, R.: *PSPICE.* München: Hanser Verlag, 1999.
[10.10] Heinze, R.: Design, Entwicklung und Produktion verschmelzen. *open automation 5 (2003)* H. 6, S. 10–15.
[10.11] www.natinst.com (Labview u.a.).

[11.1] Eisenmann, D.: Versorgungssicherheit durch unterbrechungsfreie Stromversorgung. *Elektropraktiker 54 (2000)* H. 4, S. 318–324.
[11.2] N.N.: Marktübersicht USV-Anlagen, T. 1 und 2. *etz 124 (2003)* H. 5, S. 24–29, H. 13–14, S. 16–21.
[11.3] Greiner, H.: *Schutzmaßnahmen bei Drehstromantrieben.* Heidelberg: Hüthig Verlag, 1999.
[11.4] Patzler, K.: Verstärkter Einsatz von Softstartern. Sonderdruck aus *antriebstechnik 34 (1994)* H. 10.
[11.5] www.igelektronik.de.
[11.6] Mall, H.-G.; Jacobs, J.: Power Quality: Aktives Filter der zweiten Generation. *etz 123 (2002)* H. 7–8, S. 40–43.
[11.7] Halimler, H.: Modernisierung von Aufzugsantrieben. *antriebstechnik 42 (2003)* H. 3, S. 44–46.
[11.8] DIN EN 61 000: *Elektromagnetische Verträglichkeit.*
[11.9] VDEW: *Grundsätze für die Beurteilung von Netzrückwirkungen.* 3. überarbeitete Ausgabe (korrigierter Nachdruck 1997). Frankfurt/Main: VWEW-Verlag 1992.
[11.10] Böke, W.: Gerätekosten reduzieren bei Sanftstartern. *etz 119 (1998)* H. 12, S. 14–15.
[11.11] Mark, v. R.: Feldbusticket für Motorstarter. *IEE 48 (2003)* H. 4, S. 54–55.
[11.12] www.exxon.com.
[11.13] www.steiner-rs.de.
[11.14] Baumann, M., u.a.: Worldwatch Institute Report: *Zur Lage der Welt 2001.* Frankfurt am Main: Fischer Taschenbuch Verlag GmbH.
[11.15] Technische Anschlussbedingungen für den Anschluss an das Niederspannungsnetz, VDEW e.V., 1992.

[12.1] www.zvei.org/antriebe/lieferantenverzeichnis. (Herstellerübersicht).
[12.2] Brosch, P. F.: *Intelligente Antriebe in der Servotechnik*. Landsberg/Lech: Verlag Moderne Industrie, 1999.
[12.3] Heinze, R.: Motion Control – eine Aufgabe, viele Wege. *etz 123 (2002)* H. 10, S. 6–11.
[12.4] IEC 61 131-3: 1993 – 03 Ed. 1.0: *Programmable controllers* – Part 3: *Programming Languages* (www.iec-normen.de).
[12.5] Lusch, B.: Komplette Motion-Control-Systeme. *etz 123 (2002)* H. 13–14, S. 8–9.
[12.6] ALSTOM: *SymphonyTM Luftgekühlte Mittelspannungsantriebe ALSPA VDM6000* (Firmenschrift 2001).
[12.7] ABB Industrietechnik*: ACS 1000 medium-voltgae drives* (Firmenschrift).
[12.8] Toshiba: *Medium Voltage IEGT 3 Level Inverter.* TOSVERTTM-650 W Application. Guide 2001.
[12.9] Gabriel, U.: Retrofit von Fertigungsprozessen mit Mittelspannungs-Umrichtern. *etz 121 (2000)* H. 16, S. 6–8.
[12.10] Maschinen-Richtlinie 98/37/EG: *Sicherheit von Maschinen.*
[12.11] Berlin, L.; Opitz, L.: Sicherheitstechnik gibt der Gefahr keine Chance. *Elektropraktiker 53 (1999)* H. 12, S. 1122–1125.
[12.12] Weyer, K.: Stop-and-go: Sicheres Stillsetzen und einfacher Wiederanlauf. *etz 122 (2001)* H. 7–8, S. 44–46.
[12.13] Behrens, J., u.a.: *Sicherheitshandbuch Sicherheitstechnik an Maschinen und Anlagen.* Bonn: Moeller GmbH, 2000.
[12.14] (Hrsg. Siemens): *Katalog SIRIUS 3R*. Katalog 2003.
[12.15] (Hrsg. MSR Technik GmbH, Pocking): *digital power unit dpu.* 2001.
[12.16] Raatz, E.: *Dezentrale Antriebstechnik – Antriebskommunikation am Beispiel einer modernen Kaltwalzanlage*, S. 579–582 in VDE-Kongress 2002 Fachtagungsberichte ITG/ETG Bd. 1. Berlin/Offenbach: VDE-Verlag, 2002.
[12.17] Krause, J.: Vernetzte Welten – auch in der Antriebstechnik. *etz 124 (2003)* H. 10, S. 22–29.
[12.18] DIN EN 60 204-1 11/99 (VDE 0113 Teil 1): *Sicherheit von Maschinen. Elektrische Ausrüstung von Maschinen.*
[12.19] Wickert, K.: Im Vergleich: Sicherheitsbezogene Maschinensteuerungen. *etz 124 (2003)* H. 6, S. 14–16.
[12.20] www.transresch.de.
[12.21] Marktübersicht Motion Control Software. *open automation 5 (2003)* H. 6, S. 62–67,
[12.22] Heinze, R.: Die funktionale Sicherheit wird automatisiert. *open automation 5 (2003)* H. 5, S. 66–69.
[12.23] Banholzer, V. M..: Antrieb mit «Köpfchen»: Grundlage für flexible Maschinenarchitekturen. *etz 125 (2004)* H. 2, S. 16–19.
[12.24] Heinze, R: Kompakte Motorstarter: Den Antrieb fest im Griff. *etz 125 (2004)* S1, S. 48–52.

[13.1] Ris, H. R.: Aspekte der Brandlöschung. Brandschutzmaßnahmen zur Verhütung eines schweren Brandfalles. *Elektrotechnik 53 (2002)* H. 11, S. 87–89.
[13.2] VDE 0870 Teil 1: *Elektromagnetische Beeinflussung (EMB), Begriffe.*
[13.3] Kiefer, G.: *VDE 0100 und die Praxis.* 6. Auflage. Berlin und Offenbach: VDE-Verlag GmbH, 1994.
[13.4] *Produkthaftung.* Schriftenreihe der ZVEI-Rechtsabteilung: Recht Praktisch. 5., überarbeitete Auflage. Frankfurt/Main: ZVEI 1999.
[13.5] (Hrsg. Bundesagentur für Außenwirtschaft BFAI): *USA – Produkthaftung.* BFAI-Broschüre 2003 (Bestell-Nr. 9553).
[13.6] *Errichtungsvorschriften für Antriebe* (DIN VDE 0100, DIN VDE 0100 T.100 und 101, DIN VDE 0110 T. 1 und 2, DIN VDE 0113 T.1, DIN VDE 0160, DIN VDE 0538 T.1 und 2.
[13.7] Käs, G.: *Qualität und Zuverlässigkeit elektronischer Bauelemente und Systeme.* München · Wien: Verlag R. Oldenbourg, 1983.
[13.8] EMV-Leitfaden Elektrische Maschinen. Frankfurt/Main: ZVEI Fachverband AUTOMATION/Elektrische Antriebe Juli 2003.

[14.1] MÖNCH, I.: Winkelcodierer am Netzwerk. *etz 123 (2002)* H. 7–8, S. 28–29.

[14.2] Webservice-Sicherheit steht in den Startlöchern. Standard regelt Verschlüsselung und Authentifizierung. *Computer-Zeitung 34 (2003)* H. 32/33, S. 1.

[14.3] WÖLFER, T.: PC-Alarmanlage,. Wählverbindungen, Firewalls und 0190-Blocker. *PC Magazin Spezial (2002)* H. 31, S. 42–46.

[14.4] SCHMITZ, R.: Sichere Kommunikation über das Internet. *Funkschau (2001)* H. 15, S. 43–44.

[15.1] Erster Hochtemperatur-Supraleiter-Motor Europas. *etz 123 (2002)* H. 7–8, S. 71.

[15.2] KRAUSE, J.: Mikroelektronik in der Antriebstechnik – Stand und Tendenzen. *Elektrie 42 (1988)* H. 3, S. 91–94.

[15.3] NEUMÜLLER, H.-W.: *Supraleitung für die Energietechnik – Weltweiter Stand und Einsatzschwerpunkte.* Tagungsband (Vortrag 2) der Fachtagung «Supraleitung – Eine Komponente zukünftiger Energieversorgung». Darmstadt, 13./14. Februar 2001.

[15.4] HEINZE, R.: E-CAE: Sportlich ins Rennen. *etz 124 (2003)* H. 19, S. 6–9.

[15.5] VDE/ETG-Tagung «Energietechnik für die Zukunft» Hamburg: 7./8.10 2003, Tagungsband.

[15.6] LEHMANN, K.-P.: Meereskraftwerke: Energie aus dem Ozean. *Sonne Wind & Wärme 27 (2003)* H. 10, S. 26–31.

[15.7] VDE: Bis 2020 wird die Hälfte des Kraftwerksparks ersetzt. *VDE dialog (2003)* H. 6, S. 4–5.

[15.8] PORKERT, K.: Impuls für Electronic Commerce durch Web-Services. *atp 45 (2003)* H. 10, S. 83–90.

[15.9] *Gesetz für den Vorrang erneuerbarer Energien* (Erneuerbare-Energien-Gesetz EEG), gültig seit 1.4.2000.

[15.10] FINGER, E.: Magnetisieren statt Licht. *Elektronik 52 (2003)* H. 5, S. 56–58.

[15.11] TAKAHASHI, T.: Motorsteuerung leicht gemacht – Isoloop Magnetische Kopplung ersetzt Optokoppler. *Elektronik 52 (2003)* H. 10, S. 74–83.

[15.12] Ingenieurbüro Energy and Processing Engineering Hamburg; www.elexyr.com; www.fascination-offshore.com.

[15.13] HENDL, E.; JACHMANN, T.: Webservices im Dienst der Automatisierung. *Elektronik 52 (2003)* H. 10, S. 42–50.

[15.14] Zwei Läufer auf einem Modul. *Automation&Future Antriebstechnik Sonderheft Nr. 3 (2003)*, S. 18–19.

[15.15] BUSCH, T.; HENNEBERGER, G.: Kugelmotor mit drei Freiheitsgraden. Werkstatttechnik. *online 92 (2002)* H. 5, S. 264–266.

[15.16] HÜBNER, I.: Plant Intelligence – Neue Anwendungen für Visualisierungssysteme. *Open automation 6 (2004)* H. 1–2, S. 6–12.

[15.17] ZINGG, R: Magnetfeldsensoren in der Motion Control. *etz 125 (2004)* H. 4, S. 14–16.

[15.18] Systemträger in 60 Schichten. www.vde.com/gmm/.

[15.19] TOMINAGA, M.: *Auf der Suche nach deutschen Spitzenleistungen.* Düsseldorf, München: Econ Verlag, 1997.

[15.20] Optosensoren – Marktübersicht. *SPS Magazin 17 (2004)* HMI-Spezial, S. 104–107.

[15.21] BIELSKI, S.: Höhere Performance für elektrische Antriebe. *elektro AUTOMATION 57 (2004)* H. 4, S. 130–133.

[15.22] WIEKERT, M.: Erneuerbare Energien zum Schutze des Weltklimas – Exportinitiative des Bundes. *bfainews (2004)* H. 2, S. 9–10.

[15.23] BUCHWITZ, M.: Antriebe unter Kontrolle mit Ethernet. A&D Kompendium Automation & Drives *(2004)*, S. 189–191.

[15.24] WAHLER, M.: Frühwarnsystem von digitalen Antrieben. A&D Kompendium Automation & Drives *(2004)*, S. 196–198.

[15.25] SCHMIDT, D.: Direktantrieb für hochdynamische Anwendungen. A&D Kompendium Automation & Drives *(2004)*, S. 192–195.

[15.26] BRUCKER, P.: Drehgeber im industriellen Feldbussystem. *etz 125 (2004)* H. 5, S. 6–9.

Stichwortverzeichnis